U0181967

国家出版基金项目
NATIONAL PUBLICATION FOUNDATION

"十三五"国家重点出版物出版规划项目

光电子科学与技术前沿丛书

# 有机光电材料理论与计算

帅志刚 等/著

科学出版社
北京

# 内 容 简 介

本书聚焦有机光电材料的基本理论研究，首先从聚合物中能带、元激发(孤子、极化子)结构与运动方程出发，介绍导电聚合物的光谱与载流子传输过程，然后探讨有机聚集体的光谱和给受体复合体系中的光致电子转移过程。从唯象模型出发，给出有机光电器件的基本物理模型与数值描述，然后返回到 OLED 和 OFET 器件的微观模型，即分子激发态过程与电荷传输过程。在分子模拟的框架下对有机光伏材料从原子结构的模拟，分析相分离界面的结构/形貌对效率的影响。除了这些传统的主流器件外，还探讨了有机自旋电子学器件和有机热电器件的基本理论问题。最后，作者认为有机材料的核心问题就是载体(电荷、激子、自旋)的相干与非相干过程的竞争，这是与无机材料的最大差别，也是认识有机材料与器件特殊性能的关键所在，作者试图给出统一的描述。

本书可供理论和计算化学、有机光电功能材料科学等领域的科研人员和研究生阅读与参考。

**图书在版编目(CIP)数据**

有机光电材料理论与计算/帅志刚等著. —北京：科学出版社，2020.11
(光电子科学与技术前沿丛书)

"十三五"国家重点出版物出版规划项目 国家出版基金项目

ISBN 978-7-03-066462-4

Ⅰ. 有⋯　Ⅱ. 帅⋯　Ⅲ. ①有机材料-光电材料-理论 ②有机材料-光电材料-计算　Ⅳ. TN204

中国版本图书馆 CIP 数据核字(2020)第 201995 号

责任编辑：张淑晓　付林林/责任校对：杜子昂
责任印制：肖　兴/封面设计：黄华斌

**科 学 出 版 社** 出版
北京东黄城根北街 16 号
邮政编码：100717
http://www.sciencep.com
**河北鹏润印刷有限公司** 印刷
科学出版社发行　各地新华书店经销

\*

2020 年 11 月第 一 版　开本：720×1000　1/16
2020 年 11 月第一次印刷　印张：26 1/4
字数：530 000

**定价：188.00 元**
(如有印装质量问题，我社负责调换)

# 本书各章编著人员名单

第1章　有机高分子中的载流子动力学
　　　安　忠　河北师范大学
　　　吴长勤　复旦大学
第2章　有机材料的光谱与电子转移理论
　　　汪宇晨、赵　仪　厦门大学
第3章　有机光电材料的器件物理
　　　李　泠、刘　明　中国科学院微电子研究所
第4章　激发态与有机发光理论
　　　彭　谦　中国科学院化学研究所
　　　帅志刚　清华大学
第5章　有机场效应与局域电荷的核隧穿理论
　　　耿　华　首都师范大学
　　　江昱倩　国家纳米科学中心
　　　帅志刚　清华大学
第6章　有机光伏材料的模拟——形貌、界面与能量转换
　　　易院平　中国科学院化学研究所
　　　孟令一　中国科学院福建物质结构研究所
　　　韩广超　中国科学院化学研究所
　　　帅志刚　清华大学
第7章　有机材料的自旋注入与输运
　　　解士杰　山东大学
第8章　有机热电材料的理论研究进展
　　　王　冬、石　文、帅志刚　清华大学
第9章　有机材料中电荷/自旋的相干及非相干动力学
　　　吴长勤　复旦大学
　　　姚　尧　华南理工大学

# 丛书序

　　光电子科学与技术涉及化学、物理、材料科学、信息科学、生命科学和工程技术等多学科的交叉与融合，涉及半导体材料在光电子领域的应用，是能源、通信、健康、环境等领域现代技术的基础。光电子科学与技术对传统产业的技术改造、新兴产业的发展、产业结构的调整优化，以及对我国加快创新型国家建设和建成科技强国将起到巨大的促进作用。

　　中国经过几十年的发展，光电子科学与技术水平有了很大程度的提高，半导体光电子材料、光电子器件和各种相关应用已发展到一定高度，逐步在若干方面赶上了世界水平，并在一些领域实现了超越。系统而全面地整理光电子科学与技术各前沿方向的科学理论、最新研究进展、存在问题和前景，将为科研人员以及刚进入该领域的学生提供多学科、实用、前沿、系统化的知识，将启迪青年学者与学子的思维，推动和引领这一科学技术领域的发展。为此，我们适时成立了"光电子科学与技术前沿丛书"专家委员会，在丛书专家委员会和科学出版社的组织下，邀请国内光电子科学与技术领域杰出的科学家，将各自相关领域的基础理论和最新科研成果进行总结梳理并出版。

　　"光电子科学与技术前沿丛书"以高质量、科学性、系统性、前瞻性和实用性为目标，内容既包括光电转换导论、有机自旋光电子学、有机光电材料理论等基础科学理论，也涵盖了太阳电池材料、有机光电材料、硅基光电材料、微纳光子材料、非线性光学材料和导电聚合物等先进的光电功能材料，以及有机/聚合物光电子器件和集成光电子器件等光电子器件，还包括光电子激光技术、飞秒光谱技术、太赫兹技术、半导体激光技术、印刷显示技术和荧光传感技术等先进的光电子技术及其应用,将涵盖光电子科学与技术的重要领域。希望业内同行和读者不吝赐教,帮助我们共同打造这套丛书。

在丛书编委会和科学出版社的共同努力下,"光电子科学与技术前沿丛书"获得 2018 年度国家出版基金支持,并入选了"十三五"国家重点出版物出版规划项目。

我们期待能为广大读者提供一套高质量、高水平的光电子科学与技术前沿著作,希望丛书的出版为助力光电子科学与技术研究的深入,促进学科理论体系的建设,激发创新思想,推动我国光电子科学与技术产业的发展,做出一定的贡献。

最后,感谢为丛书付出辛勤劳动的各位作者和出版社的同仁们!

"光电子科学与技术前沿丛书"编委会

2018 年 8 月

# 前　言

　　有机光电材料领域的研究可以追溯到20世纪40～50年代开展的有机导体和有机光导体研究，而这个领域得到飞速发展是源于1977年的导电聚合物、1987年的有机发光以及1990年的聚合物电致发光的突破性进展。光电材料理论研究的核心是电子的激发状态，20世纪80年代之前，基本上是理论与计算科学家在关注电子激发态，而激发态的核心是电子相关的处理，这是多体理论，无论是理论物理还是理论化学都没有解决。因此对于有机分子或高分子，主要是采用半经验的量子化学模型，其中最为突出的方法是 Mike Zerner 等基于单激发组态相互作用（configuration interaction with single excitation，CIS）发展的 ZINDO 参数化方法，即从拟合大量的实验光谱数据，采用最低阶的激发近似（从而计算速度快），可以说在相当长的时间里，ZINDO 都是最实用的计算方法，既可靠又有效；而对于过渡金属配合物，则采用配位场理论。这两种方法都需要大量的实验数据来拟合参数，而不是现代计算化学所要求的从头计算，尽管可以用于解释或重现实验，但难以不依赖实验结果来预测实验。激发态理论长期以来都是理论化学的难题，目前最好的从头计算方法是基于多参考组态相互作用结合多体微扰理论，如CASPT2，但计算量特别大，只能处理很小的分子体系。而对于有机光电分子，最实用的激发态计算方法是含时密度泛函，但计算结果严重依赖近似泛函的选取，一般都是顾此失彼，仍然难以用于预测。自从苏武沛、施里弗和黑格（Su-Schrieffer-Heeger，SSH）提出了描写导电聚合物的孤子理论后，一批理论物理学家进入这个领域，其中 Schrieffer 就是超导 BCS 理论中的 S，而苏武沛（Su）是 Bob Schrieffer

的博士生，Alan Heeger 是实验物理学家，他与 Alan McDiarmid 和 Hideki Shirakawa（白川英树）两位化学家合作发现了导电聚合物，一同获得 2000 年诺贝尔化学奖。SSH 模型从电子-声子相互作用出发，成功给出了一维聚合物中的孤子、极化子和双极化子等局域元激发，即电子-声子耦合带来的电子自陷态，解释了电导与自旋信号随掺杂浓度变化的反常关系。该模型的提出彻底改变了有机光电材料理论研究，引起了一大批杰出的理论物理学家的关注，除 Bob Schrieffer 之外，还有 Steven Kivelson、Eugene Mele、Jorge Hirsch、David Campbell、Alan Bishop、Sumit Mazumdar 等都进入了该领域，立即分为电子-声子和电子关联两派，理论物理学家激烈的争论人力促进了该领域的发展。与此同时，以 Jean-Luc Brédas 为代表的理论计算化学家，在理论物理与实验化学家之间搭建了一座桥梁，及时地将理论物理的新概念新进展用化学家熟悉的语言，通过量子化学计算深入浅出地阐述出来：化学家学会了用孤子、极化子的语言去分析实验数据，特别要指出的是著名有机化学家 Fred Wudl 用极化子能带的概念设计合成小带隙高分子，取得重要进展。由于高温超导和分数量子霍尔效应的发现，这批理论物理学家几乎都离开了聚合物光电领域。

　　中国著名理论物理学家于渌、苏肇冰、孙鑫等在 20 世纪 80 年代便开始进行该领域的研究。1982 年，苏肇冰与于渌合作，将黄昆的多声子弛豫理论用于研究聚合物中孤子和极化子的产生动态过程，包括光激发过程和无辐射跃迁两种过程。他们的研究结果表明，聚乙炔中的光生电子-空穴对会通过多声子弛豫过程来生成孤子-反孤子对。1985 年，孙鑫、吴长勤等从分立的 SSH 模型出发，建立了孤子和极化子的动力学方程，发现了一个由孤子所带来的、具有红外活性的新局域振动模（staggered mode），这是聚合物孤子理论的一个重要发现。孤子理论是建立在聚合物二聚化简并基态的基础上结合电子-声子相互作用。但是，人们对于二聚化的起源到底是电子-声子相互作用还是电子-电子作用有着激烈的、不可调和的争论，这是孤子理论的核心。1987 年，吴长勤、孙鑫等采用变分波函数求解一个长程库仑势的一维二聚化模型，从而甄别电子-电子关联和电子-声子相互作用各自对二聚化的贡献，为这一极具争议的问题给出一个普适性的解释。

　　进入 20 世纪 90 年代，研究前沿从导电向非线性光学响应和有机发光发展。而进入 21 世纪后，又进一步发展到有机场效应管和有机光伏。理论工作的重点是激发态的结构与动态过程。亚利桑那大学 Sumit Mazumdar 通过精确对角化 8 个电子的 Hubbard 模型，提出了 $mA_g$ 态的概念，即在一维电子关联体系中，总是存在一个偶宇称的电子激发态与 $1B_u$ 态间存在很大的电偶极跃迁。$mA_g$ 被广泛地应用于非线性光学、双光子吸收及光诱导吸收等超快过程。Jean-Luc Brédas 的计算化学课题组通过与 Alan Heeger、Richard Friend、Fred Wudl、Bill Salaneck、Klaus Muellen、Seth Marder 和 Antoine Kahn 等国际领军的实验科学家合作，阐明了共轭分子的非线性光学响应各阶系数与结构之间存在系统性的关系；揭示了聚合物/金属界面的电子态与局域化；首先提出用半经典 Marcus 理论来设计有机场效应分子，被成功地、广泛地应用到分子设计；提出了有机给受体光伏材料的光物理图像，被广泛地用于解释实验现象。此外，众多课题组针对聚合物中的激子束缚能 20 多年的争论，也大大丰富了人们关于聚合物的光物理过程的理解。

本书邀请了国内从事有机光电材料理论研究的代表性研究组，系统地针对若干专题撰写基本原理和近年来的研究进展。安忠与吴长勤首先介绍了描述聚合物电子结构的基本模型，然后从非绝热动力学出发，通过数值计算，模拟了各种元激发，包括极化子、双极化子、激子、双激子在外场驱动下的动态演化过程。汪宇晨和赵仪介绍了含时微扰框架下吸收和发射光谱的关联函数理论，然后在同一框架下推导出了电子转移速率。李泠和刘明从基本的有机晶体电子结构出发，描述了有机光伏器件的基本工作原理。在第 4、5、6、8 章，我与合作者介绍了有机发光、有机场效应、有机光伏和有机热电的基本理论，提出了新的电荷传输模型，并发展了新发光效率和迁移率的计算方法。有机功能材料毕竟是新兴领域，传统的计算化学程序无法提供有机发光效率或载流子迁移率的计算模块，更无法提供有机光伏或有机热电的模块。我们所发展的计算程序填补了这一空白，所给出的电荷传输的量子核隧穿模型被国际同行用于澄清长期以来关于聚合物电导奇异特性的争端。在第 7 章，解士杰从唯象理论出发，探讨了有机自旋这一新兴领域。在第 9 章，吴长勤和姚尧提出了一个自旋输运的新模型，即自旋相干运动与电荷非相干运动相结合的动力学模型，很好地描述了有机磁电阻现象。

我在 1991 年发表了第一篇有机发光的理论研究论文，是关于 PPV 的电子结构与振动模的紧束缚近似计算。那时，谁也没有预料到今天的有机发光已经成了每年几千亿美元的大产业。我相信，有机电子学还将继续发展。由于有机功能材料的复杂性，存在电子-电子关联、电子-声子耦合、动态与静态无序和杂质等因素，无论是从化学、物理，还是材料多个方面都提出了更多的挑战。本书的目的之一是希望起到抛砖引玉的效果，吸引更多的杰出青年学者进入这个领域，为更加深入地挖掘有机光电材料这个宝库做出更大的贡献。

由于著者学识有限，书中难免存在不足之处，敬请读者批评指正。

帅志刚

2019 年 12 月

# 目 录

# 第 *1* 章

## 有机高分子中的载流子动力学

## 1.1　有机高分子中的元激发及其动力学方法

### 1.1.1　有机高分子概述

　　有机高分子，又称聚合物，是指由 C、H、O、N 等轻元素组成的重复单元聚合而成的大分子。有机高分子材料在日常生活中很常见，如尼龙、塑料、橡胶等。在人们的印象中，它们一般是绝缘体。然而，1977 年，Heeger、MacDiarmid 和 Shirakawa[1]通过掺杂使聚乙炔的电导率提高了几个甚至十几个量级，达到了一般金属的电导率，变成了良导体。这一发现打破了有机高分子都是绝缘体的传统观念，开创了导电聚合物这一崭新的研究领域。导电高分子目前已经成为有机光电材料的重要组成部分。图 1-1 给出了几种典型高分子材料的分子结构。

　　导电高分子材料有一些共同特征。其一是导电聚合物具有共轭π电子结构。与传统"饱和聚合物"($sp^3$ 杂化，碳原子的四个价电子全部形成局域的σ键，是绝缘体)不同，导电聚合物重复单元中碳的化合价是不饱和的，碳原子四个价电子中的三个占据 $sp^2$ 杂化轨道。$sp^2$ 杂化是由 1 个 s 轨道和 2 个 p 轨道组合而成的 3 个杂化轨道，它们位于同一平面内，相互间的夹角约为 120°。这三个杂化轨道与相邻碳原子的杂化轨道或氢原子的 s 轨道交叠形成稳定的σ键，这些定域σ键构成稳定的高分子链骨架。第四个价电子处于 $2p_z$ 轨道，其电子云分布像一个哑铃，对称轴垂直于分子平面。相邻碳原子的 $p_z$ 电子波函数相互交叠形成了离域π键。正是因为都有一个长程的共轭π键，导电聚合物又称为共轭聚合物。π键电子波函数的离域性为导电提供了可能。导电聚合物的光电性质主要由π电子决定。

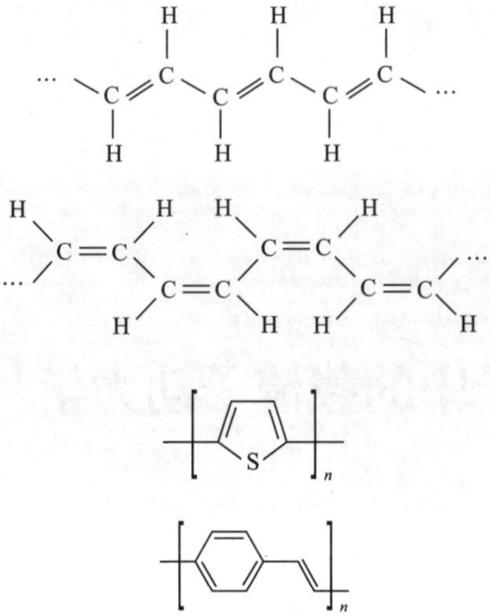

反式聚乙炔(*trans*-PA)

顺式聚乙炔(*cis*-PA)

聚噻吩(PT)

聚对苯乙烯撑(PPV)

图 1-1　几种典型高分子材料的分子结构

另一特征是导电聚合物的准一维属性，其基态是半导体。由图 1-1 可知，大部分聚合物具有线型碳链结构。在同一条聚合物链上，相邻碳原子之间通过共价键结合，是强键，键长较短，约为 1.5 Å，因而π电子云有较大程度的交叠，耦合较强；而在聚合物薄膜中，链和链之间的结合是靠范德瓦耳斯力、氢键等弱键，链间距离较大，为几埃，因此电子云交叠程度很小，与链内相比其耦合要弱得多。因为电子基本上都是在一条链上运动，发生链间跃迁的概率很小，导电聚合物属于准一维体系。早在 1955 年派尔斯(R. E. Peierls)[2]就指出，在低温下，对于非满能带占据的一维晶格，等间距的原子排列是不稳定的。电子与晶格原子间的相互作用必将引起晶格结构的畸变，使其能带在费米面打开带隙，从而导致由导体(金属性)向绝缘体(非金属性)的转变，这就是“派尔斯相变”。理论和实验都已证明，纯净的共轭聚合物材料是不导电的，是半导体或绝缘体(取决于带隙的大小，带隙较小的是半导体，带隙较大的是绝缘体)。

电子-晶格相互作用是导电聚合物的又一重要特性。由于有机高分子的准一维属性，其电子结构与晶格结构是紧密联系在一起的。研究表明，由于电子-晶格(声子)相互作用，电子态与键结构互相影响，有机聚合物中存在着孤子(仅出现在基态简并聚合物中)、极化子、激子等多种非线性元激发[3-5]。有机聚合物中的荷电载流子不再是传统的电子和空穴，而是带有内部晶格结构且可以具有不同电荷-自旋属性的复合粒子，如孤子、极化子、双极化子等；同样，其中的低能激发态也具有多种结构，如激子、双激子等。由固体理论可知，元激发决定着体系的光电性质。因此，这些元激发运动、复合及其相互转化决定了有机材料的输运和光电性质。

也正是由于多样性元激发的存在，有机高分子材料展现了许多新奇的物理现象。

有机导电(共轭)聚合物最特别之处在于，它既有金属或半导体的电子特性，又有聚合物的易加工、力学柔性、低成本等优点。作为一种新型光电功能材料，有机导电聚合物使一些新奇的应用成为可能，如大面积柔性显示、低成本打印集成电路等。从导电聚合物发现到现在，经历了近四十年发展，不仅基础理论研究取得了长足进展，而且在有机器件应用技术上也得到了空前进步。在基础理论方面，对聚合物中的元激发、载流子输运、光电转换等基础理论问题有了更加深入地理解，并发现了许多新的物理现象和物理规律[6]。在应用方面，有机发光二极管(OLED)[7]、有机太阳电池[8]、有机场效应晶体管(OFET)[9,10]、化学传感器[11]、有机激光[12]等多种基于有机聚合物的光电器件已经实现，并朝着产业化方向迈进。总之，有机光电子学已经成为集物理、化学、材料科学、器件工程为一体的新型交叉学科，是当前热点研究领域之一，并正在蓬勃发展。

## 1.1.2　物理模型简介

对于共轭聚合物材料，由于存在着太多自由度(大量的电子、原子核)和复杂的相互作用(电子-电子、电子-声子、聚合物链间耦合)，严格的理论描述是不可能的。在研究过程中经常采用的办法是，经过抽象简化，把复杂的系统变成简单的、能够处理的有效模型。通过模型计算与实验观察结果对比来判断其有效性。对于有机共轭聚合物，由于它的准一维特征，电子-晶格相互作用是关键因素，另外，离域的π电子参与电子运动，对聚合物的电子性质起着决定作用。正是基于这些考虑，苏武沛、Schrieffer 和 Heeger 等[13,14]提出了紧束缚近似下的模型哈密顿量(SSH 模型)。这一模型在研究共轭聚合物的物理性质，如能带结构、元激发、输运性质等，取得了非常大的成功，特别是圆满地解释了反式聚乙炔的导电机理，指出无自旋的孤子是其载流子。聚乙炔是由 CH 单元组成的聚合物链(图 1-1)，是共轭聚合物的典型代表，下面以反式聚乙炔为例来介绍 SSH 模型。

体系的哈密顿量包括电子和晶格原子两部分，即

$$H = H_e + H_a \tag{1-1}$$

式中，$H_e$ 为聚乙炔中离域π电子在一维晶格上的运动，每个碳原子贡献一个π电子，其表达式为

$$H_e = \sum_i h_e^i = \sum_i \left[ -\frac{\hbar^2}{2m} \nabla_i^2 + \sum_n V(r_i - R_n) \right] \tag{1-2}$$

式中，$\hbar$ 为约化普朗克常量；$V(r_i - R_n)$ 为第 $n$ 个 CH 单元(位于 $R_n$ 的晶格格点)

对第 $i$ 个电子(位置 $r_i$)的有效势能；$m$ 为电子质量。

$H_a$ 为由 CH 单元通过定域σ键构成的一维(高分子链)晶格运动，相对于电子，每一 CH 单元(约为 13 个质子)的质量很大，可以做经典处理，即

$$H_a = \frac{1}{2}K\sum_n (u_{n+1} - u_n)^2 + \frac{1}{2}M\sum_n \dot{u}_n^2 \qquad (1\text{-}3)$$

式中，第一项为σ键偏离平衡键长所形成的晶格弹性势能，第二项为晶格原子的动能。$u_n$ 为第 $n$ 个格点在链方向偏离平衡位置的位移，即第 $n$ 个格点的位置 $R_n = R_n^{(0)} + u_n e_x$，其中，$R_n^{(0)}$ 为格点的平衡位置，$e_x$ 为聚合物链方向($x$ 方向)的单位矢量；$K$ 为弹性力常数；$M$ 为 CH 单元的质量；$\dot{u}_n$ 为格点的运动速率。

对于多电子系统，习惯采用二次量子化表示。在紧束缚近似下，用局域的万尼尔函数 $\varphi_n(r)$ (对于聚乙炔，可将其近似为第 $n$ 个碳原子的 $2p_z$ 轨道)作为基函数，电子部分的哈密顿量[式(1-2)]表示为

$$H_e = \sum_{n,n'}\left[\int \varphi_n^*(r)\left(-\frac{\hbar^2}{2m}\nabla^2 + V(r - R_{n'}) + \sum_{l(\neq n')} V(r - R_l)\right)\varphi_{n'}(r)\mathrm{d}r\right]C_n^+ C_{n'} \qquad (1\text{-}4)$$

式中，$C_n^+(C_{n'})$ 为电子的产生(湮灭)算子。首先，考虑到 $\varphi_n(r)$ 是孤立碳原子的本征函数，其满足如下薛定谔方程：

$$\left[-\frac{\hbar^2}{2m}\nabla^2 + V(r - R_n)\right]\varphi_n(r) = E_0\varphi_n(r) \qquad (1\text{-}5)$$

利用不同原子上的波函数 $\varphi_n(r)$ 是正交的，$\int \varphi_n^*(r)\varphi_{n'}(r)\mathrm{d}r = \delta_{nn'}$，并考虑到 $\varphi_n(r)$ 和势能函数 $V(r - R_n)$ 的局域性，在最近邻近似下哈密顿量可写为

$$H_e = E_0\sum_n C_n^+ C_n - \sum_n t_{n,n+1}\left(C_{n+1}^+ C_n + C_n^+ C_{n+1}\right) \qquad (1\text{-}6)$$

式(1-6)中第一项在系统总电子数确定时为常数，不影响物理过程，可省略；相邻格点间电子的交叠积分是两格点间距离的函数，即 $t_{n,n+1} \equiv t(|R_{n+1} - R_n|)$，而

$$t(|R_{n+1} - R_n|) = -\int \varphi_{n+1}^*(r)\left(\sum_{l(\neq n)} V(r - R_l)\right)\varphi_n(r)\mathrm{d}r \qquad (1\text{-}7)$$

最后，考虑到偏离平衡位置 $R_n^{(0)}$ 的位移 $u_n$ 很小，这时相邻格点间的距离

$|R_{n+1}-R_n|=\left|R_{n+1}^{(0)}-R_n^{(0)}\right|+(u_{n+1}-u_n)$ 与平衡位置的距离 $\left|R_{n+1}^{(0)}-R_n^{(0)}\right|=a$（$a$ 为晶格常数）相比差别很小，即 $|u_{n+1}-u_n|\ll a$，于是相互作用能 $t_{n,n+1}$ 可作泰勒级数展开，并保留到线性项，即

$$t_{n,n+1}=t_0-\alpha\left(u_{n+1}-u_n\right) \tag{1-8}$$

式中，$t_0=t\left(\left|R_{n+1}^{(0)}-R_n^{(0)}\right|\right)$，为平衡位置上相邻两格点间的相互作用能；$\alpha=-(dt(x)/dx)_{x=a}$，为相互作用 $t$ 随格点间距离的变化率。再结合式(1-3)，考虑电子的自旋，则整个聚乙炔体系的哈密顿量为

$$H=-\sum_{n,s}t_{n,n+1}\left(C_{n+1,s}^+C_{n,s}+C_{n,s}^+C_{n+1,s}\right)+\frac{1}{2}K\sum_n(u_{n+1}-u_n)^2+\frac{1}{2}M\sum_n\dot{u}_n^2 \tag{1-9}$$

这就是著名的 SSH 模型哈密顿量。苏武沛、Schrieffer 和 Heeger 三人首先利用它从理论上研究聚乙炔，模型中各参数的取值：$t_0=2.5\,\text{eV}, \alpha=4.1\,\text{eV/Å}, K=21\,\text{eV/Å}^2$，$M=1349.14\,\text{eV·fs}^2/\text{Å}^2$。

由上面的推导可知，SSH 模型考虑了共轭聚合物体系中的主要因素：①π电子决定聚合物的电子性质；②电子-晶格相互作用是关键因素。在式(1-9)中，通过电子转移(跃迁)相互作用描述了π电子的运动特征；在包含 $\alpha$ 的项中，既含有电子算符又有晶格位移，这一项描述了电子和晶格(声子)的相互作用。由于晶格原子的质量比电子的质量大很多，其量子效应较小，因此晶格部分采用了经典处理。SSH 模型是一个半量子半经典的模型。

对 SSH 模型做以下几点说明。

(1)SSH 模型是在最简单的聚合物之一——反式聚乙炔的基础上建立的，在描述其他更复杂的高分子结构时，模型需要修正。例如，为了描述顺式聚乙炔、聚噻吩等非简并基态聚合物，需要引入简并破缺参数 $t_e$ 来消除基态简并[15]，即

$$t_{n,n+1}=t_0-\alpha(u_{n+1}-u_n)-(-1)^n t_e \tag{1-10}$$

(2)在 SSH 模型中，没有考虑电子-电子相互作用，为了更完善地研究共轭聚合物的物理性质，需加上描述电子间库仑相互作用的项，如与 Hubbard 模型、扩展 Hubbard 模型[16]相结合。扩展 Hubbard 模型哈密顿量为

$$H_{e-e}=U\sum_n C_{n\uparrow}^+C_{n\downarrow}^+C_{n\downarrow}C_{n\uparrow}+V\sum_{n,s,s'}C_{n,s}^+C_{n+1,s'}^+C_{n+1,s'}C_{n,s} \tag{1-11}$$

式中，$U$ 为同一格点上的电子间相互作用强度；$V$ 为相邻格点间电子间相互作用强度。需要指出的是，当考虑了电子-电子相互作用后，哈密顿量就变成了一个多

体问题，其严格求解变得非常困难，通常可借助 Hartree-Fock(HF)平均场近似、组态相互作用(configuration interaction, CI)、密度矩阵重整化群(density matrix renormalization group, DMRG)等方法近似讨论。

(3)SSH 模型没有考虑聚合物链间相互作用。尽管共轭聚合物链与链之间距离较大，相互作用很弱，但毕竟聚合物是准一维的，链间相互作用对载流子输运、电荷和能量转移、激子拆分等物理性质有着重要影响。可采用描写链间跃迁的哈密顿量

$$H_{\text{int}} = -\sum_{n,s} t_\perp \left( C_{1,n,s}^+ C_{2,n,s} + C_{2,n,s}^+ C_{1,n,s} \right) \tag{1-12}$$

研究有机高分子的链间耦合效应，其中，$t_\perp$ 为链间的跃迁积分。

(4)当研究聚合物中的元激发在外加电场下的运动性质时，需要在 SSH 模型基础上附加描述电场的哈密顿量。在周期性边界条件下，根据电磁场理论，在分子环中施加定向电场，相当于在垂直分子环的方向上施加含时磁场，该电场通过磁场的矢势加在跃迁积分上。这时，附加了电场的电子部分哈密顿量变为

$$H_{\text{e}} = -\sum_{n,s} t_{n,n+1} \left( e^{-i\gamma A} C_{n+1,s}^+ C_{n,s} + e^{i\gamma A} C_{n,s}^+ C_{n+1,s} \right) \tag{1-13}$$

式中，矢势 $A = A(t)$，与外加电场的关系为 $E(t) = -\dfrac{1}{c}\dfrac{\partial A(t)}{\partial t}$（其中 $c$ 为光速）；$\gamma = \dfrac{ea}{\hbar c}$（其中 $a$ 为晶格常数）；$e$ 为电子电荷的绝对值。

有时研究中也采用固定边界条件或开链边界条件，此时外加电场采用标势形式，即附加电场能：

$$H_{\text{ext}} = -\mu E_{\text{x}} \tag{1-14}$$

式中，$\mu = e\sum_{n,s} (na + u_n)\left( C_{n,s}^+ C_{n,s} - 1/2 \right)$，为体系的电偶极矩；$E_{\text{x}}$ 为聚合物链向的电场分量。

下面简单介绍 SSH 模型的求解。SSH 模型中既包含电子，又包含晶格原子以及它们的相互作用，因此需自洽迭代求解。为了得到静态稳定解，即 $\dot{u}_n = 0$，可不考虑晶格动能项。在万尼尔基矢 $\left\{|n\rangle = C_n^+|0\rangle\right\}$ 下（由于自旋简并，此处先略去自旋指标），第 $i$ 个本征波函数 $\varphi_i$ 可写为万尼尔基的线性组合

$$|\varphi_i\rangle = \sum_n \varphi_i(n)|n\rangle \tag{1-15}$$

式中，$\varphi_i(n)$ 为其在第 $n$ 个格点上的分量。那么能量本征方程

$$H_e\left|\varphi_i\right\rangle = \varepsilon_i\left|\varphi_i\right\rangle \tag{1-16}$$

就可以写成

$$-t_{n,n+1}\varphi_i(n+1) - t_{n,n-1}\varphi_i(n-1) = \varepsilon_i\varphi_i(n) \quad (n=1,2,\cdots,N) \tag{1-17}$$

解上述方程组，可得到全部本征值 $\{\varepsilon_i\}$ 和相应的本征函数 $\{\varphi_i\}$。

系统的总能量为电子能量和晶格能量之和，即

$$E_{\text{tot}} = \sum_i n_i\varepsilon_i + \frac{1}{2}K\sum_n\left(u_{n+1} - u_n\right)^2 \tag{1-18}$$

式中，$n_i = 0、1、2$，为分布函数，分别代表第 $i$ 个本征态空占、单占和双占（由于自旋简并和泡利不相容原理，每个本征态只可能出现这三种占据情况）。

晶格位移由体系的能量极小确定，即 $\partial E_{\text{tot}}/\partial u_n = 0$。考虑到晶格结构的稳定性，需要附加高分子链不可塌缩条件，即链长不变，$\sum_n\left(u_{n+1} - u_n\right) = 0$。由拉格朗日不定乘子法可以得到晶格位移所满足的方程：

$$u_{n+1} - u_n = \frac{\alpha}{NK}\sum_n\left(\rho_{n+1,n} + \rho_{n,n+1}\right) - \frac{\alpha}{K}\left(\rho_{n+1,n} + \rho_{n,n+1}\right) \tag{1-19}$$

式中，$N$ 为系统中 CH 单元个数；$\rho$ 为密度矩阵。

$$\rho_{nm} = \sum_i\varphi_i(n)n_i\varphi_i^*(m) \tag{1-20}$$

式中，$m$ 为不同于 $n$ 的格点。自洽迭代求解方程组 (1-17) 和方程组 (1-19)，可得体系的稳定晶格分布和电子态。

## 1.1.3　有机高分子中的元激发

大多数聚合物属于准一维体系，具有较强的电子-声子相互作用，其电子态和键结构互相影响。电荷注入和光激发会诱导聚合物键结构的变化，形成孤子、极化子、双极化子、激子等多种非线性元激发，使得其载流子不再是简单的电子和空穴，而是带有内部晶格结构的极化子、双极化子等；反过来，这些元激发的键结构变化又将影响聚合物的光电性质。下面，我们将结合 SSH 模型数值解来介绍各种元激发的静态特征及其物理属性。

### 1. 聚乙炔基态

聚乙炔中碳原子如果等间距排列（间距为 $a$），即 $u_n = 0$，其构成一维等间距晶格结构。求解方程组 (1-17) 和方程组 (1-19)，得到全部本征值 $\{\varepsilon_i\}$ 和相应的本征

函数 $\{\varphi_i\}$，进一步可计算态密度，$\rho(\varepsilon) = \dfrac{1}{N}\sum_i \delta(\varepsilon - \varepsilon_i) = \dfrac{1}{N\pi}\sum_i \lim_{\eta \to 0}\dfrac{\eta}{(\varepsilon - \varepsilon_i)^2 + \eta^2}$，

其能级结构和态密度（$N=200$）如图 1-2 所示。从图中可以看到，其形成了一条连续能带。聚乙炔中每个碳原子提供了一个π电子，$N$ 个π电子填满了较低能量的 $N/2$ 个本征态（每个电子态可容纳上、下自旋两个电子），能量较高的 $N/2$ 个本征态全空。这是典型的金属特征。

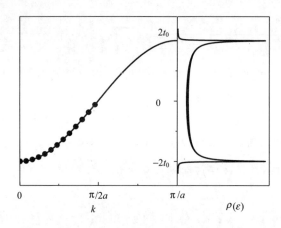

图 1-2　等间距排列时聚乙炔的能级结构和态密度

　　然而，派尔斯指出等间距排列的一维晶格能量较高，是不稳定的，晶格要发生畸变使得体系能量降低。因此，为了确定聚乙炔基态，$n_i = 2$ $(i \leqslant N/2)$, $0$ $(i > N/2)$，需自洽迭代求解方程组(1-17)和方程组(1-19)来确定它的晶格结构和电子能级结构。计算结果表明，晶格的确发生了畸变，相邻原子向不同方向发生了偏移，$u_0 = (-1)^n u_n \approx 0.04\,\text{Å}$。聚乙炔形成了长、短键交替排列的晶格结构，碳原子两两配对，晶格常数变为了原来的两倍，发生了二聚化。伴随着晶格结构畸变，其能级结构也发生了改变，图 1-3 给出了二聚化后的能级结构和态密度（$N=200$）。原来的一条能带分成了两条能带（较低能量的称为价带，较高能量的称为导带），在费米面附近打开了一个带隙，$E_g \approx 1.4\,\text{eV}$。价带全部填满，导带全空，这是半导体（绝缘体）特征。根据式(1-18)计算体系的总能量，发现二聚化后体系总能量的确降低了，$\Delta E/N = [E(u_0) - E(0)]/N \approx -0.015\,\text{eV}$。对于不同程度的二聚化，可以做出 $\Delta E(u)$ 随 $u$ 的变化曲线（图 1-4）。从图中可以看到，除 $u_0 \approx 0.04\,\text{Å}$ 是一个极小值外，$-u_0$ 也是一个极小值。它们对应于两种不同的二聚化状态。当 $u = -u_0$ 时，偶数原子左移，奇数原子右移（A 相）；当 $u = u_0$ 时，则反过来，偶数原子右移，奇数原子左移（B 相）。因而聚乙炔存在着两种简并的二聚化基态，这使得聚乙炔中能够形成孤子。

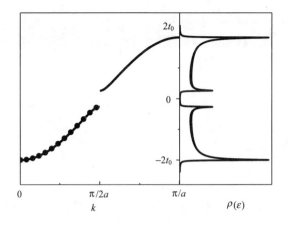

图 1-3　二聚化后聚乙炔的能级结构和态密度

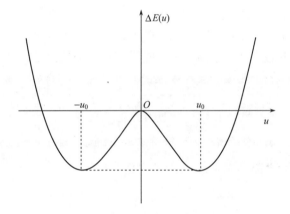

图 1-4　总能量随二聚化大小 $u$ 的变化

### 2. 孤子

通过电荷注入(掺杂)或光激发，可在聚乙炔中激发起孤子。它们具有粒子的特征(定域性、稳定性和完整性)，在固体物理中也称为元激发。在中性聚乙炔链(长度为 $N$)中注入两个额外电子，则总电子数为 $N+2$，除了价带全占满外，还要有两个电子占据导带，此时分布函数应为 $n_i = 2 \ (i \leqslant N/2 + 1), 0 \ (i > N/2 + 1)$。

自洽迭代求解方程组 (1-17) 和方程组 (1-19)，得到体系稳定的晶格结构 (图 1-5) 和电子能谱 (图 1-6)。从晶格结构[用序参量 $\phi_n = (-1)^{n+1} u_n$ 表示，图 1-5] 中可以看出，由于电荷注入，激发了两个过渡区域：一个从 A 相过渡到 B 相，在过渡区形成了畴壁，称为孤子；另一个从 B 相过渡到 A 相，也形成了一个畴壁，称为反孤子。孤子和反孤子是相对而言的。由于 A 相和 B 相能量相同，激发能量只能分布在畴壁中，因而畴壁就是反式聚乙炔中的元激发——孤子或反孤子。

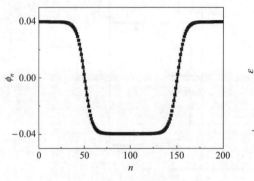
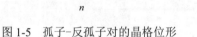

图 1-5　孤子-反孤子对的晶格位形

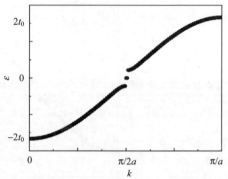

图 1-6　孤子-反孤子对的能谱图

　　由于畴壁的形成，在畴壁范围内，二聚化晶格的周期势被破坏，形成了定域的畸变势场。在此定域势场的作用下，在禁带中会形成分立的电子束缚态，见图 1-6。其波函数分布在孤子范围内，在远离孤子的地方快速衰减为零。因为激发了一对孤子，带隙中出现了两个束缚能级，图 1-7 给出了这两个局域能级的波函数。由图可见，每个能级的波函数包含了两个包络，分别局域在孤子和反孤子周围，这是体系具有中心反演对称的结果。当孤子和反孤子相距较远时，两者之间没有相互作用，此时两个局域能级具有相同的能量，是简并的。由量子力学可知，简并本征态的线性组合仍为系统的本征态。因此，可以构造两新态，$\varphi_S = (\varphi_+ + \varphi_-)/\sqrt{2}$ 和 $\varphi_{\bar{S}} = (\varphi_+ - \varphi_-)/\sqrt{2}$，其波函数见图 1-8。这时，$\varphi_S$ 态的波函

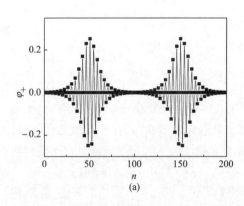

(a)

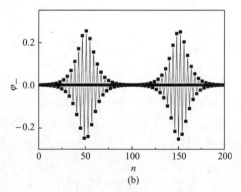

(b)

图 1-7　孤子-反孤子对带隙中两个局域能级波函数

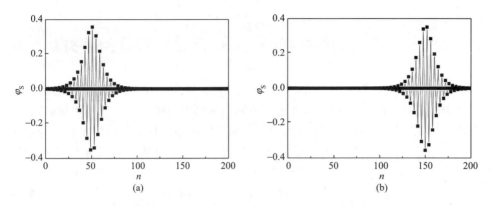

图 1-8 对应孤子(a)、反孤子(b)的局域能级波函数

数仅局域在孤子周围,而 $\varphi_S$ 态的波函数仅局域在反孤子周围。这说明,当两孤子相距较远时,可单独考察。由占据情况可知,孤子和反孤子分别携带一个电子,是负电的。又由于每一个电子态均是双占的,因此自旋为零。因此,携带一个电子的孤子没有自旋。

从中性聚乙炔链中取走两个电子(注入空穴),经过相似讨论可知,每个孤子携带一个电子电量的正电荷,但没有自旋。这反映 SSH 模型哈密顿量中存在的正负能量的对称性,即若存在任一能量为 $E$ 的电子本征态,对应就有一个能量为$-E$的电子本征态。这一对称性表明孤子能级(电子能量为零)可以双占据,可以单占据,也可以不占据。双占据对应负电孤子,不占据对应正电孤子,而单占据则对应中性孤子,图 1-9 给出了孤子的能级示意图。通过光激发,能够产生中性孤子,中性孤子不带电,但具有 1/2 自旋。这表明聚乙炔中孤子具有与一般半导体中载流子(电子或空穴)完全不同的电荷-自旋关系。

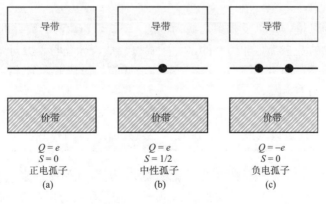

图 1-9 孤子能级及占据情况

$Q$ 代表电荷量;$S$ 代表自旋量子数

## 3. 极化子

在中性聚乙炔链（长度为 $N$）中注入一个额外电子，则总电子数变为 $N+1$，此时，分布函数应为 $n_i = 2\ (i \leqslant N/2), 1(i = N/2 + 1), 0\ (i \geqslant N/2 + 2)$。自洽迭代求解方程组（1-17）和方程组（1-19），得到体系稳定的晶格结构和电子能级结构示意图（图 1-10）。从图 1-10（a）中可以看出，在周期晶格中出现了一个局域的晶格畸变，过剩电子被束缚在这样的畸变势场中，在固体物理中，这称为极化子。在聚乙炔中，极化子可以看成是一对束缚的孤子和反孤子。由于两个孤子是束缚在一起的，它们之间存在着相互作用，禁带中原来简并的两个孤子能级将劈裂为两个，见图 1-10（b）。如果从中性聚乙炔链中移出一个电子（注入一空穴），除了占据情况不同外，可以得到相似的晶格结构和能级结构示意图[图 1-10（c）]。根据能级占据情况可知，极化子可以带一个电子单位的电荷，具有 1/2 的自旋。不存在中性的极化子激发，它是不稳定的，将回到稳定的二聚化基态。

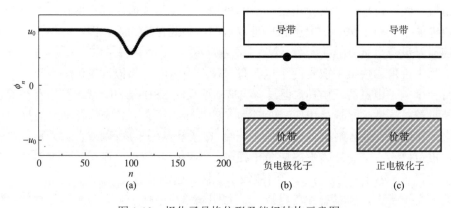

图 1-10　极化子晶格位形及能级结构示意图

## 4. 双极化子

在前面的讨论中是以反式聚乙炔为例的。反式聚乙炔具有简并的基态。其实，大多数聚合物的基态都是非简并的，如顺式聚乙炔、聚噻吩、聚对苯乙烯撑等，它们具有不同能量的 A 相和 B 相。一般称最低能量的基态为 A 相，而具有较高能量的亚稳态为 B 相。

从图 1-5 可以看到，为了激发一对孤子，需要将一段聚合物链由 A 相转变为 B 相，能量储存在过渡区域。对于反式聚乙炔，由于 A 相和 B 相能量相同，两个畴壁可以分得很远（意味着有很长的一段 B 相），变成独立运动的孤子。然而，在非简并基态聚合物中，对于同样的孤子对激发，因为 B 相能量比 A 相能量高，B 相的增长意味着能量升高，所以孤子-反孤子对之间存在着相互吸引作用，使得它们不能分离成相互独立运动的孤子，从而只能在一起形成束缚态——双极化子。

这种效应称为"禁闭效应"。

如前所述，为了描述非简并基态聚合物，需要在跃迁积分中引入简并破缺参数 $t_e$，使得 A 相和 B 相能量不再相等，见式(1-10)。基于修正的 SSH 模型，类似于孤子对激发，可以自洽求解得到双极化子的晶格位形和能级结构示意图，见图 1-11。双极化子可以携带 $\pm 2|e|$ 的电荷，自旋为零。

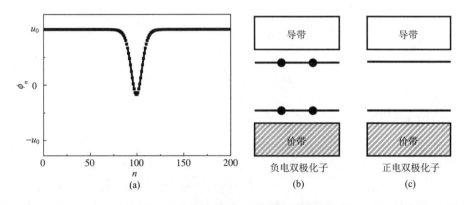

图 1-11　双极化子晶格位形及能级结构示意图

需要说明的是，在非简并基态聚合物中也存在极化子激发。总的来说，孤子只能存在于基态简并聚合物中，双极化子只出现在基态非简并的体系中，而极化子在基态简并、基态非简并聚合物中都能存在。

5. 激子

在传统的无机半导体中，激子是指通过库仑吸引作用而束缚在一起的电子-空穴对。如果它们之间的束缚较弱，结合能较小，将有较大的激子半径，这种激子称为 Wannier-Mott 激子；如果电子-空穴之间是强束缚的，将有较大的结合能和较小的激子半径，称为 Frenkel 激子。在有机共轭聚合物中，除了库仑作用外，还存在很强的电子-晶格相互作用，使得聚合物中即使不考虑库仑作用也能产生"自陷"的激子,电子-空穴对共同束缚于它们自己诱导产生的局域晶格畸变势场中。图 1-12 给出了激子的晶格结构和能级结构示意图。这是以顺式聚乙炔为例，通过自洽求解方程组(1-17)和方程组(1-19)得到的结果。能级占据的分布函数为 $n_i = 2 \ (i \leqslant N/2-1), 1(i = N/2, N/2+1), 0 \ (i \geqslant N/2+2)$，这代表了二聚化基态的光激发过程，即从价带顶激发一个电子到导带底(同时在价带留下一个空穴)，从而激发了一对电子和空穴。在基态简并聚合物中，这样的电子-空穴对激发将诱导形成中性的孤子对，不能形成"自陷"激子。一般认为，激子只能存在于非简并基态聚合物中。

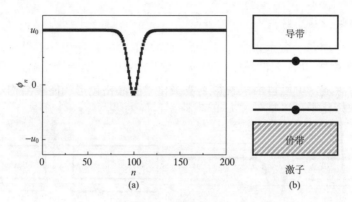

图 1-12 激子晶格位形及能级结构示意图

#### 6. 双激子

基态非简并聚合物中存在着"禁闭效应"，导致共轭聚合物中还可能存在更高能量的激发态，如包含两对电子-空穴对的双激子。双激子可以通过激子再激发实现，也可以通过正、负双极化子碰撞复合实现。通过自洽求解方程组(1-17)和方程组(1-19)，可以得到双激子的晶格结构和能级结构示意图(图 1-13)。禁带中出现两条局域电子态，上能级被两个电子占据，下能级全空(两个空穴)，它们束缚于晶格畸变形成的局域势场中。

#### 7. 极化子激发态

极化子激发态可能是聚合物中一个比较有趣的激发态，它有许多其他名称，如荷电激子、三粒子复合体(trion)等。极化子激发态既带有电荷，也能发光，因此它能够同时参与聚合物的导电和发光。极化子激发态是一个三粒子态，可以包含两个电子、一个空穴(或者一个电子、两个空穴)。极化子激发态有多种生成途径，如极化子光激发、双极化子与一个侧基离子复合、载流子与激子的碰撞复合等。图 1-14 给出了极化子激发态的晶格结构和能级结构示意图。

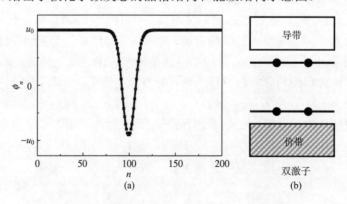

图 1-13 双激子晶格位形及能级结构示意图

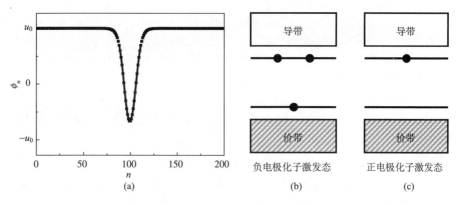

图 1-14　极化子激发态晶格位形及能级结构示意图

## 1.1.4　绝热和非绝热分子动力学方法

聚合物中的元激发是带有内部晶格结构的复合粒子，电子结构和晶格结构相互影响，必须同时考虑。要理解这些元激发的形成条件、动力学稳定性等，需要研究它们的动力学过程；另外，在有机光电器件中，无论是光激发诱导极化子、激子产生的过程，还是电荷注入，载流子的形成、输运及其复合过程，它们本身就是一个动态过程，其中的物理机制需要从动力学的角度去探索和理解。因此，分子动力学方法已经成为研究共轭聚合物中元激发特性的一种重要手段[17-20]。聚合物中元激发动力学性质的研究，对于理解高聚物中的电导率、光电导、电致发光、光伏性质等是非常重要的。下面以 SSH 模型为例介绍分子动力学方法。

1. 绝热分子动力学方法

一般认为，由于电子质量远小于原子核质量，电子运动速度比原子核运动速度快得多，因此电子的运动总能赶上晶格变化。即对于任何晶格位置的瞬时分布 $\{u_n(t)\}$，电子总处于此晶格分布所形成势场的本征态中。这称为绝热近似。

给定时刻 $t$ 晶格位形分布 $\{u_n(t)\}$，代入式(1-9)就得到 $t$ 时刻的哈密顿量。然后，求解电子部分的薛定谔方程(1-16)，可得到 $t$ 时刻电子的瞬时本征态 $\{\varepsilon_i\}$ 和相应的本征函数 $\{\varphi_i\}$。因为哈密顿量是晶格 $\{u_n\}$ 的函数，所以电子能谱 $\varepsilon_i(\{u_n\})$ 也是 $\{u_n\}$ 的函数。因此，电子总能量和晶格部分的势能之和 $E_{\text{tot}}(\{u_n\})$ 也是 $\{u_n\}$ 的函数。此能量就是在位形 $\{u_n(t)\}$ 下晶格的总势能，因而第 $n$ 个格点所受到的力为

$$F_n = -\partial E_{\text{tot}}(\{u_n\})\big/\partial u_n \tag{1-21}$$

于是，第 $n$ 个格点的运动方程由牛顿方程决定

$$M\ddot{u}_n = F_n \tag{1-22}$$

数值求解上述方程，结合电子部分的薛定谔方程(1-17)，逐步迭代求解，就可得到体系随时间的演化过程。

有两点需要说明：

(1)从求解过程可以看出，电子部分采用了量子力学处理，而晶格部分采用了经典处理。

(2)在计算电子总能量的过程中[式(1-18)]，电子在瞬时本征态上的占据数 $n_i$ 保持不变，从这个意义上讲，此方法是"绝热的"分子动力学。

**2. 非绝热分子动力学方法**

聚合物具有非常多的自由度，是一个非常复杂的体系，有时绝热动力学不能够很好地描述其演化过程。例如，当两个瞬时本征态非常靠近时，电子在这两个本征态上的跃迁就不可忽略。这时绝热分子动力学就不再适合，需要采用非绝热的动力学演化方法。

给定初始晶格位移 $\{u_n(0)\}$、电子态 $\{\psi_k(0)\}$ 及其占据分布函数 $f_k$，与绝热动力学方法不同，电子波函数不再由瞬时本征态决定，而是遵从含时薛定谔方程：

$$i\hbar\dot{\psi}_k(t) = H_e(t)\psi_k(t) \tag{1-23}$$

或其分量形式：

$$i\hbar\dot{\psi}_k(n,t) = -t_{n,n+1}(t)\psi_k(n+1,t) - t_{n-1,n}(t)\psi_k(n-1,t) \tag{1-24}$$

注意上述方程中跃迁积分均是晶格位形的函数，因而依赖时间。晶格的总势能为电子能量和晶格势能之和，现在为

$$
\begin{aligned}
V(\{u_n\}) &= \sum_k f_k \langle \psi_k | H_e | \psi_k \rangle + \frac{1}{2}K\sum_n (u_{n+1} - u_n)^2 \\
&= -2\sum_n t_{n,n+1} \operatorname{Re}\rho_{n+1,n}(t) + \frac{1}{2}K\sum_n (u_{n+1} - u_n)^2
\end{aligned} \tag{1-25}
$$

式中，$\rho(t)$ 为 $t$ 时刻的电子密度矩阵，即

$$\rho_{nm}(t) = \sum_k \psi_k(n,t)f_k\psi_k^*(m,t) \tag{1-26}$$

第 $n$ 个格点所受到的力为

$$F_n = -\partial V(\{u_n\})/\partial u_n$$

$$= 2\alpha \left[ \mathrm{Re}\, \rho_{n+1,n}(t) - \mathrm{Re}\, \rho_{n,n-1}(t) \right] - K(2u_n - u_{n+1} - u_{n-1}) \tag{1-27}$$

晶格原子的运动与绝热动力学一样，由经典的牛顿方程确定，即

$$M\ddot{u}_n = F_n \tag{1-28}$$

耦合方程组(1-24)和方程组(1-28)，可用 Runge-Kutta 法求解。

对于任意给定时刻 $t$，将电子态 $\psi_k(t)$ 以瞬时本征态 $\varphi_i$ 为基矢展开，即

$$\psi_k(t) = \sum_i \alpha_{k,i} \varphi_i \tag{1-29}$$

式中，$\alpha_{k,i} = \langle \varphi_i | \psi_k(t) \rangle$。那么，在瞬时本征态 $\varphi_i$ 上的占据数 $n_i$ 应为

$$n_i = \sum_k f_k |\alpha_{k,i}|^2 \tag{1-30}$$

与绝热分子动力学比较发现，非绝热分子动力学允许电子在瞬时本征态上的占据数改变，即允许电子在不同能级之间的瞬时跃迁，从这个意义上讲，此方法是"非绝热的"。

## 1.2　载流子在电场下的运动特征

这一节主要讨论聚合物中的荷电载流子(如极化子、双极化子、极化子激发态等)在外加电场作用下的运动特征，包括荷电载流子的形成、在链内的运动、链间的迁移及解体等。这对于理解聚合物的输运性质是非常重要的。

### 1.2.1　极化子在电场下的运动和呼吸子

极化子作为聚合物中的载流子，它在外加电场作用下的运动情况已经得到了广泛且深入的研究[21-27]。下面来介绍极化子的主要运动特征。

通过 1.1.3 节的介绍可知，在聚合物中注入一个额外电荷(电子或空穴)，注入电荷将诱导晶格畸变形成极化子，通过自洽求解可得到极化子的稳定晶格位形和电子态。将其作为初态，然后加入电场，局域在极化子中的电荷在电场力的作用下开始运动，由于电子和晶格是耦合在一起的，电荷的运动又将拖动晶格畸变和它一起运动，见图 1-15。从图中可见，极化子在短时加速后很快达到一个稳定速度，称为该电场下的饱和速度。之后，极化子(包括电荷和晶格畸变)作为一个稳

定的准粒子，以该饱和速度匀速运动，这是极化子运动特征之一。

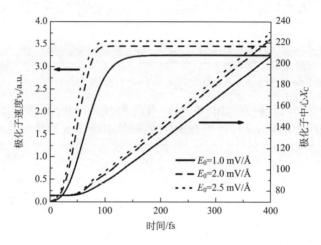

图 1-15 极化子在电场下的运动

　　极化子做匀速运动，速度不再增加，其能量也就不再增长。然而，由于电场一直保持为恒定值，仍不断地向体系提供能量，这些过剩能量将在运动的极化子后面激发起一连串的晶格振动（声子）而耗散掉。如果在极化子运动达到饱和速度后关闭电场，极化子仍然以稳定的速度（但略小于存在电场时的速度）向前运动。这时，由于不再有外加电场提供能量，极化子运动过程中也就不再激发晶格振动了。由于极化子运动速度远高于晶格振动激发的运动速度，两者逐渐分离，见图 1-16[22]。

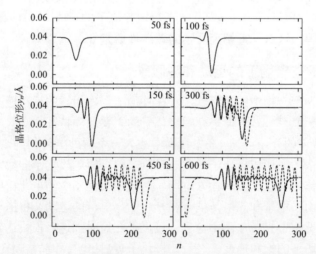

图 1-16 极化子在电场保持（虚线）和关闭（实线）时运动情况比较

为了明确极化子运动过程中所激发晶格振动的物理本质，可从计算数据中提取出晶格振动部分的信息(晶格位移和速动)，将其作为初始条件做进一步的动力学演化，见图 1-17。从图中可以观察到，它们具有典型的呼吸子的特征：空间上是局域的、时间上是周期性的，且可以保持很长时间而不衰减[22]。呼吸子是非线性晶格系统中一种典型的元激发，已有很多研究[28-30]。在聚合物中，Su 和 Schrieffer 在模拟聚乙炔孤子对形成过程时首先发现了呼吸子激发[17]，接着，Bishop 等[31] 基于 TLM 模型[32]给出了呼吸子的解析解。通过与呼吸子解析解比较发现，极化子运动过程中激发的晶格振动实际上是多呼吸子，即多个呼吸子聚合在一起，相邻呼吸子具有相反的位相(相差π)。

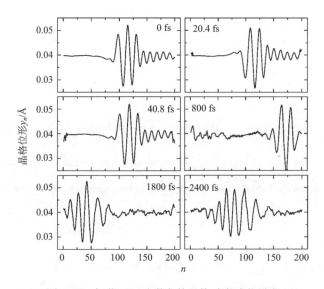

图 1-17　极化子运动激发的晶格畸变演化过程

极化子在外加电场驱动下运动的第二个特征是其饱和速度依赖于电场强度。研究发现：在较低电场强度时，极化子有较小的饱和速度(低于声速)；在中等电场强度时，极化子有较大的饱和速度(几倍声速)，并且饱和速度随电场强度的增加而增加；在强电场强度时，电子与晶格畸变不能够再结合在一起，极化子解离，见图 1-18[23]。这一特征背后的物理原因可这样理解：聚合物中的极化子是电荷诱导的自陷元激发，其晶格畸变包含声学模畸变和光学模畸变两部分。在电场强度较小时，电荷从电场得到的能量较小，不能突破声学的晶格畸变势(声学模畸变势)的约束，它们将一起运动，由于声学模的速度不可能超过声速，因此极化子的运动速度小于声速。随着电场强度增加，电荷从电场中获得的能量逐渐增加。当电场强度大于临界值时，电荷获得了足够的能量，可以突破声学模畸变势的束缚，电荷将不再和声学的晶格畸变一起运动，极化子运动速度大大增加。此时，电荷虽然不再受到声学模畸变势的约束，但仍然和光学模畸变耦合在一起，因此无论从晶格畸变还是电子结构的特征来看，仍旧是极化子。在高电场强度下，电荷获得了足以克服光学模畸变势束缚的能量，成为准自由的电荷，极化子解离。

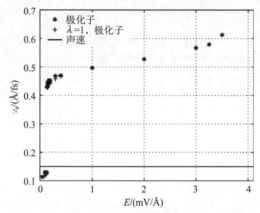

图 1-18　极化子饱和速度与电场强度的关系

聚合物链间相互作用尽管很弱，但是极化子在链间的迁移对于聚合物的电导率以及其他很多物理性质起着非常重要的作用。考虑到链间耦合，Stafström 和 Johansson[21]采用非绝热动力学方法，数值模拟了极化子在两条耦合聚乙炔链间跃迁的动力学过程，结果表明：极化子能否从一条聚乙炔链越过耦合区域到达另一条链敏感地依赖于电场强度，见图 1-19。在较小电场强度时，极化子到达耦合区域后，被链间势垒所阻止，极化子不能通过耦合区域到达另一条链；在中等电场强度时，极化子运动到耦合区域，滞留一段时间以积蓄能量，最终极化子获得足够能量跃迁到第二条链，并仍以极化子形式继续在链中运动；当所外加电场强度非常大时，极化子在跨越耦合势垒的同时也就解离了，不再以极化子的形式存在。

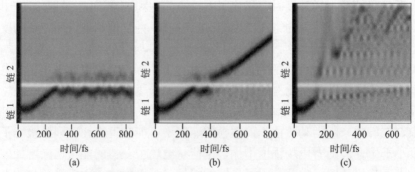

图 1-19　不同电场强度下极化子在两条耦合高分子链中运动的动力学模拟

### 1.2.2　电子-电子相互作用对极化子运动的影响

在 1.2.1 节中，基于 SSH 模型介绍了极化子在外加电场驱动下的运动特性。但是，在 SSH 模型中仅考虑了电子-声子相互作用，完全忽略了电子-电子相互作用。在实际材料中，电子之间的相互作用总是存在的，有时还起着非常重要的作用。那么，电子间相互作用对聚合物中的极化子，特别是其动力学性质会产生什么样的影响？在这一小节，结合 SSH 模型[式(1-9)]和(扩展)Hubbard 模型 [式(1-11)]来讨论这一问题。考虑了电子间相互作用后，严格地说，整个体系变成了复杂的量子多体问题，在比较弱的相互作用(聚合物应该就在这一区域)情况，可采用 HF 平均场方法将多体问题转化为单体问题。首先介绍 HF 平均场近似下的结果[33]。

考虑了电子间相互作用后，极化子的基本运动特征保持不变，即经过短时间加速后，很快就达到一个稳定的饱和速度。极化子在运动过程中不断激发晶格振动(多呼吸子)，从而耗散掉电场提供的过剩能量。为了说明电子-电子相互作用的影响，固定电场强度(在中等电场强度)，改变电子间相互作用强度 $U$，观察极化子饱和速度随电子间相互作用强度的变化。Hubbard 模型(仅考虑同一格点上的电子间相互作用)的结果如图 1-20 所示。从图中可以观察到，随着同一格点上电子间相互作用增强，极化子的饱和速度减小，其最大速度出现在 $U = 0$ 处。从内插图可以发现，随着电子间相互作用增强，极化子的局域程度变强、有效质量增加，因此速度减小。这也说明动力学演化结果与静态计算结果是一致的。

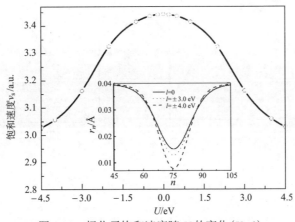

图 1-20　极化子饱和速度随 $U$ 的变化($V = 0$)

图 1-21 给出了在扩展 Hubbard 模型下，极化子饱和速度随电子间相互作用强度的变化关系。可以发现：在给定最近邻格点间电子-电子相互作用强度 $V$ 时，随着

$U$ 的增加，极化子的饱和速度先增加，达到一个最大值 $v_m$，然后减小。如果把极化子最大饱和速度对应的 $U$、$V$ 找到，并把它们画在 $U$-$V$ 图(图 1-22)中，可以发现，极化子的最大速度出现在 $U \approx 2V$ 处。实际上，对一维(扩展)Hubbard 模型的大量研究[34-37]表明：对于电子填充半满的 Hubbard 模型，$U < 0$ 时，体系处于电荷密度波(charge density wave, CDW)相，而 $U > 0$ 时，体系处于自旋密度波(spin density wave, SDW)相，$U = 0$ 是 CDW 相到 SDW 相的量子相变点，体系处在金属相。对于扩展 Hubbard 模型，当 $U < 2V$ 时，体系处于 CDW 相，当 $U > 2V$ 时，体系处于 SDW 相，CDW 相到 SDW 相的量子相变近似发生在 $U \approx 2V$ 附近。在包含电子-声子相互作用的情况下，极化子在电场驱动下可以达到的最大饱和速度出现在 $U \approx 2V$ 附近，这与 CDW-SDW 相变之间的关系还有待进一步的研究。

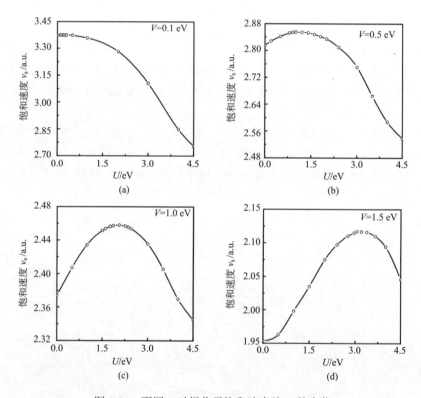

图 1-21　不同 $V$ 时极化子饱和速度随 $U$ 的变化

　　HF 平均场近似仅仅考虑了电子间的交换作用，完全忽略了电子关联效应。为了探讨电子关联效应对极化子动力学性质的影响，需要超越平均场近似。为此我 们[38,39]采用含时密度矩阵重整化群(time dependent-density matrix renormalization group, t-DMRG)方法，数值模拟了极化子在外加电场驱动下的动力学过程。结果显示，同一格点上电子-电子相互作用强度 $U$ 确实抑制了极化子的运动。在 $U$ 值很小时，极化子能以超声速在电场下运动，而在大 $U$ 极限，极化子的运动速度被限制到声速。所得结果与 HF 平均场近似结果定性一致。

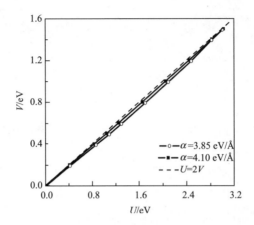

图 1-22　极化子最大饱和速度所对应的 $U$ 和 $V$

### 1.2.3　双极化子的动力学生成和运动特性

在非简并基态聚合物中，除极化子外，双极化子是另外一种可能的载流子。与极化子电荷-自旋关系不同，双极化子携带两个电子电荷、自旋为零。如果电子间相互作用不太强，激发一个双极化子所需能量大于一个极化子的激发能，但小于激发两个极化子所需能量。一般认为，聚合物中的荷电载流子既有极化子又有双极化子，两者共同存在[40,41]。在掺杂(或电荷注入)浓度较低时，极化子是主要载流子；而在浓度较高时，双极化子所占比例将显著增加[40-44]。下面主要介绍双极化子在外加电场作用下的运动特征[45-48]。

首先观察两个极化子碰撞复合形成双极化子的情况。通过自洽迭代方法，在聚合物链中得到两个空间上完全分开的极化子作为动力学演化的初始态。通过施加电场(两个极化子带有同号电荷，为了使它们相对运动，所加电场方向相反)，极化子被加速，逐渐达到饱和速度，之后关闭电场，两个极化子以该饱和速度相互靠近、碰撞、分开或复合，如图 1-23 所示。如果两个极化子自旋相同，由于泡利不相容原理的限制，它们碰撞后会分开，不能复合形成一个双极化子，如图 1-23(a)所示。如果两个极化子自旋反平行，它们相遇后将复合形成双极化子，如图 1-23(b)所示。

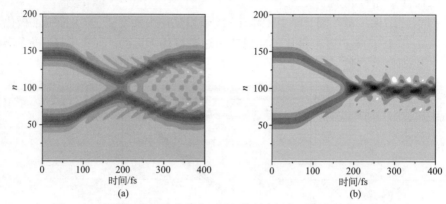

图 1-23 自旋相同(a)和自旋相反(b)的两个极化子复合的动力学过程

在实际的有机光电器件中，当然不会施加方向相反的电场，电场只有一个方向，带有同号电荷的极化子将朝同一方向运动。那么，这种情况下两个极化子还有机会相遇并复合成双极化子吗？答案是肯定的。高分子材料具有有限的共轭长度，而且分子链之间并不是孤立的，而是耦合在一起的，因此链间耦合对双极化子的形成起着重要作用。在 1.2.1 节中已经说明，链间耦合区域对极化子的运动起到束缚和限制作用，极化子运动到耦合区域并不能马上跃迁到下一条链上继续运动，而会在耦合区域停留一段时间，这为两个极化子的复合提供了机会。研究表明：两个自旋反平行的极化子能够在链间耦合区域相遇并复合成一个双极化子。另外，聚合物-聚合物界面也起到相同的作用，也就是说，两个极化子在聚合物界面处也有复合形成双极化子的机会。

对双极化子在外加电场驱动下的运动特性研究表明，与极化子运动相似，在电场作用下加速，然后达到该电场下的饱和速度，而后不断激发多呼吸子以耗散电场提供的过剩能量；在较小电场强度时，双极化子运动速度低于声速，在中等电场强度时，双极化子以超声速运动，在电场强度非常高时，双极化子解离，如图 1-24 所示，但是，与极化子相比也有很大不同。首先，极化子可以从一条链跃迁到相邻链上，然后继续以极化子形式运动。然而，双极化子不能从一条链跃迁到另一条链，并保持双极化子形式在第二条链上运动，它被束缚在链间耦合区域，除非有足够强的电场使它解离。另外，在相同的电场强度下，双极化子运动速度一般低于极化子的运动速度。这是因为与极化子相比，双极化子有更大的结合能，因此有较高的局域度和较大的有效质量。基于相同的原因，双极化子更加稳定，其解离电场强度一般高于极化子的解离电场强度。

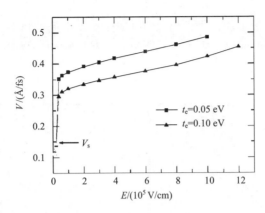

图 1-24　双极化子饱和速度与电场强度的关系

$V_s$ 代表声速；$t_e$ 代表链间耦合强度

## 1.2.4　极化子激发态的形成、运动及解体

极化子激发态在无机半导体形成的量子点、量子阱和超晶格中已有大量研究工作，其形成主要起源于库仑相互作用和尺寸限制效应。在有机共轭聚合物中，由于电子-声子相互作用引起的自陷效应，极化子激发态也是稳定的元激发，其晶格位形和能级结构示于图 1-14。最近，一些实验结果也表明在共轭聚合物、有机分子和一维碳纳米管中极化子激发态存在的可能性[49-51]。极化子激发态有多种生成途径，如可以通过极化子光激发、双极化子与一个侧基离子复合、载流子与激子的碰撞复合等。这里，主要介绍双极化子与一个带异号电荷的侧基离子复合生成极化子激发态的过程[52]，以及极化子激发态在电场驱动下的运动特征。其他一些相关物理过程将会在 1.4 节中介绍。

为了模拟在外加电场作用下，链内双极化子和局域在侧基中的未配对电子的碰撞、复合过程，可以通过自洽迭代方法在聚合物链的一端形成一个稳定的双极化子（以正电双极化子为例），并使它远离侧基（初始无相互作用），作为模拟的初始状态。然后，开启电场，双极化子在电场作用下加速后以饱和速度接近侧基离子，并与侧基离子发生电荷和能量交换。模拟显示有以下三种情况：①在较小电场强度时，双极化子运动速度较低，当双极化子与侧基离子相遇后，被侧基离子束缚，如图 1-25(a) 所示。②在中等电场强度时，双极化子有较高的运动速度，当它与侧基碰撞后，能与侧基离子有充分的电荷交换，形成极化子激发态。并且，极化子激发态能在电场的作用下逃离侧基束缚，继续沿链运动，如图 1-25(b) 所示。③在强电场强度下，双极化子有更高能量，速度也更快，当它与侧基相遇时，来不及与侧基离子交换电荷，双极化子就通过了主链与侧基的耦合区域，因此极化子激发态不能有效生成，如图 1-25(c) 所示。从上面的讨论可以看出，极化子激发态的形成敏感地依赖于外加电场强度。另外，极化子激发态的形成也依赖于侧基电势、主链-侧基间的耦合强度等因素。

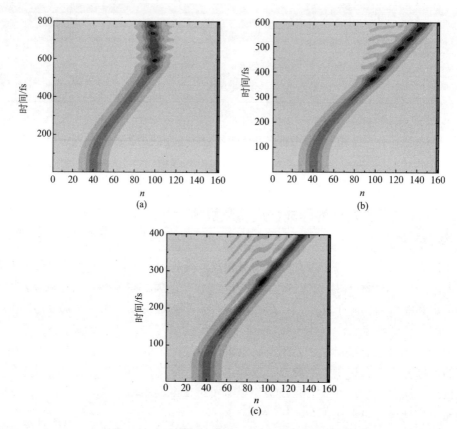

图 1-25　不同电场强度下双极化子与侧基离子碰撞复合过程

极化子激发态在外加电场作用下的运动特性与极化子、双极化子的运动特征相似，即依赖于电场强度，有相对应的饱和速度。在较小电场强度时，运动速度低于声速；在中等电场强度时，以超声速运动；在强电场强度时，极化子激发态解离。与极化子、双极化子相比，极化子激发态在晶格位形上的局域程度更高，因而有较大的有效质量。所以，极化子激发态的运动速度低于极化子和双极化子的运动速度，其解离电场强度高于极化子、双极化子的解离电场强度。

## 1.3　光致载流子产生及载流子的光诱导现象

有机高分子材料最重要的特性就是其电子态与键结构相互影响，如光激发电子从能量低的状态跃迁到能量高的状态，晶格结构将随之改变，就会形成新的电子-晶格自洽局域态。这种相互影响使有机高分子材料具有一系列新颖的光诱导现象。

### 1.3.1　光激发态动力学及荷电载流子产生

聚合物中光生载流子的物理机制长期以来一直存在争议[53]，主要有以下两种观点。一种观点认为，聚合物中电子-电子相互作用是主要的，从而光激发的主要产物是具有较大结合能的激子，电荷载流子(荷电极化子)的产生是一个二阶过程——起源于激子的解体。另一种观点则认为，共轭聚合物中存在较强的电子-声子相互作用，电荷载流子可以通过光激发直接产生，光生电荷是一次过程(或称一阶过程)。为了理解有机高分子光激发后的产物，直接模拟其光激发态的动力学弛豫过程显然是一种有效的方法[54-58]。

有机高分子的基态是电中性的绝缘体，晶格具有长、短键交替排列的二聚化结构，在导带和价带之间打开一个带隙。在基态，所有的价带能级是双占的，而导带能级是全空的。在光的激发下，价带中的电子可以吸收光子跃迁到导带。因此，可以通过改变电子的占据来模拟各种光激发态。在电子刚激发时，晶格位形还没改变，基态的二聚化晶格位形就是初始位形。初始晶格位形及激发的电子态确定下来，那么晶格和电子态的时间演化由耦合方程组(1-24)和方程组(1-28)确定。

作为示例，图 1-26 给出了前六个能量较低的光激发态($\varepsilon_i^v \to \varepsilon_i^c, i=1\sim6$，v、c 分别表示价带和导带)的晶格动力学演化过程。用交替的键序参数 $\delta_l = (-1)^l \left(2u_l - u_{l+1} - u_{l-1}\right)$ 表示它们的晶格结构。从 $\varepsilon_1^v \to \varepsilon_1^c$ 光激发态的晶格弛豫过程[图 1-26(a)]中可以看到，这样的一对电子-空穴对导致晶格迅速发生畸变，形成一个极化子类型的晶格畸变。相应地，随着这样的晶格畸变的形成，能级 $\varepsilon_1^v(\varepsilon_1^c)$ 上移(下移)到带隙中，由原来的扩展态变为两个局域能级，对应电子波函数局域在晶格缺陷附近。因而，在能级 $\varepsilon_1^c$ 上的电子和能级 $\varepsilon_1^v$ 上的空穴同时束缚在这一缺陷中，自陷电子-空穴束缚态形成。这就是自陷激子，它的晶格位形和能级结构示于图 1-27(a)。

与 $\varepsilon_1^v \to \varepsilon_1^c$ 不同，对于 $\varepsilon_2^v \to \varepsilon_2^c$ 光激发态，这样的电子-空穴对诱导晶格弛豫形成两个极化子类型的晶格畸变[图 1-26(b)]。模拟这一过程到几皮秒，发现它们仍然保持两个极化子结构而不合并成一个，说明这一激发态是动力学稳定的。

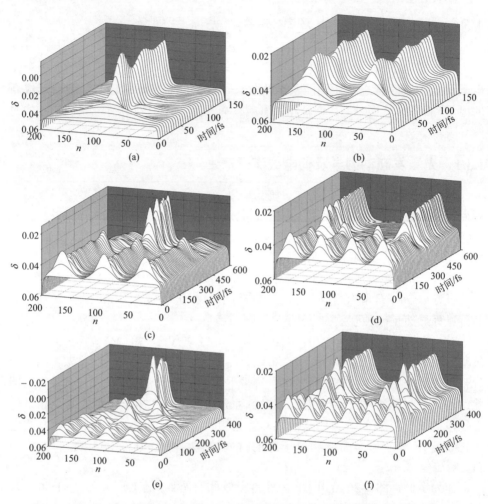

图 1-26 光激发态（$\varepsilon_i^v \to \varepsilon_i^c, i = 1 \sim 6$）的晶格动力学演化过程

(a)～(f) 分别对应于 $i = 1$，2，3，4，5，6

考虑到初始波函数的分布，不难理解这一结果。与一维势阱中的自由电子相似，在二聚化基态，它们的波函数是正弦调制的，$\varepsilon_2^v(\varepsilon_2^c)$ 电子态的波函数在链中有一个节点，因此它们的波幅有两个最大位置。在波函数有较大幅度的位置容易引起晶格形变，随着时间的推移，两个极化子类型的晶格扭曲就形成了。从图 1-26(b) 中可以看到，这两个局域缺陷是远远分开的，因此它们是两个独立的准粒子。图 1-27(b) 给出了这一激发态的晶格位形和能级结构示意图。伴随这样一对局域缺陷的出现，四个能级（$\varepsilon_1^v$、$\varepsilon_1^c$、$\varepsilon_2^v$、$\varepsilon_2^c$）弛豫到禁带中，变成局域能级。需要指出的是：在弛豫过程中，随着时间的增加，两个局域缺陷的局域性变得越来越强，

它们的波函数之间的交叠越来越小，因此能级 $\varepsilon_1^{\mathrm{v}}$ 和 $\varepsilon_2^{\mathrm{v}}$（$\varepsilon_1^{\mathrm{c}}$ 和 $\varepsilon_2^{\mathrm{c}}$）就变得越来越近。最后，当两个局域缺陷完全分开(它们的波函数不再交叠)时，能级 $\varepsilon_1^{\mathrm{v}}$ 和 $\varepsilon_2^{\mathrm{v}}$（$\varepsilon_1^{\mathrm{c}}$ 和 $\varepsilon_2^{\mathrm{c}}$）就变成两重简并能级。然而，这四个能级的波函数 $\psi_{1,2}^{\mathrm{v}}$、$\psi_{1,2}^{\mathrm{c}}$ 均分布在两个缺陷上。由量子力学可知，简并本征态的线性组合仍为系统的本征态。因此，可以通过线性组合得到两个准粒子局域电子态的波函数，$\chi_{\mathrm{L,R}}^{\mathrm{d}}=\left(\psi_1^{\mathrm{v}}\pm\psi_2^{\mathrm{v}}\right)\big/\sqrt{2}$，$\chi_{\mathrm{L,R}}^{\mathrm{u}}=\left(\psi_1^{\mathrm{c}}\pm\psi_2^{\mathrm{c}}\right)\big/\sqrt{2}$。

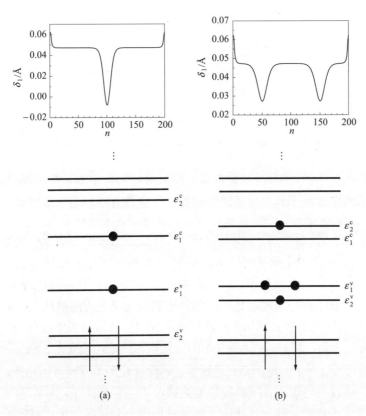

图 1-27　单局域缺陷(a)和双局域缺陷(b)的晶格位形及能级结构示意图

因此，这样包含双局域缺陷的激发态应该是如图 1-28 所示的四种可能态的混合。图 1-28(a)和(b)对应中性激子和基态；图 1-28(c)和(d)对应相反荷电的极化子对。因为这四种可能态的概率是近似相同的，所以对应这样的光激发态，荷电极化子的产率大约为 50%。

对于其他光激发态的实时演化过程，从图 1-26 可以发现：尽管在演化的早期，不同的光激发态经历了不同的瞬时晶格结构，但是最终它们将演变为上面介绍的两种稳定结构之一。具体地讲，通过奇数能级之间的跃迁实现的光激发态（如 $\varepsilon_3^v \to \varepsilon_3^c$）将发展成为单局域缺陷态，即中性激子；通过偶数能级之间的跃迁实现的光激发态（如 $\varepsilon_4^v \to \varepsilon_4^c$）将发展成为双局域缺陷结构，即激子和荷电极化子对的混合态。

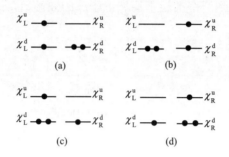

图 1-28    双局域缺陷激发态中的四种可能态

(a)激子态+基态；(b)基态+激子态；(c)负电极化子态+正电极化子态；(d)正电极化子态+负电极化子态

对于任意频率的光激发，考虑到这一能量附近的电子态具有相近的跃迁概率，单局域缺陷的中性激子和双局域缺陷的混合态应该有相同的生成概率。前面的分析也指出，在后者中有一半可能性是荷电极化子。从而总体来讲，荷电极化子(即光生载流子)生成的量子效率近似为 25%。这与实验中发现的光生载流子的产率(在 MEH-PPV 中约为 10%[59-61]，在聚噻吩衍生物中约为 20%[62])基本符合。

在 Moses 等[59-61]的实验中，除了观察到单光子激发(偶极跃迁激发态)能够直接产生电荷载流子外，通过双光子过程，他们也发现了相同的结果。电子从电子态 $\varepsilon_1^v$ 到 $\varepsilon_2^c$ 的跃迁是偶极禁戒的，但这样的激发可以通过双光子过程实现。模拟这样的过程可以看到，与 $\varepsilon_2^v \to \varepsilon_2^c$ 激发态的演化相似，这样的双光子激发诱导了两个晶格缺陷的形成。对于其他的双光子激发态，除了经历不同瞬时结构外，它们具有相似行为。这说明通过双光子激发也能直接产生电荷载流子，和实验结果一致。

有机高分子共轭长度在光载流子形成过程中有着重要作用。对链长依赖性的研究发现：对于单缺陷的激子总能够形成，与分子链的长短无关。然而，对于两个分开的局域缺陷态，即中性激子和荷电极化子的混合态，在短链时的行为和长链情况下不一样。在短链时，虽然两个分开的局域结构也能形成，但经过一段时间后，它们将合并为一个晶格缺陷。另外，聚合物链越短，两个局域晶格结构的存在时间越短。这是由于链端的限制，两个极化子类型的局域晶格扭曲不能完全分开，即它们的波函数有交叠，因此，在弛豫过程中激发的晶格振动的帮助下，将继续向低能态弛豫，从而合并形成中性激子。链越短，它们的波函数之间的交叠越大，由两个独立缺陷到一个晶格缺陷的转变也就越快。也就是说，在短链中，光载流子有较短的寿命。实际上，Moses 等[59-61]已经观察到，在经过拉伸处理的取向 PPV 中荷电载流子要比无序样品中的载流子寿命长。这显然是因为取向 PPV 比无序样品具有较长的共轭链。

## 1.3.2　光控载流子自旋翻转

通常来讲，电子自旋的翻转可以通过电子自旋共振(ESR)实现，这是一个磁偶极跃迁过程。然而，有机共轭聚合物中荷电载流子(极化子)的自旋翻转可以通过光激发完成，这是一个电偶极跃迁过程。粗略估计，电偶极相互作用比磁偶极相互作用大两个数量级，因此电偶极跃迁概率比磁偶极要大四个量级。基于此新奇的光诱导现象，可以设计高效的有机自旋器件，如自旋阀等[63]。

如前所述，电子注入到聚合物中将诱导晶格畸变形成自陷的极化子，极化子是聚合物中的载流子，带一个电子电荷和 1/2 自旋。图 1-29 给出了一个自旋向上($s_z = \hbar/2$)电子极化子的晶格位形、电荷(自旋)分布及能级结构示意图。从图中可以看到，电子极化子在带隙中有两条局域电子态 $\Phi_u$ 和 $\Phi_d$，上能级被一个自旋向上的电子占据，而下能级被两个电子占据。

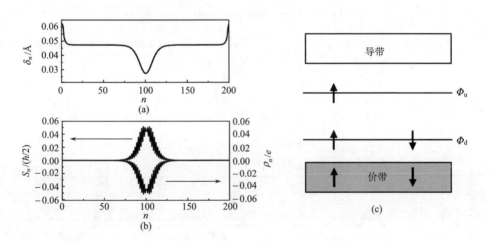

图 1-29　极化子的晶格位形(a)、电荷分布和自旋分布(b)以及能级结构示意图(c)

通过光激发，把下局域能级中自旋朝下的电子激发到导带底(注意，这是电偶极跃迁，自旋并不改变)。由于电子状态的变化，晶格不再稳定，将随之发生变化，其动力学演化过程见图 1-30。从图中看到，激发的极化子由一个对称的晶格缺陷逐渐劈裂为大小不等的两个独立的晶格缺陷。孙鑫[64]指出，这是一个本征的对称破缺过程。为了确定这两个缺陷的属性，图 1-31 给出了几个不同时刻的电荷分布和自旋分布。与晶格演化(图 1-30)比较发现，初始时刻，电子和自旋完全局域在极化子的晶格畸变中；随着时间的推移，电荷分布和自旋分布变得越来越不对称，左边缺陷中电荷越来越少，但自旋逐渐增加。最后，左边缺陷自旋为 1，电荷为零(三重态激子)；右边缺陷带 1 个电子电荷，自旋为–1/2(自旋为–1/2 的电子极化子)。三重态激子将通过非辐射衰变回到基态。总之，在光激发作用下，自旋为 1/2 的电子极化子转变为一个自旋为–1/2 的电子极化子和一个自旋为 1 的三重态激子。也就是说，荷电载流子的自旋在电偶极作用下实现了翻转。

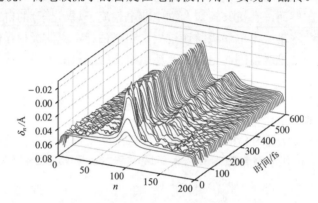

图 1-30　光激发态晶格序参量的演化过程

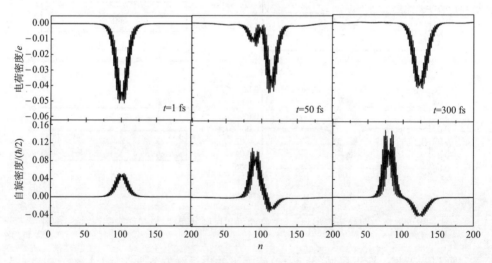

图 1-31　几个不同时刻的电荷分布和自旋分布

下局域能级中自旋向上的电子有相同的概率被激发。这时，体系将演化形成一个自旋 1/2 的电子极化子和一个自旋为 0 的单重态激子。在这一过程中，极化子自旋没有改变。单重态激子将通过自发辐射一个光子回到基态。这表明有一半能量被浪费了。

基于共轭聚合物中的光控自旋翻转效应,可以设计如图 1-32 所示的光控自旋阀。有机共轭聚合物材料作为输运层连接两个铁磁电极。左电极极化方向朝上,右电极极化方向朝下。当电子从左电极注入到有机层,将诱导形成自旋向上的极化子。但当极化子在电场作用下运动到右电极,由于自旋方向相反,极化子不能进入右电极,回路处于关闭状态。当光激发后,极化子自旋翻转,从而能够进入右电极,回路开启。

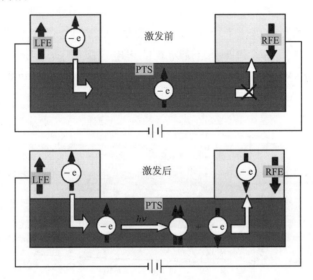

图 1-32　光控自旋阀示意图

LFE 代表左费米能级;RFE 代表右费米能级

### 1.3.3　光致自旋载流子电荷翻转

有机共轭聚合物中的极化子带一个电荷和 1/2 自旋,因此其既是电荷载流子,又是自旋载流子。在光激发作用下,除了极化子的自旋能够实现翻转,与其对应的同样可以实现其电荷符号翻转而保持自旋不变[65]。下面,以正电极化子为例来说明这一过程。

对于一个正电极化子,在带隙中的两个局域能级中,下局域能级被一个电子占据,而上局域能级空占。现在,通过光激发将下局域能级中的电子激发到导带底(电偶极跃迁,自旋不改变),示意如图 1-33 所示。

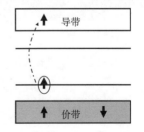

图 1-33　极化子光激发示意图

由于电子状态的变化，晶格变得不再稳定，将随之发生变化。与极化子的自旋翻转过程非常相似(图 1-30)，激发的极化子晶格将发生本征动力学对称破缺[64]，由一个中心对称的晶格缺陷逐渐演变为两个不对称的晶格缺陷。又由于电子态与晶格结构是相互影响的，电荷分布和自旋分布又将随晶格的变化而改变。图 1-34 给出了电荷分布和自旋分布的动力学演化过程。从图中可以发现，与极化子自旋翻转过程不同，初始时刻，电荷和自旋完全局域在极化子的晶格畸变中；随着时间的推移，左边缺陷中的电荷越来越多，而右边缺陷中的电荷逐渐减少。最后，左边缺陷自旋 0，电荷密度为 2|e|(正电双极化子)；右边缺陷带 1 个电子电荷，自旋 1/2(自旋 1/2 的负电极化子)。即通过光激发，自旋 1/2 的正电极化子演化为一个自旋 1/2 的负电极化子和一个自旋为 0 的正电双极化子。也就是说，自旋载流子的电荷在光激发作用下实现了翻转。这样的光诱导现象同样可以用于设计高效的有机自旋器件。

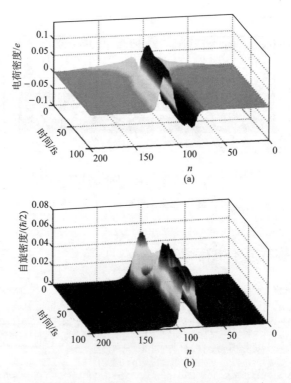

图 1-34 光激发后聚合物链中的电荷分布(a)和自旋分布(b)

### 1.3.4　光诱导极化反转

有机高分子中还发现存在一种有趣的光诱导现象——光诱导极化反转[66-69]。

众所周知，物体在静磁场中可以被磁化，磁化率可正(顺磁性)，也可负(抗磁性)。相似地，在静电场下发生极化，但是(基态)极化率都是正的。能否实现反向极化(极化率为负)呢？答案是肯定的。研究发现：在有机高分子中，双激子就呈现出奇异的反向极化特性，其极化率是负的。即在外加电场作用下，正电荷逆着电场方向偏移，负电荷沿着电场方向偏移。图 1-35 给出了双激子在电场作用下的电荷分布[图 1-35(b)]，作为对比，同时也给出了激子在电场作用下的电荷分布[图 1-35(a)]。从图中明显看到，在外加电场作用下，激子和双激子不再是电荷均匀分布的中性态，电荷发生偏移，出现极化。激子是正常极化，即正电荷沿电场方向偏移，负电荷向电场反方向偏移。而双激子的电荷分布正好相反，是反向极化的。外加电场诱导的电偶极矩与电场方向相反，其极化率是负的。下面简单介绍双激子反向极化特性的物理机理。

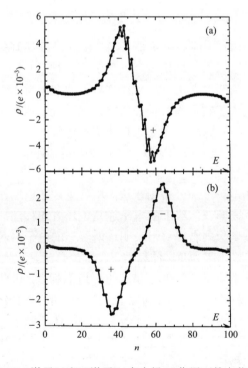

图 1-35　激子(a)和双激子(b)在电场($E$)作用下的电荷分布

如图 1-36 和图 1-37 所示，激子和双激子具有非常相似的晶格结构和电子能级结构，都有局域的晶格畸变，电子和空穴同时自陷在局域的晶格势场中，与之对应的，在带隙中都有两个局域能级。激子和双激子的差别在于：激子的上、下局域能级各占据一个电子，而双激子的上局域能级被两个电子占据，下能级空占。因此，它们不同的极化性质应该与两个局域能级的极化性质有关。根据量子力学知识[70]，若体系第 $i$ 个本征态的极化率为

$$\alpha_i = \sum_{j(\neq i)} \frac{2|\mu_{ij}|^2}{\varepsilon_j - \varepsilon_i} \tag{1-31}$$

式中，$\mu_{ij} = \langle \varphi_i | \hat{\mu} | \varphi_j \rangle$，为态 $i$ 和态 $j$ 之间的跃迁偶极矩。则体系的总极化率 $\alpha \left( \equiv \sum_i^{\text{occ.}} \alpha_i \right)$ 为

$$\alpha = \sum_i^{\text{occ.}} \sum_j^{\text{unocc.}} \frac{2|\mu_{ij}|^2}{\varepsilon_j - \varepsilon_i} \tag{1-32}$$

对于基态，式 (1-32) 中的分母总是正的，因此对于任何分子，其基态极化率总是正的。然而对于激发态，极化率可以是负的。对于有机高分子中的激子和双激子，两条带隙中的局域态能量 ($\varepsilon_u$、$\varepsilon_d$) 相近，即能量差较小；另外，它们之间的跃迁偶极矩又远远大于它们与其他能级之间的跃迁偶极矩。因此，由式 (1-31) 可知，低能量局域态的极化率 $\alpha_d$ 主要来自上局域能级的贡献，而上局域电子态的极化率 $\alpha_u$ 主要来自下局域能级的贡献，其他能级的贡献很小，基本可以忽略 (数值计算表明的确如此)。因为 $\varepsilon_u > \varepsilon_d$，所以 $\alpha_u < 0$, $\alpha_d > 0$。图 1-36 给出了上、下局域能级波函数在外加电场下的分布图。从图中可见，在电场作用下，下局域能级的波函数向左偏移，表明该能级上的电子逆着电场方向移动，是正向极化的；相反，上局域能级的波函数向右偏移，表明该能级上的电子沿着电场方向偏移，因而是反向极化的，其极化率为负。计算结果与理论分析是一致的。对于激子，上、下两个局域态各占一个电子，负的 $\alpha_u$ 和正的 $\alpha_d$ 近似相抵，因此激子的正向极化来自填满的连续价带 (说明填满的连续价带表现为较弱的正向极化)；对于双激子，上局域能级被两个电子占据，下局域能级空占，因此双激子态的极化特性应是上局域态的较强的反向极化与填满的连续价带的较弱的正向极化之差，结果双激子态表现出明显的反向极化。

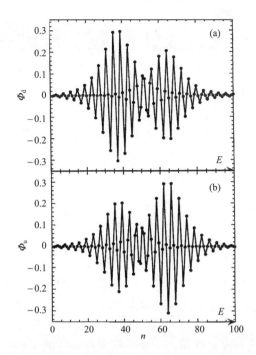

图 1-36　下局域能级(a)和上局域能级(b)在外加电场作用下的分布

电场方向为从左向右

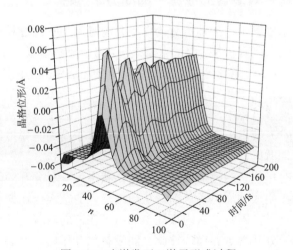

图 1-37　光激发下双激子形成过程

在光激发下，激子能够吸收一个光子，把下局域能级上的电子激发到上局域能级，伴随电子态的改变，晶格弛豫形成双激子。图 1-37 给出了晶格的演化过程。

而当双激子上局域能级的一个电子跃迁到下局域能级时，晶格弛豫，又将转化为激子。这样的转化在 100 fs 量级完成，是超快过程。由于激子和双激子具有方向相反的极化率，在光诱导下完成激子-双激子转化时，系统的极化率会发生瞬时反转，这就是光诱导极化反转。光诱导极化反转为开发超快过程的分子开关提供了理论基础。

另外，相关研究也表明极化子是正向极化的，而极化子激发态是反向极化的[71,72]。因此，通过光激发它们之间也可实现极化反转。

## 1.4　有机高分子中激子相关的动力学过程

由于有机高分子的准一维属性和特有的共轭π电子结构，电子态与键结构相互影响，具有孤子、极化子、双极化子、激子、双激子、极化子激发态等多种非线性元激发。这些元激发是带有内部晶格结构，并且具有不同电荷-自旋属性的复合粒子。作为载流子和发光中心，这些元激发的运动、碰撞复合及其相互转化决定着有机材料的输运和光电性质。因此，研究这些载流子的相互转化机制，将对设计开发新型有机光电材料、提高有机光电器件性能提供有益的理论指导。

### 1.4.1　正负极化子对复合形成激子的动力学过程

在有机发光二极管中，大体可分为以下几个基本的物理过程：电子和空穴分别从阴极和阳极注入到有机层，由于自陷效应，将形成电子极化子和空穴极化子；极化子作为载流子，在电场驱动下，它们在有机传输层中分别向阳极和阴极运动；电子极化子和空穴极化子在发光层相遇，碰撞复合形成激子；单重态激子跃迁辐射发出光子。在这些过程中，正负极化子对复合形成激子是非常重要的，因为激子的产率决定着发光效率。本小节将基于非绝热分子动力学模拟结果，介绍正负极化子对的非弹性散射、复合形成激子过程[73-76]。

为了模拟一对极化子的碰撞过程，设初始状态为一对分开的静止正负极化子对。也就是说，在施加外加电场之前，从阳极注入的空穴已在聚合物链的左端形成了一个正电极化子，同时，从阴极注入的电子在链的右端诱导了一个负电极化子。这两个极化子分开得足够远，彼此之间没有相互作用。然后，在一个从左到右的外加电场作用下，空穴(电子)极化子将向右(左)运动，当两个极化子靠近后就会发生非弹性散射。

在不同的外加电场强度下，极化子的碰撞复合过程如图 1-38 所示。从图中可以发现，碰撞前，电子(空穴)极化子以饱和速度运动，而且它们的速度依赖于电场强度(与单独的极化子运动一样，见 1.2.1 节)。当两个极化子的距离大约为 60 $a$($a$ 为晶格常数)时，碰撞行为发生。对于电荷和晶格，它们表现出不同的碰撞行为。当电场强度不太大时，两个极化子在电场的作用下进一步靠近，然后它们相互分开，并在电场作用下朝着相反的方向运动。在两个极化子晶格相互靠近的过程中，它们所带的电荷将互相抵消。当两个极化子完全分开时，伴随着晶格缺陷一起运动的电荷量和符号依赖于电场强度。基本上可分为以下三种情况。

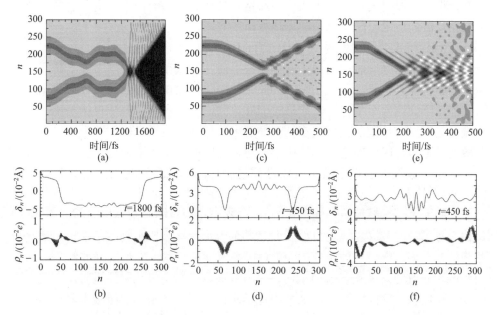

图 1-38　不同电场强度下同一条聚合物链上正负极化子对的非弹性散射过程

(a)、(b) $E_0 = 0.1$ mV/Å; (c)、(d) $E_0 = 0.5$ mV/Å; (e)、(f) $E_0 = 2.0$ mV/Å

### 1)弱电场强度情况

在较弱电场强度($E_0 = 0.2$ mV/Å)作用下，两个极化子开始以较小的饱和速度(小于声速)运动。当两个极化子靠近时，势能增加，极化子的速度逐渐减小，为了克服这一势能的增加，它们甚至等待了一段时间，以便积累足够的能量继续前进。经过一段时间后，它们之间的距离达到最小，然后分开，朝着相反的方向运动。因为在弱电场强度情况下，它们碰撞前有较小的动能，所以这两个极化子不可能靠得很近，因而它们的波函数只有较少的交叠。电荷在两个极化子之间的转移依赖于它们波函数的交叠程度，当两个极化子弹开时，局域在两个极化子中的电荷仅仅是量变小了，而符号没有改变。这样的两个粒子在电场的作用下不可能分开很远(这时它们分开越远，电势能越大)，它们将在电场力的作用下再一次靠近，并合并成一个粒子(激子)。在基态简并的反式聚乙炔中，极化子激子是不稳定的，它将进一步解离为一对孤子对。

2）中等电场强度情况

在中等电场强度（0.2 mV/Å< $E_0$ < 1.2 mV/Å）作用下，这对相反荷电的极化子将碰撞、散射成一对相互独立的准粒子，其中每个准粒子都是极化子和激子的混合态。从图 1-38(c)和(d)可以发现，在电场作用下，这对极化子以饱和速度运动，相互接近。一段时间后，两个极化子晶格结构达到它们的最小距离，然后弹开，并向相反方向运动。与碰撞前的运动有所不同，极化子缺陷的深度呈现一个大约 50 fs 的周期性振荡。这表明两个极化子的碰撞激发了声子振动模式。对于电荷的变化，与弱电场强度时的情形不一样，碰撞后，局域在两个缺陷中的电荷不仅数量减少了，而且符号也改变了。因为此时的极化子对在碰撞前具有较大的速度，即动能，因此这两个极化子在碰撞时能够达到一个较小的距离，也就是说，它们的波函数可以有较大的交叠，有利于实现电荷转移。由于局域在两个缺陷中的电荷改变了符号，因此在电场的作用下，它们之间的距离越来越远。

两个生成粒子的电子特征反映在系统的瞬时本征态和它们的占据数上，见图 1-39。对应两个晶格缺陷，在带隙中存在 4 条局域电子态。用 $\varepsilon_{L1}(\varepsilon_{R1})$ 表示左（右）缺陷较高能量的局域能级，同时用 $\varepsilon_{L2}(\varepsilon_{R2})$ 表示左（右）缺陷较低能量的局域能级。在初始时刻，$\varepsilon_{L1}$ 和 $\varepsilon_{R1}$（$\varepsilon_{L2}$ 和 $\varepsilon_{R2}$）是两两简并的，表明初始时两个极化子是完全分开的，它们之间没有波函数的交叠。随着时间的推移，它们的简并解除，一方面是电场导致的斯塔克（Stark）效应，另一方面，当两个极化子靠近时，它们之间的相互作用也解除能级简并。两个极化子碰撞后，与之相应的能级也表现出振荡行为，这和极化子的深度振荡是一致的。对于能级占据情况，在价带，除了 $\varepsilon_{L2}$ 单占外，其他能级都是双占据的；在导带，只有 $\varepsilon_{R1}$ 是单占的，其余能级全空。这

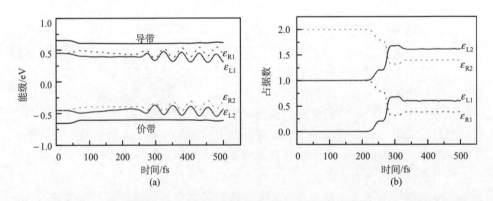

图 1-39　正负极化子对散射过程禁带中局域电子态及其占据数随时间的演化

$E_0 = 0.5$ mV/Å

和初始条件是一致的，即左边是一个空穴极化子，右边是一个电子极化子。在两个极化子发生碰撞前，占据数不随时间变化。在碰撞过程中，能级 $\varepsilon_{R1}$ 和 $\varepsilon_{R2}$ 上的占据数减小，同时，能级 $\varepsilon_{L1}$ 和 $\varepsilon_{L2}$ 上的占据数增加，表明电子从右边的电子极化子转移到左边的空穴极化子中。当两个晶格缺陷完全分开后，能级上的占据数再一次保持不变。这表明碰撞后产生的两个准粒子是相互独立的，并且它们是极化子和激子的混合态(图 1-28)。显然，在碰撞后的晶格缺陷中残存的电荷越多，极化子的成分越大，激子的成分越小。图 1-40 给出了激子的产率随电场强度的变化。可以看到，激子的产率与电场强度密切相关。电场强度过低和过高都不利于激子的形成，在电场强度为 0.6 mV/Å 时，激子的产率最高，大约为 48%。

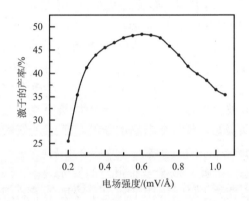

图 1-40　激子的产率对电场强度的依赖关系

3) 强电场强度情况

在强电场强度 ($E_0 > 1.2$ mV/Å) 情况下，由于两个极化子能够从电场获得较大的能量，因此它们有较高的运动速度。它们的碰撞将引起很强的晶格振动，使得它们解体，不再具有规则的晶格自陷结构，同时，电荷变成自由的电子和空穴，在电场的作用下朝着链的两端迅速运动。需要说明的是，正、负极化子碰撞导致极化子解离，其所需电场强度要远远低于单个极化子的解离电场强度。这也再次表明过强的电场不利于激子产生。

实际的正负极化子对复合形成激子的过程比上面单一分子链的情况还要复杂。尽管链间耦合很弱，但是对激子产生有着非常重要的影响。研究表明：对于同一条链上极化子对的散射过程，周围的链对这一过程有较小的影响；然而，对于处于不同链的极化子对的非弹性散射过程，与同一条链上极化子对的散射过程不同，它们在其中一条链上形成自陷激子，只有一小部分电荷成为自由电子。这表明激子在链间耦合区域能够有效产生。因此，通过适当调节链间耦合强度能够有效地提高有机电致发光效率。

### 1.4.2　正负双极化子对复合的动力学过程

如前所述，在有机发光二极管中，正负极化子对碰撞复合形成激子，单重态激子能够通过辐射跃迁回到基态，同时放出光子。然而，在极化子对复合过程中，除了生成单重态激子外，还要生成三重态激子。三重态激子和基态间是自旋禁戒的，不能通过电偶极辐射发光，因此三重态激子是浪费的(只有极小的概率通过高阶过程辐射发光)。根据简单的自旋统计，单、三重态激子的生成比例为 1∶3。也就是说，在电致发光过程中，有 75% 的激子都被浪费了。为了提高电致发光效率，有两种途径：一是尽量减少三重态激子的产生；二是充分利用三重态激子，使其能够直接发光(磷光)或者将其转化为发光的元激发，如单重态激子、极化子激发态等。为此，人们已经做了大量的理论和实验研究工作。

正负双极化子对复合形成双激子的过程就是第一种方式，能够较好地避开三重态激子，图 1-41 给出了其复合发光过程示意图。在本章第一节中已经介绍过，双激子包含两个电子-空穴对，是单重态。双激子在带隙中存在两个局域能级，上局域能级被两个电子占据，下局域能级全空，并且上、下局域能级间有非常大的跃迁偶极矩。当一个上局域能级电子通过偶极跃迁到下局域能级时，将放出一个光子，体系变为单激子(仍是单重态)；进一步地，激子再次偶极辐射发光回到基态。因此，双激子有很高的发光效率。现在的问题是，如何生成双激子？研究表明：空穴双极化子和电子双极化子的碰撞复合能够有效地产生双激子[77]。

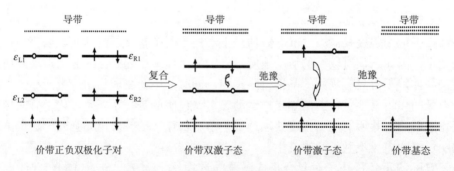

图 1-41　正负双极化子对复合形成双激子及其辐射发光过程示意图

如 1.2 节所述，两个具有相同电荷且自旋反平行的极化子能够复合成为双极化子。这里主要介绍带不同电荷的两个双极化子的复合过程。首先，给出一条聚合物链上两个双极化子的复合过程，如图 1-42 所示。初始时刻，链的左边有一个空穴双极化子，电子双极化子在链的右边，它们离得足够远，没有相互作用。在外加电场作用下，空穴(电子)双极化子经过加速，然后以稳定的速度分别向左(右)运动。当它们相遇时，空穴双极化子和电子双极化子之间交换电荷，经过很短的一段时间，它们复合成一个晶格缺陷(主要为双激子)。该晶格缺陷在电场作用下继续向右运动，这说明该缺陷中保留了部分正电荷。图 1-43 给出了不同时刻的电荷分布。从图中可以看到，两个双极化子复合成一个晶格缺陷后，电荷转移并不完全，保留了部分正电荷。对瞬时本征能级的演化及其占据数分析(也可将演化波函数向瞬时本征态投影)表明，双极化子复合生成的准粒子主要是双激子。瞬时本征能级演化及占据数示于图 1-44。与双极化子复合形成激子相比[图 1-38(c)、(d)]，尽管双极化子复合时电荷交换不完全，但由于它们形成了一个晶格缺陷，因此形成双激子的效率还是很高的。

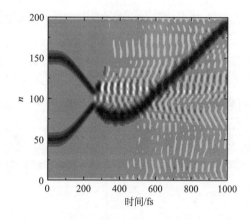

图 1-42　正负双极化子对在一条链上的复合过程

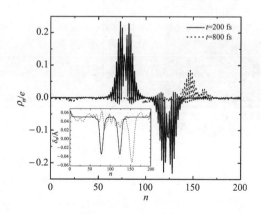

图 1-43　不同时刻的电荷分布

内插图为对应时刻的晶格位形

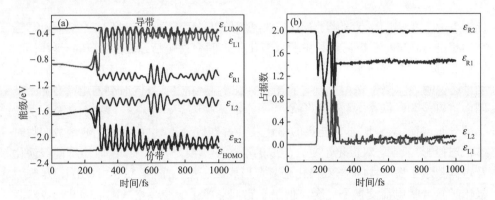

图1-44　瞬时本征能级(a)和占据数(b)随时间的演化

　　另外，双极化子的运动与极化子的运动特征不同，它不能与极化子一样从一条链跃迁到另一条链，然后继续运动。双极化子会被束缚到链间耦合区域。因而，链间耦合对双极化子复合过程很重要。图1-45给出了双极化子对在链间耦合区域的复合过程。从图中可以看到，尽管单个双极化子不能从一条链跃迁到另一条链，但当它在耦合区域遇到另一个带有相反电荷的双极化子时，它们能够复合成为双激子。计算还表明，双激子的产率与链间耦合长度有关。当耦合区域长度在$30\,a$时，双激子的产率最高，如图1-46所示。这是因为当链间耦合长度与双极化子的宽度相近时，它们的波函数交叠最多，电荷能够充分交换，因而双激子产率最大。

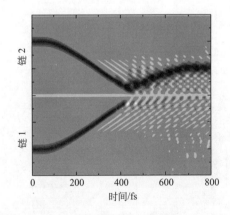 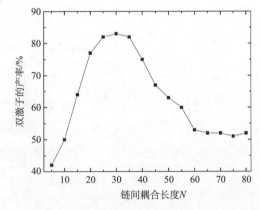

图1-45　正负双极化子对在链间耦合区域的　　图1-46　双激子的产率对链间耦合长度的依赖
　　　　　　复合过程　　　　　　　　　　　　　　　　　关系

### 1.4.3　极化子与三重态激子的碰撞复合及转化的动力学过程

充分利用自旋禁戒的三重态激子也是提高有机电致发光效率的一种途径，常用的方法有：引入重金属元素配合物的磷光染料，增大材料的自旋-轨道耦合效应，增大系间窜越能力，使自旋禁戒的三重态激子发磷光[78-80]。因为磷光材料利用了全部的单、三重态激子，因此使得电致发光内量子效率大大提高；另外，通过载流子与三重态激子的碰撞散射[81-84]、三重态激子–三重态激子湮灭[85,86]、热辅助逆系间窜越[87,88]等过程，能够将三重态激子转化为单重态激子、极化子激发态等发光元激发，这样也能大大提高电致发光效率。本小节将主要介绍极化子和三重态激子碰撞散射过程的动力学模拟，复合后的生成物以及它们各自的产率[89]。

考虑两条平行排列的聚合物链，初始时，链 1 上有一个三重态激子，链 2 上有一个带负电的极化子。先忽略链间耦合，自洽迭代得到初始晶格位形和电荷分布，如图 1-47 所示。伴随着两个晶格缺陷，带隙中出现了 8 个局域能级(在非限制性 HF 近似下，上自旋电子能级和下自旋电子能级是分开的)。从波函数分布图可以看出，第 50 和 51 个上、下自旋能级对应的是位于链 1 上的三重态激子，第 49 和 52 个上、下自旋能级对应的是位于链 2 上的负电极化子。

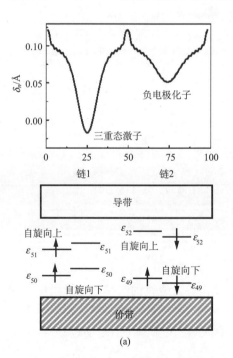

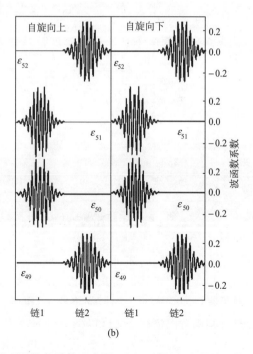

图 1-47　(a)晶格序参量以及极化子和三重态激子的能级结构示意图；(b)局域能级上的波函数

逐渐增加链间耦合强度到一恒定值，然后保持不变，观察在此链间耦合强度下极化子和三重态激子的动力学复合过程。模拟结果表明，在链间相互作用下，极化子和激子内的电荷将发生转移。伴随着电荷分布的改变，晶格畸变也相应地发生变化。图1-48给出了两条链上晶格序参量和电荷密度随时间的演化。可以看到，初始时，链1上是一个三重态激子，它是中性的，链2上是一个带负电的极化子。随着时间的推移，原三重态激子对应的晶格缺陷的局域度逐渐变弱，而原来极化子对应的晶格缺陷的局域度逐渐加强。同时，两条链上的电荷密度分布也发生了变化，链1上电荷量由0变为带了一些负电量，而链2上的负电量数值上减少了，这是因为激子和极化子中的电荷在两条链上发生交换并且重新分配了，即链1上原来局域在激子中的电子和空穴一部分转移到链2上，而链2上原来局域在极化子中的电子一部分转移到链1上。当耦合强度达到恒定值后，两条链上的局域晶格畸变不再变化。尽管电荷分布存在着周期性振荡变化(类似于Rabi振荡)，但平均来讲是不变的。这表明动力学演化达到了动态平衡。

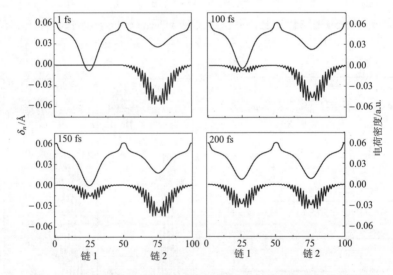

图1-48　不同时刻的晶格序参量(光滑线)和电荷密度分布(锯齿线)

通过观察瞬时本征能级上占据数的变化，可以判断极化子和三重态激子复合的产物，进一步地，可采用本征态投影方法求出各生成物的产率。由于极化子和激子复合后仍为两个局域晶格缺陷(每条链上一个)，因此与构造初态相似，在忽略链间耦合的情况下，可以构造对应每个晶格缺陷的近似本征态：$\chi_1$(局域在一条链上)和$\chi_2$(局域在另一条链上)。分析可知，极化子和激子复合后有如下产物：如链1上是极化子激发态、链2上是基态；或反过来，链2上是极化子激发态、链

1 上是基态，等等。为叙述方便，可将它们分为四类：①极化子和三重态激子态；②极化子激发态和基态；③单重态激子和负电极化子态；④正电极化子和负电双极化子态，如图 1-49 所示。

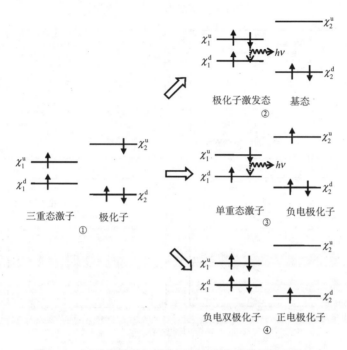

图 1-49　三重态激子和极化子复合后生成的四种可能态

作为例子，图 1-50 给出了在链间耦合强度 $t_\perp = 0.2$ eV 时，这些产物随时间的变化情况。从图中可以看出，随着链间耦合强度的逐渐增加，三重态激子的产率随时间从最初的 100% 逐渐减小，同时双极化子、单重态激子和极化子激发态(分别对应图 1-49 中②、③和④)的产率从最初的 0 都缓慢增加了。这表明初始的三重态激子和负电极化子在链间相互作用下发生电荷转移，逐渐转化为其他三种状态。当链间耦合达到稳恒值(200 fs)后，各种生成物的产率基本上不再变化(仅有微小的振荡)。需要说明的是，在这些产物中，极化子激发态和单重态激子具有相近的跃迁偶极矩，都能够通过电偶极跃迁辐射发光。也就是说，不发光的三重态激子通过与极化子的相互作用转化成发光的极化子激发态和单重态激子，从而提高了有机电致发光的量子效率。

计算表明，三重态激子和极化子复合生成物的产率敏感地依赖于链间耦合强度。随着链间耦合强度的增加，极化子和三重态激子复合产物，即极化子激发态和基态，单重态激子和极化子态，以及双极化子和极化子态的产率单调增大，而初始三重态激子的含量则会降低，如图 1-51 所示。这是因为随着链间相互作用增强，电荷在两条链间的转移越来越容易，因此单重态激子、极化子激发态等产物越来越容易生成。这说明链间相互作用大大增加了发光激发态(单重态激子和极化子激发态)的产率，从而也就提高了有机发光二极管的发光效率。

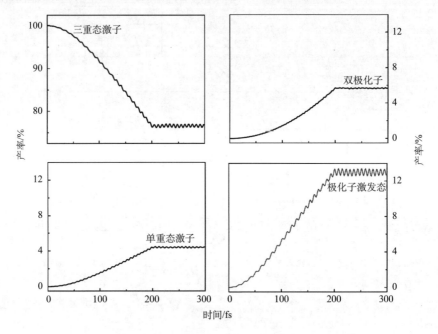

图 1-50　极化子和三重态激子复合物的产率随时间的变化

链间耦合强度 $t_\perp$ = 0.2 eV

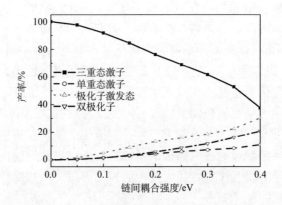

图 1-51　极化子和三重态激子复合物的产率随链间耦合强度的变化

电子-电子相互作用不利于三重态激子向单重态激子、极化子激发态的转化。这是因为电子-电子相互作用增强了电子和空穴的束缚,使得三重态激子局域度增强,从而抑制电荷在两条链间的转移,因此三重态激子和极化子复合形成其他产物的概率就减小了。

## 1.4.4　激子-激子复合的动力学过程

在有机发光二极管中,为了充分利用三重态激子,三重态-三重态激子湮灭(TTA)也是一种可行的方法。在这一过程中,通过湮灭两个三重态激子能够产生一个单重态激子。这样,有机电致发光的内量子效率最高可达 62.5%[90,91]。已有许多实验工作[92-94]研究 TTA 过程,观察到由三重态激子湮灭所导致的延迟荧光现象。 特别地,Partee 等[92]发现薄膜材料中延迟荧光强度远高于溶液中的延迟荧光强度,同时,薄膜中三重态激子寿命要比溶液中的三重态激子寿命短。这表明延迟荧光起源于链间三重态激子湮灭,并且随着链间耦合增强,三重态激子湮灭的效率增高。本小节将主要介绍三重态激子在耦合聚合物链上的湮灭过程的理论研究[95]。

考虑两条平行排列的耦合聚合物链。作为初始状态,两个三重态激子分别位于链 1 和链 2 的中央,它们的晶格位形和电子能谱可自洽迭代求解(初始时先忽略链间耦合)。图 1-52 给出了初始晶格位形、能级结构和局域能级波函数。可以看到,对应两个三重态激子,带隙中出现了 4 个局域能级。因为研究的是两个自旋反平行的三重态激子(对于自旋平行的两个三重态激子,它们不会发生复合和转化),在不考虑链间耦合时,带隙中 4 个能级是两两简并的。从局域能级波函数的分布可以看出,第 49 和 51 个能级对应的是链 1 上的激子,第 50 和 52 个能级对应的是链 2 上的激子。

接下来,观察加上链间相互作用后两个三重态激子的动力学演化过程。计算中为了防止体系发生突然改变,链间耦合是逐渐缓慢增加的,经历了一段时间后,耦合强度保持恒定,不再发生变化。链间相互作用使得电荷在两条链上发生转移,即原来束缚在链 1 上带上自旋的电荷会转移到链 2 上,同时,束缚在链 2 上带有下自旋的电荷也会转移到链 1 上。需要指出的是,与 1.4.3 节中极化子和三重态激子复合的情形不同,现在两条链上都是中性的激子态,链间耦合的作用只是使不同自旋的电荷在两条链上重新分布,每条链上的总电荷数没有发生变化,相应地,两条链上的局域晶格缺陷也没有发生变化。当链间耦合强度增加到恒定值时,电荷在两条链上的转移量达到最大。之后体系的状态不再发生变化,即达到了动力学稳态。

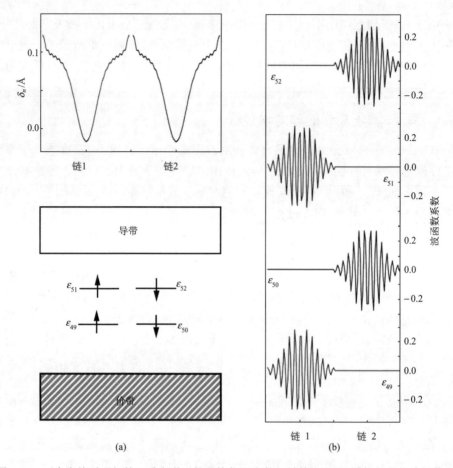

图 1-52　两个自旋反平行的三重态激子的晶格位形和能级结构(a)及局域能级上的波函数(b)

　　通过分析瞬时本征能级上的占据数，可以判断三重态-三重态激子湮灭的产物，如图 1-53 所示。为了叙述方便，将它们简单地分为五类：①每条链上包含一个三重态激子(初态)；②每条链上包含一个单重态激子；③一条链上是极化子激发态，另一条链上是极化子态；④一条链上是负电双极化子态，另一条链上是正电双极化子态；⑤一条链上是双激子态，另一条链上是基态。需要注意的是，①中包含了两个三重态激子；②中包含了两个单重态激子。而③、④和⑤中包含的极化子激发态、双极化子和双激子仅有一个。进一步地，采用本征态投影方法，即将这五种本征态的波函数在体系演化波函数上投影，可求得这些状态的产率。例如，图 1-54 给出了链间耦合强度 $t_\perp = 0.1$ eV 时各种可能生成物的产率随时间的变化。随着链间相互作用的不断加大，三重态激子的产率逐渐减小，同时其他四种状态(分别对应图 1-53②、③、④、⑤)的产率逐渐增大。当链间耦合强度增加到稳恒值(400 fs)后,各种生成物的产率不再发生变化,仅有微小振荡。从图中也可发现,极化子激发态(③)有较高的产率,约 30%,而单重态激子(②)、双激子(⑤)和双极化子(④)的产率近似相同,且产率较低,约 1.5%。如前所述,极化子激发态、单重态激子和双激子能够通过电偶极跃迁辐射发光,都是发光元激发。也就是说,两个不发光的三重态激子湮灭后,可以转化为发光的极化子激发态、单重态激子和双激子。因此,三重态-三重态激子湮灭过程大大提高了有机电致发光的量子效率。需要强调的是,极化子激发态的产率远高于激子和双激子的产率,因此在三重态-三重态激子湮灭过程中,极化子激发态可能会起着更重要的作用。

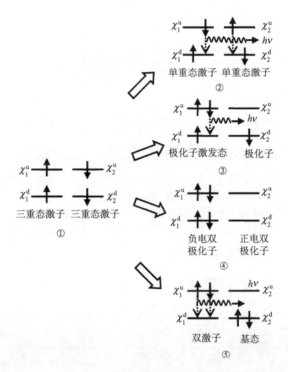

图 1-53　三重态-三重态激子湮灭过程中的五种生成物

　　研究发现,链间相互作用强弱对三重态-三重态激子湮灭后的生成物产率有着重要影响。图 1-55 给出了五种生成物的产率随链间耦合强度的变化关系。从图中看到,随着链间耦合强度增加,电荷在两条链上的转移越来越容易,因而三重态-三重态激子湮灭的生成物(即单重态激子、极化子激发态、双极化子和双激子)的产率均增大,特别地,极化子激发态增加显著。这表明链间相互作用增强,有利于三重态激子的转化,从而能较大地提高电致发光效率。另外,与极化子-三重态激子复合转化不同,其生成物的产率随链间耦合强度单调增加,在三重态-三重态

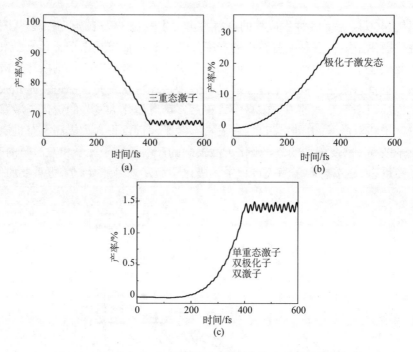

图 1-54　三重态-三重态激子湮灭生成物的产率随时间的变化

$t_\perp = 0.1 \ \text{eV}, U = 2 \ \text{eV}, V = 1 \ \text{eV}$

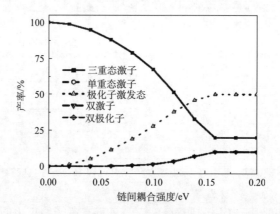

图 1-55　三重态-三重态激子湮灭生成物随链间耦合强度的变化

激子湮灭过程中，其生成物的产率存在饱和现象。从图中可见，当链间耦合强度 $t_\perp > 0.16 \ \text{eV}$ 后，其生成物的产率基本不再变化。最后需要强调的是，理论模拟结果与实验观测结果定性来讲是吻合的。例如，实验发现延迟发光强度在溶液中要比在薄膜中弱，并且溶液中三重态激子的寿命要比在薄膜中长[92]。显然，薄膜中链与链之间的距离要比溶液中链间距小，相应地链间相互作用就强。这表明链间耦合强度越强，三重态-三重态激子湮灭越容易发生。另外，计算发现与极化子-三重态激子复合过程相似，电子-电子相互作用不利于三重态-三重态激子湮灭过程发生。

## 参 考 文 献

[1] Shirakawa H, Louis E J, MacDiarmid A G, et al. Synthesis of electrically conducting organic polymers: Halogen derivatives of polyacetylene, (CH)$_x$. J Chem Soc, Chem Commun, 1977, 578: 2473-2670.

[2] Peierls R E. Quantum Theory of Solids. Oxford: Oxford University Press, 1955.

[3] 孙鑫. 高聚物中的孤子和极化子. 成都: 四川教育出版社, 1987.

[4] Heeger A J, Sariciftci N S, Namdas E B. 半导性与金属性聚合物. 帅志刚, 曹镛, 等译. 北京: 科学出版社, 2010.

[5] 解士杰, 尹笋, 高琨. 有机固体物理. 北京: 科学出版社, 2012.

[6] Brédas J L, Beljonne D, Coropceanu V, et al. Charge-transfer and energy-transfer processes in pi-conjugated oligomers and polymers: A molecular picture. Chem Rev, 2004, 104: 4971-5003.

[7] Burroughes J H, Bradley D D C, Brown A R, et al. Light-emitting diodes based on conjugated polymers. Nature, 1990, 347: 539-541.

[8] Günes S, Neugebauer H, Sariciftci N S. Conjugated polymer-based organic solar cells. Chem Rev, 2007, 107(4): 1324-1338.

[9] Dodabalapur A, Torsi L, Katz H E. Organic transistors: Two-dimensional transport and improved electrical characteristics. Science, 1995, 268(5208): 270-271.

[10] Horowitz G. Organic field-effect transistors. Adv Mater, 1998, 10(5): 365-375.

[11] Thomas S W, Joly G D, Swager T M. Chemical sensors based on amplifying fluorescent conjugated polymers. Chem Rev, 2007, 107: 1339-1386.

[12] McGehee M D, Heeger A J. Semiconducting (conjugated) polymers as materials for solid-state lasers. Adv Mater, 2000, 12(22): 1655-1667.

[13] Su W P, Schrieffer J R, Heeger A J. Solitons in polyacetylene. Phys Rev Lett, 1979, 42: 1698-1701.

[14] Heeger A J, Kivelson S, Schrieffer J R. Solitons in conducting polymers. Rev Mod Phys, 1988, 60: 781-850.

[15] Brazovskii S A, Kirova N. Excitons, polarons and bipolarons in conducting polymers. JETP Lett, 1981, 33(1): 4-7.

[16] Hubbard J. Electron correlations in narrow energy bands. Proc Roy Soc A, 1963, 276: 238-257.

[17] Su W P, Schrieffer J R. Soliton dynamics in polyacetylene. Proc Natl Acad Sci USA, 1980, 77(10): 5626-5629.

[18] Mele E J. Transient structural response to photoexcitation in polyacetylene. Phys Rev B, 1982, 26: 6901-6907.

[19] Streitwolf H W. Dynamics of a bond-disordered Peierls chain and mixed gap states. Phys Rev B, 1998, 58: 14356-14363.

[20] Hirano Y, Ono Y. Photogeneration dynamics of nonlinear excitations in polyacetylene. J Phys Soc Jap, 2000, 69: 2131-2144.

[21] Johansson A, Stafström S. Polaron dynamics in a system of coupled conjugated polymer chains. Phys Rev Lett, 2001, 86(16): 3602-3605.

[22] Yu J F, Wu C Q, Sun X, et al. Breather in the motion of a polaron in an electric field. Phys Rev B, 2004, 70: 064303.

[23] Johansson A A, Stafström S. Nonadiabatic simulations of polaron dynamics. Phys Rev B, 2004, 69: 235205.

[24] Rakhmanova S V, Conwell E M. Polaron dissociation in conducting polymers by high electric fields. Appl Phys Lett, 1999, 75(11): 1518-1520.

[25] Liu X J, Gao K, Fu J Y, et al. Effect of the electric field mode on the dynamic process of a polaron. Phys Rev B, 2006, 74: 172301.

[26] Wu C Q, Qiu Y, An Z, et al. Dynamical study on polaron formation in a metal/polymer/metal structure. Phys Rev B, 2003, 68: 125416.

[27] Yan Y H, An Z, Wu C Q. Dynamics of polaron in a polymer chain with impurities. Eur Phys J B, 2004, 42: 157-163.

[28] Horton G K, Maradudin A A. Dynamical Properties of Solids Ⅶ. Phonon Physics. Amsterdam: Elseiver, 1995.

[29] Flach S, Willis C R. Discrete breathers. Phys Rep, 1998, 295: 181-264.

[30] Fleurov V. Discrete quantum breathers: What do we know about them? Chaos, 2003, 13(2): 676-682.

[31] Phillpot S R, Bishop A R, Horovitz B. Amplitude breathers in conjugated polymers. Phys Rev B, 1989, 40: 1839-1853.

[32] Takayama H, Lin-Liu Y R, Maki K. Continuum model for solitons in polyacetylene. Phys Rev B, 1980, 21(6): 2388-2393.

[33] Di B, An Z, Li Y C, et al. Effects of e-e interactions on the dynamics of polarons in conjugated polymers. Europhys Lett, 2007, 79: 17002.

[34] Lieb E H, Wu F Y. Absence of mott transition in an exact solution of the short-range: One-band model in one dimension. Phys Rev Lett, 1968, 20: 1445-1448.

[35] Zhang Y Z. Dimerization in a half-filled one-dimensional extended Hubbard model. Phys Rev Lett, 2004, 92(24): 246404.

[36] Gu S J, Deng S S, Li Y Q, et al. Entanglement and quantum phase transition in the extended Hubbard model. Phys Rev Lett, 2004, 93(8): 086402.

[37] Baeriswyl D, Campbell D K, Carmelo J M P, et al. The Hubbard Model: Its Physics and Mathematical Physics. New York: Plenum, 1995.

[38] Zhao H, Yao Y, An Z, et al. Dynamics of polarons in conjugated polymers: An adaptive time-dependent density-matrix renormalization-group study. Phys Rev B, 2008, 78: 035209.

[39] Ma H B, Schollwock U. Dynamical simulations of polaron transport in conjugated polymers

with the inclusion of electron-electron interactions. J Phys Chem A, 2009, 113: 1360-1367.

[40] Nowak M J, Spiegel D, Hotta S, et al. Charge storage on a conducting polymer in solution. Macromolecules, 1989, 22: 2917-2926.

[41] Fernandes M R, Garcia J R, Schultz M S, et al. Polaron and bipolaron transitions in doped poly (*p*-phenylene vinylene) films. Thin Solid Films, 2005, 474: 279-284.

[42] Bredas J L, Street G B. Polarons, bipolarons, and solitons in conducting polymers. Acc Chem Res, 1985, 18: 309-315.

[43] Harbeke G, Baeriswyl D, Kiess H, et al. Polarons and bipolarons in doped polythiophenes. Physica Scripta T, 1986, 13: 302-305.

[44] Genoud F, Guglielmi M, Nechtschein M, et al. ESR study of electrochemical doping in the conducting polymer polypyrrole. Phys Rev Lett, 1985, 55(1): 118-121.

[45] Di B, Meng Y, Wang Y D, et al. Formation and evolution dynamics of bipolarons in conjugated polymers. J Phys Chem B, 2011, 115: 964-971.

[46] Zhao H, Chen Y G, Zhang X M, et al. Correlation effects on the dynamics of bipolarons in nondegenerate conjugated polymers. J Chem Phys, 2009, 130: 234908.

[47] Yan Y H, Wu C Q. Dissociation of bipolaron in nondegenerate polymer chain at high electric fields. Phys Lett A, 2007, 364: 425-428.

[48] Yan Y H, An Z, Wu C Q. Formation dynamics of bipolaron in a metal/polymer/metal structure. Eur Phys J B, 2005, 48: 501-508.

[49] Matsunaga R, Matsuda K, Kanemitsu Y. Observation of charged excitons in hole-doped carbon nanotubes using photoluminescence and absorption spectroscopy. Phys Rev Lett, 2011, 106: 37404.

[50] Chen Y, Cai M, Hellerich E, et al. Evidence for holes beyond the recombination zone and trions in the electron transport layer of organic light-emitting diodes. J Photonics for Energy, 2011, 1: 011017.

[51] Kadashchuk A, Arkhipov V I, Kim C H, et al. Localized trions in conjugated polymers. Phys Rev B, 2007, 76: 235205.

[52] Wang Y D, Di B, Meng Y, et al. The dynamic formation of trions in conjugated polymers. Org Electron, 2012, 13: 1178-1184.

[53] Sariciftic N S. Primary Photoexcitations in Conjugated Polymers: Molecular Exciton Versus Semiconductor Band Model. Singapore: World Scientific Publishing Co. Pte. Ltd., 1997.

[54] An Z, Wu C Q, Sun X. Dynamics of photogenerated polarons in conjugated polymers. Phys Rev Lett, 2004, 93(21): 216407.

[55] Meng Y, Di B, Liu X J, et al. Interchain coupling effects on dynamics of photoexcitations in conjugated polymers. J Chem Phys, 2008, 128: 184903.

[56] Meng Y, An Z. Effects of interchain coupling on photoexcitation in two coupled polymer chains in the presence of an electric field. Eur Phys J B, 2010, 74: 313-317.

[57] Zhang Y L, Liu X J, An Z. Temperature effects on the dynamics of photoexcitations in conjugated polymers. J Phys Chem C, 2014, 118: 2963-2969.

[58] McEniry E J, Wang Y, Dundas D, et al. Modelling non-adiabatic processes using correlated

electron-ion dynamics. Eur Phys J B, 2010, 77: 305-329.

[59] Moses D, Dogariu A, Heeger A J. Ultrafast photoinduced charge generation in conjugated polymers. Chem Phys Lett, 2000, 316: 356-360.

[60] Moses D, Dogariu A, Heeger A J. Mechanism of carrier generation and recombination in conjugated polymers. Synth Met, 2001, 116: 19-22.

[61] Moses D, Dogariu A, Heeger A J. Ultrafast detection of charged photocarriers in conjugated polymers. Phys Rev B, 2000, 61(14): 9373-9379.

[62] Ruseckas A, Theander M, Andersson M R, et al. Ultrafast photogeneration of inter-chain charge pairs in polythiophene films. Chem Phys Lett, 2000, 322: 136-142.

[63] Di B, Yang S S, Zhang Y L, et al. Optically-controlled spin flipping of charge carriers in conjugated polymers. J Phys Chem C, 2013, 117: 18675-18680.

[64] Ge L, Li S, George T F, et al. A model of intrinsic symmetry breaking. Phys Lett A, 2013, 377: 2069-2073.

[65] Li S, George T F, Sin X. Charge flipping of spin carriers in conducting polymers. J Phys: Condens Matter, 2005, 17: 2691-2697.

[66] Sun X, Fu R L, Yonemitsu K, et al. Photoinduced polarization inversion in a polymeric molecule. Phys Rev Lett, 2000, 84(13): 2830-2832.

[67] Sun X, Li G Q, Li S. Dynamical process of photoinduced polarization reversion in polymers. Current Appl Phys, 2001, 1: 371-374.

[68] Fu R L, Guo G Y, Sun X. Effects of the electric field on the self-trapping excited states in conjugated polymers. Phys Rev B, 2000, 62(23): 15735-15744.

[69] Sun X, Fu R L, Yonemitsu K, et al. Photoinduced phenomenon in polymers. Phys Rev A, 2001, 64: 032504.

[70] Bonin K D, Kresin V V. Electric Dipole Polarizabilities of Atoms, Molecules and Clusters. Singapore: World Scientific Publishing Co. Pte. Ltd., 1997.

[71] Chen L S, Li S, Sun X. Polarization of polaron in conjugated polymer. Synth Met, 2003, 135-136: 507-508.

[72] 高琨, 刘晓静, 刘德胜, 等. 极化子单激发态的反向极化研究. 物理学报, 2005, 54(11): 5324-5328.

[73] An Z, Di B, Zhao H, et al. Inelastic scattering of oppositely charged polarons in conjugated polymers. Eur Phys J B, 2008, 63: 71-77.

[74] An Z, Wu C Q. A dynamic study on polaron-pair scattering in a polymer chain. Synth Met, 2003, 137: 1151-1152.

[75] Zhang Y L, Liu X J, An Z. Electron correlation effects on polarons recombination in coupled polymer chains. Org Electron, 2016, 28: 6-10.

[76] Di B, Wang Y D, Zhang Y L, et al. The effect of interface hopping on inelastic scattering of oppositely charged polarons in polymers. Chinese Phys B, 2013, 22(6): 067103.

[77] Di B, Meng Y, Wang Y D, et al. Electroluminescence enhancement in polymer light-emitting diodes through inelastic scattering of oppositely charged bipolarons. J Phys Chem B, 2011, 115: 9339-9344.

[78] Ma Y G, Zhang H Y, Shen J C, et al. Electroluminescence from triplet metal-ligand charge-transfer excited state of transition metal complexes. Synth Met, 1998, 94: 245-248.

[79] Baldo M A, O'Brien D F, You Y, et al. Highly efficient phosphorescent emission from organic electroluminescent devices. Nature, 1998, 395: 151-154.

[80] Lamansky S, Djurovich P, Murphy D, et al. Highly phosphorescent bis-cyclometalated iridium complexes: Synthesis, photophysical characterization, and use in organic light emitting diodes. J Am Chem Soc, 2001, 123: 4304-4312.

[81] Shinar J, Shinar R. Organic light-emitting devices (OLEDs) and OLED-based chemical and biological sensors: An overview, and reference therein. J Phys D: Appl Phys, 2008, 41: 133001.

[82] Dhoot A S, Ginger D S, Beljonne D, et al. Triplet formation and decay in conjugated polymer devices. Chem Phys Lett, 2002, 360: 195-201.

[83] Obolda A, Peng Q, He C, et al. Triplet-polaron- interaction-induced upconversion from triplet to singlet: A possible way to obtain highly efficient OLEDs. Adv Mater, 2016, 28: 4740-4746.

[84] Liao H H, Meng H F, Horng S F, et al. Triplet exciton formation and decay in polyfluorene light-emitting diodes. Phys Rev B, 2005, 72: 113203.

[85] Sinha S, Rothe C, Güntner R, et al. Electrophosphorescence and delayed electroluminescence from pristine polyfluorene thin-film devices at low temperature. Phys Rev Lett, 2003, 90(12): 127402.

[86] Iwasaki Y, Osasa T, Asahi M, et al. Fractions of singlet and triplet excitons generated in organic light-emitting devices based on a polyphenylenevinylene derivative. Phys Rev B, 2006, 74: 195209.

[87] Uoyama H, Goushi K, Shizu K, et al. Highly efficient organic light-emitting diodes from delayed fluorescence. Nature, 2012, 492: 234-237.

[88] Zhang Q, Li B, Huang S, et al. Efficient blue organic light-emitting diodes employing thermally activated delayed fluorescence. Nat Photonics, 2014, 8: 326-332.

[89] Meng Y, Liu X J, Di B, et al. Recombination of polaron and exciton in conjugated polymers. J Chem Phys, 2009, 131: 244502.

[90] Jankus V, Snedden E W, Bright D W, et al. Energy upconversion via triplet fusion in super yellow PPV films doped with palladium tetraphenyltetrabenzoporphyrin: A comprehensive investigation of exciton dynamics. Adv Funct Mater, 2013, 23: 384-393.

[91] Jankus V, Chiang C J, Dias F, et al. Deep blue exciplex organic light-emitting diodes with enhanced efficiency; p-type or e-type triplet conversion to singlet excitons? Adv Mater, 2013, 25: 1455-1459.

[92] Partee J, Frankevich E L, Uhlhorn B, et al. Delayed fluorescence and triplet-triplet annihilation in pi-conjugated polymers. Phys Rev Lett, 1999, 82(18): 3673-3676.

[93] Ribierre J C, Ruseckas A, Knights K, et al. Triplet exciton diffusion and phosphorescence quenching in iridium(III)-centered dendrimers. Phys Rev Lett, 2008, 100: 017402.

[94] Baldo M A, Adachi C, Forrest S R. Transient analysis of organic electrophosphorescence. II. Transient analysis of triplet-triplet annihilation. Phys Rev B, 2000, 62(16): 10967-10977.

[95] Meng Y, Di B, Wang Y D, et al. Recombination of two triplet excitons in conjugated polymers. Eur Phys J B, 2012, 85: 415.

# 第 **2** 章

---

## 有机材料的光谱与电子转移理论

## 2.1 引言

随着科技的发展，人们对于可再生能源的需求越来越大。传统无机太阳电池生产工艺成本高、原材料消耗大，迫使人们寻找它的替代品。受益于低廉的工艺成本、简单的工艺流程以及具有柔性等各种独特的物理性质，有机光伏器件受到人们的青睐[1,2]。自 Tang[3] 于 1986 年提出有机给体受体双层太阳能光伏器件的概念以来，有机光伏器件的能量转换效率得到了显著提高[4-8]。然而，目前该类器件的产业化仍然面临许多难点，其中之一便是如何进一步提高有机材料构成器件的能量转换效率，而这一点与有机材料中的微观载流子动力学过程密切相关。在一个典型的有机太阳电池中，微观动力学过程包括有机材料中的光致激子生成、激子迁移和解离、电子与空穴转移以及电极的电荷收集过程[9]。尽管这些过程与传统的无机太阳电池类似，但由于材料微观结构上的巨大差异，其微观动力学机理存在明显的不同。对于无机半导体而言，微观结构上晶格在空间中呈周期性排列，且具有较高的刚性，晶格运动对载流子的影响表现为在原来的周期性势场上引起形变势等附加势场。而在有机半导体中，由于有机分子链的柔性特征，在载流子运动的过程中有机分子的构象往往随之变化，表现出很强的电子-声子相互作用。强的电子-声子相互作用使得人们在对有机材料光谱的理论计算和动力学的理论研究中不得不将分子内部的离散振动模式以及分子环境中的连续声子谱直接包含在理论模型中，也就是所研究的体系的哈密顿量中，而这无疑增加了理论研究的难度。

从光谱特征上看，由于强的电子-声子相互作用，有机分子光谱表现为具有核振动频率分辨的电子光谱。简单的有机单体分子的吸收和发射光谱的表达式可以解析得到[10,11]。然而，对于一般的有机分子聚集体而言，聚集体内的单体分子之间存在偶极-偶极相互作用，这种相互作用的大小同单体分子之间的取向、距离等构型因素以及周围的环境密切相关，并且极大地影响着聚集体对外来辐射场的光学响应。

从微观载流子动力学机理上看，无机材料受到光激发后产生自由电子和空穴，载流子呈现能带式传输的性质，可以用能带模型很好地描述其中的电荷、能量转移机制。而在有机半导体中，由于有机材料较低的介电常数，分子受到光激发后产生的电子和空穴被库仑力束缚在一起，具有 Frenkel 激子的特点；此外有机材料中的电子和空穴常常与振动运动耦合在一起，具有极化子(polaron)性质，而非无机材料中的自由电子和空穴。这些特点使得人们需要用不同于无机半导体的理论方法来阐明有机光伏器件中的微观过程。

有机光伏器件中最核心的一个过程是电荷转移，载流子转移速率的快慢从根本上决定了光伏器件效率的高低。理论上对载流子转移速率的描述始于 1956～1965 年 Marcus[12-16]发表的一系列有关电子转移的论文，即经典的 Marcus 理论。在高温近似下及两个分子单元(给体与受体)间电子耦合强度较弱时，Marcus 公式给出了给体与受体之间载流子转移速率的计算方法。自提出以来，Marcus 理论被广泛地用于预测载流子转移速率，并成功解释、预测了许多实验结果[17,18]。然而，经典 Marcus 理论只适用于非绝热的电子转移反应，即电子耦合强度很弱的情况，并且做了高温近似。为了将低温时或存在高频振动模时显著的核隧穿效应考虑在内，人们在弱电子耦合强度近似下进一步发展了 Marcus 理论[19-23]，提出了相应的半经典模型和量子力学模型。

传统的电子转移理论忽略了核运动对电子耦合强度的影响，即在 Condon 近似下假设电子耦合强度是常数。然而，近年来的研究表明，在许多柔性体系如蛋白质分子、晶型有机半导体中，分子间的振动运动会极大地影响电子耦合强度的大小，甚至改变其符号。此时，就必须将这种非 Condon 效应包含在电子转移速率理论中[24-26]。基于此，人们从不同角度出发发展了多种可以处理非 Condon 效应的理论方法。例如，Medvedev 和 Stuchebrukhov[25]从分子振动能级表象出发研究了指数型和线型的非 Condon 电子耦合形式对电子转移速率的影响。Jang 和 Newton[27]利用一个广义的自旋-玻色模型研究了分子间扭转运动所引起的非 Condon 效应。近年来我们基于弱电子耦合强度近似，发展了一种包含非 Condon 效应的电子转移速率理论[28-30]。在该理论中，分子间振动运动对电子耦合强度的影响由时间关联函数来描述，该描述可以统一地处理不同类型的非 Condon 电子耦合形式，如线型、指数型、高斯型等，且在 Condon 近似下速率常数的表达式将退化为 Marcus 量子力学模型。该理论不仅具有较高的计算效率，而且能为非

Condon 效应提供一个清晰的物理图像。

然而，以上所讨论的理论只有在弱电子耦合强度的区域内才成立。当电子耦合强度足够强时，微扰近似将失效。此外，对于发生在溶液中的载流子迁移，溶剂化效应至关重要。为了突破微扰近似的限制，并且能够有效地描述载流子的溶剂化过程，人们发展了许多新的理论。例如，Jortner 和 Bixon[31]发展了一种同时包含分子内高频振动模和溶剂化效应的理论方法；Zusman[32]提出了一种计算极性溶剂中电子转移速率的方法；Walker 等[33]拓展了 Sumi-Marcus 理论，使其能同时考虑溶剂化和分子振动效应。近年来我们也发展了几种溶剂化电子转移过程的理论模型，即非绝热过渡态理论[34]、类 Kramers 量子理论[35]和扩展的 Sumi-Marcus 理论[36]。利用这些模型，我们既能够完整地覆盖从弱到强的电子耦合强度的参数范围，又能充分考虑溶剂的协同效应。

本章主要涉及有机材料中线性光谱的理论计算和电子转移速率理论的概述及应用。2.2 节将从含时微扰理论出发，推导吸收和发射光谱的普适表达式，然后将其应用到有机单体、聚集体中，并通过例子展示具体应用过程。2.3 节主要讨论弱电子耦合强度下的电子转移速率理论。首先将含时微扰理论用于有机材料中弱电子耦合强度下的电子转移过程，建立与半经典 Marcus 理论、量子力学模型的关系，并给出考虑了非 Condon 效应的电子转移速率的表达式。2.4 节讨论当微扰近似不成立时的几种速率理论。

## 2.2 有机分子材料吸收和发射光谱

### 2.2.1 含时微扰理论

当一个量子力学体系受到来自外界的刺激（如外来辐射场）时，体系会适用含时薛定谔方程，做出对应的响应。若从密度矩阵角度出发，则适用 Liouville-von Neumann 方程。考虑 $t$ 时刻时有如下形式的哈密顿量：

$$H(t) = H_0 + V_{ext}(t) \tag{2-1}$$

式中，$V_{ext}(t)$ 为外界刺激引起的含时势场；$H_0$ 为无外界刺激时的哈密顿量，它是不含时的。体系密度矩阵 $\rho(t)$ 的演化适用如下的 Liouville-von Neumann 方程：

$$i\hbar \frac{\partial}{\partial t}\rho(t) = \left[H(t), \rho(t)\right] \tag{2-2}$$

对于这样的含时问题，在相互作用绘景下处理可以使问题简化，此时运动方程变

为

$$i\hbar\frac{\partial}{\partial t}\rho_{\mathrm{I}}(t)=\left[V_{\mathrm{I}}(t),\rho_{\mathrm{I}}(t)\right] \tag{2-3}$$

式中，$\rho_{\mathrm{I}}(t)\equiv U_0^{\dagger}(t-t_0)\rho(t)U_0(t-t_0)$、$V_{\mathrm{I}}(t)\equiv U_0^{\dagger}(t-t_0)V_{\mathrm{ext}}(t)U_0(t-t_0)$，分别为相互作用绘景下的密度矩阵和含时势场；$t_0$ 为初始时刻；$U_0(t)=\mathrm{e}^{-\frac{i}{\hbar}H_0 t}$，为无外界扰动的哈密顿量 $H_0$ 的传播子。为了书写简洁，引入超算符 $V_{\mathrm{I}}^{\times}(t)$，它对任意一个算符 $O$ 的作用为 $V_{\mathrm{I}}^{\times}(t)O=\left[V_{\mathrm{I}}(t),O\right]$。于是式 (2-3) 可以简化为

$$i\hbar\frac{\partial}{\partial t}\rho_{\mathrm{I}}(t)=V_{\mathrm{I}}^{\times}(t)\rho_{\mathrm{I}}(t) \tag{2-4}$$

式 (2-4) 的形式解为

$$\rho_{\mathrm{I}}(t)=\rho_{\mathrm{I}}(t_0)+\frac{1}{i\hbar}\int_{t_0}^{t}V_{\mathrm{I}}^{\times}(t_1)\rho_{\mathrm{I}}(t_1)\mathrm{d}t_1 \tag{2-5}$$

可以将式 (2-5) 迭代入该式等号右边的积分项中，并重复这个过程，最终得到一个 $\rho_{\mathrm{I}}(t)$ 的无穷级数展开的表达式：

$$\rho_{\mathrm{I}}(t)=\sum_{n=0}^{\infty}\rho_{\mathrm{I}}^{(n)}(t) \tag{2-6}$$

其中

$$\rho_{\mathrm{I}}^{(n)}(t)=\left(\frac{1}{i\hbar}\right)^{n}\int_{t_0}^{t}\int_{t_0}^{t_1}\cdots\int_{t_0}^{t_{n-1}}V_{\mathrm{I}}^{\times}(t_1)\cdots V_{\mathrm{I}}^{\times}(t_n)\rho_{\mathrm{I}}(t_0)\mathrm{d}t_n\cdots\mathrm{d}t_1 \tag{2-7}$$

式 (2-7) 就是密度矩阵的 Dyson 展开。对于体系中某个我们感兴趣的物理量 $O$，为了求得 $t$ 时刻的平均值 $\langle O\rangle$，可以在相互作用绘景下将 $O_{\mathrm{I}}(t)\equiv U_0^{\dagger}(t-t_0)O\,U_0(t-t_0)$ 作用在 $\rho_{\mathrm{I}}(t)$ 上，求迹得到

$$\langle O\rangle(t)=\sum_{n=0}^{\infty}\langle O\rangle^{(n)}(t) \tag{2-8}$$

其中

$$\begin{aligned}
\langle O\rangle^{(n)}(t)=\left(\frac{1}{i\hbar}\right)^{n}\int_{t_0}^{t}\int_{t_0}^{t_1}\cdots\int_{t_0}^{t_{n-1}}\Theta(t-t_1)\cdots\Theta(t_{n-1}-t_n)\\
\times\mathrm{Tr}\left\{O_{\mathrm{I}}(t)V_{\mathrm{I}}^{\times}(t_1)\cdots V_{\mathrm{I}}^{\times}(t_n)\rho_{\mathrm{I}}(t_0)\right\}\mathrm{d}t_n\cdots\mathrm{d}t_1
\end{aligned} \tag{2-9}$$

在式(2-9)中人为地引入了一系列阶跃函数 $\Theta(t)$，以满足 $t \geqslant t_1 \geqslant \cdots \geqslant t_n \geqslant t_0$。这个操作并不会改变最后的结果，但是在形式上保证了该公式符合因果律，即对于 $n$ 阶响应来说，$n$ 次外场的扰动分别是在时间点 $t_n$、$\cdots$、$t_1$ 处按时间先后顺序依次发生的，且对物理量 $O$ 的测量是在最后时刻 $t$ 完成。

至此，得到了一个在外场扰动下体系的某个物理量 $O$ 的平均值随时间演化的无穷级数展开表达式。式(2-8)其实是对含时势场 $V_{ext}(t)$ 的微扰展开，式(2-9)对应着第 $n$ 阶微扰项，其表达式可理解为体系在 $t_n$、$\cdots$、$t_1$ 时刻受到了对应时间点的外场 $V_{ext}$ 的一次扰动。本章主要考虑的是前二阶微扰项：

$$\langle O \rangle^{(1)}(t) = \frac{1}{i\hbar} \int_{t_0}^{t} \Theta(t-t_1) \mathrm{Tr} \left\{ O_{\mathrm{I}}(t) V_{\mathrm{I}}^{\times}(t_1) \rho(t_0) \right\} \mathrm{d}t_1 \tag{2-10}$$

$$\langle O \rangle^{(2)}(t) = \left( \frac{1}{i\hbar} \right)^2 \int_{t_0}^{t} \int_{t_0}^{t_1} \Theta(t-t_1) \Theta(t_1-t_2)$$
$$\times \mathrm{Tr} \left\{ O_{\mathrm{I}}(t) V_{\mathrm{I}}^{\times}(t_1) V_{\mathrm{I}}^{\times}(t_2) \rho(t_0) \right\} \mathrm{d}t_2 \mathrm{d}t_1 \tag{2-11}$$

本节所涉及的吸收和发射光谱属于线性光谱，与它们相关的物理量为外来辐射场所引起的体系极化的一阶响应。在2.2.2节将展示如何从前二阶微扰项出发得到一个弱电子耦合强度近似下普适的电子转移速率常数表达式。

一般情况下，我们认为初始时刻体系是处在无外场扰动时的热力学平衡态，即 $U_0(t)$ 与 $\rho_{\mathrm{I}}(t_0)$ 对易。为了方便2.2.2节的推导，可以通过变量代换 $t_1 \rightarrow t-t_1$ 并令 $t_0 \rightarrow -\infty$，将一阶微扰项[式(2-10)]改写为

$$\langle O \rangle^{(1)}(t) = \frac{1}{i\hbar} \int_{-\infty}^{\infty} \Theta(t_1) \mathrm{Tr} \left\{ \left[ O_{\mathrm{I}}(t_1), V_{ext}(t-t_1) \right] \rho(-\infty) \right\} \mathrm{d}t_1 \tag{2-12}$$

其中，由于阶跃函数的存在，可以将积分下限由 0 拓展为 $-\infty$。2.2.2节将利用这个表达式推导吸收和发射光谱的线性函数。

## 2.2.2 吸收和发射光谱的时间相关函数表示

在外来辐射场的作用下，分子吸收光子从低能级跃迁到高能级，产生吸收光谱；与此相反，若分子从高能级自发跃迁回低能级并发射光子，则产生发射光谱(荧光光谱)。在长波近似(外来辐射场的波长远大于分子尺度)下，前一个过程(吸收)通常可以用如下半经典哈密顿量描述：

$$H(t) = H_0 - \mu \cdot \varepsilon E(t) \tag{2-13}$$

式中，$H_0$ 为无外场时体系的哈密顿量；$\mu$ 为偶极算符，用来描述辐射场所引起的

分子态之间的跃迁，在 $\mu$ 的作用下体系将从基态跃迁至激发态，或者相反；$E(t)$ 为外来辐射场中电场的强度；$\varepsilon$ 为电场极化方向的单位矢量。

用于连接微观量子动力学方程和宏观光谱信息的物理量是光学极化 $P(t)$，它的微观定义是偶极算符的平均值：

$$P(t) = \mathrm{Tr}\{\mu\rho(t)\} \tag{2-14}$$

吸收和发射光谱是线性光谱，对应于体系的极化对外来辐射场的线性响应。将 $V_{\text{ext}}(t) = -\mu \cdot \varepsilon E(t)$、$O = \mu$ 代入式(2-12)，便可得到一阶极化：

$$P^{(1)}(t) = \frac{\mathrm{i}}{\hbar}\int_{-\infty}^{\infty}\mathrm{Tr}\left\{\left[\mu(t_1), \mu\cdot\varepsilon\right]\rho_0\right\}\Theta(t_1)E(t-t_1)\mathrm{d}t_1 \tag{2-15}$$

式中，$\rho_0$ 为初始的密度矩阵。为了书写简洁，这里及下文将 $\mu_{\mathrm{I}}(t_1)$ 中表示相互作用表象的下标 I 省略。

通常对于宏观各向同性的物质而言，可以合理地认为体相内部的分子取向是任意的，实际分子体系的极化就必须对分子的取向进行平均。利用等式 $\left\langle a(b\cdot c)\right\rangle_{\text{orien}} = \frac{1}{3}(a\cdot b)c$，其中 $\left\langle a(b\cdot c)\right\rangle_{\text{orien}}$ 代表对 $a$ 和 $b$ 的方向进行平均，可以得到 $\left\langle \mu(t)(\mu\cdot\varepsilon)\right\rangle_{\text{orien}} = \frac{1}{3}\left[\mu(t)\cdot\mu\right]\varepsilon$。代入式(2-15)并将对易号展开，得到

$$P^{(1)}(t) = \frac{\mathrm{i}\varepsilon}{3\hbar}\int_{-\infty}^{\infty}\Theta(t_1)\left[C_{\mu\mu}(t_1) - C_{\mu\mu}^*(t_1)\right]E(t-t_1)\mathrm{d}t_1 \tag{2-16}$$

其中，$C_{\mu\mu}(t)$ 为偶极-偶极自相关函数，即

$$C_{\mu\mu}(t) = \mathrm{Tr}\{\mu(t)\cdot\mu\rho_0\} \tag{2-17}$$

由于已经假设 $U_0(t)$ 与 $\rho_0$ 对易，很容易证明 $C_{\mu\mu}^*(t) = C_{\mu\mu}(-t)$。对式(2-16)进行傅里叶变换，由卷积定理可得

$$\tilde{P}^{(1)}(\omega) = \chi(\omega)\tilde{E}(\omega) \tag{2-18}$$

其中

$$\tilde{E}(\omega) = \frac{\varepsilon}{2\pi}\int_{-\infty}^{\infty}E(t)\mathrm{e}^{\mathrm{i}\omega t}\mathrm{d}t \tag{2-19}$$

$$\chi(\omega) = \frac{\mathrm{i}}{3\hbar}\int_{0}^{\infty}\left[C_{\mu\mu}(t) - C_{\mu\mu}(-t)\right]\mathrm{e}^{\mathrm{i}\omega t}\mathrm{d}t \tag{2-20}$$

由经典电动力学可知，式(2-18)中的 $\chi(\omega)$ 就是线性极化率。从式(2-20)可以看到，$\chi(\omega)$ 由两部分组成，第一部分是由 $C_{\mu\mu}(t)$ 的单边傅里叶变换得到，而第二部分则是由 $C_{\mu\mu}(-t)$ 的单边傅里叶变换得到。这两部分分别称为共振项(resonant)和反共振项(antiresonant)，前者是 $\omega > 0$ 时的 $\chi(\omega)$，而后者是 $\omega < 0$ 时的 $\chi(\omega)$。

从朗伯-比尔定律出发，可以得到吸光系数 $\alpha(\omega)$ 和线性极化率之间的关系式：

$$\alpha(\omega) = \frac{4\pi\omega}{n_r c} \text{Im}\{\chi(\omega)\} \tag{2-21}$$

式中，Im 表示取虚部；$n_r$ 为折射率；$c$ 为真空中的光速。结合式(2-20)并忽略反共振项，可以得到吸光系数的表达式

$$\alpha(\omega) = \frac{4\pi^2\omega}{3n_r c} D_{\text{abs}}(\omega) \tag{2-22}$$

其中，$D_{\text{abs}}(\omega)$ 为吸收光谱的线性函数。它的表达式为

$$D_{\text{abs}}(\omega) = \frac{1}{\pi\hbar} \text{Re} \int_0^\infty C_{\mu\mu}^{\text{g}}(t) e^{i\omega t} dt \tag{2-23}$$

式中，Re 表示取实部，且

$$C_{\mu\mu}^{\text{g}}(t) = \text{Tr}\{\mu(t) \cdot \mu\rho_{\text{g}}\} \tag{2-24}$$

式中，$\rho_{\text{g}}$ 为光激发电子跃迁发生前体系的初始密度矩阵。由于一般情况下电子的激发能远大于 $k_B T$，所以 $\rho_{\text{g}}$ 通常代表电子基态下的热平衡分布。与之相对的，发射光谱的表达式为

$$E(\omega) = \frac{4\omega^3}{3n_r^3 c^3} D_{\text{emi}}(\omega) \tag{2-25}$$

其中，$D_{\text{emi}}(\omega)$ 为发射光谱的线性函数，即

$$D_{\text{emi}}(\omega) = \frac{1}{\pi\hbar} \text{Re} \int_0^\infty C_{\mu\mu}^{\text{e}}(t) e^{-i\omega t} dt \tag{2-26}$$

$$C_{\mu\mu}^{\text{e}}(t) = \text{Tr}\{\mu(t) \cdot \mu\rho_{\text{e}}\} \tag{2-27}$$

式中，$\rho_{\text{e}}$ 为激发态电子的自发辐射发生前体系的初始密度矩阵。在发射光谱所涉及的动力学过程中，电子受到光激发跃迁到激发态的时间尺度大约在飞秒量级（$10^{-15}$ s），电子跃迁之后核运动弛豫到激发态平衡构型的时间尺度约为皮秒量级

$(10^{-12}\,\mathrm{s})$，而电子激发态在发生自发辐射之前的寿命一般在纳秒量级$(10^{-9}\,\mathrm{s})$，因此 $\rho_e$ 通常代表激发态下的热平衡分布。

利用 $\left(C_{\mu\mu}^{\mathrm{g}}(t)\right)^* = C_{\mu\mu}^{\mathrm{g}}(-t)$ 和 $\left(C_{\mu\mu}^{\mathrm{e}}(t)\right)^* = C_{\mu\mu}^{\mathrm{e}}(-t)$，也可以将式(2-23)、式(2-26)分别写成

$$D_{\mathrm{abs}}(\omega) = \frac{1}{2\pi\hbar}\int_{-\infty}^{\infty} C_{\mu\mu}^{\mathrm{g}}(t)\,\mathrm{e}^{\mathrm{i}\omega t}\,\mathrm{d}t \tag{2-28}$$

$$D_{\mathrm{emi}}(\omega) = \frac{1}{2\pi\hbar}\int_{-\infty}^{\infty} C_{\mu\mu}^{\mathrm{e}}(t)\,\mathrm{e}^{-\mathrm{i}\omega t}\,\mathrm{d}t \tag{2-29}$$

因此，$D_{\mathrm{abs}}(\omega)$、$D_{\mathrm{emi}}(\omega)$ 分别与 $C_{\mu\mu}^{\mathrm{g}}(t)$、$C_{\mu\mu}^{\mathrm{e}}(t)$ 互为傅里叶变换。

自发辐射是由电磁场的真空态对分子体系的扰动所导致的，因此无法用半经典哈密顿量[式(2-13)]描述。式(2-25)～式(2-27)通常是从量子化的电磁场哈密顿量出发，取其对体系的一阶微扰项，然后按照与前面相类似的过程进行推导，具体的推导过程可以参考文献[10]和[11]。这里，我们将从细致平衡原理出发给出一个更有启发性的思路。

体系吸收、发射光子的过程可以看成是如下的光化学反应：

$$\mathrm{S} + \hbar\omega \rightleftharpoons \mathrm{S}^* \tag{2-30}$$

式中，$\mathrm{S}$、$\mathrm{S}^*$ 分别表示体系处于基态和激发态；$\omega$ 为参与吸收、发射过程的光子的频率。式(2-30)正向代表吸收过程，逆向代表发射过程。在线性响应框架之下，可以很合理地假设反应过程中体系和光场始终处于热平衡态。不失一般性，设体系的总哈密顿量(包括电子态和核自由度)为 $H$，电子基态为 $|\mathrm{g}\rangle\langle\mathrm{g}|$，利用基态与激发态的正交性，可以设 $\rho_{\mathrm{g}} = \dfrac{\mathrm{e}^{-\beta H}|\mathrm{g}\rangle\langle\mathrm{g}|}{Z_{\mathrm{g}}}$、$\rho_{\mathrm{e}} = \dfrac{\mathrm{e}^{-\beta H}(1-|\mathrm{g}\rangle\langle\mathrm{g}|)}{Z_{\mathrm{e}}}$，其中，$Z_{\mathrm{g}} = \mathrm{Tr}\{\mathrm{e}^{-\beta H}|\mathrm{g}\rangle\langle\mathrm{g}|\}$、$Z_{\mathrm{e}} = \mathrm{Tr}\{\mathrm{e}^{-\beta H}(1-|\mathrm{g}\rangle\langle\mathrm{g}|)\}$，分别为基态、激发态的正则配分函数。注意在这里 $|\mathrm{g}\rangle\langle\mathrm{g}|$ 和 $(1-|\mathrm{g}\rangle\langle\mathrm{g}|)$ 充当投影算符的作用，前者将体系投影至电子基态，而后者将体系投影至电子激发态。设吸收、发射过程的速率常数分别为 $k_{\mathrm{abs}}$、$k_{\mathrm{emi}}$，根据细致平衡原理，有

$$\frac{k_{\mathrm{emi}}}{k_{\mathrm{abs}}} = \frac{\mathrm{e}^{-\beta\hbar\omega}Z_{\mathrm{g}}}{Z_{\mathrm{e}}} \tag{2-31}$$

式中，$\mathrm{e}^{-\beta\hbar\omega}$ 来自光子的配分函数。速率常数反映了体系吸收、发射光子的快慢，因而与光谱强度是紧密关联的。事实上，线性函数 $D_{\mathrm{abs}}(\omega)$、$D_{\mathrm{emi}}(\omega)$ 正比于光

子频率为 $\omega$ 时的 $k_{abs}$、$k_{emi}$，因此也符合相应的吸收光谱与发射光谱的细致平衡关系[37-39]：

$$D_{emi}(\omega) = \frac{e^{-\beta\hbar\omega} Z_g}{Z_e} D_{abs}(\omega) \tag{2-32}$$

对式(2-32)左右两边进行傅里叶变换，并同式(2-28)、式(2-29)对比，可以得到

$$C^e_{\mu\mu}(t) = \frac{Z_g}{Z_e} C^g_{\mu\mu}(-t - i\beta\hbar) \tag{2-33}$$

接下来将展示如何从这个关系式得到 $C^e_{\mu\mu}(t)$ 的表达式(2-27)。由式(2-24)及 $\rho_g$ 的表达式可知：

$$C^e_{\mu\mu}(t) = \frac{1}{Z_e} \mathrm{Tr}\left\{ e^{-\frac{i}{\hbar}Ht} e^{\beta H} \mu e^{-\beta H} e^{\frac{i}{\hbar}Ht} \cdot \mu e^{-\beta H} |g\rangle\langle g| \right\} \tag{2-34}$$

由于电子基态与电子激发态是正交的，所以 $|g\rangle\langle g|$ 与 $H$ 对易。利用迹的循环不变性，式(2-34)可化简为

$$C^e_{\mu\mu}(t) = \frac{1}{Z_e} \mathrm{Tr}\left\{ \mu(t)|g\rangle\langle g| \cdot \mu e^{-\beta H} \right\} \tag{2-35}$$

此外，通过考察物理意义，很容易证明：

$$\frac{1}{Z_e} \mathrm{Tr}\left\{ \mu(t)|g\rangle\langle g| \cdot \mu e^{-\beta H} |g\rangle\langle g| \right\} = 0 \tag{2-36}$$

从大括号内部的最右边开始看起，$e^{-\beta H}|g\rangle\langle g|$ 表示体系最初处在电子基态的热平衡态下，经过 $\mu$ 作用后跃迁至激发态，然后再被 $|g\rangle\langle g|$ 投影至基态。由于基态与激发态的正交性，该投影操作的结果为 0，于是式(2-36)得证。将式(2-35)的右边减去式(2-36)，再利用 $\rho_e$ 的定义式，得到

$$C^e_{\mu\mu}(t) = \mathrm{Tr}\left\{ \mu(t)|g\rangle\langle g| \cdot \mu\rho_e \right\} \tag{2-37}$$

最后，通过考察物理意义，同样可以证明 $\mathrm{Tr}\left\{ \mu(t)(1-|g\rangle\langle g|) \cdot \mu\rho_e \right\} = 0$。将该式左边加入式(2-37)右边，便得到了式(2-27)。

以上展示了如何通过吸收光谱与发射光谱的细致平衡关系得到发射光谱线性函数的表达式。有意思的是，最初爱因斯坦正是从细致平衡原理出发预测了自发

辐射的存在。值得指出的是，式(2-22)～式(2-27)是严格且普适的，既可以用于气相体系，也可以用于凝聚相体系。2.2.3 节将根据这几个表达式来推导有机体系的吸收、发射线性函数表达式。

### 2.2.3　有机体系的吸收和发射光谱

#### 1. 一般形式

考虑由 $N$ 个单体组成的有机分子聚集体，对于这样的含有多个吸光分子的体系，通常采用构造模型哈密顿量(如 Frenkel 激子模型)的方法来研究。首先来构造一个可以描述这类体系的普适的哈密顿量。

对于第 $n$ 个单体，只考虑其电子基态 $|g_n\rangle$ 和第一激发态 $|e_n\rangle$，对应的激发能是 $E_n$。在 Frenkel 激子模型中，通常将所有单体基态的直积作为整个体系的基态：

$$|g\rangle \equiv \prod_{n=1}^{N}|g_n\rangle \tag{2-38}$$

并且按式(2-39)构造一组电子激发态：

$$|n\rangle \equiv |e_n\rangle \prod_{m\neq n}^{N}|g_m\rangle, \quad n=1,\cdots,N \tag{2-39}$$

式中，$|n\rangle$ 为第 $n$ 个单体处在第一激发态，而其余所有单体都处在基态。通过定义式可以知道，上述的 $N+1$ 个电子态是正交归一的，因此在忽略多个单体同时被激发的情况下，它们构成电子态部分的一组完备基。在绝热近似下可以将体系的总哈密顿量 $H_{\text{tot}}$ 写成下面的一般形式：

$$H_{\text{tot}} = H_g + H_e \tag{2-40}$$

其中

$$H_g = H_{gb} \otimes |g\rangle\langle g| \tag{2-41}$$

$$H_e = \sum_n \left(E_n + H_{eb}^{(n)}\right) \otimes |n\rangle\langle n| + \sum_{m\neq n} H_{eb}^{(m,n)} \otimes \left(|m\rangle\langle n| + |n\rangle\langle m|\right) \tag{2-42}$$

式中，$H_{gb}$、$H_{eb}^{(n)}$ 为核运动的哈密顿量，而 $H_{eb}^{(m,n)}$ 代表了不同电子激发态之间的耦合，当存在非 Condon 效应时是核坐标的函数，而在 Condon 近似下是一个常数。由基态与激发态的正交性可知，$H_g H_e = H_e H_g = 0$。

首先考虑吸收光谱。如 2.2.2 节所述，初始密度矩阵可以设为

$\rho_{\mathrm{g}} = \dfrac{\mathrm{e}^{-\beta H_{\mathrm{tot}}} |\mathrm{g}\rangle\langle\mathrm{g}|}{Z_{\mathrm{gb}}}$，其中 $Z_{\mathrm{gb}} = \mathrm{Tr}\left\{\mathrm{e}^{-\beta H_{\mathrm{tot}}} |\mathrm{g}\rangle\langle\mathrm{g}|\right\}$。通过泰勒级数展开并利用电子态的正交性，很容易证明：

$$\mathrm{e}^{-\beta H_{\mathrm{tot}}} = \mathrm{e}^{-\beta H_{\mathrm{g}}} + \mathrm{e}^{-\beta H_{\mathrm{e}}} - 1 \tag{2-43}$$

$$\mathrm{e}^{-\beta H_{\mathrm{g}}} = \left(\mathrm{e}^{-\beta H_{\mathrm{gb}}} - 1\right) \otimes |\mathrm{g}\rangle\langle\mathrm{g}| + 1 \tag{2-44}$$

$$\mathrm{e}^{-\frac{\mathrm{i}}{\hbar} H_{\mathrm{tot}} t} = \mathrm{e}^{-\frac{\mathrm{i}}{\hbar} H_{\mathrm{g}} t} + \mathrm{e}^{-\frac{\mathrm{i}}{\hbar} H_{\mathrm{e}} t} - 1 \tag{2-45}$$

利用式 (2-43)、式 (2-44)，可以看出以上所定义的 $\rho_{\mathrm{g}}$ 等价于 $\dfrac{\mathrm{e}^{-\beta H_{\mathrm{gb}}}}{Z_{\mathrm{gb}}} \otimes |\mathrm{g}\rangle\langle\mathrm{g}|$，且 $Z_{\mathrm{gb}} = \mathrm{Tr}\left\{\mathrm{e}^{-\beta H_{\mathrm{gb}}}\right\}$ 为电子基态下的正则配分函数，与一般文献中所采用的形式一致。

将上述初始条件及 $H_{\mathrm{tot}}$ 代入式 (2-24)，得到

$$C_{\mu\mu}^{\mathrm{g}}(t) = \mathrm{Tr}\left\{\mathrm{e}^{\frac{\mathrm{i}}{\hbar} H_{\mathrm{tot}} t} \mu \mathrm{e}^{-\frac{\mathrm{i}}{\hbar} H_{\mathrm{tot}} t} \cdot \mu \frac{\mathrm{e}^{-\beta H_{\mathrm{gb}}}}{Z_{\mathrm{gb}}} \otimes |\mathrm{g}\rangle\langle\mathrm{g}|\right\} \tag{2-46}$$

由于电子跃迁的时间尺度非常小（飞秒量级），在绝大多数情况下 Franck-Condon 原理是成立的，即电子跃迁前后核坐标可认为基本不变。那么可以假设偶极算符的形式与核坐标无关，并将其表达为 $\mu = \sum\limits_{n=1}^{N} \mu_n \left(|\mathrm{g}\rangle\langle n| + |n\rangle\langle\mathrm{g}|\right)$，其中 $\mu_n$ 是第 $n$ 个单体的跃迁偶极矩。从 $\mu$ 的表达式可以看出，它的作用是引起基态与电子激发态之间的相互跃迁。

将式 (2-45) 代入式 (2-46) 中，并利用电子态之间的正交性及偶极算符 $\mu$ 的表达式，可以得到

$$C_{\mu\mu}^{\mathrm{g}}(t) = \sum_{m,n} \mu_m \cdot \mu_n \left\langle m \left| \mathrm{Tr}_{\mathrm{b}}\left\{\mathrm{e}^{-\frac{\mathrm{i}}{\hbar} H_{\mathrm{e}} t} \frac{\mathrm{e}^{-\beta H_{\mathrm{gb}}}}{Z_{\mathrm{gb}}} \mathrm{e}^{\frac{\mathrm{i}}{\hbar} H_{\mathrm{gb}} t}\right\} \right| n \right\rangle \tag{2-47}$$

式中，$\mathrm{Tr}_{\mathrm{b}}\{\}$ 为对核的自由度求迹。将式 (2-47) 代入式 (2-23)，便得到有机体系吸收光谱的线性函数表达式。

对于发射光谱，设 $\rho_{\mathrm{e}} = \dfrac{\mathrm{e}^{-\beta H_{\mathrm{tot}}} \left(1 - |\mathrm{g}\rangle\langle\mathrm{g}|\right)}{Z_{\mathrm{eb}}}$，其中 $Z_{\mathrm{eb}} = \mathrm{Tr}\left\{\mathrm{e}^{-\beta H_{\mathrm{tot}}} \left(1 - |\mathrm{g}\rangle\langle\mathrm{g}|\right)\right\}$ 为电子激发态下的正则配分函数。将 $\rho_{\mathrm{e}}$ 代入式 (2-27) 中，并经过同样的步骤，可以

得到

$$C_{\mu\mu}^{e}(t) = \sum_{m,n} \mu_n \cdot \mu_m \left\langle m \left| \mathrm{Tr_b} \left\{ \mathrm{e}^{-\frac{\mathrm{i}}{\hbar}H_{gb}t} \frac{\mathrm{e}^{-\beta H_e}}{Z_{eb}} \mathrm{e}^{\frac{\mathrm{i}}{\hbar}H_e t} \right\} \right| n \right\rangle \tag{2-48}$$

进一步定义吸收算符 $I^{\mathrm{M}}(t)$ 与发射算符 $E^{\mathrm{M}}(t)$：

$$I^{\mathrm{M}}(t) = \mathrm{Tr_b} \left\{ \mathrm{e}^{-\frac{\mathrm{i}}{\hbar}H_e t} \frac{\mathrm{e}^{-\beta H_{gb}}}{Z_{gb}} \mathrm{e}^{\frac{\mathrm{i}}{\hbar}H_{gb}t} \right\} \tag{2-49}$$

$$E^{\mathrm{M}}(t) = \mathrm{Tr_b} \left\{ \mathrm{e}^{-\frac{\mathrm{i}}{\hbar}H_{gb}t} \frac{\mathrm{e}^{-\beta H_e}}{Z_{eb}} \mathrm{e}^{\frac{\mathrm{i}}{\hbar}H_e t} \right\} \tag{2-50}$$

最终，式(2-23)和式(2-26)可以写成两个紧凑的表达式(注意两个向量的数量积满足交换律)：

$$D_{\mathrm{abs}}(\omega) = \frac{1}{\pi\hbar} \sum_{m,n} \mu_m \cdot \mu_n \mathrm{Re} \int_0^{\infty} I_{mn}^{\mathrm{M}}(t) \mathrm{e}^{\mathrm{i}\omega t} \mathrm{d}t \tag{2-51}$$

$$D_{\mathrm{emi}}(\omega) = \frac{1}{\pi\hbar} \sum_{m,n} \mu_m \cdot \mu_n \mathrm{Re} \int_0^{\infty} E_{mn}^{\mathrm{M}}(t) \mathrm{e}^{-\mathrm{i}\omega t} \mathrm{d}t \tag{2-52}$$

式中，$I_{mn}^{\mathrm{M}}(t)$、$E_{mn}^{\mathrm{M}}(t)$ 分别为矩阵元 $\langle m|I^{\mathrm{M}}(t)|n\rangle$、$\langle m|E^{\mathrm{M}}(t)|n\rangle$。

通过上面的推导，我们将吸收、发射光谱线性函数表达式中两个偶极算符的作用显式地表达成体系中两个(相同或不同的)分子受激发、退激发过程对光谱的贡献，其大小正比于这两个分子跃迁偶极矩的数量积。相比于形式上相对简单的式(2-23)、式(2-26)，式(2-51)、式(2-52)更适用于进一步的理论推导。

2. 有机单体的吸收、发射光谱

若所处理的体系只有一个有机分子单体，那么 Frenkel 激子模型变为一个简单的两态模型，总哈密顿量式(2-40)简化为

$$H_{\mathrm{tot}} = H_{gb} \otimes |g\rangle\langle g| + (\omega_{eg} + H_{eb}) \otimes |e\rangle\langle e| \tag{2-53}$$

式中，$|e\rangle\langle e|$ 代表电子激发态；$\omega_{eg}$ 为电子基态与激发态最优构型之间的能量差；$H_{gb}$ 和 $H_{eb}$ 则决定了对应势能面的形状。首先来推导吸收光谱的解析表达式，发射光谱的推导过程类似。此时，式(2-51)简化为

$$D_{\text{abs}}(\omega) = \frac{1}{\pi\hbar}|\mu|^2 \, \text{Re} \int_0^\infty \left\langle e^{\frac{i}{\hbar}H_{\text{gb}}t} e^{-\frac{i}{\hbar}H_{\text{eb}}t} \right\rangle_{\text{gb}} e^{i(\omega - \omega_{\text{eg}})t} dt \tag{2-54}$$

其中对于任意一个算符 $A$，$\langle A \rangle_{\text{gb}} \equiv \text{Tr}_{\text{b}}\left\{ A e^{-\beta H_{\text{gb}}} / Z_{\text{gb}} \right\}$。剩下的任务便是得到积分项中求迹操作的解析结果。在一般情况下，分子基态、激发态的势能面形状很复杂，因此通常无法得到严格的解析表达式。注意到上式中代表初始态分布的 $\dfrac{e^{-\beta H_{\text{gb}}}}{Z_{\text{gb}}}$ 一项确保了对吸收光谱的贡献主要来自（尤其是在低温时）基态势能面最低点附近的分布。而在这一点附近，基态与激发态势能面之间在形状上的差别一般不会很大，因此可以对它们之间的差进行微扰展开处理。

首先引入能级差算符 $\Delta H_{\text{eg}}$：

$$\Delta H_{\text{eg}} = H_{\text{eb}} - H_{\text{gb}} \tag{2-55}$$

利用 Dyson 展开，可以将 $e^{-\frac{i}{\hbar}H_{\text{eb}}t}$ 表示成

$$e^{-\frac{i}{\hbar}H_{\text{eb}}t} = e^{-\frac{i}{\hbar}H_{\text{gb}}t} \sum_{n=0}^{\infty} \left(\frac{1}{i\hbar}\right)^n \int_0^t \int_0^{t_1} \cdots \int_0^{t_{n-1}} \Delta H_{\text{eg}}^{(g)}(t_1) \cdots \Delta H_{\text{eg}}^{(g)}(t_n) \, dt_n \cdots dt_1 \tag{2-56}$$

其中，$\Delta H_{\text{eg}}^{(g)}(t) \equiv e^{\frac{i}{\hbar}H_{\text{gb}}t} \Delta H_{\text{eg}} e^{-\frac{i}{\hbar}H_{\text{gb}}t}$。将式(2-56)代入式(2-54)中可得

$$D_{\text{abs}}(\omega) = \frac{1}{\pi\hbar}|\mu|^2 \, \text{Re} \int_0^\infty \sum_{n=0}^{\infty} M^{(n)}(t) e^{i(\omega - \omega_{\text{eg}})t} dt \tag{2-57}$$

其中

$$M^{(n)}(t) = \left(\frac{1}{i\hbar}\right)^n \int_0^t \int_0^{t_1} \cdots \int_0^{t_{n-1}} \left\langle \Delta H_{\text{eg}}^{(g)}(t_1) \cdots \Delta H_{\text{eg}}^{(g)}(t_n) \right\rangle_{\text{gb}} dt_n \cdots dt_1 \tag{2-58}$$

至此，将 $D_{\text{abs}}(\omega)$ 表达成一个以 $\Delta H_{\text{eg}}$ 为微扰项进行展开的形式。无论从解析的角度还是从计算的角度来看，式(2-57)都要比式(2-54)容易处理得多，因此一种数值计算上的策略是对上面的无穷级数进行低阶截断近似，只考虑阶数最低的几项的贡献。然而，无穷级数的收敛性对结果的精确度影响非常大，直接利用式(2-57)、式(2-58)进行计算通常会引入很大的误差。实际操作中，人们往往利用收敛性更好的累积量展开的方法解决这个问题。首先引入一个新的函数：

$$e^{g_a(t)} \equiv \left\langle e^{\frac{i}{\hbar}H_{gb}t} e^{-\frac{i}{\hbar}H_{eb}t} \right\rangle_{gb} \tag{2-59}$$

将函数 $g_a(t)$ 对 $\Delta H_{eg}$ 进行泰勒展开，可以将结果表示成如下形式：

$$g_a(t) = \varGamma_0^g(t) + \varGamma_1^g(t) + \varGamma_2^g(t) + \cdots \tag{2-60}$$

式中，$\varGamma_n^g(t)$ 为累积量，且第 $n$ 项对应于 $n$ 阶 $\Delta H_{eg}$。式 (2-59) 对于累积量的收敛性通常会比式 (2-58) 好得多。为了得到这些累积量的具体表达式，再将式 (2-59) 左边的指数函数进行泰勒展开，得到

$$e^{g_a(t)} = 1 + \left[ \varGamma_0^g(t) + \varGamma_1^g(t) + \cdots \right] + \frac{1}{2}\left[ \varGamma_0^g(t) + \varGamma_1^g(t) + \cdots \right]^2 + \cdots \tag{2-61}$$

合并式 (2-61) 中相同 $\Delta H_{eg}$ 阶数的项，并与式 (2-57)、式 (2-58) 对比，可以得到

$$\varGamma_0^g(t) = 0 \tag{2-62}$$

$$\varGamma_1^g(t) = \frac{1}{i\hbar}\int_0^t \left\langle \Delta H_{eg}^{(g)}(t_1) \right\rangle_{gb} \mathrm{d}t_1 \tag{2-63}$$

$$\varGamma_2^g(t) = -\frac{1}{\hbar^2}\int_0^t\int_0^{t_1} \left\langle \Delta H_{eg}^{(g)}(t_1)\Delta H_{eg}^{(g)}(t_2) \right\rangle_{gb} \mathrm{d}t_2\mathrm{d}t_1 - \frac{1}{2}\left[ \varGamma_1^g(t) \right]^2 \tag{2-64}$$

这里只列出不高于二阶的项。整理上面的结果，最终得到

$$D_{abs}(\omega) = \frac{1}{\pi\hbar}|\mu|^2 \operatorname{Re}\int_0^\infty e^{i(\omega-\omega_{eg})t+g_a(t)}\mathrm{d}t \tag{2-65}$$

其中

$$g_a(t) = \frac{1}{i\hbar}\int_0^t \left\langle \Delta H_{eg}^{(g)}(t_1) \right\rangle_{gb} \mathrm{d}t_1 - \frac{1}{\hbar^2}\int_0^t\int_0^{t_1} \left\langle \Delta H_{eg}^{(g)}(t_1)\Delta H_{eg}^{(g)}(t_2) \right\rangle_{gb} \mathrm{d}t_2\mathrm{d}t_1$$

$$- \frac{1}{2}\left[ \frac{1}{i\hbar}\int_0^t \left\langle \Delta H_{eg}^{(g)}(t_1) \right\rangle_{gb} \mathrm{d}t_1 \right]^2 + \cdots \tag{2-66}$$

式 (2-65) 和式 (2-66) 便是有机单体的吸收光谱在累积量展开下的表达式。值得指出的是，与式 (2-57) 的直接泰勒展开相比，累积量展开不仅在一般情形中具有更好的收敛性，而且当势能面由一系列谐振子势描述，且能级差算符等于核坐标的一阶线性组合 (即下面将要介绍的位移谐振子模型) 时，式 (2-66) 的二阶截断与严格的结果完全一致[10]。

对于发射光谱，按照同样的步骤便得到

$$D_{\text{emi}}(\omega) = \frac{1}{\pi\hbar}|\mu|^2 \text{Re}\int_0^\infty e^{-i(\omega-\omega_{\text{eg}})t+g_e(t)}dt \tag{2-67}$$

$$g_e(t) = \frac{1}{i\hbar}\int_0^t \left\langle \Delta H_{\text{eg}}^{(e)}(t_1)\right\rangle_{\text{eb}}dt_1 - \frac{1}{\hbar^2}\int_0^t\int_0^{t_1}\left\langle \Delta H_{\text{eg}}^{(e)}(t_1)\Delta H_{\text{eg}}^{(e)}(t_2)\right\rangle_{\text{eb}}dt_1 dt_2$$

$$-\frac{1}{2}\left[\frac{1}{i\hbar}\int_0^t \left\langle \Delta H_{\text{eg}}^{(e)}(t_1)\right\rangle_{\text{eb}}dt_1\right]^2 + \cdots \tag{2-68}$$

式 中， $\Delta H_{\text{eg}}^{(e)}(t) = -e^{\frac{i}{\hbar}H_{\text{eb}}t}\Delta H_{\text{eg}}e^{-\frac{i}{\hbar}H_{\text{eb}}t}$， 且 对 于 任 意 一 个 算 符 $A$， $\langle A\rangle_{\text{eb}} \equiv$ $\text{Tr}_b\left\{Ae^{-\beta H_{\text{eb}}}/Z_{\text{eb}}\right\}$。

### 3. 位移谐振子模型

要想利用式(2-65)～式(2-68)来计算有机单体分子的吸收、发射光谱，必须先得到体系基态和激发态的势能面信息。在谐振子近似下，绝热势能面由一系列正则坐标描述(图 2-1)。由于基态和激发态的势能面不同，它们的正则坐标 $Q_g$、$Q_e$ 也不相同，但 $Q_e$ 可以表示成 $Q_g$ 的线性组合：

$$Q_e = DQ_g + \Delta Q \tag{2-69}$$

式(2-69)就是 Duschinsky 转动关系式。式中，$D$ 为 Duschinsky 转动矩阵，描述了 $Q_e$ 和 $Q_g$ 之间的转动关系；$\Delta Q$ 为它们之间的相对位移。

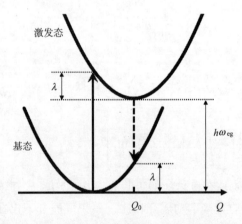

图 2-1　位移谐振子模型示意图

$Q$ 代表核坐标；$Q_0$ 代表激发态最低点的位移

常见的求解激发态几何构型的方法需要很高的计算成本，这使得上述理论方法难以付诸实践，而这个困难可以通过位移谐振子模型解决。该模型假设基态和激发态的所有振动频率都相同，$Q_e$ 和 $Q_g$ 之间只有相对位移而没有转动，即式 (2-69) 中的 $D$ 等于单位算符。此时，只需计算基态平衡构型下的垂直激发能以及该构型下激发态的能量梯度便可得到激发态的正则坐标，而不需要直接优化激发态结构。

在位移谐振子模型中，$H_{gb}$ 和 $H_{eb}$ 具有如下形式：

$$H_{gb} = \varepsilon_g + \sum_j \frac{1}{2}\left(P_j^2 + \omega_j^2 Q_j^2\right) \tag{2-70}$$

$$H_{eb} = \varepsilon_g + \hbar\omega_{eg} + \sum_j \frac{1}{2}\left[P_j^2 + \omega_j^2\left(Q_j - Q_{j0}\right)^2\right] \tag{2-71}$$

式中，$\varepsilon_g$ 为基态在最优构型下的能量；$\hbar\omega_{eg}$ 为基态与激发态最优构型的能量差；$P_j$、$Q_j$、$\omega_j$ 和 $Q_{j0}$ 分别为第 $j$ 个谐振子的动量算符、坐标算符、振动频率和激发态对基态的相对位移。此时能级差算符为

$$\Delta H_{eg} = -\sum_j \omega_j^2 Q_{j0} Q_j + \lambda \tag{2-72}$$

式中，$\lambda = \sum_j \lambda_j = \sum_j \frac{1}{2}\omega_j^2 Q_{j0}^2$，为总的重组能。据此，可以由式 (2-63) 和式 (2-64) 求得 $\Gamma_1^g(t)$ 和 $\Gamma_2^g(t)$。首先容易得到

$$\left\langle Q_j(t) \right\rangle_{gb} = 0 \tag{2-73}$$

$$\left\langle Q_j(t) Q_j(t') \right\rangle_{gb} = \frac{\hbar}{2\omega_j}\left[\bar{n}_j e^{i\omega_j(t-t')} + \left(\bar{n}_j + 1\right)e^{-i\omega_j(t-t')}\right] \tag{2-74}$$

式中，$\bar{n}_j = 1/\left(e^{\beta\hbar\omega_j} - 1\right)$，为热平衡下频率为 $\omega_j$ 的玻色子的平均布居数。由式 (2-73) 和式 (2-74) 可得

$$\left\langle \Delta H_{eg}^{(g)}(t) \right\rangle_{gb} = \lambda \tag{2-75}$$

$$\left\langle \Delta H_{eg}^{(g)}(t) \Delta H_{eg}^{(g)}(t') \right\rangle_{gb} = \lambda^2 + \sum_j \hbar\omega_j \lambda_j \left[\bar{n}_j e^{i\omega_j(t-t')} + \left(\bar{n}_j + 1\right)e^{-i\omega_j(t-t')}\right] \tag{2-76}$$

将式 (2-75)、式 (2-76) 代入式 (2-63)、式 (2-64) 中便得到

$$\Gamma_1^g(t) = \frac{\lambda t}{i\hbar} \tag{2-77}$$

$$\Gamma_2^g(t) = \sum_j S_j \left[ \overline{n}_j e^{i\hbar\omega_j t} + (\overline{n}_j + 1)e^{-i\hbar\omega_j t} - (2\overline{n}_j + 1) \right] - \frac{\lambda t}{i\hbar} \tag{2-78}$$

式中，$S_j = \dfrac{\lambda_j}{\hbar\omega_j}$，为 Huang-Rhys 因子。前面已经提到，在位移谐振子模型下累积量展开截断到二阶就能得到严格的结果，因此

$$g_a(t) = \sum_j S_j \left[ \overline{n}_j e^{i\omega_j t} + (\overline{n}_j + 1)e^{-i\omega_j t} - (2\overline{n}_j + 1) \right] \tag{2-79}$$

将式(2-79)代入式(2-65)便能直接进行数值计算得到吸收光谱。除了累积量展开之外，还有一些其他方法也可以用于式(2-79)的推导，如位移算符法，有兴趣的读者可以参考文献[10]，这里不再赘述。

对于发射光谱，按照同样的推导步骤可以得到

$$g_e(t) = g_a(t) \tag{2-80}$$

整理上面的推导结果，最终有

$$D_{abs}(\omega) = \frac{1}{\pi\hbar}|\mu|^2 \text{Re} \int_0^\infty e^{i(\omega - \omega_{eg})t + g_a(t)} \mathrm{d}t \tag{2-81}$$

$$D_{emi}(\omega) = \frac{1}{\pi\hbar}|\mu|^2 \text{Re} \int_0^\infty e^{-i(\omega - \omega_{eg}\hbar)t + g_a(t)} \mathrm{d}t \tag{2-82}$$

由式(2-81)和式(2-82)可知，$D_{abs}(\omega) = D_{emi}(2\omega_{eg} - \omega)$，因此在位移谐振子模型中有机单体的吸收和发射光谱关于点 $\omega = \omega_{eg}$ 呈镜面对称。实际体系中总是有非谐效应存在，当谐振子近似比较合理时，吸收和发射光谱呈近似镜面对称；若非谐效应足够强，镜面对称将彻底消失。

式(2-80)~式(2-82)便是有机单体分子的吸收、发射光谱在位移谐振子模型下的解析表达式。在 2.2.4 节，我们将以香豆素 343 分子为例子展示其应用。

### 2.2.4 香豆素 343 分子异构体的电子吸收、发射光谱理论预测

近年来，由于具有较低的生产成本和相对较高的光电转换效率，有机染料敏化太阳电池成为最受关注的太阳电池之一[40,41]。在染料敏化太阳电池中，有机染料分子扮演着很重要的角色，它不仅决定了电池对光的吸收效率，同时也决定了电荷注入到半导体中的速率。7-氨基香豆素(如香豆素 1、香豆素 6、香豆素 120、

香豆素 343，以下简称 C1、C6、C120、C343 等）在蓝绿光谱区域有强的吸收和发射[42,43]，因而成为染料敏化剂的理想候选之一[44-46]。

　　在过去的几十年中，许多课题组利用量子化学的方法研究了香豆素及其衍生物的基态结构和纯电子光谱[47-55]。例如，Preat 等[52]利用不同的泛函和基组研究了香豆素衍生物的紫外吸收光谱。结果表明，B3LYP 泛函与极化连续介质模型（polarizable continuum model, PCM）相结合能够给出合理的基态几何结构以及与实验结果一致的紫外吸收光谱。Cave 和 Castner[47]用 PBE0 泛函、6-311G** 基组计算了气相中 C152、C153、C102 和 C343 分子的多种性质，结果表明 C153 分子顺式构象的能量比反式构象低了 0.011 eV。C343（分子结构及其可能构象见图 2-2）是一种 7-氨基香豆素，由于具有较高的荧光量子产率，很早就被人们应用于染料敏化太阳电池中。对于 C343 分子的理论研究尚停留在一种构象和单个激发态的描述。然而，C343 分子的构象可以显著影响其光谱性质。与此同时，许多实验结果表明，C343 分子的吸收光谱和发射光谱对溶剂的极性和 pH 非常敏感[43,56-58]。因此，研究 C343 分子在不同构象下以及溶剂中的吸收和发射光谱具有重要意义。

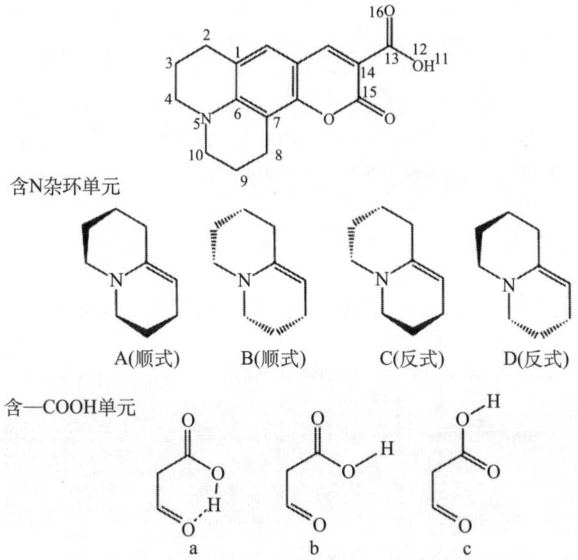

图 2-2　C343 不同构象异构体的结构组成[59]

　　为了全面理解 C343 构象异构体和溶剂环境对光吸收性质的影响，我们系统研究了 C343 分子在气相和液相中的几何构型、电离能、纯电子吸收光谱和振动分辨光谱[59]。在基态几何构型下，利用 TDDFT 可以很容易得到 C343 分子的垂直激发能和纯电子吸收光谱，而振动分辨光谱需要量子化学计算和量子动力学模拟相结合。在量子动力学模拟中，利用关联函数的解析表达式(2-81)、式(2-82)计算吸收和发射光谱，其中基态和激发态的振动模可以利用 Duschinsky 转动矩阵的投影方法[60]得到。

**1. 计算细节**

在 B3LYP 泛函[61-63]和 6-31+G** 基组水平下获得 C343 分子的基态几何结构。振动频率分析结果显示其无虚频，表明该结构处于势能面的最低点。数值测试结果显示该方法能兼顾计算精度和计算成本（详细讨论见参考文献[59]）。在优化的几何构型下，采用 6-311++G (3 df, 2 pd) 基组计算了单点能和垂直电离能。阳离子的几何结构是在 UB3LYP/6-31+G** 水平上计算完成的。垂直激发能的计算是通过 TDDFT-B3LYP[64-68]，基组为 6-31+G**，同时该方法也被用来优化第一激发态的几何结构[69,70]。频率分析表明得到了最优构型及相应简正模。甲醇溶液的溶剂化效应通过 PCM 模型[71,72]来引入。真空中得到的振动频率的标度因子为 0.9642，而甲醇溶液中的振动频率的标度因子则为 0.98。所有的量化计算都是在 Gaussian 09 程序包[73]中完成。

为了得到电子基态和激发态正则坐标的位移，从优化好的基态和激发态的笛卡儿坐标出发：

$$q_e = q_g + \Delta q \tag{2-83}$$

式中，$q_g$ 和 $q_e$ 分别为基态和激发态的质量权重笛卡儿坐标；$\Delta q$ 为相应的位移。正则坐标 $Q$ 可通过式 (2-84) 得到[60]

$$Q = Lq \tag{2-84}$$

式中，$L$ 为变换矩阵，可通过对角化黑塞矩阵 $K$ 得到

$$L^T K L = \omega^2 \tag{2-85}$$

$\omega$ 即为振动频率。根据式 (2-84)，式 (2-83) 可投影为

$$Q_e = L_e L_g^T Q_g + L_e \Delta q \tag{2-86}$$

式中，$L_g$ 和 $L_e$ 分别为基态和激发态的变换矩阵；$L_e L_g^T$ 为 Duschinsky 转动矩阵，在计算中近似等于单位矩阵，此时式 (2-69) 中的 $\Delta Q$ 可以由 $L_e \Delta q$ 直接得到。

**2. C343 分子的纯电子吸收光谱**

首先在 B3LYP 泛函下测试了基组的精确度。结果表明，6-311++G (3 df, 2 pd) 基组和 6-31+G (d, p) 基组预测的垂直激发能非常相似。例如，对于 Aa 异构体的第一垂直激发能，两种基组的计算结果相差仅有 0.01 eV。考虑到计算成本，在随后的计算中都将采用相对较小的基组 6-31+G (d, p)。与文献[47]报道的真空中的

计算结果相比，我们的计算值（Aa 异构体）小了 0.15 eV。在甲醇溶液中文献所报道的 C343 分子的最大吸收波长各异，有 430 nm[48]、437.5 nm[56]、442 nm[74]、445 nm[75]、446 nm[76]、424 nm[77]等。我们计算的最大吸收波长在 428～435 nm 范围内，与实验值较为符合。

在一定条件（如当分子吸附在半导体氧化物表面时）下，C343 分子中的羧基可解离成羧酸根离子和一个质子。尽管在 a、b 和 c 三种构象中氢原子的位置不同，但去质子后形成的离子态的几何构型都是相同的。因此我们优化了 Aa 和 Ca 构象所对应的阴离子，简称为 Aa-a 和 Ca-a，同时进行了振动频率分析。与中性分子相比，$COO^-$不再与香豆素母环共平面，在真空中和甲醇溶液中扭转角分别为 70° 和 40°，因此会得到不同的电子吸收光谱。计算结果显示，在甲醇溶液中，Aa-a 和 Ca-a 的最大吸收波长分别为 405.9 nm 和 407.2 nm，与实验值 410 nm[75]符合得很好。

图 2-3 是模拟得到的 C343 分子 A 和 C 构象的纯电子吸收光谱以及相应阴离子

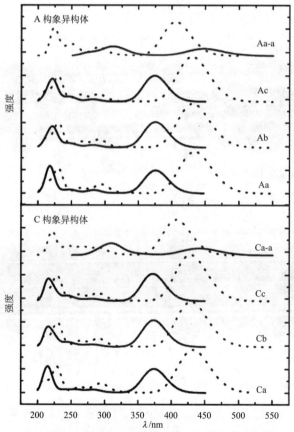

图 2-3　C343 不同构象异构体及相应离子在真空中（实线）
和在甲醇溶液中（虚线）的纯电子吸收光谱[59]

的电子吸收光谱(B、D 构象的纯电子吸收光谱分别与 A、C 构象的光谱几乎完全重合),其中展宽函数采用高斯线型,半峰宽设为 1500 cm$^{-1}$。从图中我们可以看出各中性分子异构体的光谱形状非常相似,峰位置有微小的移动。基于轨道分析(图 2-4),所有的峰都为 $\pi \rightarrow \pi^*$ 跃迁,而 $n \rightarrow \pi^*$ 跃迁非常弱,振子强度仅有 0.0001,这些跃迁被 $\pi \rightarrow \pi^*$ 跃迁所掩盖,在实验中较难观测到。为了方便与实验中测得的 C343 分子在甲醇溶液中 200~550 nm 范围内的电子吸收光谱[77]相比较,将 TDDFT-B3LYP

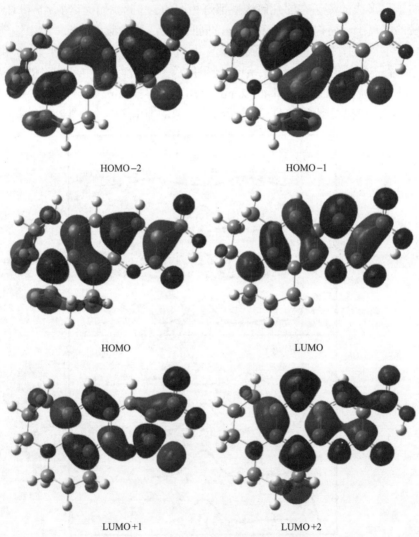

HOMO−2

HOMO−1

HOMO

LUMO

LUMO+1

LUMO+2

图 2-4   Ca 构象异构体的前线分子轨道

HOMO 代表最高占据分子轨道;LUMO 代表最低未占分子轨道

和 TDDFT-CAM-B3LYP 模拟得到的 C343 电子吸收光谱的最大吸收峰平移至实验所得的最大峰位置处，如图 2-5 所示（表 2-1 展示了 TDDFT-B3LYP 计算结果的具体数值）。可以看出，TDDFT-CAM-B3LYP 与实验结果符合得更好，并且从轨道上来看，长程校正密度泛函可准确预测具有较大分子内电荷转移的高激发态。总体看来，两个泛函都能获得与实验相似的吸收光谱，这表明我们的计算结果是相对可靠的。

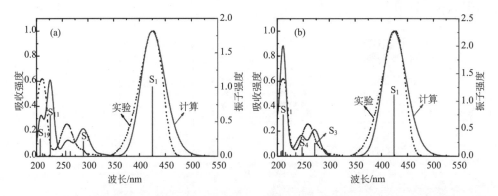

图 2-5 纯电子吸收光谱

(a) B3LYP/6-31+G(d, p)；(b) CAM-B3LYP/6-31+G(d, p)

表 2-1 Ca 构象异构体在甲醇溶液中的垂直激发波长和振子强度

| 激发态 | 跃迁组态 | 类型 | 激发波长/nm | 振子强度 $f$ |
|---|---|---|---|---|
| $S_1$ | H→L | $\pi\rightarrow\pi^*$ | 432.4 | 1.0062 |
| $S_3$ | H→L+1 | $\pi\rightarrow\pi^*$ | 294.2 | 0.2173 |
| $S_5$ | H→L+2 | $\pi\rightarrow\pi^*$ | 268.6 | 0.0688 |
| $S_6$ | H−2→L | $\pi\rightarrow\pi^*$ | 259.1 | 0.0754 |
| $S_{11}$ | H−1→L+1 | $\pi\rightarrow\pi^*$ | 228.7 | 0.5858 |
| $S_{19}$ | H−1→L+2 | $\pi\rightarrow\pi^*$ | 208.8 | 0.2503 |

注：H 代表 HOMO；L 代表 LUMO

如图 2-3 所示，与真空中的光谱相比，在溶液中中性分子和阴离子 $S_0\rightarrow S_1$ 跃迁的吸收强度都明显增大，中性分子光谱出现红移，而阴离子光谱出现蓝移。为了弄清楚它们的异同点，我们计算了真空中 C343 分子基态和第一激发态的固有偶极矩 $\mu_{S_0}$ 和 $\mu_{S_1}$，以及中性分子和阴离子从基态到第一激发态的跃迁偶极矩。Aa、Ca、Aa-a 和 Ca-a 基态的偶极矩分别为 12.6 deb（1 deb=3.33564×10$^{-30}$ C·m）、13.0 deb、23.6 deb 和 24.3 deb，第一激发态的偶极矩分别为 16.6 deb、16.9 deb、12.7 deb

和 10.2 deb。对于中性分子来说，$\mu_{S_0} < \mu_{S_1}$，而对于阴离子来说，正好相反。众所周知，在极性溶剂中，分子偶极矩越大，与溶剂分子的相互作用就越大，能量降低的就越多。因此在甲醇溶液中，中性分子的激发能比气相条件下的计算值低，电子吸收出现红移；阴离子结构与之相反（图 2-6）。Aa、Ca、Aa-a 和 Ca-a 的跃迁偶极矩在真空中分别为 2.58 a.u.、2.62 a.u.、1.32 a.u. 和 1.27 a.u.，在甲醇溶液中分别为 3.74 a.u.、3.78 a.u.、3.24 a.u. 和 3.32 a.u.。后者明显比前者大，因此在甲醇溶液中吸收强度增大。

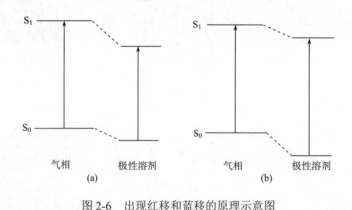

图 2-6　出现红移和蓝移的原理示意图

(a) $\mu_{S_0} < \mu_{S_1}$；(b) $\mu_{S_0} > \mu_{S_1}$

### 3. 振动分辨的吸收、发射光谱

为了将核振动包含在吸收和发射光谱中，我们计算了基态和第一激发态结构中每个振动模的频率和位移，然后根据式 (2-81) 和式 (2-82) 分别计算吸收和发射光谱。以下我们只考虑 C343 分子 A、C 构象异构体的振动分辨光谱。图 2-7 给出了 298 K 时在甲醇溶液中 C343 分子 A、C 构象异构体的吸收和发射光谱。为了便于和实验结果[75]进行比较，将激发态的衰减因子 $\gamma$ 设为 850 cm$^{-1}$，吸收光谱蓝移了 14 nm，发射光谱红移了 17 nm。位移的差别可能是由于 PCM 模型对基态和激发态的描述不够准确。然而，计算得到的不同构象异构体的光谱形状与实验结果很相似。此外，吸收和发射光谱也呈近似镜面对称关系，这表明基态和第一激发态的几何结构没有发生太大扭转。

为了更好地理解特定的振动模对吸收、发射光谱的影响，模拟了在 0 K 下的光谱，此时衰减因子 $\gamma$ 设为 5 cm$^{-1}$。图 2-8 展示的是 C343 分子三种 C 构象异构体在 0 K 下的振动分辨吸收和发射光谱。从图中可以看出，这三种构象异构体的最大吸收和发射都是 0-0 跃迁，相对于 Ca 来说，Cb 和 Cc 构象异构体吸收的起始位置分别蓝移了 124 cm$^{-1}$ 和 172 cm$^{-1}$。第二强吸收峰对应于 0-1 跃迁，对于 Ca

是频率为 127 cm$^{-1}$ 的振动，对于 Cb 和 Cc 都是频率为 120 cm$^{-1}$ 的振动。通过对这些振动模的分析发现，它们都对应于整个分子平面内的弯曲振动。图 2-9 显示了 Ca 构象异构体的光谱高频部分的放大图，从图中可以看出，Ca、Cb 和 Cc 构象异构体中吡喃酮环上 C=O 的伸缩振动分别出现在 1629 cm$^{-1}$、1707 cm$^{-1}$ 和 1750 cm$^{-1}$，前者比后者小的原因是 Ca 中存在分子内氢键，而 Cb 和 Cc 中没有。

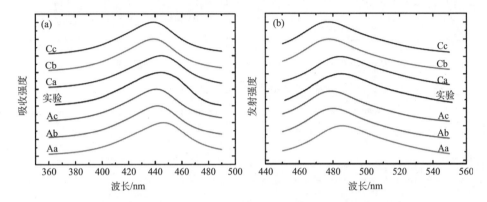

图 2-7  298 K 下 C343 分子不同构象异构体在甲醇溶液中的振动分辨吸收光谱(a)和发射光谱(b)[59]

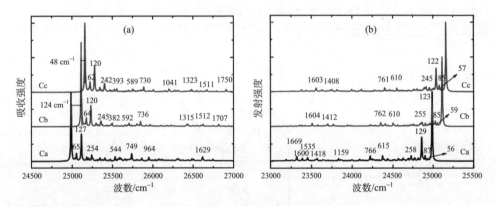

图 2-8  C343 分子三种 C 构象异构体在 0 K 下的振动分辨吸收光谱(a)和发射光谱(b)[59]

横坐标表示光子吸收(发射)的能量值，图内数字为分子振动模的频率值

图 2-8 和图 2-9 中的发射光谱与吸收光谱呈近似镜像关系，发射光谱的振动频率略大于吸收光谱。吸收和发射光谱中的振动频率分别对应于电子激发态和基态的振动频率，量子化学计算表明基态的振动频率略大于激发态，这些振动频率准确地体现在吸收和发射光谱中。

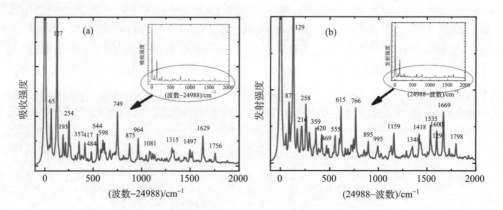

图 2-9　C343 分子 Ca 构象异构体在 0 K 下的振动分辨吸收光谱(a)和发射光谱(b)[59]

横坐标表示光子吸收(发射)的能量值，图内数字为分子振动模的频率值

## 2.3　弱电子耦合强度下的电子转移速率理论

有机半导体材料中最核心的科学问题之一是载流子的微观动力学。给体受到光激发后电子跃迁至高能态，形成一对电子-空穴对，也就是激子，用 D* 表示。当激子迁移至给体和受体的界面时，给体高能级上的电子将转移至受体上，如图 2-10 所示，可以用 $D^*A \longrightarrow D^+A^-$ 表示。

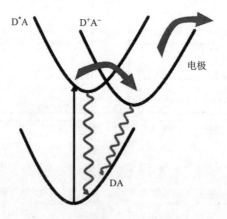

图 2-10　光致电荷转移的势能图[78]

在理论工作方面，适用于高温的 Marcus 半经典模型[22]常常被用来预测电荷分离和复合速率，并帮助人们了解分子结构和电荷分离效率之间的关系。例如，当电荷转移态的能量(即驱动力)小到使得激子态与电荷分离态之间的曲线交叉发

生在激子态势能面的最低点时，由 Marcus 理论所预测的速率将达到最大。然而，电荷转移态的能量直接与电池的开路电压相关联，过低的驱动力将降低太阳电池的效率。因此，在设计太阳电池时必须把握好电荷分离速率与电池效率之间的平衡，而这就需要人们能从理论上定量地获得电荷分离和电荷复合速率。Marcus 公式虽然有助于理解分子结构与性能之间的关系，并成功地解释了许多实验现象，但在许多有机分子体系中它的有效性受到了挑战。例如，有机分子材料通常具有很高的柔性，从这些柔性结构中所产生的无序(动态无序与静态无序)显著地影响电子耦合强度的大小[79,80]。在这种情况下，Marcus 公式需要做出相应的修正。此外，当给体态和受体态具有很强的电子耦合强度时，Marcus 公式也会失效。由于 Marcus 公式的微扰本质，它预言随着电子耦合强度的增加，电荷转移速率总是增加的。但事实上，当电子耦合强度足够大时，载流子转移速率反而会下降，也就是绝热抑制效应[81]。

接下来的两节内容将分别给出适用于弱电子耦合强度及强电子耦合强度的几种速率理论。本节将首先从微扰理论出发得到适用于弱电子耦合强度的速率常数的普适表达式，接着展示在 Condon 近似下如何得到 Marcus 量子力学模型的速率表达式。最后，将考虑涉及非 Condon 效应的电子转移过程及相应的速率表达式，并介绍其在具体分子体系中的应用。

### 2.3.1　速率常数的一般表达式

两个有机分子之间的电子转移反应 $D^*A \longrightarrow D^+A^-$ 可以用两态模型来描述，其哈密顿量的一般形式可以表示为

$$H = H_0 + V \tag{2-87}$$

$$H_0 = H_D |D\rangle\langle D| + H_A |A\rangle\langle A| \tag{2-88}$$

$$V = H_{DA} \left( |D\rangle\langle A| + |A\rangle\langle D| \right) \tag{2-89}$$

式中，$|D\rangle$ 和 $|A\rangle$ 分别为电子态 $D^*A$ 和 $D^+A^-$；$H_D$ 和 $H_A$ 为相应的透热态势能面；$H_{DA}$ 为两个电子态之间的跃迁矩阵元。在 Condon 近似下，$H_{DA}$ 为一个常数；而在更一般的情况下，$H_{DA}$ 是核坐标的函数，且哈密顿量的厄米性要求其满足 $H_{DA} = H_{DA}^\dagger$。对于上述电子转移过程，假设体系初始时刻处在电子态 $D^*A$ 的热平衡构型下，即 $\rho_0 = \dfrac{e^{-\beta H_D}}{Z_D} |D\rangle\langle D|$，其中 $Z_D = \mathrm{Tr}_b \left\{ e^{-\beta H_D} \right\}$。在弱电子耦合强度下，可以将式(2-87)中的 $V$ 当作微扰，利用 2.2.1 节中介绍的含时微扰理论来求 $t$ 时刻电子态 $D^*A$ 上的布居数 $P_D(t)$。令 $O = |D\rangle\langle D|$，注意该算符与 $H_0$ 是对易的，代入

式 (2-8)、式 (2-9) 中可以得到

$$P_{D}(t) = 1 - \frac{1}{\hbar^2} \int_0^t \int_0^{t'} \text{Tr} \left\{ |D\rangle\langle D| V_I^{\times}(t') V_I^{\times}(t'') \rho_0 \right\} dt'' dt' + \cdots \tag{2-90}$$

式中，$V_I^{\times}(t)$ 为 2.2.1 节中引入的超算符，在这里 $V_I(t) = e^{\frac{i}{\hbar} H_0 t} V e^{-\frac{i}{\hbar} H_0 t}$。在式 (2-90) 中，每个 $V_I^{\times}(t)$ 都代表了一次电子态之间的跃迁。由于奇数次跃迁之后再进行求迹操作得到的结果为零，所以只有偶数阶项被保留。利用累积量展开方法，令 $P_D(t) = e^{K(t)}$ 并与式 (2-90) 对比，可以得到 $K(t)$ 在二阶截断下的近似表达式：

$$K(t) \approx -\frac{1}{\hbar^2} \int_{t_0}^t \int_{t_0}^{t'} \text{Tr} \left\{ |D\rangle\langle D| V_I^{\times}(t') V_I^{\times}(t'') \rho_0 \right\} dt'' dt' \tag{2-91}$$

由此，可以将 $P_D(t)$ 表达成一个单指数衰减的形式：

$$P_D(t) \approx e^{-\int_0^t k(t') dt'} \tag{2-92}$$

式中，$k(t)$ 为含时的速率常数，其表达式为

$$k(t) = \frac{1}{\hbar^2} \int_0^t \text{Tr} \left\{ |D\rangle\langle D| V_I^{\times}(t) V_I^{\times}(t') \rho_0 \right\} dt' \tag{2-93}$$

接下来将 $V_I(t)$、$\rho_0$ 的具体表达式代入式 (2-93)。由 $|D\rangle$ 与 $|A\rangle$ 的正交性可知：

$$e^{-\frac{i}{\hbar} H_0 t} = U_D(t) |D\rangle\langle D| + U_A(t) |A\rangle\langle A| \tag{2-94}$$

式中，$U_D(t) = e^{-\frac{i}{\hbar} H_D t}$；$U_A(t) = e^{-\frac{i}{\hbar} H_A t}$。利用式 (2-94) 很容易得到

$$V_I(t) = U_D^{\dagger}(t) H_{DA} U_A(t) |D\rangle\langle A| + U_A^{\dagger}(t) H_{DA} U_D(t) |A\rangle\langle D| \tag{2-95}$$

将式 (2-95) 以及 $\rho_0$ 代入式 (2-93) 中，进行电子态的求迹，并令 $t' \to t - t'$，经过整理后可以将含时速率常数表达成如下紧凑的形式：

$$k(t) = \frac{2}{\hbar^2} \text{Re} \int_0^t \text{Tr}_b \left\{ U_D^{\dagger}(t') H_{DA} U_A(t') H_{DA} \frac{e^{-\beta H_D}}{Z_D} \right\} dt' \tag{2-96}$$

当确定了透热态势能面以及 $H_{DA}$ 的形式后，利用式 (2-96) 和式 (2-92) 可以很容易地得到电子态布居数随时间的演化。注意在上面的推导过程中，仅仅作了弱电子耦合强度近似，以及假设初始时刻体系处在电子态 $D^*A$ 的热平衡态下。因此在满

足上述条件的情况下，式(2-96)适用于任何形状的势能面以及任意形式的 $H_{DA}$。下面两个小节将采用之前介绍过的位移谐振子模型来描述电子转移，在这个模型下可以很容易得到速率常数的解析表达式。对于更一般的情形，有兴趣的读者可以参考文献[82]~[85]。另外，上面的推导思路可以毫不困难地推广至多个分子之间的电子转移以及非平衡初始态分布的情况，而且在式(2-91)中考虑更高阶微扰项便可研究不同分子之间的量子相干性以及核运动的弛豫效应[86]。

当核运动的弛豫时间远远大于电子转移时间时(这在弱耦合强度下往往是满足的)，式(2-96)中的积分项将随着 $t$ 的增加很快衰减到零。此时可以令积分上限 $t \to \infty$，然后得到一个不含时的速率常数：

$$k = \frac{2}{\hbar^2} \mathrm{Re} \int_0^\infty \mathrm{Tr_b} \left\{ U_D^\dagger(t) H_{DA} U_A(t) H_{DA} \frac{\mathrm{e}^{-\beta H_D}}{Z_D} \right\} \mathrm{d}t \tag{2-97}$$

式(2-97)便是在弱电子耦合强度框架下速率常数的普适表达式。下面将着重讨论该式在不同情况下的具体形式。

### 2.3.2　Condon 近似

在很多电子转移反应中，核运动并不会显著影响跃迁矩阵元 $H_{DA}$ 的大小，此时可以近似认为 $H_{DA}$ 是一个常数。于是式(2-97)变为

$$k = \frac{2}{\hbar^2} \left| H_{DA} \right|^2 \mathrm{Re} \int_0^\infty C_{DA}(t) \mathrm{d}t \tag{2-98}$$

其中

$$C_{DA}(t) = \mathrm{Tr_b} \left\{ U_D^\dagger(t) U_A(t) \frac{\mathrm{e}^{-\beta H_D}}{Z_D} \right\} \tag{2-99}$$

式(2-98)和式(2-99)便是速率常数的费米黄金规则表达式。读者可能已经发现，式(2-98)、式(2-99)与有机分子单体吸收、发射光谱线性函数的表达式(2-54)在形式上完全一致。这是非常自然的一件事，因为如前面所讨论的，线性函数在频率 $\omega$ 处的值相当于具有该频率的光子所引起的基态与激发态之间跃迁过程的速率常数。事实上，很多不同类型的电子态跃迁过程的速率常数都可以用费米黄金规则式(2-98)和式(2-99)来描述，如内转换、系间窜越等过程，这里不再详述。

假设电子态势能面可以用位移谐振子模型描述：

$$H_D = E_D + \sum_j \frac{1}{2} \left( P_j^2 + \omega_j^2 Q_j^2 \right) \tag{2-100}$$

$$H_A = E_D + \Delta G + \sum_j \frac{1}{2} \left[ P_j^2 + \omega_j^2 \left( Q_j - Q_{j0} \right)^2 \right] \tag{2-101}$$

式中，$E_D$ 为 $D^*A$ 电子态在最优构型下的能量；$\Delta G$ 为驱动力。那么根据式(2-99)得到

$$C_{DA}(t) = e^{-\frac{i}{\hbar} \Delta G t + \sum_j S_j \left[ \bar{n}_j e^{i\omega_j t} + (\bar{n}_j + 1) e^{-i\omega_j t} - (2\bar{n}_j + 1) \right]} \tag{2-102}$$

式中，$S_j = \dfrac{\lambda_j}{\hbar\omega_j}$，为 Huang-Rhys 因子。式(2-102)和式(2-98)便是 Marcus 理论量子力学模型的速率常数表达式。与 Marcus 半经典模型相比，它不依赖于高温近似，可以很好地描述核隧穿效应。当温度很高时，$C_{DA}(t)$ 将非常快地衰减为零，所以可以利用短时近似，将指数上的 $e^{i\omega_j t}$、$e^{-i\omega_j t}$ 用其泰勒展开的二阶截断来代替。利用 $\bar{n}_j \approx \dfrac{k_B T}{\hbar\omega_j}$，有

$$C_{DA}(t) \approx e^{-\frac{i}{\hbar}(\Delta G + \lambda)t - \frac{k_B T \lambda}{\hbar^2} t^2} \tag{2-103}$$

式中，$\lambda = \sum_i \dfrac{1}{2} \omega_j^2 Q_{j0}^2$，为重组能。将式(2-103)代入式(2-98)并积分，便得到 Marcus 半经典模型的速率常数表达式：

$$k = \frac{|H_{DA}|^2}{\hbar} \sqrt{\frac{\pi}{\lambda k_B T}} e^{-\frac{(\lambda + \Delta G)^2}{4\lambda k_B T}} \tag{2-104}$$

由式(2-104)可以很容易看出，当 $\Delta G < -\lambda$ 时，速率常数将随着 $\Delta G$ 的减小而减小。Marcus 最早便是通过这一点预言了反转区的存在(当时的 Marcus 经典模型并未确定指前因子的具体形式)。尽管采用了大量近似，但是由于具有非常简单的函数形式，时至今日该式仍然被广泛地用来解释实验结果。

### 2.3.3 非 Condon 效应

近年来，许多包含桥的涨落效应的电子转移反应体系受到人们的广泛关注[26]。在这些体系中，核的运动通常可以根据它们对电子转移的效应划分为两个类型[24,25]。第一类对应于转移过程中能量的重组效应，通常包括给体和受体分子自身的振动模。这类核运动通常不改变分子之间的距离以及空间的电荷分布，所以对电子耦合强度的影响很小。而第二类对应于电子转移过程中对给体、受体具

有桥连作用的核运动，它们通常在平衡位置附近振动，导致给体、受体的空间分布发生变化，进而引起电子耦合强度的涨落。在这类核运动中非 Condon 效应往往很显著，并且能导致非弹性的电子隧穿。

在这种情况下，基于 Condon 近似的 Marcus 公式往往不能正确地对实验现象做出解释及预测[87-93]。出于对这类体系的研究兴趣，近年来人们发展许多理论方法来处理电子转移过程中的非 Condon 效应，并发现了许多 Marcus 公式无法预测到的新现象[24,25,27,94]。Medvedev 和 Stuchebrukhov[25]将电子耦合强度用核坐标的一次函数和指数函数的形式表示，并论证了在反转区内非 Condon 效应将显著增大电子转移速率。Troisi 等[94]在能量域内按桥运动涨落对电子耦合强度贡献程度的高低顺序将速率表达为一系列速率项之和，这种做法不需要引入电子耦合的具体表达式。在他们的表达式中，第一项对应于慢的涨落成分，和 Marcus 公式相同，但前者公式中电子耦合强度的平方是用热平衡下的平均值代替。表达式中剩余的项代表了有限时间尺度的涨落成分所带来的贡献。当非 Condon 效应很小时，该公式可以很容易地应用于真实体系。Jang 和 Newton[27]以一个含有正弦波调制的电子耦合强度的广义自旋-玻色哈密顿量为基础，研究了扭转运动的非 Condon 效应，同时详细讨论了该方法在真实体系中的可能应用。最近几年，我们也从时间域出发，结合 Medvedev 和 Stuchebrukhov 所提出的模型，建立了包含非 Condon 效应的电子转移速率表达式[28]。该表达式可以很容易地用于解析和数值计算。在高温近似和短时近似下，它具有和 Marcus 公式相似的表达式，通过与后者的比较，我们对非 Condon 效应对速率的影响做出定性的预测。在接下来的内容中，将从式(2-97)出发分别给出包含线型、指数型和高斯型非 Condon 电子耦合的电子转移速率表达式，并将该理论与从头算分子动力学模拟相结合，研究二噻吩四硫富瓦烯有机半导体中载流子迁移率和温度的关系[29,30]。

1. 非 Condon 效应的时间相关函数

对于 D-B-A 体系的非绝热电子转移反应，将哈密顿量表示为

$$H = \left(H_D + H_B\right)|D\rangle\langle D| + \left(H_A + H_B\right)|A\rangle\langle A| + H_{DA}\left(|D\rangle\langle A| + |A\rangle\langle D|\right) \quad (2\text{-}105)$$

式中，$H_B$ 为桥连分子核运动的哈密顿量；$H_D$、$H_A$ 的表达式和式(2-100)、式(2-101)相同，且假设 $H_{DA}$ 仅与桥连分子的核坐标有关。将该哈密顿量代入式(2-97)中，并将不同的核自由度分开，便得到

$$k = \frac{2}{\hbar^2}\text{Re}\int_0^{+\infty} C_{DA}(t)C_B(t)\mathrm{d}t \quad (2\text{-}106)$$

式中，$C_{DA}(t)$ 的表达式和式(2-102)一样，而 $C_B(t)$ 为包含非 Condon 效应的时间关联函数，其表达式为

$$C_B(t) = \frac{1}{Z_B} \text{Tr} \left\{ e^{\frac{i}{\hbar} H_B t} H_{DA} e^{-\frac{i}{\hbar} H_B t} H_{DA} e^{-\beta H_B} \right\} \tag{2-107}$$

式中，$Z_B = \text{Tr}\left\{e^{-\beta H_B}\right\}$，为桥连分子核自由度的配分函数。在 Condon 近似下，$H_{DA}$ 为常数，$C_B(t)$ 退化为 $|H_{DA}|^2$，式 (2-106) 还原为式 (2-98)。

$C_B(t)$ 的解析表达式与 $H_B$ 和 $H_{DA}$ 的具体形式有关。为简化起见，将桥连分子的核运动由单个谐振子模描述：

$$H_B = \frac{1}{2} P^2 + \frac{1}{2} \omega_0^2 R^2 \tag{2-108}$$

式中，$\omega_0$ 为振动模的频率。在 McConnell 超交换机制中，$H_{DA}$ 具有指数型的表达式：

$$H_{DA} = V_{DA} e^{-\alpha R} \tag{2-109}$$

式中，$V_{DA}$ 为当 $R$ 处在平衡位置时的电子耦合强度；$\alpha$ 为常数。此外，一些分子动力学模拟的结果[24,87,95,96]表明，$H_{DA}$ 在动力学过程中有可能强烈振荡甚至改变符号。在这种情况下，$H_{DA}$ 可以用线型的表达式描述：

$$H_{DA} = V_{DA}(1 + \alpha R) \tag{2-110}$$

在对真实体系进行理论研究的过程中[29]，还发现 $H_{DA}$ 也可能存在高斯型的表达式：

$$H_{DA} = V_{DA} e^{-\alpha R^2} \tag{2-111}$$

上面三种情况 $C_B(t)$ 的表达式均可以解析得到[28,29]。对于线型、指数型和高斯型，$C_B(t)$ 的表达式分别为

$$C_B(t) = |V_{DA}|^2 \left\{ 1 + \frac{\hbar \alpha^2}{2\omega_0} \left[ \overline{n}_0 e^{i\omega_0 t} + (\overline{n}_0 + 1) e^{-i\omega_0 t} \right] \right\} \tag{2-112}$$

$$C_B(t) = |V_{DA}|^2 \exp \left\{ \frac{\hbar \alpha^2}{2\omega_0} \left[ (2\overline{n}_0 + 1) + \overline{n}_0 e^{i\omega_0 t} + (\overline{n}_0 + 1) e^{-i\omega_0 t} \right] \right\} \tag{2-113}$$

$$C_B(t) = |V_{DA}|^2 \left\{ \frac{\hbar^2 \alpha^2}{\omega_0^2} \left[ (\overline{n}_0 + 1)^2 (1 - e^{-2i\omega_0 t}) + \overline{n}_0^2 (1 - e^{2i\omega_0 t}) \right] + \frac{2\hbar\alpha}{\omega_0} (2\overline{n}_0 + 1) + 1 \right\}^{-\frac{1}{2}}$$

$$\tag{2-114}$$

式中，$\bar{n}_0 = 1/\left(e^{\beta\hbar\omega_0} - 1\right)$。将式 (2-112) ～式 (2-114) 以及式 (2-102) 直接代入式 (2-106) 中，便能得到体系的电子转移速率常数。在对具体体系进行实际应用前，先来考察上述理论方法的一些极限情况。

最简单的情况是当桥连分子的运动时间尺度远大于电子转移时间尺度时，桥连分子的效应体现在电子耦合强度的静态无序上，此时 $C_B(t)$ 衰减的速度比 $C_{DA}(t)$ 要慢得多，因此在式 (2-106) 的积分项内可以用 $C_B(0)$ 来代替 $C_B(t)$：

$$k \approx \frac{\left\langle H_{DA}^2 \right\rangle}{\hbar^2} \int_{-\infty}^{+\infty} C_{DA}(t)\,\mathrm{d}t \tag{2-115}$$

式中，$\left\langle H_{DA}^2 \right\rangle \equiv C_B(0)$，为考虑了静态无序后的有效耦合强度，是电子耦合强度平方的热平均值。虽然式 (2-115) 具有和式 (2-98) 完全一样的形式，但与之不同的是，式 (2-115) 中的 $\left\langle H_{DA}^2 \right\rangle$ 包含了桥连分子的温度、振动频率以及给受体分子与桥连分子之间的耦合强度对电子耦合强度的影响。对于线型、指数型和高斯型三种耦合形式，$\left\langle H_{DA}^2 \right\rangle$ 的值分别为 $|V_{DA}|^2 \left\{ 1 + \frac{\hbar\alpha^2}{\omega_0} \coth\left(\frac{\beta\hbar\omega_0}{2}\right) \right\}$、$|V_{DA}|^2 \exp\left\{ \frac{\hbar\alpha^2}{\omega_0} \coth\left(\frac{\beta\hbar\omega_0}{2}\right) \right\}$ 和 $|V_{DA}|^2 \left\{ \frac{2\hbar\alpha}{\omega_0} \coth\left(\frac{\beta\hbar\omega_0}{2}\right) + 1 \right\}^{-\frac{1}{2}}$。可以看出，三种形式的共同特征是温度越高，有效耦合强度越大。

接着考察经典极限下的情形。与推导式 (2-104) 类似，在 $C_{DA}(t)$ 与 $C_B(t)$ 的表达式中对 $e^{\pm i\omega t}$ 或 $e^{\pm 2i\omega t}$ 项进行短时近似，令 $\beta\hbar\omega \ll 1$（高温近似），并解析地求出式 (2-106) 中的积分，就能得到经典近似下考虑了非 Condon 效应的速率常数。对于指数型耦合，可以证明在经典极限下速率常数表达式变为

$$k = \frac{1}{\hbar} \overline{H_{DA}^2} \sqrt{\frac{\pi}{(\lambda + \lambda') k_B T}} e^{-\frac{(\lambda - \lambda' + \Delta G)^2}{4(\lambda + \lambda') k_B T}} \tag{2-116}$$

式中，因子 $\overline{H_{DA}^2} = |V_{DA}|^2 \exp\left(2k_B T \alpha^2 / \omega_0^2\right)$；$\lambda$ 为 D-A 体系的总重组能；$\lambda' = \hbar^2\alpha^2/2$。有趣的是，式 (2-116) 和 Marcus 公式[式 (2-104)] 非常相似，$\overline{H_{DA}^2}$ 在式中充当一种有效的电子耦合强度的平方，它的值与桥连分子的性质密切相关。对于给定的桥连分子，$\overline{H_{DA}^2}$ 的值随温度的升高而升高。与此同时，有效的重组能变为 $\lambda - \lambda'$，这意味着非 Condon 效应使得 Marcus 反转区的位置发生了平移。同时，重组能与速率虽然仍保留着抛物线的依赖关系，但却被展宽了。在对称的电

子转移反应中，$\Delta G = 0$，反应的能垒减小为$(\lambda - \lambda')^2 / 4(\lambda + \lambda')$，而不是$\lambda / 4$。

对于线型耦合，可以证明[28]经典极限下速率常数表达式为

$$k = \frac{|V_{DA}|^2}{\hbar}\sqrt{\frac{\pi}{\lambda k_B T}}e^{-\frac{(\lambda + \Delta G)^2}{4\lambda k_B T}} + \frac{\overline{H_{DA}^2}}{\hbar}\sqrt{\frac{\pi}{\lambda k_B T}}\left\{e^{-\frac{(\lambda + \hbar\omega_0 + \Delta G)^2}{4\lambda k_B T}} + e^{-\frac{(\lambda - \hbar\omega_0 + \Delta G)^2}{4\lambda k_B T}}\right\} \quad (2\text{-}117)$$

式中的有效耦合强度$\overline{H_{DA}^2} = |V_{DA}|^2 \alpha^2 k_B T / 2\omega_0^2$。可以看到，式(2-117)中的第一项与 Marcus 公式[式(2-104)]的形式完全一致，而后两项也具有类似的结构。然而后两项中的驱动力相当于分别被平移了$\hbar\omega_0$和$-\hbar\omega_0$，而且$\overline{H_{DA}^2}$由温度和桥的振动频率决定。

### 2. 数值模拟及其应用

近年来，人们逐渐关注有机半导体材料中的非 Condon 效应。在有机半导体内，有机分子之间通过范德瓦耳斯力等弱相互作用结合在一起，在分子间往往存在低频振动，而这些振动从本质上也可以视作具有非 Condon 效应的桥。二噻吩四硫富瓦烯具有高达$1.4\,\text{cm}^2 / (\text{V} \cdot \text{s})$的迁移率[97]，是一种好的有机半导体材料。在这部分内容中，将利用上述理论方法，并结合从头算分子动力学模拟探究在非 Condon 效应存在时温度对二噻吩四硫富瓦烯迁移率的影响[29,30]。

在对二噻吩四硫富瓦烯体系进行具体研究前，首先考察不同温度下采取 Condon 近似和考虑非 Condon 效应时不同的电子耦合形式下电子转移速率随驱动力的变化关系。为了便于比较，将每种情况下电子转移速率的最大值都设为 1。为了更清楚地分析非 Condon 效应对电子转移速率的影响，将桥振动模的参数设为非 Condon 效应比较显著的值，对于线型、指数型、高斯型耦合形式，模的频率均采用$500\,\text{cm}^{-1}$，非 Condon 因子$\alpha = 0.15$。这样的参数条件可能出现在分子内电子转移过程中。

图 2-11 和图 2-12 分别给出了 300 K 和 1500 K 时的电子转移速率-驱动力变化关系图。从两张图中可以清楚地看到，无论在高温或低温，与 Condon 近似的结果相比，在驱动力比较大的方向上，指数型的偏差最为明显，其次为高斯型，最后为线型。这表明非 Condon 效应在 Marcus 反转区对电子转移速率的影响比在 Marcus 正常区要小得多。其次，通过对比不同温度下的结果，发现在低温时三种线型的非 Condon 效应对电子转移速率的影响均比高温时的大。例如，在低温、线型耦合的情况下，考虑了非 Condon 效应的结果和 Condon 近似的结果相比有一点偏离，但是高温时两者的结果基本重合。

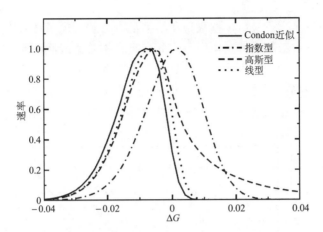

图 2-11　300 K 时，Condon 近似、指数型、高斯型和线型非 Condon 效应电子转移速率随驱动力的变化情况[30]

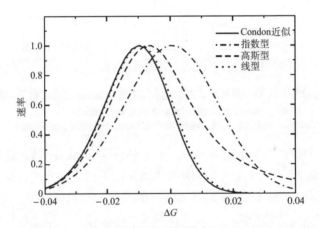

图 2-12　1500 K 时，Condon 近似、指数型、高斯型和线型非 Condon 效应电子转移速率随驱动力的变化情况[30]

　　此外，进一步研究了包含非 Condon 效应时电子转移速率之比随温度的变化关系。主要以分子内的电子转移为例，考虑到分子间的振动属于低频振动，我们将三种线型的频率都设为 40 cm$^{-1}$。非 Condon 因子 $\alpha$ 的数值参考对二噻吩四硫富瓦烯的计算结果，指数型和线型耦合设为 $4 \times 10^{-3}$，而高斯型耦合设为 $1.6 \times 10^{-5}$。

　　图 2-13 的结果反映了三种非 Condon 耦合方式的许多特征。首先，指数型耦合方式对电子转移速率的影响远大于另外两种方式，因此在理论研究中若忽略了体系中可能存在的指数型非 Condon 效应，可能会使结果变得不可靠。其次，随着温度的升高，三种非 Condon 耦合方式对电子转移速率的影响都将变大，而且

温度越高影响越显著。最后，指数型和线型耦合方式对电子转移均起促进作用，而高斯型耦合方式却起到抑制作用。因此在具有指数型或线型非 Condon 效应的体系中，Condon 近似下得到的电子转移速率将小于实际值，而在具有高斯型非 Condon 效应的体系中则相反。值得一提的是，通过模拟发现在静态无序极限和经典极限的情况中也存在上述特征。

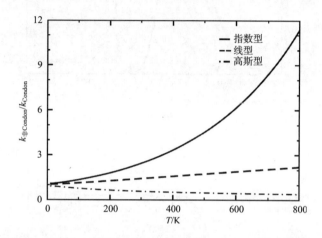

图 2-13　考虑指数型、线型和高斯型非 Condon 效应与 Condon 近似时电子转移速率的比值随温度的变化情况[30]

　　根据以上的数值模拟结果，基本了解了各种非 Condon 效应的耦合方式对电子转移速率的影响。下面将以二噻吩四硫富瓦烯为例研究非 Condon 效应存在下温度对迁移率的影响。图 2-14 是二噻吩四硫富瓦烯的晶体结构。

　　从上面的理论部分可知，要想计算非 Condon 体系的电子转移速率，必须先得到分子内振动模的频率及其 Huang-Rhys 因子，分子间振动模的频率及其非 Condon 因子 $\alpha$，以及电子耦合强度。首先利用 Gaussian 03 程序[98]计算分子内振动膜的频率及相应的 Huang-Rhys 因子，然后用 VASP 完成分子间振动的计算，最后通过简化的两态模型程序得到电子耦合强度，其具体的计算细节可参考文献[99]。

　　获得电子转移速率之后，再利用扩散模型和 Einstein 公式来计算迁移率。假设电子转移是通过相邻位点间的跳跃完成的，那么扩散系数 $D$ 可以由式(2-118)得到[99]：

$$D = \frac{1}{2d} \sum_n r_n^2 k_n P_n \tag{2-118}$$

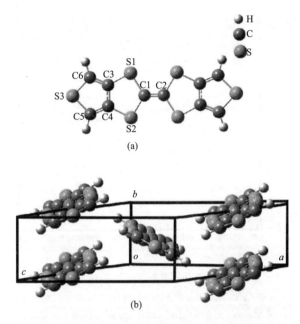

图 2-14　(a)二噻吩四硫富瓦烯分子的结构式；(b)该有机半导体的单胞，其中含有两个二噻吩四硫富瓦烯分子，$a$、$b$、$c$ 为其晶轴[30]

式中，$d = 3$，为体系的空间维度；$n$ 为电子向相邻位点跃迁的所有可能事件；$r_n$ 为发生跃迁的两个位点之间的距离；$k_n$ 为该跃迁的速率常数；$P_n = k_n \Big/ \sum\limits_n k_n$，为这次跃迁事件发生的概率。得到扩散系数后，迁移率 $\mu$ 可以通过 Einstein 公式得到[100]：

$$\mu = \frac{e}{k_{\mathrm{B}}T} D \tag{2-119}$$

式中，$e$ 为电子的电荷。

图 2-15 展示了利用各种电子转移理论模型计算的迁移率随温度的变化曲线。我们分别利用式(2-106)和式(2-115)得到了准确的和静态无序近似的非 Condon 效应的结果。从图中可以看到，二者给出了几乎一样的结果，因此可以认为在二噻吩四硫富瓦烯半导体中动态无序并不重要，分子间振动的时间尺度要远大于电荷传输的时间尺度。从图中还可以看到，半经典 Marcus 理论的结果显示迁移率是随着温度单调增加的，与其他几种基于量子力学的模型相反。这种截然不同的变化趋势是因为 Marcus 公式并没有考虑量子隧穿效应，因此在低温下显著低估了电子转移速率。另外，从图中还可以看出温度越高，非 Condon 效应越明显，在 800 K 时有无考虑非 Condon 效应得到的结果甚至相差一个数量级。这与我们

前面的数值模拟的结论一致。

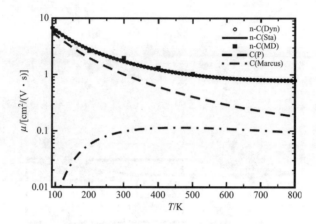

图 2-15 二噻吩四硫富瓦烯有机半导体迁移率随温度的变化[30]

n-C(Dyn) 和 n-C(Sta) 分别为考虑非 Condon 效应的动态和静态时的迁移率, C(P) 为 Condon 近似的值, C(Marcus)
为 Marcus 公式的结果, n-C(MD) 为分子动力学模拟的结果

## 2.4 从弱到强电子耦合下的电子转移速率理论

2.3 节讨论了在弱电子耦合强度条件下如何从微扰理论出发建立电子转移速率理论。然而,当电子耦合强度足够大时,微扰理论就会失效,此时可以将电子转移反应看作一种非绝热化学反应。在透热表象下,考虑给体态和受体态的位移谐振子模型式(2-100)、式(2-101)。为了可以使用非绝热化学反应中理论模型的策略,将透热态势能面 $H_D$ 和 $H_A$ 转化至绝热表象中:

$$E_{1,2} = \frac{1}{2}\left[\left(H_D + H_A\right) \pm \sqrt{\left(H_D - H_A\right)^2 + 4H_{DA}^2}\right] \tag{2-120}$$

图 2-16 展示了一种一维情况下的绝热势能面 $E_{1,2}$。从图中可以看到,可将电荷转移看成是从 $D^*A$ 势阱(左边)到 $D^+A^-$ 势阱(右边)的非绝热反应。值得一提的是,在电荷转移和能量转移中"非绝热"一词通常是指弱电子耦合极限[10]。在本章中,定义非绝热反应(两态模型中)是指高能态势能面对反应速率有一定影响的反应;而绝热反应是指只有低能态势能面才对反应速率有贡献的反应。这两种定义与传统意义上的化学反应有相似之处。通过这种非绝热化学反应的物理图像,近年来我们发展了三种用于强电子耦合情况下的电荷转移过程的理论方法,即非绝热过渡态理论[34]、类 Kramers 量子理论[35]和扩展的 Sumi-Marcus 溶剂扩散

模型[36]。对真实体系的计算结果证明了上述几种模型的有效性和准确性。在接下来的三个小节中将分别对其进行介绍。

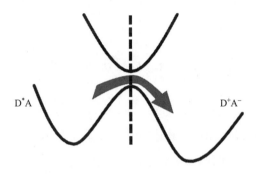

图 2-16　电荷转移过程的绝热势能面[78]

## 2.4.1　非绝热过渡态理论

在反应速率理论中，通常需要在反应势能面上人为地设定一个与反应坐标方向正交、分离产物区与反应物区的分割面(如图 2-16 中的虚线所示)，当反应过程中体系越过分割面到达产物区并最终留在产物区时，就说反应发生了。假定在给定能量 $E$ 下，从左势阱到右势阱的非绝热跃迁概率 $P(E)$ 是已知的，那么以玻尔兹曼因子为权重，热平衡下的反应速率常数可以由式(2-121)得到

$$k(T) = \frac{1}{2\pi\hbar Z_r} \int_0^\infty e^{-\beta E} P(E) \mathrm{d}E \qquad (2\text{-}121)$$

式中，$\beta = \dfrac{1}{k_B T}$；$Z_r$ 为反应物区(即图 2-16 中的左势阱)的配分函数。因此，计算速率常数的关键点是如何得到 $P(E)$ 的值。$P(E)$ 对应于两个能态之间的跃迁概率，当能量为 $E$ 的载流子通过透热表象下的曲线交叉(或绝热表象下的避免交叉)从一个能态(给体)跃迁到另一个能态(受体)时，只有部分布居数得到转移。因此，跃迁概率 $P(E)$ 总是小于 1 的。从透热表象出发(图 2-10 中 $D^*A$ 态和 $D^+A^-$ 态之间的曲线交叉)，Landau[101] 和 Zener[102] 在 1932 年推导了一个半经典的 $P(E)$ 的解析表达式，也就是为人所熟知的 LZ 公式。在 LZ 公式中，核的隧穿效应被忽略，也就是说，当载流子的能量 $E$ 低于交叉点的势能时，跃迁概率为 0。这个难关只是在最近才被 Zhu 和 Nakamura (ZN)[103,104] 所攻克。他们从绝热表象出发，也得到了一个关于 $P(E)$ 的解析表达式(ZN 公式)。LZ 公式和 ZN 公式的优点在于它们的解析表达，但二者都做了半经典近似。最近我们也从量子散射理论出发提出了一种

严格的 R 矩阵方法[105]用以计算跃迁概率。

在实际体系中，由于问题所包含的维度很大，同时缺乏反应方向的信息，式(2-121)很难直接被用于计算反应速率常数。因此，通常从速率常数的严格量子力学表述出发[106]：

$$k = \frac{1}{Z_r} \lim_{t \to \infty} \text{Tr}\left\{ F e^{\frac{i}{\hbar}Ht} \theta e^{-\frac{i}{\hbar}Ht} e^{-\beta H} \right\} \tag{2-122}$$

式中，$H$ 为体系的哈密顿量；$\theta$ 为关于空间中某个分割面的 Heaviside 算符，它本质上是坐标空间的投影算符，其作用是将体系投影至产物区（图 2-16 中的右势阱）；$F$ 为关于这个分割面的通量算符，其定义是 $F = \frac{1}{i\hbar}[\theta, H]$。

在体系初始时刻处于热平衡态的假设下，可以很容易得到式(2-122)。设 $P_p(t)$、$P_r(t)$ 分别为 $t$ 时刻下体系处在产物区和反应物区的概率，假设初始时刻体系已经到达反应平衡，即 $P_p(0) = Z_p/Z$、$P_r(0) = Z_r/Z$，其中 $Z = \text{Tr}\left\{ e^{-\beta H} \right\}$，为体系总的配分函数；$Z_p = \text{Tr}\left\{ e^{-\beta H} \theta \right\}$、$Z_r = \text{Tr}\left\{ e^{-\beta H}(1-\theta) \right\}$ 分别为产物区和反应物区的配分函数(注意我们利用了投影算符 $\theta$ 的性质)，那么可以将 $P_p(t)$、$P_r(t)$ 分别表达为

$$P_p(t) = \frac{1}{Z} \text{Tr}\left\{ \theta e^{-\frac{i}{\hbar}Ht} e^{-\beta H} e^{\frac{i}{\hbar}Ht} \right\} \tag{2-123}$$

$$P_r(t) = \frac{1}{Z} \text{Tr}\left\{ (1-\theta) e^{-\frac{i}{\hbar}Ht} e^{-\beta H} e^{\frac{i}{\hbar}Ht} \right\} \tag{2-124}$$

注意由于体系在初始时刻已经处在平衡态，所以式(2-123)和式(2-124)实际上是不含时的。另外，也可以将 $P_p(t)$ 写成式(2-125)的形式：

$$P_p(t) = \frac{1}{Z_r} \text{Tr}\left\{ \theta e^{-\frac{i}{\hbar}Ht} e^{-\beta H}(1-\theta) e^{\frac{i}{\hbar}Ht} \right\} \frac{Z_r}{Z} + \frac{1}{Z_p} \text{Tr}\left\{ \theta e^{-\frac{i}{\hbar}Ht} e^{-\beta H} \theta e^{\frac{i}{\hbar}Ht} \right\} \frac{Z_p}{Z} \tag{2-125}$$

对式(2-125)求导，可以得到

$$\frac{\partial}{\partial t} P_p(t) = \frac{1}{Z_r} \text{Tr}\left\{ e^{\frac{i}{\hbar}Ht} \theta e^{-\frac{i}{\hbar}Ht} e^{-\beta H} F \right\} P_r(t) - \frac{1}{Z_p} \text{Tr}\left\{ e^{\frac{i}{\hbar}Ht} \theta e^{-\frac{i}{\hbar}Ht} e^{-\beta H} F \right\} P_p(t) \tag{2-126}$$

其中利用了平衡态假设 $P_p(t) = Z_p/Z$、$Z_r(t) = Z_r/Z$。与一般的速率方程

$$\frac{\partial}{\partial t}P_{\mathrm{p}}(t)=k_{\mathrm{f}}P_{\mathrm{r}}(t)-k_{\mathrm{b}}P_{\mathrm{p}}(t) \tag{2-127}$$

进行对比，便直接得到

$$k_{\mathrm{f}}=\frac{1}{Z_{\mathrm{r}}}\mathrm{Tr}\left\{\mathrm{e}^{\frac{\mathrm{i}}{\hbar}Ht}\theta\mathrm{e}^{-\frac{\mathrm{i}}{\hbar}Ht}\mathrm{e}^{-\beta H}F\right\} \tag{2-128}$$

$$k_{\mathrm{b}}=\frac{1}{Z_{\mathrm{p}}}\mathrm{Tr}\left\{\mathrm{e}^{\frac{\mathrm{i}}{\hbar}Ht}\theta\mathrm{e}^{-\frac{\mathrm{i}}{\hbar}Ht}\mathrm{e}^{-\beta H}F\right\} \tag{2-129}$$

如前面所提到的，在反应过程中体系有可能多次经过分割面，而只有当体系最终处于产物区时反应才真正完成，因此上式中的 $t$ 应该趋于无穷大，这时式(2-128)便成为式(2-122)。值得一提的是，在实际情况中体系有可能在产物区和反应物区之间不断振荡，此时并不存在真正的反应速率常数(即当 $t \to \infty$ 时 $k$ 并不会收敛于一个常数)。但是在电子-声子耦合比较大的凝聚相中，体系的退相干效应很显著，这种情况下体系的动力学特征通常可以用速率常数来描述。此外，现实中还存在许多非平衡态下的反应(如爆炸反应)，此时平衡态的假设就失效了。任意初始态下的速率常数的推导可以参考文献[107]。

考虑到高能态势能面并没有为电子转移提供可行的反应路径，为了可以利用式(2-122)计算电子转移速率，将只考虑低能态势能面，如图 2-16 所示。虽然高能态势能面并没有直接参与电子转移，但势能面间的非绝热耦合却能极大地影响跃迁概率。利用上述近似，并引进经典 TST 近似，式(2-122)变为[34]

$$k(T)=\frac{1}{Z_{\mathrm{r}}h^{N}}\int \mathrm{d}P\mathrm{d}Q\mathrm{e}^{-\beta H_{1}(P,Q)}P^{\mathrm{T}}\nabla\left[S(Q)-\xi_{0}\right]$$
$$\times\delta\left[S(Q)-\xi_{0}\right]P\left[E_{\mathrm{S}},S(Q)\right] \tag{2-130}$$

式中，$H_{1}(P,Q)$ 为低能态势能面的哈密顿量；$S(Q)-\xi_{0}$ 为多维空间中的分割面；$N$ 为自由度的个数；$E_{\mathrm{S}}$ 为沿着分割面 $S(Q)$ 的法线方向上的平动能分量；$P\left[E_{\mathrm{S}},S(Q)\right]$ 为动能为 $E_{\mathrm{S}}$ 下的非绝热跃迁概率。对式(2-130)中的动量进行积分得到

$$k(T)=\frac{1}{Z_{\mathrm{r}}}\frac{k_{\mathrm{B}}T}{h}\left(\frac{2\pi}{h^{2}\beta}\right)^{(N-1)/2}\int \mathrm{d}Q\mathrm{e}^{-\beta E_{1}(\boldsymbol{Q})}\nabla\left[S(Q)-\xi_{0}\right]$$
$$\times\delta\left[S(Q)-\xi_{0}\right]P'\left[\beta,S(Q)\right] \tag{2-131}$$

其中

$$P'\big[\beta, S(Q)\big] = \beta \int_0^\infty \mathrm{e}^{-\beta[E-E_1(Q)]} P(E,Q)\mathrm{d}E \qquad (2\text{-}132)$$

当溶剂运动非常快时，可以合理地假设初始的给体态处于热平衡分布，那么式 (2-131) 可以用于处理包含溶剂振动模式的多维系统的电子转移过程，这是一个可以覆盖任意电子耦合强度的普适的非绝热过渡态理论。值得一提的是，当引进自由能分布后，式 (2-131) 可以很容易还原成 Marcus-Hush 公式[108]的绝热和非绝热极限。

数值模拟上，对坐标的多维积分可以通过 Monte Carlo 方法完成[109]。非绝热过渡态被设为处在给体和受体势能面的交叉分割面 $S(Q) = \zeta_0$ 上。分割面的法线方向，也就是反应坐标的方向，可以通过对分割面做瞬时简正模分析找出。图 2-17 展示了一个计算的例子，该例子给出了电子转移速率和电子耦合强度之间的关系曲线。从图中可以明显看出，基于 ZN 公式的非绝热过渡态理论在所给出的电子耦合强度范围内成功预测了反应速率，而基于 Marcus 公式得到的电子转移速率在强电子耦合区域内与严格值相比差了整整一个数量级。正如预期的，虽然费米黄金规则在弱电子耦合区域给出了与严格值相一致的结果，但随着电子耦合强度的增加计算结果的偏差也越来越大。

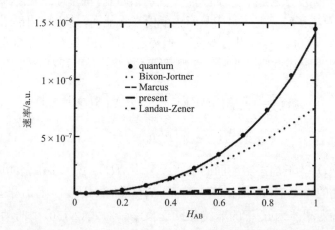

图 2-17　电子转移速率与电子耦合强度的关系曲线[78]

quantum 代表严格的量子力学解，present 和 Landau-Zener 分别代表基于 ZN、LZ 概率公式的非绝热过渡态理论的结果，Bixon-Jortner、Marcus 分别代表费米黄金规则、Marcus 公式的结果

### 2.4.2　类 Kramers 量子理论

正如过渡态理论的思想不能应用于溶剂弛豫速度慢的绝热反应，在溶剂的动力学有着显著影响甚至起决定性作用的电荷转移过程中，基于快速溶剂弛豫近似的理论方法都将失效。图 2-18 展示了一个两维势能面中的电荷转移动力学过程，其中 $Q_1$ 和 $Q_2$ 分别表示分子内的振动模和溶剂模坐标。如图中深色线所示，从 $D^*A$ 态的某个分布出发，载流子也许会在给体态势能面上弯弯曲曲地弛豫至 $D^*A$ 态和 $D^+A^-$ 态的交叉分割面上，接着发生电荷分离，然后弛豫至稳定的电荷分离态。由于溶剂的动力学过程很慢，在上述过程中初态很可能无法维持热力学平衡分布，此时过渡态理论的基本假设便失效了。在某些情况下，溶剂的动力学过程甚至慢到可以将溶剂模和分子内振动模分开考虑。例如，电荷转移的过程甚至可以沿着图 2-18 中的浅色线进行。在这种情况下，决速步很有可能变成沿着溶剂坐标 $Q_2$ 的溶剂弛豫过程。我们发展了两种能够处理上述情况的电荷转移过程的方法，一种是类 Kramers 量子理论，另一种是扩展的 Sumi-Marcus 理论。前者适用于弱到中等的溶剂阻尼极限，而后者适用于非常强的阻尼。

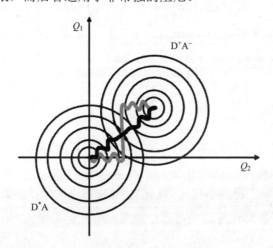

图 2-18　包含溶剂动力学的电荷转移路径示意图[78]

深色线代表了弱或中等溶剂阻尼的情况，而浅色线代表了强阻尼的情况

本小节首先讨论类 Kramers 量子理论[35]。该理论与用于研究溶液中的绝热化学反应的 Kramers 理论[110,111]很类似，但内禀地包含了非绝热效应。Kramers 理论考虑了处在一维势阱内的粒子的逃逸速度，其中该粒子位于一定的溶剂环境中，它与溶剂的相互作用由溶剂引起的摩擦力描述。扩散粒子的能量激活和失活之间的竞争与它的逃逸速度紧密关联，因此逃逸速度是由粒子能量的稳态分布（而不是

热平衡分布)以及跃迁概率决定。顺着与 Kramers 理论相同的过程,可以找到电荷转移反应的反应坐标。幸运的是,式(2-100)、式(2-101)所给出的势能可以通过正交变换转变为沿着反应坐标的势能以及沿着与反应坐标相耦合的剩余坐标的势能之和[112]。

遵循与非绝热过渡态理论类似的策略,可以将低能态绝热势能面显式地写成如下哈密顿的形式:

$$H_{\text{adia}} = \frac{1}{2} p_q^2 + V(q) + \sum_i \left[ \frac{p_i^2}{2} + \frac{1}{2} \omega_i^2 \left( x_i + \frac{C_i q}{\omega_i^2} \right)^2 \right] \tag{2-133}$$

式中, $p_i$ 和 $x_i$ 为第 $i$ 个溶剂振了的动量和坐标,它的频率为 $\omega_i$;溶剂坐标和反应坐标 $q$ 的耦合体现在常数 $C_i$ 上。沿着反应坐标的势能为

$$V(q) = \frac{1}{2} \left[ \omega_0^2 \left( q^2 + \frac{1}{4} q_0 \right) + \Delta G - \sqrt{\left( \omega_0^2 q_0 q - \Delta G \right)^2 + 4 H_{\text{DA}}^2} \right] \tag{2-134}$$

式中, $\omega_0$ 为势阱处沿着反应坐标的频率; $q_0$ 为给体态和受体态的局部势能极小点之间的位移,相应的重组能为 $\frac{1}{2} \omega_0^2 q_0^2$。为了得到电荷转移的方向,可以对式(2-133)中在 $q=0$ 处的势能做简正模分析,从而得到

$$H_{\text{adia}} = \frac{1}{2} \dot{\rho}^2 - \frac{1}{2} \lambda_0^2 \rho^2 + \sum_j \left[ \frac{1}{2} \left( \dot{y}_j^2 + \lambda_j^2 y_j^2 \right) + V(\rho, y_j) \right] \tag{2-135}$$

式中, $\rho$ 和 $y_j$ 分别为不稳定简正模和稳定模的质量加权坐标; $V(\rho, y_j)$ 为势垒区之外的模之间的非线性相互作用。正如 Grabert[113]所指出的,要想得到给体态势阱的逃逸速度,必须先得到不稳定简正模 $\rho$ 的稳态能量分布函数 $n(\varepsilon)$。从 $n(\varepsilon)$ 出发,正向的载流子转移速率常数可以由类 Kramers 量子理论给出:

$$k_f(T) = \frac{1}{2\pi\beta} \int_{-\infty}^{+\infty} P(\varepsilon) n(\varepsilon) d\varepsilon \tag{2-136}$$

式中, $P(\varepsilon)$ 为非绝热跃迁概率,可以由 LZ 公式、ZN 公式或 R 矩阵方法计算得到。

稳态能量分布函数 $n(\varepsilon)$ 由式(2-137)决定:

$$n(\varepsilon) = f_1(\varepsilon) - f_2(\varepsilon) \tag{2-137}$$

式中, $f_1(\varepsilon)$ 和 $f_2(\varepsilon)$ 分别为从给体态势阱、受体态势阱向交叉点运动的布居数分布,它们由 Mel'nikov 方程组给出[114]:

$$\begin{cases} f_1(\varepsilon) = \int_{-\infty}^{+\infty} P_1(\varepsilon \,|\, \varepsilon')\left\{\left[1 - P(\varepsilon')\right] f_1(\varepsilon') + P(\varepsilon') f_2(\varepsilon')\right\} \mathrm{d}\varepsilon' & (2\text{-}138) \\[2mm] f_2(\varepsilon) = \int_{-\infty}^{+\infty} P_2(\varepsilon \,|\, \varepsilon')\left\{\left[1 - P(\varepsilon')\right] f_2(\varepsilon') + P(\varepsilon') f_1(\varepsilon')\right\} \mathrm{d}\varepsilon' & (2\text{-}139) \end{cases}$$

式中，$P_i(\varepsilon \,|\, \varepsilon')(i=1,2)$ 为条件概率，它代表一个能量为 $\varepsilon'$ 的粒子在离开交叉点后再次经过交叉点时能量为 $\varepsilon$ 的概率。

在低能极限下，$n(\varepsilon)$ 具有边界条件：

$$n(\varepsilon) = \frac{C}{2\pi\beta}\mathrm{e}^{-\varepsilon}, \ \varepsilon \to -\infty \qquad (2\text{-}140)$$

式中，$C$ 为归一化常数。在高温及强阻尼区域，不稳定简正模的能量分布趋于热平衡，此时式 (2-136) 变为

$$k_{\mathrm{cl}}(T) = \frac{\beta\omega_0}{2\pi}\frac{\lambda_0^{\#}}{\omega^{\#}}\int_{-\infty}^{+\infty} P(\varepsilon)\mathrm{e}^{-\beta\varepsilon}\mathrm{d}\varepsilon \qquad (2\text{-}141)$$

式中，$\lambda_0^{\#}$ 为 Grote-Hynes 频率[111]；$\omega^{\#}$ 为低能态势能面在势垒处的虚频。

我们以自旋-玻色模型作为例子来说明该方法可能的应用范围。图 2-19 给出了载流子转移速率与电子耦合强度之间的函数关系。可以看到，类 Kramers 量子理论的确正确地预测出非绝热和绝热极限下的速率。与之相比，Zusman 理论[32]在绝热极限处失效，它预言了比 Kramers 理论大得多的速率。

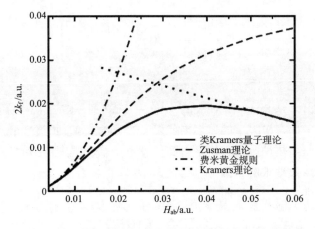

图 2-19　载流子转移速率与电子耦合强度的关系曲线[35]

### 2.4.3 扩展的 Sumi-Marcus 理论

对于图 2-18 中浅色线所表示的电荷转移过程，分子内高频模的涨落远比溶剂模要快得多，因此这些高频模始终处在热平衡态。为了能将快、慢两种动力学过程分开考虑，将透热态势能面写成如下形式：

$$H_D(Q_1, Q_2) = V_1(Q_1) + V_1(Q_2) \tag{2-142}$$

$$H_A(Q_1, Q_2) = V_2(Q_1) + V_2(Q_2) + \Delta G \tag{2-143}$$

式中，$Q_1$ 为高频的分子内振动模的集体坐标；$Q_2$ 为低频溶剂模的集体坐标。

出于沿着 $Q_2$ 的运动相当慢，我们必须考虑给定点 $Q_2$ 处的布居数动力学。设 $P_1(Q_2, t)$ 和 $P_2(Q_2, t)$ 分别为给体态和受体态在时间 $t$ 以及坐标 $Q_2$ 处的布居数分布，对其采用绝热消除法 (adiabatic elimination procedure) 便得到如下耦合扩散-反应方程组[115]：

$$\begin{cases} \dfrac{\partial}{\partial t} P_1(Q_2, t) = \left[ L_1 - k_1(Q_2) \right] P_1(Q_2, t) + k_2(Q_2) P_2(Q_2, t) \\[2mm] \dfrac{\partial}{\partial t} P_2(Q_2, t) = \left[ L_2 - k_2(Q_2) \right] P_2(Q_2, t) + k_1(Q_2) P_1(Q_2, t) \end{cases} \tag{2-144}$$

式中，$k_i(Q_2)$ 为 sink 函数，它是由高频模的贡献所产生的，代表了在给定溶剂坐标 $Q_2$ 处沿着分子内振动坐标 $Q_1$ 方向的局域反应速率。$L_i$ 是广义 Smoluchowski 算符：

$$L_i = D(t) \left\{ \frac{\partial^2}{\partial Q_2^2} + \beta \frac{\partial}{\partial Q_2} \left[ \frac{\mathrm{d} V_i(Q_2)}{\mathrm{d} Q_2} \right] \right\} \tag{2-145}$$

式中，$D(t)$ 为含时扩散系数。

在这里指出，是 Sumi 和 Marcus[115]首先将这项技术应用于电荷转移。然而，他们是用弱电子耦合极限下的速率来代表 sink 函数。为了扩展 Sumi-Marcus 模型，我们可以利用非绝热过渡态理论来得到任意电子耦合强度范围的局域反应速率。

为了能够高效地求解扩散-反应方程，可以将耦合方程式 (2-144) 转化为厄米形式，为此引进"归一化"的布居数：

$$p_i(Q_2, t) = \frac{P_i(Q_2, t)}{g_i(Q_2)} \tag{2-146}$$

式中，$g_i(Q_2)$ 为无 sink 函数的情况下耦合方程式 (2-144) 的平衡态解的平方根。

据此便得到

$$\frac{\partial}{\partial t}\begin{pmatrix} p_1(Q_2,t) \\ p_2(Q_2,t) \end{pmatrix} = \begin{bmatrix} H_1(t) & k_2'(Q_2) \\ k_1'(Q_2) & H_2(t) \end{bmatrix} \begin{pmatrix} p_1(Q_2,t) \\ p_2(Q_2,t) \end{pmatrix} \tag{2-147}$$

式中，$k_1'(Q_2)$、$k_2'(Q_2)$ 以及哈密顿量 $H_i$ 的具体表达式见参考文献[36]。

容易看出，若进行变量代换 $t'=it$，式 (2-147) 便成为标准的耦合薛定谔方程。因此，许多求解薛定谔方程的数值方法都可以直接用于求解式 (2-147)，如已被证明具有高效率的虚时分裂算符法[36]，在该方法中动量算符和耦合势能算符被有效地分离开，分别用于在动量空间和坐标空间中的波函数演化。

载流子转移速率常数可以依据式 (2-148) 从布居数动力学中得到

$$k_f(t) = -\frac{\mathrm{d}\ln S_1(t)}{\mathrm{d}t} \tag{2-148}$$

式中，$S_1(t)=\int \mathrm{d}Q_2 P_1(Q_2,t)$，为 $t$ 时刻给体态上的总布居数。假如电荷转移过程的速率描述是有意义的，那么当 $t$ 足够大时 $k_f(t)$ 将趋于一个常数，也就是真实的速率常数。然而，在实际情况中 $k_f(t)$ 并不总是会收敛于一个常数，这也就意味着布居数的衰减不能用单个指数函数来表征。在这种情况下，通常引进两种平均存活时间的定义：

$$\tau_a = \int_0^\infty S(t)\mathrm{d}t \tag{2-149}$$

$$\tau_b = \frac{1}{\tau_a}\int_0^\infty tS(t)\mathrm{d}t \tag{2-150}$$

$\tau_a$ 反映了布居数的短时动力学特征，等价于平均首次通过时间；而 $\tau_b$ 用于表征长时间的动力学特征。显然，与之相应的速率常数分别定义为 $1/\tau_a$、$1/\tau_b$。当且仅当布居数动力学演化可以用单个指数函数来描述时，这两个速率常数相等。

图 2-20 展示了 Marcus 反转区内在不同溶剂弛豫时间条件下转移速率 $(1/\tau_a)$ 与电子耦合强度的关系曲线。可以看到，在弱电子耦合区域内基于微扰法的 Sumi-Marcus 理论和扩展的 Sumi-Marcus 理论给出了几乎一样的计算结果，然而前者在强电子耦合区域内预测了远大于后者的数值，而且所得结果并没有表现出 Marcus 反转区内的典型特征——绝热抑制。此外，在给定电子耦合强度下，扩展的 Sumi-Marcus 理论给出的结果表明，随着溶剂弛豫时间从几乎不扩散减小至极快弛豫，反应速率不断增加。在溶液控制的电荷转移反应中，通常溶剂的阻尼作用总是抑制反应速率，这与上述计算结果一致。

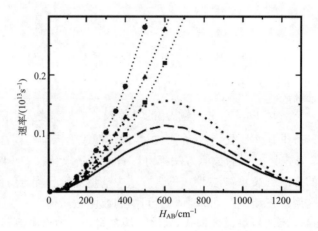

图 2-20　Marcus 反转区内载流子转移速率与电子耦合强度的关系曲线[36]

实线、短划线和点线分别对应于 $\tau_s > 1000\,\text{ps}$、$\tau_s = 0.1\,\text{ps}$ 和 $\tau_s \approx 0$，这三个结果是以 R 矩阵理论作为 sink 函数而得到的。以局域费米黄金规则作为 sink 函数的结果在图中用圆形、三角形和方形画出，分别对应于 $\tau_s > 1000\,\text{ps}$、$\tau_s = 0.1\,\text{ps}$ 和 $\tau_s \approx 0$

值得注意的是，该理论并不局限于体系对溶剂动力学的线性响应，它可以直接应用于具有非谐性的系统[116]。

## 2.5　结论

本章主要介绍了有机材料体系中的吸收、发射光谱理论和电子转移理论。光谱的理论描述对理解实际体系的结构特征及光电性质具有深刻意义，并且可以直接成为连接理论研究与实验结果的桥梁。首先从含时微扰理论出发推导了吸收光谱与发射光谱的时间关联函数表达式，其次通过引进 Frenkel 激子模型和位移谐振子模型得到了适用于有机体系吸收、发射光谱的具体表达式，最后以香豆素 343 分子为例介绍了具体的应用过程。在电子转移理论方面，首先从微扰框架入手推导了在弱电子耦合强度近似下电子转移速率常数的普适表达式，其次分别给出了在 Condon 近似下以及考虑了非 Condon 效应的速率常数表达式，并对后者的具体应用进行了介绍，最后对于微扰理论失效的强电子耦合区域，着重介绍了三种很好地考虑了溶剂动力学的电子转移理论方法，即非绝热过渡态理论、类 Kramers 量子理论以及扩展的 Sumi-Marcus 理论。

值得指出的是，虽然有机单体分子的吸收、发射光谱的理论计算已经通过累积量展开法得到了很好解决，但有机聚集体却还有很长远的道路要走。对于聚集体来说，不同的单体分子之间的耦合作用使得我们难以得到可以涵盖大范围参数空间的解析表达式，而核运动与不同单体分子之间复杂的耦合方式则进一步加大了理论处理的难度。另外，在电子转移理论研究中，对于强电子耦合体系，电子的运动往往具有相干性，此时基于单个速率常数的理论描述不能很好地代表电子的动力学过程，因此必须寻求更加准确的量子动力学方法。

　　与解析方法相对的，高效的数值计算方法不失为一种很好的补充。基于线性响应理论的光谱的时间关联函数表达式使得我们可以在相同的量子动力学框架下处理光谱的理论计算和电子的量子运动。在位移谐振子模型框架下，许多行之有效的严格的数值方法，如准绝热传播子路径积分方法[117-120]、级联运动方程[121]、基于正交多项式算法的时间演化密度方法[122-124]、多层多组态含时 Hartree 方法[125,126]等已经发展得比较成熟，近似的方法如混合量子–经典方法[127-129]、基于变分极化子变换的量子主方程方法[130-132]等也相继被提出。在数值计算方法方面，我们课题组最近也提出了几种近似的随机薛定谔方程[133-135]，以及一种严格的级联–随机薛定谔方程[136]，这些方法在计算效率和精度上都给出了令人满意的结果。然而令人遗憾的是，上面提到的所有严格的数值方法所需要的计算资源都随着体系维度的增加而迅速增加至难以负担的程度，而近似方法往往受限于较窄的参数范围。因此，发展更高效率的数值方法以及具有普适性的解析方法仍然是未来很长一段时间内需要努力的方向。

## 参 考 文 献

[1] Spanggaard H, Krebs F C. A brief history of the development of organic and polymeric photovoltaics. Sol Energy Mater Sol Cells, 2004, 83(2-3): 125-146.

[2] Li G, Zhu R, Yang Y. Polymer solar cells. Nat Photonics, 2012, 6(3): 153-161.

[3] Tang C W. Two-layer organic photovoltaic cell. Appl Phys Lett, 1986, 48(2): 183-185.

[4] Irwin M D, Buchholz B, Hains A W, et al. p-Type semiconducting nickel oxide as an efficiency-enhancing anode interfacial layer in polymer bulk-heterojunction solar cells. Proc Natl Acad Sci USA, 2008, 105(8): 2783-2787.

[5] Liang Y Y, Xu Z, Xia J B, et al. For the bright future: bulk heterojunction polymer solar cells with power conversion efficiency of 7.4%. Adv Mater, 2010, 22(20): E135-E138.

[6] You J B, Dou L T, Yoshimura K, et al. A polymer tandem solar cell with 10.6% power conversion efficiency. Nat Commun, 2013, 4: 1446.

[7] Chen J D, Cui C H, Li Y Q, et al. Single-junction polymer solar cells exceeding 10% power conversion efficiency. Adv Mater, 2015, 27(6): 1035-1041.

[8] Chen C C, Chang W H, Yoshimura K, et al. An efficient triple-junction polymer solar cell having a power conversion efficiency exceeding 11%. Adv Mater, 2014, 26(32): 5670-5677.

[9] Brédas J L, Norton J E, Cornil J, et al. Molecular understanding of organic solar cells: The challenges. Acc Chem Res, 2009, 42(11): 1691-1699.

[10] May V, Oliver K. Charge and Energy Transfer Dynamics in Molecular Systems. Weinheim: Wiley-VCH Verlag GmbH & Co. KGaA, 2011.

[11] Mukamel S. Principles of Nonlinear Optical Spectroscopy. New York: Oxford University Press, 1999.

[12] Marcus R A. On the theory of oxidation-reduction reactions involving electron transfer. I . J Chem Phys, 1956, 24(5): 966-978.

[13] Marcus R A. On the theory of oxidation-reduction reactions involving electron transfer. II. Applications to data on the rates of isotopic exchange reactions. J Chem Phys, 1957, 26(4): 867-871.

[14] Marcus R A. On the theory of oxidation-reduction reactions involving electron transfer. III. Applications to data on the rates of organic redox reactions. J Chem Phys, 1957, 26(4): 872-877.

[15] Marcus R A. Exchange reactions and electron transfer reactions including isotopic exchange. Theory of oxidation-reduction reactions involving electron transfer. Part 4. A statistical-mechanical basis for treating contributions from solvent, ligands, and inert salt. Discuss Faraday Soc, 1960, 29: 21-31.

[16] Marcus R A. On the theory of oxidation-reduction reactions involving electron transfer. V. Comparison and properties of electrochemical and chemical rate constants. J Phys Chem, 1963, 67(4): 853-857.

[17] Miller J R, Beitz J V, Huddleston R K. Effect of free energy on rates of electron transfer between molecules. J Am Chem Soc, 1984, 106(18): 5057-5068.

[18] Miller J, Calcaterra L, Closs G. Intramolecular long-distance electron transfer in radical anions. The effects of free energy and solvent on the reaction rates. J Am Chem Soc, 1984, 106(10): 3047-3049.

[19] Efrima S, Bixon M. On the role of vibrational excitation in electron transfer reactions with large negative free energies. Chem Phys Lett, 1974, 25(1): 34-37.

[20] Efrima S, Bixon M. Vibrational effects in outer-sphere electron-transfer reactions in polar media. Chem Phys, 1976, 13(4): 447-460.

[21] Kestner N R, Logan J, Jortner J. Thermal electron transfer reactions in polar solvents. J Phys Chem, 1974, 78(21): 2148-2166.

[22] Marcus R A, Sutin N. Electron transfers in chemistry and biology. Biochim Biophys Acta: Rev Bioenerg, 1985, 811(3): 265-322.

[23] Newton M D, Sutin N. Electron transfer reactions in condensed phases. Annu Rev Phys Chem, 1984, 35(1): 437-480.

[24] Daizadeh I, Medvedev E S, Stuchebrukhov A A. Effect of protein dynamics on biological electron transfer. Proc Natl Acad Sci USA, 1997, 94(8): 3703-3708.

[25] Medvedev E S, Stuchebrukhov A A. Inelastic tunneling in long-distance biological electron transfer reactions. J Chem Phys, 1997, 107(10): 3821-3831.

[26] Nitzan A. Electron transmission through molecules and molecular interfaces. Annu Rev Phys Chem, 2001, 52(1): 681-750.

[27] Jang S, Newton M D. Theory of torsional non-Condon electron transfer: A generalized spin-boson hamiltonian and its nonadiabatic limit solution. J Chem Phys, 2005, 122(2): 024501.

[28] Zhao Y, Liang W Z. Non-Condon nature of fluctuating bridges on nonadiabatic electron transfer: Analytical interpretation. J Chem Phys, 2009, 130(3): 034111.

[29] Zhang W, Liang W Z, Zhao Y. Non-Condon effect on charge transport in dithiophene-tetrathiafulvalene crystal. J Chem Phys, 2010, 133(2): 024501.

[30] Zhang W, Zhao Y, Liang W Z. Theoretical investigation of the non-Condon effect on electron transfer: Application to organic semiconductor. Sci China Chem, 2011, 54(5): 707-714.

[31] Jortner J, Bixon M. Intramolecular vibrational excitations accompanying solvent-controlled electron transfer reactions. J Chem Phys, 1988, 88(1): 167-170.

[32] Zusman L. Outer-sphere electron transfer in polar solvents. Chem Phys, 1980, 49(2): 295-304.

[33] Walker G C, Aakesson E, Johnson A E, et al. Interplay of solvent motion and vibrational excitation in electron-transfer kinetics: Experiment and theory. J Phys Chem, 1992, 96(9): 3728-3736.

[34] Zhao Y, Mil'nikov G, Nakamura H. Evaluation of canonical and microcanonical nonadiabatic reaction rate constants by using the Zhu-Nakamura formulas. J Chem Phys, 2004, 121(18): 8854-8860.

[35] Zhao Y, Liang W Z. Quantum Kramers-like theory of the electron-transfer rate from weak-to-strong electronic coupling regions. Phys Rev A, 2006, 74(3): 032706.

[36] Zhu W, Zhao Y. Quantum effect of intramolecular high-frequency vibrational modes on diffusion-controlled electron transfer rate: From the weak to the strong electronic coupling regions. J Chem Phys, 2007, 126(18): 184105.

[37] Sumi H. Theory on rates of excitation-energy transfer between molecular aggregates through distributed transition dipoles with application to the antenna system in bacterial photosynthesis. J Phys Chem B, 1999, 103(1): 252-260.

[38] Banchi L, Costagliola G, Ishizaki A, et al. An analytical continuation approach for evaluating emission lineshapes of molecular aggregates and the adequacy of multichromophoric Förster theory. J Chem Phys, 2013, 138(18): 184107.

[39] Moix J M, Ma J, Cao J. Förster resonance energy transfer, absorption and emission spectra in multichromophoric systems. III. Exact stochastic path integral evaluation. J Chem Phys, 2015, 142(9): 094108.

[40] Hagfeldt A, Boschloo G, Sun L, et al. Dye-sensitized solar cells. Chem Rev, 2010, 110(11): 6595-6663.

[41] Clifford J N, Martínez-Ferrero E, Viterisi A, et al. Sensitizer molecular structure-device efficiency relationship in dye sensitized solar cells. Chem Soc Rev, 2011, 40(3): 1635-1646.

[42] Reynolds G, Drexhage K. New coumarin dyes with rigidized structure for flashlamp-pumped dye lasers. Opt Commun, 1975, 13(3): 222-225.

[43] Drexhage K, Erikson G, Hawks G, et al. Water-soluble coumarin dyes for flashlamp-pumped dye lasers. Opt Commun, 1975, 15(3): 399-403.

[44] Harima Y, Kawabuchi K, Kajihara S, et al. Improvement of photovoltages in organic

dye-sensitized solar cells by Li intercalation in particulate $TiO_2$ electrodes. Appl Phys Lett, 2007, 90(10): 103517.

[45] Nattestad A, Ferguson M, Kerr R, et al. Dye-sensitized nickel(II) oxide photocathodes for tandem solar cell applications. Nanotechnology, 2008, 19(29): 295304.

[46] Morandeira A, Boschloo G, Hagfeldt A, et al. Coumarin 343-NiO films as nanostructured photocathodes in dye-sensitized solar cells: Ultrafast electron transfer, effect of the $I_3^-/I^-$ redox couple and mechanism of photocurrent generation. J Phys Chem C, 2008, 112(25): 9530-9537.

[47] Cave R J, Castner E W. Time-dependent density functional theory investigation of the ground and excited states of coumarins 102, 152, 153, and 343. J Phys Chem A, 2002, 106(50): 12117-12123.

[48] Frontiera R R, Dasgupta J, Mathies R A. Probing interfacial electron transfer in coumarin 343 sensitized $TiO_2$ nanoparticles with femtosecond stimulated Raman. J Am Chem Soc, 2009, 131(43): 15630-15632.

[49] Jacquemin D, Perpète E A, Scalmani G, et al. Time-dependent density functional theory investigation of the absorption, fluorescence, and phosphorescence spectra of solvated coumarins. J Chem Phys, 2006, 125(16): 164324.

[50] Kurashige Y, Nakajima T, Kurashige S, et al. Theoretical investigation of the excited states of coumarin dyes for dye-sensitized solar cells. J Phys Chem A, 2007, 111(25): 5544-5548.

[51] Nguyen K A, Day P N, Pachter R. Effects of solvation on one- and two-photon spectra of coumarin derivatives: A time-dependent density functional theory study. J Chem Phys, 2007, 126(9): 094303.

[52] Preat J, Jacquemin D, Perpète E A. Theoretical investigations of the UV spectra of coumarin derivatives. Chem Phys Lett, 2005, 415(1): 20-24.

[53] Sánchez-de-Armas R, Oviedo J, San Miguel M Á, et al. Direct *vs* indirect mechanisms for electron injection in dye-sensitized solar cells. J Phys Chem C, 2011, 115(22): 11293-11301.

[54] Zhang X, Zhang J J, Xia Y Y. Molecular design of coumarin dyes with high efficiency in dye-sensitized solar cells. J Photochem Photobiol A, 2008, 194(2): 167-172.

[55] Zhao W W, Ding Y H, Xia Q Y. Time-dependent density functional theory study on the absorption spectrum of coumarin 102 and its hydrogen-bonded complexes. J Comput Chem, 2011, 32(3): 545-553.

[56] Correa N M, Levinger N E. What can you learn from a molecular probe? New insights on the behavior of C343 in homogeneous solutions and AOT reverse micelles. J Phys Chem B, 2006, 110(26): 13050-13061.

[57] Pant D, Le Guennec M, Illien B, et al. The pH dependent adsorption of coumarin 343 at the water/dichloroethane interface. Phys Chem Chem Phys, 2004, 6(12): 3140-3146.

[58] Riter R E, Undiks E P, Levinger N E. Impact of counterion on water motion in aerosol OT reverse micelles. J Am Chem Soc, 1998, 120(24): 6062-6067.

[59] Wu W P, Cao Z X, Zhao Y. Theoretical studies on absorption, emission, and resonance Raman spectra of coumarin 343 isomers. J Chem Phys, 2012, 136(11): 114305.

[60] Liang W Z, Zhao Y, Sun J, et al. Electronic excitation of polyfluorenes: A theoretical study. J

Phys Chem B, 2006, 110(20): 9908-9915.

[61] Lee C, Yang W, Parr R G. Development of the colle-salvetti correlation-energy formula into a functional of the electron density. Phys Rev B, 1988, 37(2): 785.

[62] Miehlich B, Savin A, Stoll H, et al. Results obtained with the correlation energy density functionals of Becke and Lee, Yang and Parr. Chem Phys Lett, 1989, 157(3): 200-206.

[63] Becke A D. Density-functional thermochemistry. III. The role of exact exchange. J Chem Phys, 1993, 98(7): 5648.

[64] Bauernschmitt R, Ahlrichs R. Treatment of electronic excitations within the adiabatic approximation of time dependent density functional theory. Chem Phys Lett, 1996, 256(4-5): 454-464.

[65] Casida M E, Jamorski C, Casida K C, et al. Molecular excitation energies to high-lying bound states from time-dependent density-functional response theory: Characterization and correction of the time-dependent local density approximation ionization threshold. J Chem Phys, 1998, 108(11): 4439-4449.

[66] Stratmann R E, Scuseria G E, Frisch M J. An efficient implementation of time-dependent density-functional theory for the calculation of excitation energies of large molecules. J Chem Phys, 1998, 109(19): 8218-8224.

[67] Van Caillie C, Amos R D. Geometric derivatives of excitation energies using SCF and DFT. Chem Phys Lett, 1999, 308(3): 249-255.

[68] Van Caillie C, Amos R D. Geometric derivatives of density functional theory excitation energies using gradient-corrected functionals. Chem Phys Lett, 2000, 317(1): 159-164.

[69] Furche F, Ahlrichs R. Adiabatic time-dependent density functional methods for excited state properties. J Chem Phys, 2002, 117(16): 7433-7447.

[70] Scalmani G, Frisch M J, Mennucci B, et al. Geometries and properties of excited states in the gas phase and in solution: Theory and application of a time-dependent density functional theory polarizable continuum model. J Chem Phys, 2006, 124(9): 094107.

[71] Barone V, Cossi M. Quantum calculation of molecular energies and energy gradients in solution by a conductor solvent model. J Phys Chem A, 1998, 102(11): 1995-2001.

[72] Cossi M, Rega N, Scalmani G, et al. Energies, structures, and electronic properties of molecules in solution with the C-PCM solvation model. J Comput Chem, 2003, 24(6): 669-681.

[73] Frisch M J, Trucks G W, Schlegel H B, et al. Gaussian 09 Revision A.01. Wallingford CT: Gaussian Inc., 2009.

[74] Hara K, Sato T, Katoh R, et al. Molecular design of coumarin dyes for efficient dye-sensitized solar cells. J Phys Chem B, 2003, 107(2): 597-606.

[75] Tominaga K, Walker G C. Femtosecond experiments on solvation dynamics of an anionic probe molecule in methanol. J Photochem Photobiol A, 1995, 87(2): 127-133.

[76] Huber R, Moser J E, Grätzel M, et al. Observation of photoinduced electron transfer in dye/semiconductor colloidal systems with different coupling strengths. Chem Phys, 2002, 285(1): 39-45.

[77] 张玫真. Coumarin 衍生物在 $TiO_2$ 作用下之荧光光谱探讨. 高雄: 高雄师范大学, 2003.

[78] Zhao Y, Liang W Z. Charge transfer in organic molecules for solar cells: Theoretical perspective. Chem Soc Rev, 2012, 41(3): 1075-1087.

[79] Benniston A C, Harriman A. Charge on the move: How electron-transfer dynamics depend on molecular conformation. Chem Soc Rev, 2006, 35(2): 169-179.

[80] Skourtis S S, Waldeck D H, Beratan D N. Fluctuations in biological and bioinspired electron-transfer reactions. Annu Rev Phys Chem, 2010, 61: 461-485.

[81] Georgievskii Y, Burshtein A I, Chernobrod B M. Electron transfer in the inverted region: Adiabatic suppression and relaxation hindrance of the reaction rate. J Chem Phys, 1996, 105(8): 3108-3120.

[82] Egorov S A, Rabani E, Berne B J. Nonradiative relaxation processes in condensed phases: Quantum versus classical baths. J Chem Phys, 1999, 110(11): 5238-5248.

[83] Shi Q, Geva E. Nonradiative electronic relaxation rate constants from approximations based on linearizing the path-integral forward-backward action. J Phys Chem A, 2004, 108(29): 6109-6116.

[84] Endicott J S, Joubert-Doriol L, Izmaylov A F. A perturbative formalism for electronic transitions through conical intersections in a fully quadratic vibronic model. J Chem Phys, 2014, 141(3): 034104.

[85] Borrelli R, Peluso A. Quantum dynamics of radiationless electronic transitions including normal modes displacements and Duschinsky rotations: A second-order cumulant approach. J Chem Theory Comput, 2015, 11(2): 415-422.

[86] Wu J L, Cao J S. Higher-order kinetic expansion of quantum dissipative dynamics: Mapping quantum networks to kinetic networks. J Chem Phys, 2013, 139(4): 044102.

[87] Skourtis S S, Balabin I A, Kawatsu T, et al. Protein dynamics and electron transfer: Electronic decoherence and non-Condon effects. Proc Natl Acad Sci USA, 2005, 102(10): 3552-3557.

[88] Davis W B, Ratner M A, Wasielewski M R. Conformational gating of long distance electron transfer through wire-like bridges in donor-bridge-acceptor molecules. J Am Chem Soc, 2001, 123(32): 7877-7886.

[89] Graige M, Feher G, Okamura M. Conformational gating of the electron transfer reaction $Q_A^-Q_B \rightarrow Q_A Q_B^-$ in bacterial reaction centers of Rhodobacter sphaeroides determined by a driving force assay. Proc Natl Acad Sci USA, 1998, 95(20): 11679-11684.

[90] Henderson P T, Jones D, Hampikian G, et al. Long-distance charge transport in duplex DNA: The phonon-assisted polaron-like hopping mechanism. Proc Natl Acad Sci USA, 1999, 96(15): 8353-8358.

[91] Prytkova T R, Kurnikov I V, Beratan D N. Coupling coherence distinguishes structure sensitivity in protein electron transfer. Science, 2007, 315(5812): 622-625.

[92] Ratner M A. Biomolecular processes in the fast lane. Proc Natl Acad Sci USA, 2001, 98(2): 387-389.

[93] Sanii L, Schuster G B. Long-distance charge transport in DNA: Sequence-dependent radical cation injection efficiency. J Am Chem Soc, 2000, 122(46): 11545-11546.

[94] Troisi A, Nitzan A, Ratner M A. A rate constant expression for charge transfer through

fluctuating bridges. J Chem Phys, 2003, 119(12): 5782-5788.

[95] Troisi A, Ratner M A, Zimmt M B. Dynamic nature of the intramolecular electronic coupling mediated by a solvent molecule: A computational study. J Am Chem Soc, 2004, 126(7): 2215-2224.

[96] Grozema F C, Tonzani S, Berlin Y A, et al. Effect of structural dynamics on charge transfer in DNA hairpins. J Am Chem Soc, 2008, 130(15): 5157-5166.

[97] Mas-Torrent M, Durkut M, Hadley P, et al. High mobility of dithiophene-tetrathiafulvalene single-crystal organic field effect transistors. J Am Chem Soc, 2004, 126(4): 984-985.

[98] Frisch M J, Trucks G W, Schlegel H B, et al. Gaussian 03. Pittsburgh: Gaussian Inc., 2003.

[99] Deng W Q, Goddard W A. Predictions of hole mobilities in oligoacene organic semiconductors from quantum mechanical calculations. J Phys Chem B, 2004, 108(25): 8614-8621.

[100] Lanzani G. Photophysics of Molecular Materials: From Single Molecules to Single Crystals. Weinheim: Wiley-VCH Verlag GmbH & Co. KGaA, 2006.

[101] Landau L. On the theory of transfer of energy at collisions Ⅱ. Phys Z Sowjetunion, 1932, 2(46): 7.

[102] Zener C. Non-adiabatic crossing of energy levels. Proc Royal Soc A, 1932, 137(833): 696-702.

[103] Zhu C Y, Nakamura H. Theory of nonadiabatic transition for general two-state curve crossing problems. Ⅰ. Nonadiabatic tunneling case. J Chem Phys, 1994, 101(12): 10630-10647.

[104] Zhu C Y, Nakamura H. Theory of nonadiabatic transition for general two-state curve crossing problems. Ⅱ. Landau-Zener case. J Chem Phys, 1995, 102(19): 7448-7461.

[105] Zhao Y, Mil'nikov G. Electron transfer rate in the Marcus inverted regime beyond the perturbation theory. Chem Phys Lett, 2005, 413(4): 362-366.

[106] Miller W H, Schwartz S D, Tromp J W. Quantum mechanical rate constants for bimolecular reactions. J Chem Phys, 1983, 79(10): 4889-4898.

[107] Craig I R, Thoss M, Wang H. Proton transfer reactions in model condensed-phase environments: Accurate quantum dynamics using the multilayer multiconfiguration time-dependent Hartree approach. J Chem Phys, 2007, 127(14): 144503.

[108] Hush N. Distance dependence of electron transfer rates. Coord Chem Rev, 1985, 64: 135-157.

[109] Zhao Y, Li X, Zheng Z L, et al. Semiclassical calculation of nonadiabatic thermal rate constants: Application to condensed phase reactions. J Chem Phys, 2006, 124(11): 114508.

[110] Kramers H A. Brownian motion in a field of force and the diffusion model of chemical reactions. Physica, 1940, 7(4): 284-304.

[111] Hänggi P, Talkner P, Borkovec M. Reaction-rate theory: Fifty years after Kramers. Rev Mod Phys, 1990, 62(2): 251.

[112] Garg A, Onuchic J N, Ambegaokar V. Effect of friction on electron transfer in biomolecules. J Chem Phys, 1985, 83(9): 4491-4503.

[113] Grabert H. Escape from a metastable well: The Kramers turnover problem. Phys Rev Lett, 1988, 61(15): 1683.

[114] Mel'nikov V, Meshkov S. Theory of activated rate processes: Exact solution of the Kramers

problem. J Chem Phys, 1986, 85(2): 1018-1027.

[115] Sumi A, Marcus R. Dynamical effects in electron transfer reactions. J Chem Phys, 1986, 84(9): 4894-4914.

[116] Zhu W J, Zhao Y. Effects of anharmonicity on diffusive-controlled symmetric electron transfer rates: From the weak to the strong electronic coupling regions. J Chem Phys, 2008, 129(18): 11B610.

[117] Makarov D E, Makri N. Path integrals for dissipative systems by tensor multiplication. Condensed phase quantum dynamics for arbitrarily long time. Chem Phys Lett, 1994, 221(5-6): 482-491.

[118] Topaler M, Makri N. Quasi-adiabatic propagator path integral methods. Exact quantum rate constants for condensed phase reactions. Chem Phys Lett, 1993, 210(1-3): 285-293.

[119] Makri N, Makarov D E. Tensor propagator for iterative quantum time evolution of reduced density matrices. I. Theory. J Chem Phys, 1995, 102(11): 4600-4610.

[120] Makri N, Makarov D E. Tensor propagator for iterative quantum time evolution of reduced density matrices. II. Numerical methodology. J Chem Phys, 1995, 102(11): 4611-4618.

[121] Tanimura Y, Kubo R. Time evolution of a quantum system in contact with a nearly Gaussian-Markoffian noise bath. J Phys Soc Jpn, 1989, 58(1): 101-114.

[122] Prior J, Chin A W, Huelga S F, et al. Efficient simulation of strong system-environment interactions. Phys Rev Lett, 2010, 105(5): 050404.

[123] Chin A W, Rivas Á, Huelga S F, et al. Exact mapping between system-reservoir quantum models and semi-infinite discrete chains using orthogonal polynomials. J Math Phys, 2010, 51(9): 092109.

[124] Chin A W, Huelga S F, Plenio M B. Chain representations of open quantum systems and their numerical simulation with time-adaptive density matrix renormalisation group methods. Semiconduct Semimet, 2011, 85: 115.

[125] Wang H B, Thoss M. Multilayer formulation of the multiconfiguration time-dependent Hartree theory. J Chem Phys, 2003, 119(3): 1289-1299.

[126] Wang H B, Thoss M. Numerically exact quantum dynamics for indistinguishable particles: The multilayer multiconfiguration time-dependent Hartree theory in second quantization representation. J Chem Phys, 2009, 131(2): 024114.

[127] Kapral R. Progress in the theory of mixed quantum-classical dynamics. Annu Rev Phys Chem, 2006, 57: 129-157.

[128] Kapral R. Quantum dynamics in open quantum-classical systems. J Phys: Condens Matter, 2015, 27(7): 073201.

[129] Troisi A, Orlandi G. Charge-transport regime of crystalline organic semiconductors: Diffusion limited by thermal off-diagonal electronic disorder. Phys Rev Lett, 2006, 96(8): 086601.

[130] McCutcheon D P S, Dattani N S, Gauger E M, et al. A general approach to quantum dynamics using a variational master equation: Application to phonon-damped Rabi rotations in quantum dots. Phys Rev B, 2011, 84(8): 081305.

[131] McCutcheon D P S, Nazir A. Consistent treatment of coherent and incoherent energy transfer

dynamics using a variational master equation. J Chem Phys, 2011, 135(11): 114501.

[132] Lee C K, Moix J, Cao J. Accuracy of second order perturbation theory in the polaron and variational polaron frames. J Chem Phys, 2012, 136(20): 204120.

[133] Zhong X X, Zhao Y. Charge carrier dynamics in phonon-induced fluctuation systems from time-dependent wavepacket diffusion approach. J Chem Phys, 2011, 135(13): 134110.

[134] Zhong X X, Zhao Y. Non-markovian stochastic Schrödinger equation at finite temperatures for charge carrier dynamics in organic crystals. J Chem Phys, 2013, 138(1): 014111.

[135] Ke Y L, Zhao Y. Perturbation expansions of stochastic wavefunctions for open quantum systems. J Chem Phys, 2017, 147(18): 184103.

[136] Ke Y L, Zhao Y. Hierarchy of forward-backward stochastic Schrödinger equation. J Chem Phys, 2016, 145(2): 024101.

# 第 *3* 章

## 有机光电材料的器件物理

## 3.1　引言

　　自十九世纪以来，光和电的物理本质及其内在联系已被人们广泛探索并逐渐阐明。电能的应用彻底改变了人类的生产生活方式，从最初爱迪生发明电灯到后来依赖于电力的现代机器大工业的蓬勃发展，电能使人类文明以不可思议的速度向前发展。光学作为一种更为古老的学科，其发展可追溯到 2000 多年前。人类对光的研究，最初主要是试图回答诸如"人怎么能看见周围的物体？"之类的问题。随着人们认识到光具有波粒二象性以及现代激光技术的诞生，光学从经典的范畴进入现代光学的新纪元。光电现象的本质是紧密联系的，两者在一定条件下可以相互转化，现今已有大量具有特殊光电性能的材料被人们认识和利用。

　　随着社会的发展，传统的化石能源枯竭和环境污染问题已经成为人们最迫切的问题。为解决这些问题，人们不断开发和发展新能源，新材料，节电、节能器件等技术。在这种环境下，有机光电材料应运而生。有机光电材料是一类具有光电活性的有机材料，富含碳原子、具有大 π 共轭体系，目前广泛应用于有机发光二极管、有机太阳电池、有机晶体管、有机传感器和有机存储器等领域[1]。与无机材料相比较，有机光电材料一个突出的优点是可以通过溶液法来实现大规模、大面积以及柔性器件的制备；它还具有结构组成多样化、性能调节空间宽等优异性能[2]。另外，有机光电材料可以通过分子设计的方法获取人们所需要的各种相应的性能，还可以通过自下而上的器件自组装等方式来实现纳米器件和分子器件的制备。目前，有机光电材料正以其独特的优点和广泛的应用引起了化学和材料领域科研人员极大的关注[3]。研究者正从设计合成特殊的有机共轭体系出发，探索其在光电功能领域的应用，并以此为基础制备出性能优异的新型光电子器件。

### 3.1.1　光电效应

　　光电效应是物理学中一个重要而神奇的现象。一般，在高于某特定频率的电磁波照射下，某些物质内部的电子或自由载流子会被光子激发出来而形成电流，即光生电。以这种方式激发的电子或自由载流子被称为光电子。根据经典的电磁学理论，光电效应被认为是能量从光到电子的转换。

　　光电现象最早是在 1887 年由德国物理学家赫兹发现，而正确的解释则是由爱因斯坦所提出。爱因斯坦从普朗克的能量子说中得到启发：光本身就是由一个个不可分割的能量子组成的，频率为 $\nu$ 的光的能量子为 $h\nu$，这些能量子后来被称为光子。这就是著名的爱因斯坦的光量子假说：一个电子吸收一个光子的能量 $h\nu$ 后，一部分能量用来克服金属的逸出功 $W_0$，剩下的表现为逸出后电子的初动能 $E_k$，即：$E_k = h\nu - W_0$。爱因斯坦因成功地提出了光量子假说并阐明了光电效应的实验规律而荣获 1921 年诺贝尔物理学奖。

　　一般，光照变化引起半导体材料电导变化的现象称为光电效应（又称为光电导效应、光敏效应），即光电效应是光照射到某些物体上后，引起其电性能变化的一类光致电改变现象的总称。图 3-1 为光电效应的示意图。当光照射到半导体材料时，材料吸收光子的能量，使非传导态电子变为传导态电子，引起载流子浓度增大，因而导致材料电导率增大。在光的作用下，半导体材料吸收了入射光子能量，若光子能量大于或等于半导体材料的禁带宽度，就会激发出电子-空穴对，使载流子浓度增加，半导体的导电性增加，阻值减小，这种现象称为光电效应。

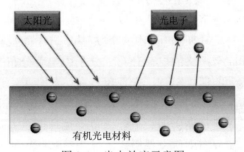

图 3-1　光电效应示意图

### 3.1.2　有机光电材料

#### 1. 分子晶体

　　分子晶体是指物质内部由范德瓦耳斯力（又称为分子间作用力）将分子结合起来的固体物质。与其他任何晶体一样，分子晶体的特点是具有完美有序的晶格和基本结构，也就是说，它的结构单元是在一个晶格范围内的。在一个无机晶体中，如硅和锗，它的基本结构是原子，而分子晶体的基本结构是分子。典型的晶体形态的分子具有平、大、芳香的特点，如萘、蒽、并四苯、并五苯，以及芘二萘嵌苯和类似的化合物，如图 3-2 所示[4]。

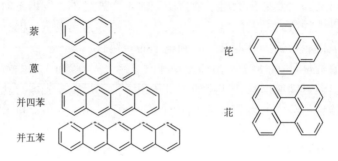

萘

蒽

并四苯

并五苯

芘

苝

图 3-2　形成分子晶体的典型共轭π分子的化学结构

分子内的相互作用是原子间轨道重叠的结果，而分子间相互作用一般表现为非共价键相互作用，这两种类型的相互作用在晶体形成过程中是同时起作用的。在分子晶体中，分子间相互作用力可以分为中程相互作用力和长程相互作用力。中程相互作用力在晶体堆积中起着非常重要的作用，其在晶体堆积的形状、尺寸、密堆积及特征取向等方面均显示各向同性的特点[5]。长程相互作用力主要是静电力，呈各向异性分布。长程相互作用力一般是异原子间的相互作用，即在 N、O、S、Cl、Br、I(偶尔也包括 F、P、Se)间或上述任何一种元素与 C 或 H 之间的相互作用，如氢键就是其中一种常见的形式[6]。另一种常见的形式是金属离子同 O、N 的结合，这种结合是非常单一的，可以实现对结构的控制。

两个分子间的范德瓦耳斯相互作用一般是基于分子间没有静态的偶极矩，但是它们之间有一个非完全严格的电荷分布。分子中电荷分布的时间波动意味着一个有关联的暂时的波动的偶极矩。这一现象将在第二分子中诱导一个相应的波动偶极子的产生。在两个分子间，关联的波动偶极子之间的静电相互作用将至少有一个是吸引力，既范德瓦耳斯引力。一般，范德瓦耳斯引力强烈地受两个分子间的距离以及在一个电荷分布中诱发偶极矩的能力(也就是一个分子的极化度)的影响。在数量上可以表示为与范德瓦耳斯相互作用相关的势能，即 $V_{\text{vdW}} \propto \dfrac{\alpha^2}{r^6}$，式中，$r$ 为分子间的距离；$\alpha$ 为分子的极化度。一般范德瓦耳斯引力与 $r^{-7}$ 成正比[7]。从范德瓦耳斯相互作用中可知：第一，依赖于分子的极化度暗示着分子晶体优先在那些拥有充满外轨道并具有大的和离域的分子中形成，因此大量的电子很容易在分子里移动一段距离。具有 π 轨道的平面分子，如聚并苯(polyacene)，就具有这样的特性。实际上，极化度的增加解释了为什么聚并苯分子晶体的熔点随着其尺寸的增加而升高：苯为 5.5℃，萘为 80.5℃，蒽为 217℃，并四苯为 357℃。第二，强的距离依赖性对于弱的范德瓦耳斯力会导致形成一个牢固的包裹结构，如图 3-3 所示。图 3-3 所示的结构是一种鲱鱼鱼骨排列形状的分子结构[7]。这种结构是通过在多并苯中的电子-缺乏氢的原子和在芳香环系统中具有富电子的 π 电子之间的静电相互作用下进一步形成。一般晶体结构是由单个分子组成，如萘球、β相的二萘嵌苯等。但是，如果晶体的结构是由两个完全一样的分子对以弱交互作用的形式形成，如嵌二萘和 α 相的二萘嵌苯等，这些分子对只有较弱的束缚作用，因此它们将会发生相互吸引形成一个单体从而形成一个二聚物，这种情况被称为准分子发射。

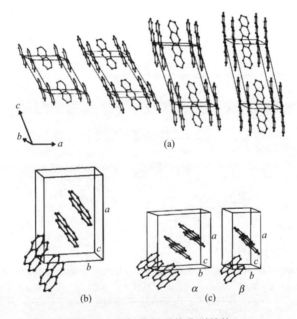

图 3-3　有机分子晶体典型结构

(a)萘、蒽、并四苯和并五苯的单胞结构；(b)芘的单胞结构；(c)α 和 β 两种不同相的苝单胞结构

### 2. 非晶态的分子薄膜

当人们把分子和薄膜联系在一起时，很自然地就会形成非晶薄膜的概念，如玻璃，它是一种非常适合在有机半导体中应用的非晶态物质。对于有机半导体新的应用领域(尤其是化学领域)，化学结构的丰富多变是必不可少的。初学者可能注意到，遇到的大部分分子具有类似的化学单位，如苯基环，一些拥有杂原子的五元环或者六元环，或者一些在分子中心具有单、双键，或者一些形成侧链时具

有有序的单链等诸如此类的物质。

从制备方法上看，人们可以根据沉积方法(真空沉积和溶液加工)区分不同的分子物质[8,9]。当采用真空沉积法制备有机薄膜时，分子要具有好的热稳定性，这样才能获得具有稳定特性的芳香环化学结构并能避免侧链的形成(侧链的形成很可能会破坏其结构)；相反，如果采用溶液加工法制备时，分子要具有高的溶解度，有时可能还会加入增溶组分(如侧链)，图3-4(a)给出了不同结构的薄膜分子[4]。

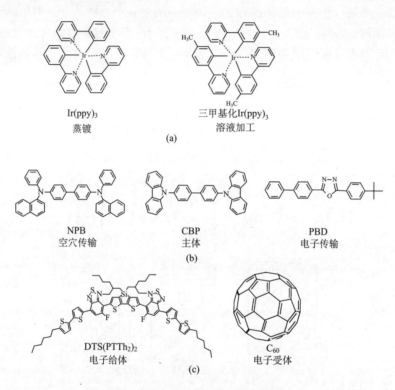

图 3-4　π 共轭的分子类别及分类

(a)根据制备方法分类(发光体)；(b)根据在有机发光二极管中的电子功函数分类；(c)根据在有机太阳电池(OPV)中的电子功函数分类

从功能特性上看，一个分子在器件结构上很大程度取决于它的吸收或发射能量以及相对于其他电极的功函数或者其他分子材料的分子轨道能量[10]。一般，从化学上优化一个分子的能级使其具有多种功能几乎是不可能的，如要实现同时满足传输正负电荷、在一个理想的波长范围内有效地发射和吸收光等。相反，通过制备分子薄膜器件来实现这些特性则是可行的。具有高量子产率的发光分子可以在有机发光二极管中作为有效的发射器，在太阳光谱范围具有强吸收能力的分子可以作为太阳电池结构的吸收器(或称为"聚光分子")。分子比较容易失去电子而进行空穴传输，此类分子被称为空穴传输(或电子给体)分子，与之相反的是电子传输或电子受体分子。一些常见的分子结构如图 3-4(b)、(c)所示。

3. 聚合物薄膜

聚合物是一种高分子结构，由许多重复单一的单元、单体单元等组成。商业上可利用的半导体聚合物，如 PPV 衍生物和聚芴衍生物等，拥有较大的分子量(50000~100000)，这表明它们包含 200~400 个重复单元。这些重复单元通过不同的排序方法可以形成均聚物、共聚物、主链聚合物或者侧链聚合物等。

半导体聚合物一般由不同的环组成，如苯基环，不同的环通过不同的方法和位置可以形成链，化学家使用如前缀 para、meta、ortho(或是缩写字母 p、m、o)等描述通过不同位置的连接而形成的物质。例如，如果苯基环中的六个碳原子位置按 1 到 6 排序，聚对苯(poly-para-phenylene 或 poly-*p*-phenylene)是将 1 和 4 位碳原子连接而成。图 3-5 给出了不同聚合物的结构及相应的表示符号[11]。

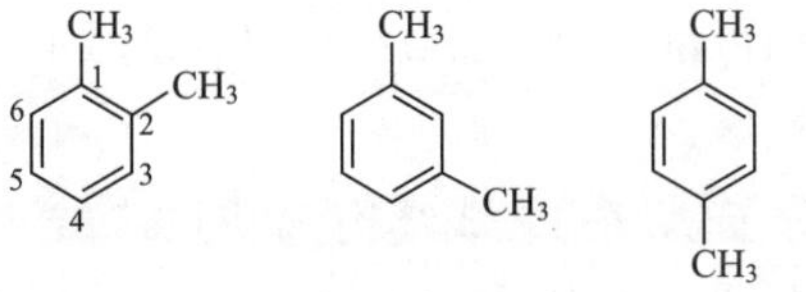

*o*-二甲苯　　　*m*-二甲苯　　　*p*-二甲苯

图 3-5　不同聚合物的结构及相应的符号

## 3.2　有机材料的电荷和激发态

### 3.2.1　分子轨道

有机半导体材料是一种碳基结构的材料，因此，要清晰地理解有机半导体的电子结构首先要明白碳原子的轨道结构。通常情况下，碳原子的基态包含六个电子，两个电子位于 1s 轨道，两个电子位于 2s 轨道，剩下的两个电子位于 $2p_x$、$2p_y$ 和 $2p_z$ 三个轨道中的两个。因而它的电子排布方式可以写成 $(1s)^2(2s)^2(2p_x)^1(2p_y)^1(2p_z)^0$ 或者 $1s^2 2s^2 2p_x^1 2p_y^1$，按照这种电子排布方式，碳仅能形成两个共价键。如果 2s 轨道中的一个电子运动到空的 $2p_z$ 轨道，则碳原子可以形成四个共价键。这表明从形成四个共价键中获得的束缚能明显大于把一个电子从 2s 轨道激发到 $2p_z$ 轨道所需的能量，因此，这种能量上的变化暗示着碳不是基本的原子。当其他氢原子或者碳原子接近束缚的组态时，随之而来的外力将补偿 2s 和 2p 轨道的能量差，从而导致这些原子发生衰减。最终，一个新的包括 2s 和 2p 轨道线性组合的杂化轨道将形成(图 3-6)[4]。

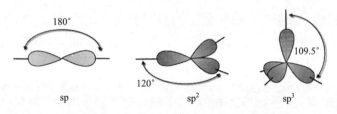

图 3-6　sp、sp² 和 sp³ 杂化轨道

　　碳原子中杂化轨道的数量和剩下的 p 轨道数量将决定分子中可能形成的共价键的数目。形成化学键的电子将不属于某个单独的原子，但是它们对于原子对是等价的。当电子在一个原子的轨道中被发现的概率和在另一个原子的轨道中被发现的概率相等时，这两个原子中的轨道就不再称为原子轨道，而是称为分子轨道。可见，分子轨道是由组成分子的原子轨道相互作用形成的。有几个原子轨道相组合，就能形成几个分子轨道。在组合产生的分子轨道中，能量低于原子轨道的称为成键轨道，反之则称为反键轨道；而无对应(能量相近，对称性匹配)的原子轨道直接生成的称为非键轨道。

　　图 3-7 给出了三种分子轨道的组成结构[4]。图 3-7(a) 为一个乙烷分子($C_2H_6$)，分子中的两个碳原子均有四个价电子，每一个价电子位于四个 $2sp^3$ 杂化轨道中的

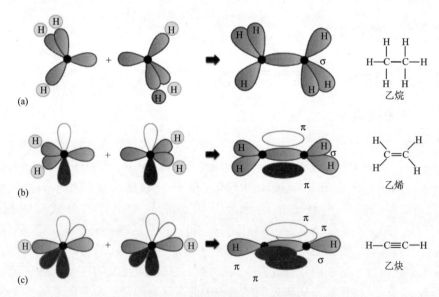

图 3-7　(a) 六个氢原子和两个 $sp^3$ 杂化轨道的碳原子形成的乙烷分子；(b) 四个氢原子和两个 $sp^2$ 杂化轨道的碳原子形成的乙烯分子；(c) 两个氢原子和两个 sp 杂化轨道的碳原子形成的乙炔分子

浅灰色的表示 σ 键，黑色和白色的表示两个不同的π键

一个。这种结构的分子中一个电子可以与来自氢原子 1s 轨道上的电子进行配对，或者与其他碳原子 $2sp^3$ 轨道上的电子进行配对。以这种方式形成的配对电子的分子轨道称为 σ 轨道，相应的连接键称为 σ 键，如乙烷分子，其组成结构如图 3-8 所示。与乙烷分子不同，乙烯分子[$C_2H_4$，如图 3-7(b) 所示]中每一个碳原子在一个面内有三个 $2sp^2$ 杂化轨道以及垂直于该面的一个 $2p_z$ 轨道，这样 $2sp^2$ 轨道将形成三个 σ 键，每一个 σ 键都是由氢原子和另外的碳原子连接形成。在一个碳原子的 $2p_z$ 轨道内，电子将与其他碳的 $2p_z$ 轨道上的电子进行配对。此种情况下，电子在空间分子轴之上和之下都具有概率密度，这样的分子轨道称为 π 轨道(图 3-8)。这些共享的电子对对应于一个 π 键。因此，乙烯分子中两个碳原子之间形成双键，即一个由重叠的原子 $p_z$ 轨道形成的 π 键和一个重叠的 $2sp^2$ 轨道形成的 σ 键。另外，在乙炔分子[图 3-7(c)]中，碳原子将由三个键连接，即一个 σ 键和两个 π 键。

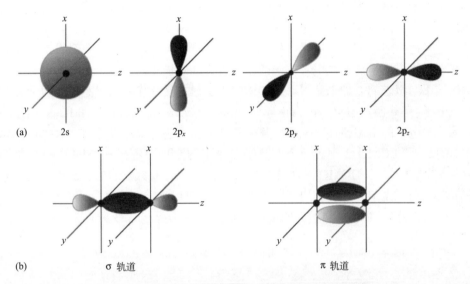

图 3-8　(a)原子中的 s 轨道和 p 轨道；(b)分别由两个 $p_z$
和两个 $p_x$ 轨道形成的 σ 轨道和 π 轨道

### 3.2.2　从单电子轨道到多电子态

当分子轨道由原子轨道 $\Phi_i$ 线性组合而成时 $\left(\psi = \sum_i c_i \Phi_i\right)$，系数 $c_i$ 需要通过使用变量原理对薛定谔方程 $\hat{H}\psi = E\psi$ 求解才能确定。由于下面几个因素：①原子核间存在排斥力；②电子和原子核具有交互作用；③不同电子间具有交互作用(原子-原子的关联性)，因此，通过把原子核作为一个静态物，哈密顿算符应该包含每个电子的动能和势能。但是，如果电子数目超过 1 时，薛定谔方程将没有解析解，因此，一般只考虑一个分子中只有一个电子的情况，其他电子的势能通过一些平均场近似获得。可见，这种类型的分子轨道实际就是一个电子的轨道。如果根据这样的方法进行计算，将忽略电子间的交互作用并且获得的将是较为粗糙的近似。

获得激发态能量的一种方法（其中包括电子相关效应）是把激发态构建成为一个不同组态的线性组合，这种方法称为组态相互作用(CI)。组态表示电子在分子轨道上的分布，例如，如果所有的电子在最低可能的轨道上都是成对分布的，分子具有最低可能的轨道，也就是基态组态。其余的组态可以只有一个电子在HOMO 中，另一个电子在 LUMO 中，或者在 LUMO 上的轨道中（称为 LUMO+1）或是在 LUMO+2 中。或者，HOMO 可以包含两个电子，但是在其下的轨道只能有一个电子而另一个电子在 LUMO 中。一般，在系统中发现许多组态是完全可能的。如果电子间没有交互作用，在 HOMO 和 LUMO 中各自拥有一个电子的组态可以适当地描述激发态。但是，如果电子间具有交互作用，分子里激发态的性质则在电子轨道里不能通过电子单一的排列进行准确描述，而一个更好的近似方法是根据不同组态的叠加来获得。图 3-9 给出了组态交互作用的示意图。对于许多有机分子，第一激发态可以由占主导地位(80%～95%)且包含在 HOMO 和 LUMO中的一个电子的组态叠加来描述。其他的则可以由包含单激发的组态来描述，如在 HOMO 和 LUMO+1 中各一个电子（图 3-9 中的 $S_1$），或者在 HOMO–1 和 LUMO中各一个电子以及 HOMO 中两个电子，或通过包含双激发态的组态来描述，即在 HOMO 和 LUMO 中没有电子，而两个电子在 LUMO+1 中（图 3-9 中的 S2）。为了获得对下一个最高激发态的准确近似，通常需要包含许多具有不同权重的组态。

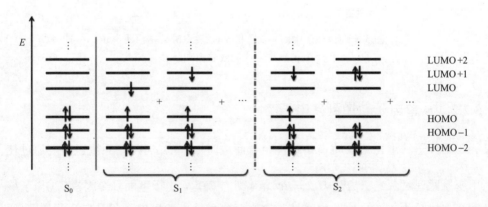

图 3-9　组态交互作用的示意图

图中显示了与基态 $S_0$ 相关的组态，$S_1$ 和 $S_2$ 分别为第一、二激发态

当人们讨论分子时，如何区分轨道、组态和态是至关重要的。它与从原子物理和量子力学上讨论只拥有一个电子的原子情况是完全不同的。对于只有一个单电子的原子，原子的态可以通过被一个电子占据的轨道来定义，因此，这两个术语具有同类的意思。轨道、组态和态可以通过在 HOMO 和 LUMO 中拥有一个电子的组态进行区分。两个单电子可以发生平行自旋或反平行自旋。但是，自旋平行与自旋反平行对应于不同的分子激发态则具有不同的能量和波函数，即自旋反平行对应于一个自旋单重态，而自旋平行则产生一个自旋三重态，后者具有较低的能量。

当描述一个能量图时，需要引起注意的是这个能量图描述的是(一个电子)轨道，还是(许多电子)态。一般，轨道上的电子是被束缚在原子核里，因此轨道的能量为 0 eV 且低于真空能量。HOMO 的能量可能是–5 eV，而 LUMO 的能量可能是–2.5 eV。如果只是描述 HOMO 和 LUMO，分子轨道的能量将介于它们之间。在这样的轨道图中，由于电子-电子间的交互作用，轨道图通常不可能显示出特别的效果。而与这种轨道图不同，一个分子最低可能的态是基态，因此可以设定为零，而激发态的参量一般为正值，其一般位于基态上。这种状态图可以很容易地描述自旋单重态和自旋三重态的能量，如图 3-10 所示。

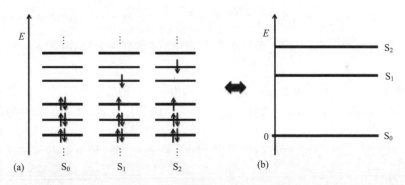

图 3-10　(a)轨道图中显示的单重态 $S_0$、$S_1$ 和 $S_2$ 以及对于占主导地位的组态的一个电子轨道能量；(b)状态图中显示的分子电子态的相对能量

### 3.2.3　单重态和三重态

电子波函数是表示电子的空间坐标和原子核位置的一个函数。电子波函数的平方告诉人们在一个固定的原子核中发现一个电子在空间某一点的概率。但是，电子波函数不足以清楚地描述分子态，因此必须引用自旋波函数。自旋波函数是表示电子自旋的一个函数。一般，一个态的自旋是由所有轨道中全部电子的总自旋来确定。然而，充满轨道的电子以反平行的自旋配对，对总自旋的贡献却为零，

因此，为了说明自旋的作用，人们只考虑那些处于激发态未成对的电子，这些未成对的电子通常是在 $\pi^*$ 轨道和 $\pi$ 轨道中。为了更清楚地说明，通常把这种情况下的态定义为一个单重态(三重态)，即当一个自旋的电子处于 $\pi^*$ 轨道而剩下的电子位于 $\pi$ 轨道中并处于反平行(平行)状态，其对于系统总的自旋的贡献为零。对于最低的或者第二低的单重态和三重态，按照能量的顺序把激发态标为 $S_1$、$S_2$ 或者 $T_1$、$T_2$ 等。自旋角动量是一个矢量，它根据量子力学的规则进行组合。在 $\pi^*$ 轨道和 $\pi$ 轨道中，未配对的电子占主导作用的激发态将形成一个两颗粒的系统。由量子力学可知，拥有自旋角动量的两个颗粒拥有两个本征值($S$ 和 $M_z$)的本征态：$\hat{S}^2$ 和 $\hat{S}_z$，其中 $\hat{S}$ 表示自旋角动量算符，$\hat{S}_z$ 表示自旋 $z$ 组分。可见，两颗粒系统具有四个本征态。一个电子的波函数可以写成仅依赖于电子空间坐标的电子波函数和一个电子自旋波的函数。当使用 $\alpha$ 和 $\beta$ 表示一个拥有本征态($s=1/2$，$m_s=1/2$ 和 $s=1/2$，$m_s=-1/2$)的电子态的自旋波函数时，对于两颗粒系统的四个本征态的自旋波函数可以表示为[7]

$$
\begin{cases}
\psi_{1,1} = \alpha_1\alpha_2 & \text{产生}S=1\text{和}M_z=1 & \text{(a)}\\
\psi_{1,0} = \dfrac{1}{\sqrt{2}}(\alpha_1\beta_2 + \beta_1\alpha_2) & \text{产生}S=1\text{和}M_z=0 & \text{(b)}\\
\psi_{1,-1} = \beta_1\beta_2 & \text{产生}S=1\text{和}M_z=-1 & \text{(c)}\\
\psi_{0,0} = \dfrac{1}{\sqrt{2}}(\alpha_1\beta_2 - \beta_1\alpha_2) & \text{产生}S=0\text{和}M_z=0 & \text{(d)}
\end{cases}
\tag{3-1}
$$

式中，$\alpha$ 和 $\beta$ 的下标 1 和 2 分别为电子 1 和电子 2。前三个拥有 $S=1$ 的自旋波函数仅表示不同的自旋 $z$ 分量，将产生三个本征值，$M_z=1,0,-1$。按这种形式排列而成的态称为三重态。第四个拥有 $S=0$ 的自旋波函数仅只有一个可能的 $z$ 分量的值，也就是 $M_z=0$，因此被称为单重态。图 3-11 给出了这种单重态和三重态沿着分子轨道和在一个态里的矢量图。需要注意一点：三重态的波函数的自旋总是在相里，而单重态的波函数总是在相外呈 $180^\circ$。单重态与三重态的能量差异主要表现在交换能上，两者之间交换积分的数值相差约为两倍。对于一阶近似而言，交互作用随着各自电子波函数的重叠呈指数下降。如果电子波函数在 HOMO 和 LUMO 下发生重叠，将产生一个大的交换能(数量上为 0.7～1.0 eV)。如果 HOMO 和 LUMO 位于不同的单元，产生的交换能则较小(数量上为 0.2～0.5 eV)。

在方程式[3-1(a)]中，这种普遍的本征态只有在磁场存在的条件下才能满足；在无磁场条件下，$\hat{S}_z$ 将不再满足，这表明 $M_z$ 不是一个适合的量子数。在没有磁场的条件下，两颗粒系统的四个线性无关和标准正交的自旋本征态可以表示成[7]

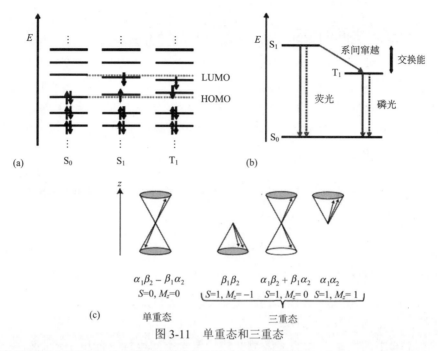

图 3-11　单重态和三重态

(a)在轨道结构图中的单重态和三重态，箭头代表电子自旋方向，水平的灰线代表指导线；(b)在能带图中的单重态和三重态，实线和虚线分别代表辐射和非辐射的衰变通道；(c)单重态和三重态的矢量图，说明了单重态和三重态的两个电子自旋的相对方向，其中箭头代表自旋方向围绕 z 方向磁场的两个旋转过程

$$
\begin{cases}
\psi_{\mathrm{spin,T}_x} = \dfrac{1}{\sqrt{2}}\left(\beta_1\beta_2 + \alpha_1\alpha_2\right) \\[2mm]
\psi_{\mathrm{spin,T}_z} = \dfrac{1}{\sqrt{2}}\left(\alpha_1\beta_2 + \beta_1\alpha_2\right) \\[2mm]
\psi_{\mathrm{spin,T}_y} = \dfrac{i}{\sqrt{2}}\left(\beta_1\beta_2 + \alpha_1\alpha_2\right) \\[2mm]
\psi_{\mathrm{spin,S}} = \dfrac{1}{\sqrt{2}}\left(\alpha_1\beta_2 - \beta_1\alpha_2\right)
\end{cases}
\tag{3-2}
$$

方程式 (3-2) 所示的态是 $\hat{S}_z^2$ 的本征态，其本征值为 $S$=0 或 1；同时，它们也是自旋角动量算符 $\hat{S}_u$ 分量的本征态，其本征值为 0，也就是 $\hat{S}_u\psi_{\mathrm{spin,T}_u}=0$，因此系统总的自旋方向是沿着 $u$=0 的平面。即使在没有磁场的情况下，三个三重态亚能级也不会衰退，相反地，它们将会被一个小的能量分隔开，即出现零场劈裂现象。对于碳氢化合物类别的分子，这个能量值大约为 10 μeV。为了保证泡利不相容原理，三重态的对称自旋波函数总是结合反对称自旋波函数，而单重态的情况下则不会出现这种现象。

### 3.2.4　分子态之间的转变

前面的内容主要是在分子中原子核保持固定不动的情况。在这种情况下，当计算原子核中不同位置的分子能量时，因为分子中每一个态都有一个不同的势能表面，因此可以很容易获得一个能量表面。但是，在真实的分子中，原子核是不固定的，它们总是以一个确定的频率 $\omega$ 和相关联的振动能量 $\left[n+(1/2)\right]\hbar\omega$ 绕其平衡位置振动(其中 $n$ 为激发的量子数)。对于低的振动能量，原子核可以根据经验近似为一个谐振子势的势能。原子核的振动模式可以通过一个单独的核振动波函数 $\Psi_{\mathrm{vib}}$ 来描述，一个分子态总的波函数 $\Psi_{\mathrm{total}}$ 接着可以用(许多电子)电子波函数 $\Psi_{\mathrm{el}}$、自旋波函数 $\Psi_{\mathrm{spin}}$ 和振动波函数 $\Psi_{\mathrm{vib}}$ 表示：

$$\Psi_{\mathrm{total}}=\Psi_{\mathrm{el}}\Psi_{\mathrm{spin}}\Psi_{\mathrm{vib}} \tag{3-3}$$

电子波函数 $\Psi_{\mathrm{el}}\left(r_i,R_i\right)$ 依赖于电子的位置 $r_i$ 和原子核的位置 $R_i$，整体的自旋波函数 $\Psi_{\mathrm{spin}}\left(\alpha_i,\beta_i\right)$ 则根据电子单个的自旋波函数 $\alpha_i$ 和 $\beta_i$ 表示，振动波函数 $\Psi_{\mathrm{vib}}$ 则是原子核位置 $R_i$ 的函数。波函数的平方 $\Psi^2$ 给出了发现电子、电子间的自旋以及原子核在空间中的概率。总的波函数部分只包含空间坐标，即电子和振动波函数 $\Psi_{\mathrm{el}}\Psi_{\mathrm{vib}}$，因此也称为空间波函数。对于具有固定位置的原子核，总的波函数与电子波函数相同。

一般许多电子波函数 $\Psi_{\mathrm{el}}$ 可以近似成一个电子的波函数 $\Psi$。相应地，它可以近似成原子的电子波函数的线性组合，即

$$\begin{cases} \Psi_{\mathrm{el}}=\prod_i\Psi_i \\ \Psi_i=\sum_j c_j\Phi_j \end{cases} \tag{3-4}$$

只要它们之间没有明显的交互作用，就可以把全部的波函数近似成一个波函数集合。关于原子核的波函数，许多情况下都能近似成电子波函数，例如，由于电子的运动速度大于原子核的运动速度(这是因为原子核的半径大于电子的半径)，在光吸收和发射过程中就可以把原子核的波函数近似成电子的波函数。理论学家一般把这种近似称为玻恩-奥本海默近似。如果电子和振动(振动耦合)之间存在明显的相互作用时，则不能采用这种近似。同时需要注意的是，作为玻恩-奥本海默近似的结果，势能表面是不能交叉的。由不同的原子构成的分子振荡时，它们将形成一种类似于弹簧单摆耦合机械等效系统的耦合振子系统，这种耦合振子系统最好是通过原子核坐标 $R_i$ 定义一组正则模式坐标 $Q_i$ 来表示，而这种正则模式在有机半导体分子中有很多。当人们沿着正则模式坐标 $Q_i$ 截取势能表面时，这

种模式的振动能量将呈水平线显示并标定成 0、1、2 等，如图 3-12 所示。不同的振动模式的能量可以直接用拉曼光谱或傅里叶变换红外光谱(FTIR)测试得到。经常出现在有机分子中典型的正则模式的振动可以通过探讨 C=C 和 C—C 拉伸模式以及 C—H 平面弯曲模式，或者苯基环的扭转等来确定。图 3-12 给出了势能是如何与分子基态和激发态依赖的正则模式坐标联系在一起的。作为近似原子核的方法，原子轨道之间的共振相互作用发生时，将降低分子态的总能量。由于泡利不相容原理排斥作用将会增加一个相对较小的核间距离的能量，即一个最低的能量将在核间形成。对于具有 $R$ 原子核间距和 $R_0$ 平衡距离的双原子分子势能，相关的势能形式类似于莫尔斯势：$V(R) = D\left\{1 - \exp\left[-\alpha(R - R_0)\right]\right\}^2$，其中，$D$ 为分解能[两个原子间具有交互作用的势能($R = \infty$)]；$\alpha$ 为测得的两个核间相互作用的强度。当原子核间距 $R > R_0$ 时，系统的总能量将减小到在平衡位置间 $R_0$ 的最小值，即 $V(R) = 0$。对于具有较小的原子核间距，如 $\alpha|R - R_0| \ll 1$，可以采用指数的分布函数，即 $V(R) \approx D\alpha^2(R - R_0)^2$。因此，在接近平衡位置时，电势可以近似成谐振子势。对于具有较小核间距的情况，在莫尔斯势占主导下，指数分布对于 $R < R_0$ 的情况可以变成 $V(R) \approx D\exp\left[2\alpha(R - R_0)\right]$。根据泡利不相容原理，电势将大幅度增加。当然，通过这样的势能曲线不仅可以计算基态，也可以计算分子的激发态。在电子能量的顶部，振动能级将增加，并呈水平线显示(一般标记为 0、1、2 等)。转动能级通常被忽略，因为在有机分子中，光谱在转动能级劈裂时会发生宽化现象。当光跃迁发生时，如吸收或放射，对于不同的正则模式，它可以发生在不同的振动能级间，具体如图 3-12 所示。当光谱发生宽化时，通常只有那些拥有平均能量的有效模式才能被看见。

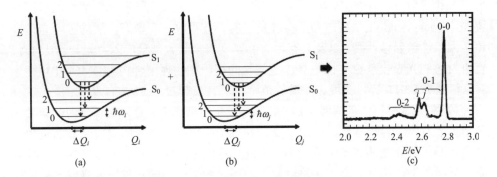

图 3-12　(a)和(b)分别在正则模式坐标 $Q_i$ 和 $Q_j$ 中作为位移函数的分子势能曲线，图中还显示了 $\hbar\omega_i$ 和 $\hbar\omega_j$ 的振动激活能以及标记为 0,1,2 的振动能级；(c)在 10 K 下的聚苯乙烯薄膜的放射光谱，其中用 0-0、0-1 和 0-2 表示模式 $i$ 和 $j$ 的电子转变峰

## 3.3 有机光电的转换过程

当光照射在物体上时，一部分光会被物体吸收，另一部分光则经由反射或穿透等方式离开物体。光电转换现象就是光照射在物体上，光子将能量传递给电子使其运动从而形成电流的过程。图 3-13 给出一个有机太阳电池的光电转换过程[12]。

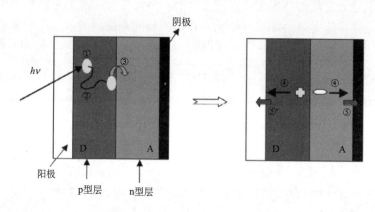

图 3-13  有机太阳电池的工作原理

包括五个过程：①光吸收形成激子；②激子传输到界面；③激子分离形成电子和空穴；④电荷传输；⑤电荷收集

(1) 有机半导体中光吸收过程可以简单表述为：当光照射在有机材料上时，部分光会被有机材料吸收并形成激子。有机材料中的激子产生与复合等过程与 HOMO 能级和 LUMO 能级有着非常紧密的联系。首先光敏材料中激子的产生需要吸收光子能量，即电子跃迁到 LUMO 能级产生激发态，当激子复合(包括非辐射复合和辐射复合)时释放能量。而有机光敏材料中吸收光子和辐射复合的过程都遵循 Franck-Condon 原理。为了实现光子的有效吸收，光敏有机层的吸收光谱应该与太阳能放射谱匹配，以及具有足够的厚度去吸收大部分的入射光。一般而言，有机材料的光吸收系数 $\alpha$ 比单晶或多晶硅的高，如共轭聚合物 MDMO-PPV 和聚 3-己基噻吩 P3HT 等，在可见光谱的范围内，其 $\alpha$ 超过 $1\times10^5\ \mathrm{cm}^{-1}$[13]。

(2) 在光敏材料中形成激子后，激子将发生扩散，其扩散方向可分为朝向激子分离界面及激子淬灭界面。由电子受体和电子给体材料组成的异质结界面是激子分离界面，且该处的激子浓度最小，由此形成的浓度梯度将驱使远处的激子向异质结界面扩散，这就是激子传输过程。然而，激子的传输过程与其衰变过程呈一种竞争关系，如发光或辐射复合成基态。一般，激子寿命是由所有的辐射和非辐射衰变速率的倒数决定。一个高效的太阳电池产生的所有激子应该在激子寿命内就能传输到激子分离界面。通过扩散发生的激子传输，其扩散长度[14]可定义为

$$L_{\text{exc}} = \sqrt{D_{\text{exc}}\tau_{\text{exc}}} \tag{3-5}$$

式中，$D_{\text{exc}}$ 为激子的扩散系数；$\tau_{\text{exc}}$ 为激子寿命。分子材料中激子寿命一般只有几纳秒，因此激子的扩散长度通常不超过 10 nm。这实际上暗示着只有那些在扩散长度内能够到达激子分离界面的激子才对电荷分离起作用。因此，为了增加电荷分离的效率，研究者总是想办法增大激子的扩散系数或者增大界面的表面积，从而使更多的激子能够传输到分离界面。

(3) 电荷的产生是太阳光转化为电能的关键步骤之一。对于大多数的有机太阳电池，电荷是通过光诱导电子转移产生的。在这一过程中，电子在吸收光子能量 ($h\nu$) 后从给体材料转移到受体材料中。电子给体一般是电子亲和性小的分子材料，而电子受体是一种具有高电子亲和性的材料。两种电子亲和性之间的差异就是激子分离所需的驱动力。在光诱导电子转移过程中，激子在 D/A 界面通过由给体的自由基正离子(D⁺)和受体的自由基负离子(A⁻)组合产生的电荷分离态发生分离，其表达式[15]为

$$\text{D} + \text{A} + h\nu \longrightarrow \text{D}^* + \text{A}\,(\text{或}\,\text{D} + \text{A}^*) \longrightarrow \text{D}^+ + \text{A}^- \tag{3-6}$$

对于激子而言，要想产生一个有效的电荷，电荷分离态发生热力学和动力学变化是必不可少的。在光生电荷过程中存在很多竞争过程，如荧光或非辐射衰变。另外，电荷分离态应该是稳定的，这样光生电荷才能向电极迁移。

(4) 当激子在 D/A 界面处发生分离形成电子和空穴后，由于浓度差或内建电势差的作用，产生的自由载流子将向阳极和阴极发生迁移，此过程称为电荷的传输过程。

(5) 当激子在异质结界面分离形成自由电子和空穴后，需要传输到电极处完成收集过程才能最后产生光伏特性形成电流。载流子的收集过程涉及扩散电流和漂移电流。D/A 界面处的载流子浓度最高，且在浓度梯度作用下电子向阴极运动而空穴向阳极运动，由此产生扩散电流。同时，由于阳极积累了正电荷和阴极积累了负电荷，它们之间将形成电势差。在该电势差的作用下，空穴将由阳极向阴极运动，而电子则由阴极向阳极运动，由此产生了漂移电流。

## 参 考 文 献

[1] Cao W R, Li J, Chen H Z, et al. Transparent electrodes for organic optoelectronic devices: A review. J Photon Energy, 2014, 4 (1): 040990.

[2] 邱勇. 有机光电材料研究进展与发展趋势. 前沿科学, 2010, 4 (3): 8-14.

[3] Eon J, Park S Y. Advanced organic optoelectronic materials: Harnessing excited-state

intramolecular proton transfer（ESIPT）process. Adv Mater, 2011, 23（32）: 3615-3642.

[4] Köhler A, Bässler H. Electronic Processes in Organic Semiconductors: An Introduction. Weinheim: Wiley-VCH Verlag GmbH & Co. KGaA, 2015.

[5] Mirskaya K V, Kozlova I E, Bereznitskaya V F. Optimal C-C, C-H, and H-H potential curves for the naphthalene crystal. Phys Status Solidi RRL, 1974, 62（1）: 291-294.

[6] 徐筱杰，唐有祺. 晶体工程及其在化学中的应用. 无机化学学报, 2000, 16（2）: 157-166.

[7] Bellingham J R, Phillips W A, Adkins C J. Intrinsic performance limits in transparent conducting oxides. J Mater Sci Lett, 1992, 11（5）: 263-265.

[8] 黄春辉，李富友，黄维. 有机电致发光材料与器件. 上海: 复旦大学出版社, 2005.

[9] Pannek M, Dunkel T, Schubert D W. Effect of bell-shaped cover in spin coating process on final film thickness. Mat Res Innovat, 2001, 4（5-6）: 340-343.

[10] Sanchis T R, Raga S R, Guerrero A, et al. Molecular electronic coupling controls charge recombination kinetics in organic solar cells of low bandgap diketopyrrolopyrrole carbazole, and thiophene polymers. J Phys Chem C, 2013, 117（17）: 8719-8726.

[11] Booth A M, Bannan T, Mcgillen M R, et al. The role of ortho, meta, para isomerism in measured solid state and derived sub-cooled liquid vapour pressures of substituted benzoic acids. RSC Advances, 2011, 2（10）: 4430-4443.

[12] Gunes S, Neugebauer H, Sariciftci N S. Conjugated polymer-based organic solar cells. Chem Rev, 107（4）: 1324-1338.

[13] Bisquert J, Palomares E, Quiñones C A. Effect of energy disorder in interfacial kinetics of dye-sensitized solar cells with organic hole transport material. J Phys Chem B, 2016, 110（39）: 19406-19411.

[14] Mikhnenko O V, Blom P W M, Nguyen T Q. Exciton diffusion in organic semiconductors. Energy Environ Sci, 2015, 8（7）: 1867-1888.

[15] Ledwon P, Zassowski P, Jarosz T, et al. A novel donor-acceptor carbazole and benzothiadiazole material for deep red and infrared emitting applications. J Mater Chem C, 2016, 4（11）: 2219-2227.

# 第4章

## 激发态与有机发光理论

## 4.1　引言

　　有机光电材料由于其自身的易加工、低成本、柔性、种类繁多等优势得到了广泛的应用，如有机显示与照明(OLED)、有机太阳电池(OPV)、有机光探测及化学/生物传感等。OLED是电致发光器件，其工作原理是电生光：①载流子注入；②载流子传输；③载流子复合生成激子；④激子以光(辐射跃迁)和热(无辐射跃迁)的形式衰减到稳定的基态。由此可知，有机材料分子的激子生成率、发射光谱(颜色)、辐射和无辐射衰减速率以及量子发光效率直接决定了OLED的器件性能。OPV属于光致发电器件，其工作原理是光生电：①吸收可见光形成激子；②激子以辐射和无辐射形式衰减；③激子扩散；④激子分离形成自由电子和空穴；⑤电荷收集。由此可见，有机材料分子的吸收光谱、发射光谱、激子扩散及辐射和无辐射衰减速率等均是影响OPV器件效率的重要因素。另外，光探测和化学传感等有机光电材料器件中更是涉及诸多激发态及其衰减问题。所以，激发态和有机发光理论在有机光电领域起着非常重要的作用。

　　人们对光化学的研究始于20世纪初对光现象学的研究。到了60年代早期，开始发展有机光化学机制。70年代到达了分子光化学的水平，从微观层次上给出光化学的各个过程，并将这些过程进行形象化描述[1-4]。但是，长期以来主要聚焦于溶液中光化学和光物理问题的研究，很少关注固相体系中的光化学和光物理问题。最近，有机光电器件的蓬勃发展赋予人们新的认识：有机光电器件均在固态下工作，固相体系中光化学和光物理问题是不可避免的，解决这些问题是有机光电器件发展历程中刻不容缓的重要任务。本章针对有机发光材料，首先简述其激发态的产生、性质及衰减途径；系统地介绍单分子和分子聚集体的电子态跃迁速率理论和光谱理论；然后给出速率和光谱理论的应用实例；最后是总结与展望。

## 4.2 有机分子激发态

### 4.2.1 激发态的产生

分子激发态是分子中电子排布不完全遵从能量最低原理、泡利不相容原理和洪德规则时，分子所在的一种能量较高的状态。光激发是最常用的激发态产生手段。在此过程中，激发态的形成一般符合 Grothus-Draper 定律、Lambert-Beer 定律、Stark-Einstein 定律和 Franck-Condon（FC）原理。电激发在有机光电器件中最为常见。电子和空穴分别从阴极和阳极注入，传输到发光层，结合形成激子。根据电子自旋统计，有机中性分子的电激发将形成比例为 1∶3 的单重态和三重态激子，有机自由基分子则形成比例为 1∶1 的二重态和四重态激子。另外，热、力、声及化学激活等均可有效地产生分子激发态。由于分子激发态的产生方式不同，分子发光可以分为光致发光、电致发光、热发光、力致发光、声致发光、摩擦发光、化学发光等。

### 4.2.2 激发态的性质

#### 1. 单分子的激发态

有机分子体系中常见的分子轨道有 5 种类型：成键的 $\pi$ 和 $\sigma$ 轨道，未成键的 n 轨道，反键的 $\pi^*$ 和 $\sigma^*$ 轨道。电子跃迁类型主要包括 $\sigma\rightarrow\pi^*$、$\sigma\rightarrow\sigma^*$、$\pi\rightarrow\pi^*$、$\pi\rightarrow\sigma^*$、$n\rightarrow\pi^*$、$n\rightarrow\sigma^*$ 等。它们的能量顺序一般是 $n\rightarrow\pi^* < \pi\rightarrow\pi^* < n\rightarrow\sigma^* < \sigma\rightarrow\pi^*$，$\pi\rightarrow\sigma^* < \sigma\rightarrow\sigma^*$。在有机过渡金属配合物中，由于金属存在 d 和 f 成键轨道及其相应的 $d^*$ 和 $f^*$ 反键轨道，电子跃迁类型将包括金属自身的 $d\rightarrow d^*$、$f\rightarrow f^*$，或者金属到配体的 $d\rightarrow\pi^*$ 和 $f\rightarrow\pi^*$，或者配体之间的 $\pi\rightarrow\pi^*$。

如果有机分子的电子激发态发出强光，其电子跃迁必须遵从自旋选择定则和宇称选择定则。同种自旋的电子态之间是电偶极允许的，不同种自旋的电子态之间是电偶极禁阻的。例如，三重态到基态的能量衰减过程中，三重态通过自旋-轨道耦合混合了电偶极允许的单重态，进而发射磷光。分子的电子激发态的宇称选择定则是由发生跃迁的分子轨道对称性决定的。分子轨道波函数通过一个对称中心反演，其符号发生改变，称之为反对称的（ungraded，u）；如果其符号不发生改变，则称之为对称的（grade，g）。宇称选择定则指出不同对称性之间（如 u→g 和 g→u）的跃迁是电偶极允许的，而相同对称性之间（g→g 和 u→u）的跃迁是电偶极禁阻的。对于有机分子中同一电子组态的激发态，单重激发态能量比三重激发态的能量要高，这是因为自旋相同的电子间排斥力比自旋不同的电子间排斥力小，这与洪德规则中原子的电子组态应具有最大多重度是一致的。

2. 分子聚集体的激发态

有机半导体或者绝缘体吸收光子后，一个电子从满的价带激发到空的导带，在价带内产生一个固定位置且带正电的空穴，同时在导带内产生一个带负电的电子，两者因库仑力相互吸引从而形成一个电子-空穴对，称为激子。也就是说，激子是指一对电子与空穴束缚态，其能量由于库仑相互作用略小于未束缚的电子和空穴的总能量。根据电子和空穴的自旋反平行或自旋平行，激子通常分为单重态和三重态激子。根据电子和空穴之间的束缚能大小和空间分布的不同，可分为 Frenkel 激子、Wannier 激子或电荷转移(charge transfer，CT) 激子[5,6]，见图 4-1。Frenkel 激子的电子空穴束缚半径小，基本局域在一个分子上，库仑作用较强，通常为 $0.1 \sim 1.0$ eV。Frenkel 激子多数发生在介电常数较小的材料中，可以从分子波函数出发构造激子波函数，进而求解。Wannier 激子的电子空穴束缚半径大，局域在几个到十几个分子上，电子"感受"到的是平均晶格势与空穴的库仑静电势，库仑束缚较弱，约 0.01 eV。Wannier 激子多数发生在介电常数较大的材料中，可以采用类氢模型来处理。电荷转移激子是介于 Frenkel 激子和 Wannier 激子中间的一种情况，电子和空穴分别处于相邻的两个分子上，通过较强的分子间耦合而发生电子转移所导致，表现出较大的静态电偶极矩。

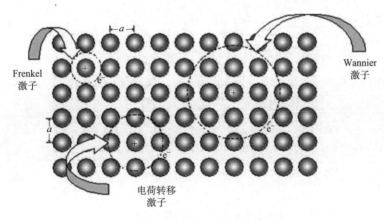

图 4-1　三种类型的激子示意图

本章所涉及的有机光电材料多数属于 Frenkel 激子，其发光性质可以近似为单分子来处理。但是，单分子和周围分子的激子耦合将诱导激子发生 Davydov 能级劈裂，从而影响单分子的激发态行为，引起吸收、发射光谱及辐射、无辐射速率等光物理性质的改变。例如，H-型聚集体中相邻两个分子的跃迁偶极矩平行排列会导致吸收光谱的峰位蓝移且强度增强，荧光光谱的峰位红移且强度减弱；J-型聚集体中相邻两个分子的跃迁偶极矩首尾相接排列会导致吸收光谱和荧光光谱的峰位红移且强度增加。

### 4.2.3 激发态的转化与衰减

分子的电子激发态的寿命较短，通过不同的能量耗散途径快速地衰减到电子基态。图 4-2 给出了可能的各种失活途径，包括分子内的荧光、内转换、系间窜越、磷光和电荷转移；分子间的能量转移、电荷转移、质子转移、激基缔合物/复合物的形成等；以及光解离、光加成和光异构化等光化学反应。这些过程是同时发生的，如果处于相同的时间尺度上，将会构成直接的竞争关系，影响最终的量子发光效率。不过，判断这些过程是否发生也是很容易的。因为一些激发态过程(如光化学反应、电荷转移、质子转移、能量转移、激基缔合物/复合物的形成)将会产生新的发光物种，致使新物种的发光光谱不同于原有分子的发光光谱。本节将主要介绍单分子中多个电子态之间的转换和衰减途径。

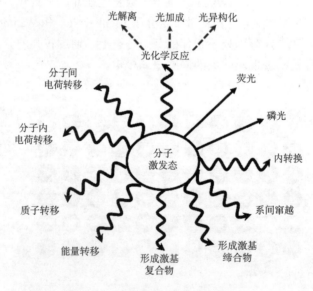

图 4-2 分子激发态的各种失活途径

借助于 Jablonski 图，可以清楚地标识出分子激发态发生的各种光物理过程，如图 4-3 所示。单重态用 S 来表示，如 $S_0$、$S_1$、$S_2$ 等，三重态用 T 来表示，如 $T_1$。这里省略了能量更高的分子激发态。图中阿拉伯数字表示振动量子数，如 0、1、2、3 等。直线表示光吸收、荧光发射和磷光发射过程；波浪线表示振动弛豫(VR)、内转换(IC)、系间窜越(ISC)等无辐射过程；虚线表示上转换过程。这些过程是同时发生且相互竞争的。吸光和发射过程均遵从 Franck-Condon 原理，可以看成电子的垂直跃迁。电子吸收光子达到激发单重态 $S_1$、$S_2$ 或者更高的 $S_n$($n>2$)。根据 Kasha 规则，一般高激发态通过内转换到达最低激发态，然后发光。也有例外，如高激发态直接发光，被称为反 Kasha 规则发光。原则上，纯的单重态和三重态之间是电偶极跃迁禁阻的。自旋-轨道耦合使得纯的单重态/三重态混合了一定成分的三重态/单重态进而变为混合态，混合态之间发生电偶极跃迁，产生磷光。自旋-轨道耦合的大小取决于两个电子态的跃迁性质，符合 El-Sayed 规则。当两个电子态具有不同的电子组态性质时，自旋-轨道耦合会大一些，例如，$^1(\pi, \pi^*)$ 与 $^3(n, \pi^*)$ 之间的自旋-轨道耦合大于 $^1(\pi, \pi^*)$ 与 $^3(\pi, \pi^*)$ 之间的自旋-轨道耦合。单重态与三重态之间的能量差也是影响系间窜越速率的一个重要因素。纯有机分子体系中三重态的振子强度一般为 $10^{-9} \sim 10^{-6}$。

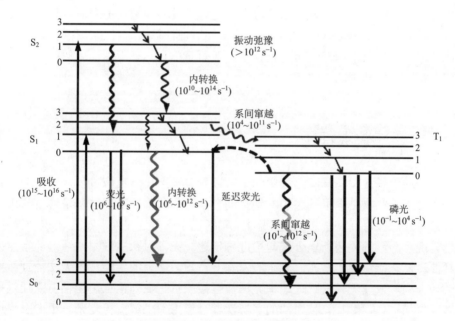

图 4-3　Jablonski 图解

一些有机分子表现出与正常荧光相同的发光光谱特征(波长和谱形状)，但寿命类似于磷光，被称为延迟荧光。延迟荧光的产生机理有两种。一种是 E-型延迟荧光(热激活延迟荧光，TADF)。TADF 是在化合物染料曙红(eosin)中第一次被发现，故以此为名。光致 TADF 发生过程：分子吸收光子生成单重激发态 $S_n$($n \geqslant 1$)，$S_n$ 很快弛豫到 $S_1$，$S_1$ 转化为 $T_1$，部分能量从 $T_1$ 反转化为 $S_1$，然后由 $S_1$ 发光。TADF 效率和温度密切相关，随着温度升高而增加。另一种是 P-型延迟荧光，因为第一次是在芘化合物中被发现。其光谱形状和峰值与正常荧光完全相同，荧光强度正比于激发光强的平方，寿命大约是磷光的一半。发光机理是分子吸收光子生成单重激发态 $S_n$ ($n \geq 1$)，$S_n$ 很快弛豫到 $S_1$，$S_1$ 转化为 $T_1$，然后，相邻两个分子之间发生相互作用致使 $T_1$ 态湮灭，从而产生一个基态和一个单重激发态($T_1+T_1 \longrightarrow S_0+S_1$)，最后由 $S_1$ 发光。P-型延迟荧光的发生主要取决于三重态-三重态湮灭(triplet-triplet annihilation，TTA)过程。

应用一级化学动力学的标准处理方法，激发态的寿命就是激发态的浓度减少到最初浓度的 $1/e$ 时所消耗的时间，即$[S_1]_t=[S]_0/e$。根据 Kasha 规则，从最低的单重激发态 $S_1$ 发射荧光($k_F$)、内转换($k_{IC}$)和系间窜越($k_{ISC}$)，其激发态寿命 $\tau_S=1/(k_F+k_{IC}+k_{ISC})$。荧光寿命 $\tau_0$ 是指不考虑任何无辐射跃迁的 $S_1$ 态的寿命，即 $\tau_0=1/k_F$。荧光量子效率是指激发态分子中通过发射荧光而回到基态的分子占全部激发态分子的比例，$\Phi_F=\tau_S/\tau_0=k_F/(k_F+k_{IC}+k_{ISC})$。同理，三重激发态的寿命 $\tau_T=1/(k_P+k_{ISC})$，磷光寿命 $\tau_P=1/k_P$。实验上可以测量得到荧光量子效率和激发态寿命，从而推断出各个过程的速率常数。理论上可以基于第一性原理计算得到各个过程的速率常数，从而实现对发光效率和寿命的定量预测。下面简单介绍基于微扰近似的光物理模型和态跃迁速率理论。

## 4.3 态跃迁速率理论

分子的电子激发态衰减过程实际上可以看成一个化学反应过程，即反应物是电子激发态，产物是电子基态的非绝热动力学过程。辐射跃迁过程是通过放出光子耗散激发态能量回到基态。在实验上，辐射速率常数通过对发射光谱积分得到；在理论上，简单的爱因斯坦公式即可准确描述。无辐射跃迁过程是通过非辐射方式耗散激发态能量回到基态。分子激发态寿命短，现有的实验技术无法捕捉激发态的核结构，致使无辐射跃迁速率无法被直接测量。在理论上，无辐射跃迁过程中涉及电子-电子和电子-核之间的多层次耦合作用，求解变得复杂。下面重点讨论无辐射跃迁速率常数的计算方法。

1923 年，Henri 发现的双原子分子预解离是实验上最早报道的无辐射跃迁现象[7]。他观察到分子吸收光谱中的谱线展宽现象，并认为这种现象是分子的一个激发态势能面与一个解离势能面交叉缩短了激发态寿命而引起的。1932 年，Zener 理论研究双原子分子的预解离问题，指出当两个势能面相互接近时，分子通过隧穿从一个势能面"跳跃"到另一个势能面，从而发生无辐射跃迁[8]。1937 年，Teller 将无辐射跃迁理论推广到多原子分子，提出多原子势能面可能存在锥形交叉

(conical intersection, CI) 的情况，并给出交叉点附近无辐射跃迁的速率[9]。1950 年，黄昆等在研究晶体的内转换过程中提出了多声子跃迁理论，并给出无辐射跃迁速率和温度的依赖关系[10]。同年，Kasha 提出了著名的 Kasha 规则，即除了少数反例外，分子发光都是从所给多重度的最低激发态衰减到基态[11]。Robinson 和 Frosch[12] 及 Ross 等[13]认为内转换过程是一种隧穿过程，在发生内转换时，势能面一般不发生交叉。Robinson 将内转换速率表示为微扰矩阵元模的平方和 Franck-Condon 因子的乘积。1966 年，林圣贤考虑了温度效应给出了微扰近似、位移谐振子模型和费米黄金规则框架下的无辐射跃迁速率的计算公式[14]。1970 年，Englman 和 Jortner 给出了在强耦合和弱耦合极限条件下的无辐射跃迁速率与带隙的依赖关系[15]。1971 年，Fischer 通过正则变换方法得到了含有非谐项的无辐射跃迁速率公式[16]。其他人对这方面的贡献读者可以参读文献[17]。1998 年，林圣贤等推导出考虑 Duschinsky 转动效应的无辐射跃迁速率公式，但仅限于几个模式之间的混合[18]。2007 年，彭谦和帅志刚等考虑 Duschinsky 转动效应推导出一个包含任意模式之间混合的无辐射跃迁速率公式[19]。同年，Islampour 和 Miralinaghi 同样推导了包括正则模式的位移、扭曲及转动等因素的无辐射跃迁速率公式[20]。2010 年，牛英利和帅志刚等摒弃了"提升模式"概念，给出一个更普适的全模式耦合的无辐射跃迁速率理论形式[21,22]。2013 年，彭谦和帅志刚等得到了基于二阶微扰近似下包含 Duschinsky 转动效应的系间窜越速率公式[23]。2017 年，李文强、彭谦和帅志刚等应用算符劈裂方法推导出包含 Duschinsky 转动效应和激子耦合效应的有机分子聚集体的无辐射跃迁速率公式[24]。下面将简单介绍一下微扰近似的态跃迁速率理论。

### 4.3.1　基本原理和模型

1. 费米黄金规则[25,26]

体系中各电子态之间的跃迁过程就是一个化学动力学过程，其跃迁速率可以看作是在某种外界微扰作用下单位时间内两定态之间的跃迁概率。一阶微扰近似下的跃迁速率常数可以表示为

$$W_{m\leftarrow k} = \frac{2\pi}{\hbar^2}\left|H'_{mk}\right|^2 \delta(\omega_{mk}) \tag{4-1}$$

二阶微扰近似下的跃迁速率常数可以表示为

$$W_{m\leftarrow k} = \frac{2\pi}{\hbar^2}\left|H'_{mk} + \sum_n \frac{H'_{mn}H'_{nk}}{\hbar\omega_{kn}}\right|^2 \delta(\omega_{mk}) \tag{4-2}$$

在一定温度下，考虑到振动态的布居数 $P_k$，跃迁速率常数可以表示为

$$W = \sum_k P_k W_k = \sum_k P_k \sum_m k_{m \leftarrow k} \tag{4-3}$$

式(4-1)和式(4-2)分别被称为一阶和二阶微扰近似下的费米黄金规则。下面的吸收截面、发射光谱、辐射和无辐射跃迁速率的求解均基于此规则而得到。

**2. Franck-Condon 原理**

Franck-Condon 原理是用于解释分子电子光谱带振动结构强度分布的基本原理。因为电子质量远小于原子核质量，电子跃迁时间(飞秒量级)远小于核振动周期(皮秒量级)，所以该原理指出：在发生电子跃迁时，分子中原子核的位置及其环境可视为不变，即"垂直跃迁"，此时所形成的状态称为 Franck-Condon 态。基于费米黄金规则，体系从初态 $|\Psi_i\rangle$ 到末态 $|\Psi_f\rangle$ 的跃迁概率为

$$P = \left| \langle \Psi_i | \mu | \Psi_f \rangle \right|^2 \tag{4-4}$$

因为绝热近似下体系的总波函数可以表示为电子空间波函数 $\Phi(r, R)$ 和核振动波函数 $\Theta(R)$ 的乘积(这里忽略自旋波函数)，即 $\Psi = \Phi(r, R)\Theta(R)$，所以式(4-4)可以表示为

$$P = \left| \langle \Phi_i | \mu | \Phi_f \rangle \right|^2 \left| \langle \Theta_i | \Theta_f \rangle \right|^2 \tag{4-5}$$

第一项是电子跃迁偶极矩，第二项是振动波函数的重叠积分，也称为 Franck-Condon 因子。所以，Franck-Condon 原理用量子力学可表述为两个电子态之间发生跃迁，振动跃迁的强度正比于这两个电子态振动波函数的重叠积分的平方。

**3. 谐振子模型**

在绝热近似下，原子核本征态方程为

$$\left[ T_N + V(R) \right] \Theta(R) = E\Theta(R) \tag{4-6}$$

假设光物理过程近似发生在分子平衡位形 $R_0$ 附近，则势能 $V(R)$ 可以展开为

$$V_{\text{vib}}(R) = V(R) - V(R_0) = \frac{1}{2} \sum_{i,j=1}^{3N_{\text{nuc}}} f_{\text{cart},ij} \xi_i \xi_j + O(\xi^3) \tag{4-7}$$

式中，$\xi_1, \xi_2, \cdots, \xi_{3N_{\text{nuc}}}$ 为原子核偏离平衡位置的坐标差值。每个原子核在平衡位置处受力为零，即一阶项等于零。二阶项系数构成实对称的力常数矩阵(黑塞矩阵)，其矩阵元 $f_{\text{cart},ij}$ 是势能对坐标的二阶导数

$$f_{\text{cart},ij} \equiv \left( \frac{\partial^2 V}{\partial \xi_i \partial \xi_j} \right)_0 \tag{4-8}$$

引入约化坐标 $q_i = \sqrt{M_i}\xi_i$，忽略高阶项，式(4-7)可表示为

$$V_{\text{vib}}(R) = \frac{1}{2} \sum_{i,j=1}^{3N_{\text{nuc}}} f_{\text{mwc},ij} q_i q_j \tag{4-9}$$

式中，$f_{\text{mwc},ij}$ 为质量权重的力常数矩阵元。

将式(4-9)代入式(4-6)可得

$$\frac{1}{2}\left[ p^{\text{T}} p + q^{\text{T}} F_{\text{mwc}} q \right] \Theta(q) = E^v \Theta(q) \tag{4-10}$$

式中，$F_{\text{mwc}}$ 为力常数矩阵；$E^v = E - V(R_0)$；$p$ 为约化动量。设 $\lambda$ 和 $L_{\text{mwc}}$ 分别为 $F_{\text{mwc}}$ 的本征值方阵和本征矢量方阵，则有

$$F_{\text{mwc}} = L_{\text{mwc}} \lambda L_{\text{mwc}}^{\text{T}} \tag{4-11}$$

将式(4-11)代入式(4-10)，并运用本征矢量方阵的正交归一性（$L_{\text{mwc}} L_{\text{mwc}}^{\text{T}} = 1$），可以得到

$$\frac{1}{2}\left[ \left(L_{\text{mwc}}^{\text{T}} p\right)^{\text{T}} \left(L_{\text{mwc}}^{\text{T}} p\right) + \left(L_{\text{mwc}}^{\text{T}} q\right)^{\text{T}} \lambda \left(L_{\text{mwc}}^{\text{T}} q\right) \right] \Theta(q) = E\Theta(q) \tag{4-12}$$

设正则坐标 $Q = L_{\text{mwc}}^{\text{T}} q$ 和正则动量 $P = L_{\text{mwc}}^{\text{T}} p$，则式(4-10)变为

$$\frac{1}{2}\left[ P^{\text{T}} P + Q^{\text{T}} \lambda Q \right] \Theta(Q) = E\Theta(Q) \tag{4-13}$$

对于每一个独立的谐振子模式有

$$\frac{1}{2}P_k^2 + \frac{1}{2}\lambda_k Q_k^2 = E_{k,v_k}^v \chi_{k,v_k}(Q_k) \tag{4-14}$$

对于处在平衡位形的分子，3 个平移模式和 3 个转动模式，其本征值为 0。其余是振动模式，振动频率 $\omega_k = \sqrt{\lambda_k}$，能量本征值 $E_{k,v_k}^v = (v_k + 1/2)\hbar\omega_k$，$v_k$ 为振动量子数。

体系振动波函数是 $N$ 个(非线型分子为 $3n{-}6$，线型分子为 $3n{-}5$，其中 $n$ 为原子个数)独立的谐振子的乘积：

$$\Theta(Q) = \prod_k \chi_{k,v_k}(Q_k) \tag{4-15}$$

4. 多模式耦合模型

在光物理过程中，由于电子跃迁速度很快，分子的核位形在电子跃迁的瞬间来不及变化。但是，由于电子密度分布发生了变化，原子核将处在新的力场中受力开始运动，直至达到新的平衡位点。这样，初、末态的多个正则模式之间将会通过一个正交变换联系起来。也就是说，末态的一个自由度的正则坐标是初态的多个自由度的正则坐标的线性组合(图 4-4)。具体推导如下。

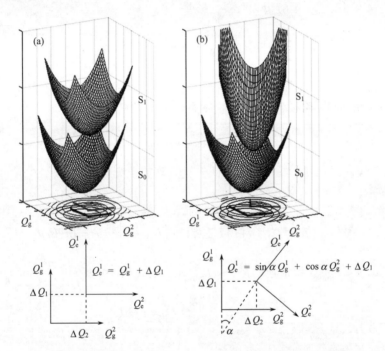

图 4-4　以两个模式为例的线性耦合模型(a)和多模式耦合模型(b)

笛卡儿坐标 $R$ 与正则振动坐标 $Q$ 之间的关系为

$$R_i - R_{i0} = M^{-1/2} L_{mwc,i} Q_i \tag{4-16}$$

$$R_f - R_{f0} = M^{-1/2} L_{mwc,f} Q_f \tag{4-17}$$

根据 Franck-Condon 原理，在电子跃迁瞬间，$R_f = R_i$，将两式相减，得到

$$Q_i = L_{\mathrm{mwc,i}}^{\mathrm{T}} L_{\mathrm{mwc,f}} Q_f + L_{\mathrm{mwc,i}}^{\mathrm{T}} M^{1/2}(R_{\mathrm{f}0} - R_{\mathrm{i}0})$$
$$\equiv D_{\mathrm{i}\leftarrow\mathrm{f}} Q_f + \Delta Q_{\mathrm{i}\leftarrow\mathrm{f}} \tag{4-18}$$

和

$$Q_f = L_{\mathrm{mwc,f}}^{\mathrm{T}} L_{\mathrm{mwc,i}} Q_f + L_{\mathrm{mwc,f}}^{\mathrm{T}} M^{1/2}(R_{\mathrm{i}0} - R_{\mathrm{f}0})$$
$$\equiv D_{\mathrm{f}\leftarrow\mathrm{i}} Q_i + \Delta Q_{\mathrm{f}\leftarrow\mathrm{i}} \tag{4-19}$$

式中，$D_{\mathrm{i}\leftarrow\mathrm{f}}$ 和 $D_{\mathrm{f}\leftarrow\mathrm{i}}$ 为 $N \times N$ 的幺正矩阵，称为 Duschinsky 转动矩阵[27]，满足

$$D_{\mathrm{i}\leftarrow\mathrm{f}} = D_{\mathrm{f}\leftarrow\mathrm{i}}^{\mathrm{T}} = L_{\mathrm{mwc,i}}^{\mathrm{T}} L_{\mathrm{mwc,f}} \tag{4-20}$$

假设初态和末态的正则模式的振动频率相同（即不考虑势能面的形变效应），两个电子态的原子核位形相差只有相对位移 $\Delta Q$ 而没有 Duschinsky 转动，被称为线性耦合模型，也称为第 2 章提到的位移谐振子模型。基于该模型，$N$ 维 Franck-Condon 因子可以简化为 $N$ 个一维位移谐振子积分的乘积，求解简单、物理图景清晰。例如，在温度 $T=0$ 时，Franck-Condon 因子为

$$\left| \langle \chi_{\mathrm{f}v_k} | \chi_{\mathrm{i}0} \rangle \right|^2 = \frac{S_k^{v_k}}{v_k!} \mathrm{e}^{-S_k} \tag{4-21}$$

式中，$S_k$ 为第 $k$ 个振动模式的黄昆因子（Huang-Rhys factor）。从这个简单模型中我们很容易推断出跃迁过程中的重要信息：

(1) 只有黄昆因子不为 0 的模式才对 Franck-Condon 因子有贡献；

(2) 对于单一模式，如 $k$ 模式，当量子数 $v_k$ 在区间 $[S_k - 1, S_k]$ 内时，对 Franck-Condon 因子的贡献最大。

### 4.3.2 吸收和发射光谱理论

第 2 章由 Lambert-Beer 定律，吸光系数和线性极化率之间的关系式，吸收光谱与发射光谱的细致平衡关系等得到了吸收和发射光谱的线性函数表和求解表达式。这里，我们从基于费米黄金规则和微扰理论的光谱公式出发，应用热振动关联函数方法，推导同时包含 Herzberg-Teller（HT）效应和 Duschinsky 效应的吸收和发射光谱的计算公式。

吸收截面常用来衡量光吸收过程的概率，定义为单位能流密度下单位时间内分子吸收的能量。绝热近似下，基于费米黄金规则和微扰理论，吸收截面的计算公式可以表示为

$$\sigma_{\text{abs}}(\omega,T) = \frac{4\pi^2\omega}{3\hbar c} \sum_{v_i,v_f} P_{iv_i}(T) \left|\left\langle \Theta_{f,v_f} \left| \mu_{fi} \right| \Theta_{i,v_i} \right\rangle\right|^2 \delta(\omega - \omega_{fv_f,iv_i}) \tag{4-22}$$

式中，$P_{iv_i}(T)$ 为初态在正则系综下达到统计平衡时的振动态的玻尔兹曼分布；$T$ 为温度；$\omega_{fv_f,iv_i}$ 为跃迁能；$\mu_{fi} = \langle \Phi_f | \hat{\mu} | \Phi_i \rangle$，为两个电子态 $|\Phi_f\rangle$ 和 $|\Phi_i\rangle$ 之间的电子跃迁偶极矩。跃迁偶极矩依赖于分子位形的变化，可以在平衡位置处对正则坐标 $Q$ 展开，$\mu_{fi}(Q) = \mu_0 + \sum_k \mu_k Q_k + \sum_{k,l} \mu_{kl} Q_k Q_l + O(Q^3)$。其中，$\mu_k = \left(\dfrac{\partial \mu_{fi}}{\partial Q_k}\right)_0$；$\mu_{kl} = \left(\dfrac{\partial \mu_{fi}}{\partial Q_k \partial Q_l}\right)_0$。

对于强电偶极允许的电子跃迁，$\mu_0$ 起主导作用，其他高阶项可以忽略不计；对于弱电偶极允许或者禁阻的电子跃迁，必须考虑一阶项，即 Herzberg-Teller 效应。此时，吸收截面计算公式可以写为三项之和：

$$\sigma_{\text{abs}}(\omega,T) = \sigma_{\text{abs}}^{\text{FC}}(\omega,T) + \sigma_{\text{abs}}^{\text{FC/HT}}(\omega,T) + \sigma_{\text{abs}}^{\text{HT}}(\omega,T) \tag{4-23}$$

其中，

$$\sigma_{\text{abs}}^{\text{FC}}(\omega,T) = \frac{4\pi^2\omega}{3\hbar c} |\mu_0|^2 \sum_{v_i,v_f} P_{iv_i}(T) \delta(\omega - \omega_{fv_f,iv_i}) \left|\left\langle \Theta_{f,v_f} \left| \Theta_{i,v_i} \right\rangle\right|^2 \right. \tag{4-23a}$$

$$\sigma_{\text{abs}}^{\text{FC/HT}}(\omega,T) = \frac{4\pi^2\omega}{3\hbar c} \sum_{v_i,v_f} P_{iv_i}(T) \delta(\omega - \omega_{fv_f,iv_i}) \cdot \sum_k \mu_0 \cdot \mu_k \left\langle \Theta_{f,v_f} \left| \Theta_{i,v_i} \right\rangle \left\langle \Theta_{i,v_i} \left| Q_k \right| \Theta_{f,v_f} \right\rangle\right.$$

$$\tag{4-23b}$$

$$\sigma_{\text{abs}}^{\text{HT}}(\omega,T) = \frac{4\pi^2\omega}{3\hbar c} \sum_{v_i,v_f} P_{iv_i}(T) \delta(\omega - \omega_{fv_f,iv_i}) \cdot \sum_{kl} \mu_k \cdot \mu_l \left\langle \Theta_{f,v_f} \left| Q_k \right| \Theta_{i,v_i} \right\rangle \left\langle \Theta_{i,v_i} \left| Q_l \right| \Theta_{f,v_f} \right\rangle$$

$$\tag{4-23c}$$

只包含 FC 项的 $\sigma_{\text{abs}}^{\text{FC}}(\omega,T)$ 称为 FC 谱，包含三项的称为 FCHT 谱。

将 $\delta$ 函数进行傅里叶变换，并且整理构造关联函数，可以得到

$$\sigma_{\text{abs}}^{\text{FC}}(\omega,T) = \frac{2\pi\omega}{3\hbar^2 c} |\mu_0|^2 \int_{-\infty}^{\infty} e^{i(\omega - \omega_{fi})t} \rho_{\text{abs},0}^{\text{FC}}(t,T) dt \tag{4-24a}$$

$$\sigma_{\text{abs},k}^{\text{FC/HT}}(\omega,T) = \frac{2\pi\omega}{3\hbar^2 c} \int e^{i(\omega - \omega_{fi})t} \left[\sum_k \mu_0 \cdot \mu_k \rho_{\text{abs},k}^{\text{FC/HT}}(t,T)\right] dt \tag{4-24b}$$

$$\sigma_{\text{abs},kl}^{\text{HT}}(\omega,T) = \frac{2\pi\omega}{3\hbar^2 c} \int e^{i(\omega-\omega_{\text{fi}})t} \left[ \sum_{k,l} \mu_k \cdot \mu_l \rho_{\text{abs},kl}^{\text{HT}}(t,T) \right] dt \tag{4-24c}$$

式中，$\rho_{\text{abs},0}^{\text{FC}}(t,T) = \text{Tr}\left[ Z_{\text{i}}^{-1} e^{-i\tau_{\text{f}}\hat{H}_{\text{f}}} e^{-i\tau_{\text{i}}\hat{H}_{\text{i}}} \right]$，$\rho_{\text{abs},k}^{\text{FC/HT}}(t,T) = \text{Tr}\left[ Z_{\text{i}}^{-1} Q_{fk} e^{-i\tau_{\text{f}}\hat{H}_{\text{f}}} e^{-i\tau_{\text{i}}\hat{H}_{\text{i}}} \right]$ 和

$\rho_{\text{abs},kl}^{\text{HT}}(t,T) = \text{Tr}\left[ Z_{\text{i}}^{-1} Q_{fk} e^{-i\tau_{\text{f}}\hat{H}_{\text{f}}} Q_{fl} e^{-i\tau_{\text{i}}\hat{H}_{\text{i}}} \right]$ 为关联函数，$Z_{\text{i}}^{-1} = \sum_{\nu=0}^{\infty} e^{-\beta E_{\nu}^{\text{i}}}$ 为振动配分函数。

关联函数可以通过多维高斯积分进行解析求解，其详细求解过程见文献[22]。自发发射光谱可以运用同样的方法进行求解。

　　以上是相同多重度之间的电偶极允许的跃迁。对于多重度不相同的激发三重态与基态单重态之间，电偶极跃迁是禁阻的。但自旋-轨道耦合作用会使三重态混合一定成分的单重态，从而打破了电偶极跃迁禁阻的规则，诱发出磷光发射。

　　自旋-轨道耦合算符为

$$\hat{H}^{\text{SO}} = \frac{e^2\hbar}{2m^2c^2} \left[ \sum_i \sum_{\sigma} Z_{\sigma} s_i \cdot \left( \frac{r_{i\sigma}}{r_{i\sigma}^3} \times p_i \right) - \sum_{i \neq j} \left( \frac{r_{ij}}{r_{ij}^3} \times p_i \right) \cdot (s_i + 2s_j) \right] \tag{4-25}$$

式中，$Z_{\sigma}$ 为核电荷；$r_{i\sigma}$ 和 $r_{ij}$ 分别为电子-核和电子-电子之间的距离；$s_i$ 和 $s_j$ 分别为电子 $i$ 和 $j$ 的自旋算符；$p_i$ 为电子 $i$ 的动量算符。有机分子体系的自旋-轨道耦合在大多数情况下是很弱的，可以采用微扰理论来处理。这时，纯的单重态 $|S\rangle$ 和三重态 $|T\rangle$ 由于自旋-轨道耦合作用变成了混合态 $|S'\rangle$ 和 $|T'\rangle$：

$$|S'\rangle = |S\rangle + \sum_n \sum_{\kappa'=1}^{3} \frac{\left\langle {}^3 n_{\kappa'} \left| \hat{H}^{\text{SO}} \right| S \right\rangle}{{}^1 E_{\text{S}}^0 - {}^3 E_{\text{n}}^0} |{}^3 n_{\kappa'}\rangle \tag{4-26a}$$

$$|T'_{\kappa}\rangle = |T_{\kappa}\rangle + \sum_k \frac{\left\langle {}^1 k \left| \hat{H}^{\text{SO}} \right| T_{\kappa} \right\rangle}{{}^3 E_{\text{T}}^0 - {}^1 E_{k}^0} |{}^1 k\rangle \tag{4-26b}$$

两者之间的跃迁偶极矩为

$$\mu_{\text{ST}_{\kappa}} = \sum_k^{\{\text{singlets}\}} \frac{\left\langle S \left| \mu \right| {}^1 k \right\rangle \left\langle {}^1 k \left| \hat{H}^{\text{SO}} \right| T_{\kappa} \right\rangle}{{}^3 E_{\text{T}}^0 - {}^1 E_{k}^0} + \sum_n^{\{\text{triplets}\}} \sum_{\kappa'=1}^{3} \frac{\left\langle S \left| \hat{H}^{\text{SO}} \right| {}^3 n_{\kappa'} \right\rangle \left\langle {}^3 n_{\kappa'} \left| \mu \right| T_{\kappa} \right\rangle}{{}^1 E_{\text{S}}^0 - {}^3 E_{\text{n}}^0} \tag{4-27}$$

式中，$\kappa$ 为磁量子数；n 和 k 分别为中间三重态和单重态。

　　磷光光谱可以表示为

$$\sigma_{\mathrm{ph}}(\omega,T) = \frac{4\omega^3}{3\hbar c^3} \sum_{v_i,v_f} P_{iv_i}(T) \left| \left\langle \Theta_{\mathrm{f},v_f} \left| \mu_{\mathrm{ST}} \right| \Theta_{i,v_i} \right\rangle \right|^2 \delta\left(\omega_{iv_i,fv_f} - \omega\right) \tag{4-28}$$

求解方法同上。

有限温度下，自发辐射速率常数是对微分辐射速率（发射光谱）在全波段范围内的积分：

$$k_{\mathrm{r}}(T) = \int \sigma_{\mathrm{emi}}(\omega,T)\mathrm{d}\omega \tag{4-29}$$

至此，得到了包含 Herzberg-Teller 效应和 Duschinsky 效应的辐射跃迁速率。

### 4.3.3 单分子的无辐射跃迁速率理论

由式(4-2)和式(4-3)可知，在二阶微扰理论和费米黄金规则框架下，无辐射跃迁速率常数可以表示为

$$k_{\mathrm{nr}} = \frac{2\pi}{\hbar} \sum_{v_i,v_f} P_{iv_i}(T) \left| H'_{fv_f,iv_i} + \sum_{jv_j} \frac{H'_{fv_f,jv_j} H'_{jv_j,iv_i}}{E_{iv_i} - E_{jv_j}} \right|^2 \delta(E_{fv_f} - E_{iv_i}) \tag{4-30}$$

式中，$H'$ 为两个不同玻恩-奥本海默（BO）电子态之间的相互作用，包括两部分贡献：

$$\hat{H}'\Psi_{iv_i} = \hat{H}^{\mathrm{BO}}\Phi_i(r;Q)\Theta_{iv_i}(Q) + \hat{H}^{\mathrm{SO}}\Phi_i(r;Q)\Theta_{iv_i}(Q) \tag{4-31}$$

式中，$\hat{H}^{\mathrm{BO}}$ 为非绝热耦合算符；$\hat{H}^{\mathrm{SO}}$ 为自旋-轨道耦合算符。非绝热耦合项中的小量 $\partial^2 \Phi_i / \partial Q_{fl}^2$ 经常被忽略，变为

$$\left\langle \Phi_f \Theta_{fv_f} \left| \hat{H}^{\mathrm{BO}} \right| \Phi_i \Theta_{iv_i} \right\rangle = -\hbar^2 \sum_k \left\langle \Phi_f \Theta_{fv_f} \left| \frac{\partial \Phi_i}{\partial Q_{fk}} \frac{\partial \Theta_{iv_i}}{\partial Q_{fk}} \right. \right\rangle = \sum_k \left\langle \Phi_f \Theta_{fv_f} \left| \left( \hat{P}_{fk} \Phi_i \right) \left( \hat{P}_{fk} \Theta_{iv_i} \right) \right\rangle \right.$$

$$\tag{4-32}$$

式中，$k$ 为正则模式序号；$\hat{P}_{fk}$ 为末态第 $k$ 个模式的动量。

首先考虑一阶微扰近似下的两个多重度相同的电子态之间的内转换速率常数。在 Franck-Condon 近似下，内转换速率常数可以表示为

$$k_{\mathrm{IC}} = \frac{2\pi}{\hbar} \sum_{k,l} R_{kl} \sum_{v_i,v_f} P_{iv_i}(T) P_{kl} \delta\left(E_{iv_i} - E_{fv_f}\right) \tag{4-33}$$

式中，$R_{kl}$ 为非绝热电子耦合项；$P_{kl}$ 为核关联函数部分，分别是

$$R_{kl} = \left\langle \varPhi_{\mathrm{f}} \left| \hat{P}_{\mathrm{f}k} \right| \varPhi_{\mathrm{i}} \right\rangle \left\langle \varPhi_{\mathrm{i}} \left| \hat{P}_{\mathrm{f}l} \right| \varPhi_{\mathrm{f}} \right\rangle \tag{4-34a}$$

$$P_{kl} = \left\langle \varTheta_{\mathrm{f}} \left| \hat{P}_{\mathrm{f}k} \right| \varTheta_{\mathrm{i}} \right\rangle \left\langle \varTheta_{\mathrm{i}} \left| \hat{P}_{\mathrm{f}l} \right| \varTheta_{\mathrm{f}} \right\rangle \tag{4-34b}$$

将 δ 函数进行傅里叶变换、整理并构造关联函数，可以得到

$$k_{\mathrm{IC}} = \frac{1}{\hbar^2} \int_{-\infty}^{\infty} \mathrm{d}t \mathrm{e}^{\mathrm{i}\omega_{\mathrm{if}}t} \sum_{k,l} R_{kl} \rho_{\mathrm{IC},kl}(t,T) \tag{4-35}$$

式中，$\rho_{\mathrm{IC},kl}(t,T)$ 为内转换热振动关联函数，即

$$\rho_{\mathrm{IC},kl}(t,T) = \mathrm{Tr}\left[ Z_{\mathrm{i}}^{-1} \hat{P}_{\mathrm{f}k} \mathrm{e}^{-\mathrm{i}\tau_{\mathrm{f}}\hat{H}_{\mathrm{f}}} \hat{P}_{\mathrm{f}l} \mathrm{e}^{-\mathrm{i}\tau_{\mathrm{i}}\hat{H}_{\mathrm{i}}} \right] \tag{4-36}$$

可以通过多维高斯积分进行解析求解[21]。式 (4-35) 是抛弃了沿用几十年的 "提升模式" 近似，同时考虑了两个势能面的位移、变形和 Duschinsky 转动等效应的内转换速率常数的计算公式。

对于在二阶微扰近似下的两个多重度不同的电子态之间的系间窜越过程，式 (4-30) 可以展开为三项相加：

$$k_{\mathrm{ISC}} = k_{\mathrm{ISC}}^{(0)} + k_{\mathrm{ISC}}^{(1)} + k_{\mathrm{ISC}}^{(2)} \tag{4-37}$$

其中，

$$k_{\mathrm{ISC}}^{(0)} = \frac{2\pi}{\hbar} \sum_{v_{\mathrm{i}},v_{\mathrm{f}}} P_{\mathrm{i}v_{\mathrm{i}}} \left| H'_{\mathrm{f}v_{\mathrm{f}},\mathrm{i}v_{\mathrm{i}}} \right|^2 \delta\left( E_{\mathrm{i}v_{\mathrm{i}}} - E_{\mathrm{f}v_{\mathrm{f}}} \right) \tag{4-38a}$$

$$k_{\mathrm{ISC}}^{(1)} = \frac{2\pi}{\hbar} \sum_{v_{\mathrm{i}},v_{\mathrm{f}}} P_{\mathrm{i}v_{\mathrm{i}}} \cdot 2\mathrm{Re}\left( H'_{\mathrm{f}v_{\mathrm{f}},\mathrm{i}v_{\mathrm{i}}} \sum_{n,v_{\mathrm{n}}} \frac{H'_{\mathrm{i}v_{\mathrm{i}},nv_{\mathrm{n}}} H'_{nv_{\mathrm{n}},\mathrm{f}v_{\mathrm{f}}}}{E_{\mathrm{i}v_{\mathrm{i}}} - E_{nv_{\mathrm{n}}}} \right) \delta\left( E_{\mathrm{i}v_{\mathrm{i}}} - E_{\mathrm{f}v_{\mathrm{f}}} \right) \tag{4-38b}$$

$$k_{\mathrm{ISC}}^{(2)} = \frac{2\pi}{\hbar} \sum_{v_{\mathrm{i}},v_{\mathrm{f}}} P_{\mathrm{i}v_{\mathrm{i}}} \left| \sum_{n,v_{\mathrm{n}}} \frac{H'_{\mathrm{f}v_{\mathrm{f}},nv_{\mathrm{n}}} H'_{nv_{\mathrm{n}},\mathrm{i}v_{\mathrm{i}}}}{E_{\mathrm{i}v_{\mathrm{i}}} - E_{nv_{\mathrm{n}}}} \right|^2 \delta\left( E_{\mathrm{i}v_{\mathrm{i}}} - E_{\mathrm{f}v_{\mathrm{f}}} \right) \tag{4-38c}$$

仿照内转换速率公式，在 Franck-Condon 近似下得到了关联函数形式：

$$k_{\mathrm{ISC}}^{(0)} = \frac{1}{\hbar^2} R_{\mathrm{fi}}^{\mathrm{isc}} \int_{-\infty}^{\infty} \mathrm{d}t \mathrm{e}^{\mathrm{i}\omega_{\mathrm{if}}t} \rho_{\mathrm{fi}}^{(0)}(t,T) \tag{4-39a}$$

$$k_{\mathrm{ISC}}^{(1)} = \mathrm{Re}\left[ \frac{1}{\hbar^2} \int_{-\infty}^{\infty} \mathrm{d}t \mathrm{e}^{\mathrm{i}\omega_{\mathrm{if}}t} \sum_{k} 2 R_{\mathrm{fi},k}^{\mathrm{isc}} \rho_{\mathrm{fi},k}^{(1)}(t,T) \right] \tag{4-39b}$$

$$k_{\mathrm{ISC}}^{(2)} = \frac{1}{\hbar^2} \int_{-\infty}^{\infty} \mathrm{d}t \mathrm{e}^{\mathrm{i}\omega_{\mathrm{if}}t} \sum_{k,l} R_{\mathrm{fi},kl}^{\mathrm{isc}} \rho_{\mathrm{fi},kl}^{(2)}(t,T) \tag{4-39c}$$

其中,

$$R_{\mathrm{fi}}^{\mathrm{isc}} \equiv \left| H_{\mathrm{fi}}^{\mathrm{SO}} \right|^2 \equiv \left| \left\langle \Phi_{\mathrm{f}} \left| \hat{H}^{\mathrm{SO}} \right| \Phi_{\mathrm{i}} \right\rangle \right|^2 \tag{4-40a}$$

$$R_{\mathrm{fi},k}^{\mathrm{isc}} \equiv H_{\mathrm{fi}}^{\mathrm{SO}} T_{\mathrm{if},k} \tag{4-40b}$$

$$R_{\mathrm{fi},kl}^{\mathrm{isc}} \equiv T_{\mathrm{if},k} T_{\mathrm{fi},l} \tag{4-40c}$$

$$T_{\mathrm{if},k} \equiv \sum_{\mathrm{n}} \left( H_{\mathrm{in}}^{\mathrm{SO}} \frac{\left\langle \Phi_{\mathrm{n}} \left| \hat{P}_{\mathrm{fk}} \right| \Phi_{\mathrm{f}} \right\rangle}{E_{\mathrm{i}} - E_{\mathrm{n}}} + \frac{\left\langle \Phi_{\mathrm{i}} \left| \hat{P}_{\mathrm{fk}} \right| \Phi_{\mathrm{n}} \right\rangle}{E_{\mathrm{i}} - E_{\mathrm{n}}} H_{\mathrm{nf}}^{\mathrm{SO}} \right) \tag{4-40d}$$

式中, $\rho_{\mathrm{fi}}^{(0)}(t,T)$ 等同于前面光谱计算公式中的 $\rho_{\mathrm{abs},0}^{\mathrm{FC}}(t,T)$; $\rho_{\mathrm{fi},kl}^{(2)}(t,T)$ 等同于内转换速率常数计算公式中热振动关联函数 $\rho_{\mathrm{IC},kl}(t,T)$; $\rho_{\mathrm{fi},k}^{(1)}(t,T) \equiv \mathrm{Tr}\left[ Z_{\mathrm{i}}^{-1} \hat{P}_{\mathrm{fk}} \mathrm{e}^{-\mathrm{i}\tau_{\mathrm{f}} \hat{H}_{\mathrm{f}}} \mathrm{e}^{-\mathrm{i}\tau_{\mathrm{i}} \hat{H}_{\mathrm{i}}} \right]$, 详细的求解过程见文献[23]。

以上完成了孤立分子的光谱、内转换速率常数和系间窜越速率常数理论公式的推导。该理论公式具有较强的创新性和优越性:①抛弃沿用四十多年的"提升模式"近似的传统概念,实现了任意模式之间的耦合,使其能够处理模式严重混合的柔性体系;②采用关联函数和快速傅里叶变换方法,使得计算量随着分子模式数目 $N$ 的指数 ($a^N$, $a$ 为振动量子数) 增加降为立方 ($N^3$) 增加,解决了"指数墙"问题,便于处理大体系;③普适性。将该理论与不同电子结构理论计算方法相结合,可以实现单分子、溶液、分子晶体、聚合物、纳米颗粒等多尺度分子材料的光物理性质预测。

### 4.3.4 激子的无辐射跃迁速率理论

在实际应用中有机光电材料都是在固态下工作,有机分子聚集体因各种相互作用表现出与单分子体系不同的光物理性质。大多数有机分子聚集体的激发态是局域的,常用 Frenkel 激子模型来描述。1963 年,Michael Kasha 从分子间跃迁偶极-偶极相互作用引起分子间能量转移出发提出了 Kasha 激子模型[28,29]。该理论模型指出:分子聚集体中,某个单体分子被激发后,与周围邻近分子因跃迁偶极-偶极相互作用发生能量共振转移,并形成新的叠加态,从而导致了聚集体的发光性质。分子跃迁偶极"面对面"平行的 H-聚集体中,最低能量的激子态是偶极跃迁禁阻的，高能量的激子态是偶极跃迁允许的，所以聚集体的吸收光谱主峰相对于单体吸收光谱发生明显的蓝移，发射减弱且发射光谱红移；分子跃迁偶极呈"头尾相接"的 J-聚集体不同于 H-聚集体，最低能量的激子态到基态的跃迁是允许的，则相对于单体光谱，吸收和发射光谱主峰发生明显的红移，谱线变窄、辐射增强。这为人们提供了最基本的聚集体光谱分析思想，至今仍在有机分子聚集体光谱的分析中发挥着重要作用[29,30]。基于 Frenkel 激子模型，Seibt 等采用模型哈密顿量，并将其用算符分裂方法进行拆分，通过关联函数的数值演化得到聚集体光谱[31]。梁万珍等将电荷转移态写入模型哈密顿量中，直接对角化，获得本征值和本征态，求解聚集体光谱[32]。Philpott、Knoester、Spano 等将多粒子态近似引入到模型哈密顿量，之后对其进行对角化或者数值演化，求得聚集体光谱[33-36]。这样，随着聚集体分子正则振动模式的增加，模型哈密顿量呈指数倍增加，大大增加了计算时间和空间复杂度($N^3$)。Spano 等常常依据实验数据拟合一个有效振动模式来减少计算量。李文强等提出一套选取有效振动模式和振动量子数截断的策略，达到计算量和精确度之间的平衡，得到更精确的聚集体光谱[37,38]。基于量子动力学方法，Mukamel 等发展了 Modified Redfield 量子动力学计算有机半导体分子聚集体光学性质的方法[39]。Tanimura、史强等使用密度矩阵语言来处理量子动力学问题，建立级联方程方法研究聚集体光谱[40,41]。

相对于发光过程，研究激子耦合对无辐射跃迁速率的影响的工作相对较少。基于 Frenkel 激子模型，Freed 在零级波函数近似下分析出不同对称性的 Frenkel 激子态之间的非绝热耦合矩阵元为零，导致内转换过程被禁阻[42]。Scharf 和 Dinur 在分子间强耦合极限下推断出：在一定带隙条件下，分子的内转换速率随着聚集体尺寸的增大而减小[43]。这两个早期工作定性判断了内转换速率的激子耦合效应。定量计算激子无辐射跃迁速率常数的公式尚未报道。

从 4.3.3 节给出的一般性内转换速率理论形式出发，构造聚集体激发态的热振动关联函数，推导出聚集体的内转换速率常数的计算公式。基本思路是[24]：①构造聚集体激发态的哈密顿量。该哈密顿量为矩阵形式，主对角元为单分子激发态能量部分，非主对角元为分子间的激子耦合部分。②基于费米黄金规则写出内转换速率方程，构造聚集体激发态的热振动关联函数。③采用算符分裂方法对聚集体激发态哈密顿量进行拆分，将聚集体问题转化为单分子问题。④最后求解得到关联函数的解析解，进而求出聚集体的内转换速率常数。下面是简单的推导过程。

由式(4-33)可知，在一阶微扰理论和费米黄金规则框架下，无辐射内转换速率常数的一般表达式为

$$k_{\text{nr}} = \int_{-\infty}^{\infty} \mathrm{d}t e^{\mathrm{i}\Delta E t} \rho(t) \tag{4-41}$$

$$\rho(t) = \frac{1}{Z_e} \text{Tr}\left[ e^{\frac{i\hat{H}_0 t}{\hbar}} \hat{H}' e^{\frac{-i\hat{H}_0 t}{\hbar}} \hat{H}' e^{-\beta\hat{H}_e} \right] \tag{4-42}$$

为了方便理解，先以二聚体为例，之后推广到多聚体情况。在 Frenkel 激子模型中，二聚体的基矢在 Condon 近似下可以表示为

$$|\psi_1\rangle = |g\rangle|Q_1 \otimes Q_2\rangle, \quad |\psi_2\rangle = |e_1\rangle|Q_1' \otimes Q_2\rangle, \quad |\psi_3\rangle = |e_2\rangle|Q_1 \otimes Q_2'\rangle \tag{4-43}$$

式中，$|g\rangle = |\phi_{1g}\rangle \otimes |\phi_{2g}\rangle$，$|e_1\rangle = |\phi_{1e}\rangle \otimes |\phi_{2g}\rangle$，$|e_2\rangle = |\phi_{1g}\rangle \otimes |\phi_{2e}\rangle$；下角标 1 和 2 分别为二聚体中的 1 号分子和 2 号分子；$|e\rangle$ 和 $|g\rangle$ 分别为分子处于激发态和基态。这样，二聚体的零级和微扰哈密顿量分别为

$$\hat{H}_0 = \begin{bmatrix} \hat{H}_{1g} + \hat{H}_{2g} & 0 & 0 \\ 0 & \hat{H}_{1e} + \hat{H}_{2g} & J \\ 0 & J & \hat{H}_{1g} + \hat{H}_{2e} \end{bmatrix} \tag{4-44}$$

和

$$\hat{H}' = \sum_k \sum_n^2 \left[ \langle e_n|\hat{T}_{nk}|g\rangle + \langle e_n|\hat{P}_{nk}|g\rangle\hat{P}_{nk} \right] (|e_n\rangle\langle g| + |g\rangle\langle e_n|) \tag{4-45}$$

式中，$\hat{H}_{ng}$ 和 $\hat{H}_{ne}$ 分别为 $n$ 号分子在基态和激发态的谐振子哈密顿量；$J$ 为分子间激子耦合强度；$\hat{T}_{nk}$ 和 $\hat{P}_{nk}$ 分别为第 $k$ 个模式的动能和动量算符。式(4-45)中的第一项远小于第二项，常被忽略，其形式变为

$$\hat{H}' = \sum_k R_{1k}\hat{P}_{1k}(|e_1\rangle\langle g| + |g\rangle\langle e_1|) + R_{2k}\hat{P}_{2k}(|e_2\rangle\langle g| + |g\rangle\langle e_2|) \tag{4-46}$$

式中，$R_{nk} \equiv \langle\phi_{ng}|\hat{P}_{nk}|\phi_{ne}\rangle$，为第 $n$ 个分子的非绝热耦合矩阵元(NACMEs)。将式(4-46)和式(4-44)代入式(4-42)，整理得到热振动关联函数为

$$\rho(t) = \frac{1}{Z_e}\sum_k\sum_l\left[ R_{1k}R_{1l}\langle Q_1' \otimes Q_2|\hat{P}_{1k}e^{-\frac{i\hat{H}_g t}{\hbar}}\hat{P}_{1l}\langle e_1|e^{-\frac{i\hat{H}_e(-i\hbar\beta-t)}{\hbar}}|e_1\rangle|Q_1' \otimes Q_2\rangle \right.$$

$$+ R_{1k}R_{2l}\langle Q_1' \otimes Q_2|\hat{P}_{1k}e^{-\frac{i\hat{H}_g t}{\hbar}}\hat{P}_{2l}\langle e_2|e^{-\frac{i\hat{H}_e(-i\hbar\beta-t)}{\hbar}}|e_1\rangle|Q_1' \otimes Q_2\rangle \tag{4-47}$$

$$+ R_{2k}R_{1l}\langle Q_1 \otimes Q_2'|\hat{P}_{2k}e^{-\frac{i\hat{H}_g t}{\hbar}}\hat{P}_{1l}\langle e_1|e^{-\frac{i\hat{H}_e(-i\hbar\beta-t)}{\hbar}}|e_2\rangle|Q_1 \otimes Q_2'\rangle$$

$$\left. + R_{2k}R_{2l}\langle Q_1 \otimes Q_2'|\hat{P}_{2k}e^{\frac{i\hat{H}_g t}{\hbar}}\hat{P}_{2l}\langle e_2|e^{-\frac{i\hat{H}_e(-i\hbar\beta-t)}{\hbar}}|e_2\rangle|Q_1 \otimes Q_2'\rangle \right]$$

式中，$\hat{H}_{g} = \hat{H}_{1g} + \hat{H}_{2g}$，$\hat{H}_{e}$ 为

$$\begin{pmatrix} \hat{H}_{1e} + \hat{H}_{2g} & J \\ J & \hat{H}_{1g} + \hat{H}_{2e} \end{pmatrix} = \underbrace{\begin{pmatrix} \hat{H}_{1e} + \hat{H}_{2g} & 0 \\ 0 & \hat{H}_{1g} + \hat{H}_{2e} \end{pmatrix}}_{A} + \underbrace{\begin{pmatrix} 0 & J \\ J & 0 \end{pmatrix}}_{B} \tag{4-48}$$

在有机分子聚集体中，分子间激子耦合强度一般远小于分子内电子-振动耦合强度，可以采用算符劈裂方法[44,45]对有机分子聚集体的激发态哈密顿量进行拆分：

$$e^{-\frac{it}{\hbar}(A+B)} \approx e^{-\frac{it}{2\hbar}B} e^{-\frac{it}{\hbar}A} e^{-\frac{it}{2\hbar}B} \tag{4-49}$$

这里 $A$ 和 $B$ 分别对应于式(4-48)中等号右边的两项。

这时，热振动关联函数[式(4-47)]转变为

$$\begin{aligned} \rho(t) = \frac{1}{Z_e} \sum_k \sum_l & R_{1k} R_{1l} \left\{ \left\langle Q_1' Q_2 \middle| \hat{P}_{1k} e^{\frac{i\hat{H}_g t}{\hbar}} \hat{P}_{1l} \left[ e^{-\frac{i}{\hbar}(-i\hbar\beta - t)(\hat{H}_{1e} + \hat{H}_{2g})} \cos^2 \frac{Jt}{2\hbar} + e^{-\frac{i}{\hbar}(-i\hbar\beta - t)(\hat{H}_{1g} + \hat{H}_{2e})} \sin^2 \frac{Jt}{2\hbar} \right] \middle| Q_1' Q_2 \right\rangle \right. \\ & + R_{1k} R_{2l} \left\langle Q_1' Q_2 \middle| \hat{P}_{1k} e^{\frac{i\hat{H}_g t}{\hbar}} \hat{P}_{2l} \left[ e^{-\frac{i}{\hbar}(-i\hbar\beta - t)(\hat{H}_{1e} + \hat{H}_{2g})} + e^{-\frac{i}{\hbar}(-i\hbar\beta - t)(\hat{H}_{1g} + \hat{H}_{2e})} \right] \sin\cos \frac{Jt}{2\hbar} \middle| Q_1' Q_2 \right\rangle \\ & + R_{2k} R_{1l} \left\langle Q_1 Q_2' \middle| \hat{P}_{2k} e^{\frac{i\hat{H}_g t}{\hbar}} \hat{P}_{1l} \left[ e^{-\frac{i}{\hbar}(-i\hbar\beta - t)(\hat{H}_{1e} + \hat{H}_{2g})} + e^{-\frac{i}{\hbar}(-i\hbar\beta - t)(\hat{H}_{1g} + \hat{H}_{2e})} \right] \sin\cos \frac{Jt}{2\hbar} \middle| Q_1 Q_2' \right\rangle \\ & + R_{2k} R_{2l} \left\langle Q_1 Q_2' \middle| \hat{P}_{2k} e^{\frac{i\hat{H}_g t}{\hbar}} \hat{P}_{2l} \left[ e^{-\frac{i}{\hbar}(-i\hbar\beta - t)(\hat{H}_{1e} + \hat{H}_{2g})} \sin^2 \frac{Jt}{2\hbar} + e^{-\frac{i}{\hbar}(-i\hbar\beta - t)(\hat{H}_{1g} + \hat{H}_{2e})} \cos^2 \frac{Jt}{2\hbar} \right] \middle| Q_1 Q_2' \right\rangle \right\} \end{aligned}$$

$$\tag{4-50}$$

这样，二聚体的热振动关联函数的传播子被分解为单分子的传播子的乘积，可以分项求解。例如，求解第一项：

$$\begin{aligned} \text{term}_1 &= R_{1k} R_{1l} \left\langle Q_1' Q_2 \middle| \hat{P}_{1k} e^{-\frac{i\hat{H}_g t}{\hbar}} \hat{P}_{1l} e^{-\frac{i}{\hbar}(-i\hbar\beta - t)(\hat{H}_{1e} + \hat{H}_{2g})} \middle| Q_1' Q_2 \right\rangle \\ &= R_{1k} R_{1l} \left\langle Q_1' \middle| \hat{P}_{1k} e^{\frac{i\hat{H}_{1g} t}{\hbar}} \hat{P}_{1l} e^{-\frac{i\hat{H}_{1e}}{\hbar}(-i\hbar\beta - t)} \middle| Q_1' \right\rangle \times \left\langle Q_2 \middle| e^{-\frac{i\hat{H}_{2g} t}{\hbar}} e^{-\frac{i\hat{H}_{2g}}{\hbar}(-i\hbar\beta - t)} \middle| Q_2 \right\rangle \end{aligned} \tag{4-51}$$

向式(4-51)中插入振动波函数的完备基，$\text{term}_1$ 将变为

$$\text{term}_1 = \underbrace{\langle Q_1'|X_1\rangle}_{\delta}\underbrace{\langle X_1|\hat{P}_{1k}|Y_1\rangle}_{\delta_k'}\underbrace{\langle Y_1|\mathrm{e}^{-\frac{\mathrm{i}\hat{H}_{1g}t}{\hbar}}|Z_1\rangle}_{e^{g}}\underbrace{\langle Z_1|\hat{P}_{1l}|W_1\rangle}_{\delta_l'}\underbrace{\langle W_1|U_1'\rangle}_{\delta}$$

$$\underbrace{\langle U_1'|\mathrm{e}^{\frac{\mathrm{i}\hat{H}_{1e}}{\hbar}(-\mathrm{i}\hbar\beta-t)}|Q_1'\rangle}_{e^{e}}\times\underbrace{\langle Q_2|\mathrm{e}^{-\frac{\mathrm{i}\hat{H}_{2g}t}{\hbar}}|X_2\rangle}_{e^{g}}\underbrace{\langle X_2|\mathrm{e}^{-\frac{\mathrm{i}\hat{H}_{2g}}{\hbar}(-\mathrm{i}\hbar\beta-t)}|Q_2\rangle}_{e^{g}}$$

(4-52)

这样，第一项 $\text{term}_1$ 可以缩写为 $\delta\delta_k' e^{g}\delta_l'\delta e^{e}\times e^{g}e^{g}$。同理，可以将式 (4-50) 中的其余七项缩写，见表 4-1。

**表 4-1  式 (4-50) 中八项传播子的缩写形式**

| 序号 | 分子 1 | 分子 2 | 序号 | 分子 1 | 分子 2 |
|---|---|---|---|---|---|
| 1 | $\delta\delta_k' e^{g}\delta_l'\delta e^{e}$ | $e^{g}e^{g}$ | 5 | $e^{g}\delta_k'\delta e^{e}\delta$ | $\delta\delta_k' e^{g}\delta\delta$ |
| 2 | $\delta\delta_k' e^{g}\delta_l' e^{g}\delta$ | $e^{g}\delta e^{e}\delta$ | 6 | $e^{g}\delta_l' e^{g}\delta$ | $\delta\delta_l' e^{g}\delta e^{e}$ |
| 3 | $\delta\delta_k' e^{g}\delta e^{e}$ | $e^{g}\delta_l' e^{g}$ | 7 | $e^{g}\delta e^{e}\delta$ | $\delta\delta_k' e^{g}\delta_l' e^{g}\delta$ |
| 4 | $\delta\delta_k' e^{g}e^{g}\delta$ | $e^{g}\delta_k'\delta e^{e}\delta$ | 8 | $e^{g}e^{g}$ | $\delta\delta_k' e^{g}\delta_l'\delta e^{e}$ |

其中第 3、4、5 和 6 项皆为零，因为 $e^{g}\delta_k' e^{g}$ 和 $\delta\delta_k' e^{g}e^{g}\delta$ 为零 (详尽推导见文献[24])。因此，式 (4-50) 可以简化为

$$\rho(t) = \frac{1}{Z_e}\sum_k\sum_l\left\{2\left[\cos^2\frac{J(\mathrm{i}\hbar\beta+t)}{2\hbar}\right]\left(\delta\delta_k' e^{g}\delta_l'\delta e^{e}\right)_1\left(e^{g}e^{g}\right)_2\right.$$

$$\left. -2\left[\sin^2\frac{J(\mathrm{i}\hbar\beta+t)}{2\hbar}\right]\left(\delta\delta_k' e^{g}\delta_l' e^{g}\delta\right)_1\left(e^{g}\delta e^{e}\delta\right)_2\right\}$$

(4-53)

将二聚体的公式扩展到包含 $N$ 个分子的多聚体，多聚体的零级和微扰哈密顿量分别为

$$\hat{H}_0 = \begin{pmatrix} \sum\limits_{n}^{N}\hat{H}_{ng} & 0 & 0 & \cdots & 0 \\ 0 & \hat{H}_{1e}+\sum\limits_{n\neq 1}^{N}\hat{H}_{ng} & J_{12} & \cdots & J_{1N} \\ 0 & J_{21} & \hat{H}_{2e}+\sum\limits_{n\neq 1}^{N}\hat{H}_{ng} & \cdots & J_{2N} \\ \vdots & \vdots & \vdots & & \vdots \\ 0 & J_{N1} & \cdots & \cdots & \hat{H}_{Ne}+\sum\limits_{n}^{N-1}\hat{H}_{ng} \end{pmatrix}$$

(4-54)

和

$$\hat{H}' = \sum_n^N \sum_k R_{nk} \hat{P}_{nk} \left( |\mathrm{e}_n\rangle\langle\mathrm{g}| + |\mathrm{g}\rangle\langle\mathrm{e}_n| \right) \tag{4-55}$$

则多聚体的热振动关联函数为

$$\rho(t) = \frac{1}{Z_\mathrm{e}} \sum_n^N \langle \mathrm{e}_n | \langle Q_1 \cdots Q_n' \cdots Q_N | \hat{H}' \mathrm{e}^{\frac{\mathrm{i}\hat{H}_\mathrm{g}t}{\hbar}} \hat{H}' \mathrm{e}^{-\frac{\mathrm{i}\hat{H}_\mathrm{e}(-\mathrm{i}\hbar\beta-t)}{\hbar}} | Q_1 \cdots Q_n' \cdots Q_N \rangle | \mathrm{e}_n \rangle$$

$$= \frac{1}{Z_\mathrm{e}} \sum_n^N \sum_m^N \sum_{k,l} R_{nk} R_{ml} \langle Q_1 \cdots Q_n' \cdots Q_N | \hat{P}_{nk} \mathrm{e}^{-\frac{\mathrm{i}\hat{H}_\mathrm{g}t}{\hbar}} \hat{P}_{ml} \langle \mathrm{e}_m | \mathrm{e}^{\frac{\mathrm{i}\hat{H}_\mathrm{e}(-\mathrm{i}\hbar\beta-t)}{\hbar}} | \mathrm{e}_n \rangle | Q_1 \cdots Q_n' \cdots Q_N \rangle$$

$$\tag{4-56}$$

与式 (4-48) 一致，定义 $A$、$B$ 矩阵：

$$A = \begin{pmatrix} \hat{H}_{1\mathrm{e}} + \sum_{n\neq1}^N \hat{H}_{n\mathrm{g}} & 0 & \cdots & 0 \\ 0 & \hat{H}_{2\mathrm{e}} + \sum_{n\neq2}^N \hat{H}_{n\mathrm{g}} & \cdots & 0 \\ \vdots & & \vdots & \vdots \\ 0 & \cdots & & \hat{H}_{N\mathrm{e}} + \sum_n^{N-1} \hat{H}_{n\mathrm{g}} \end{pmatrix} \quad 和 \quad B = \begin{pmatrix} 0 & J_{12} & \cdots & J_{1N} \\ J_{21} & 0 & \cdots & J_{2N} \\ \vdots & \vdots & \vdots & \vdots \\ J_{N1} & \cdots & \cdots & 0 \end{pmatrix}。$$

利用算符分裂方法分解多聚体激发态哈密顿量，得到

$$\mathrm{e}^{\frac{\mathrm{i}(-\mathrm{i}\hbar\beta-t)}{2\hbar}\hat{H}_\mathrm{e}} = \begin{pmatrix} \sum_n d_{1n}d_{n1}\mathrm{e}^{-\frac{\mathrm{i}(-\mathrm{i}\hbar\beta-t)}{2\hbar}(\hat{H}_{1\mathrm{g}}+\cdots+\hat{H}_{n\mathrm{e}}+\cdots+\hat{H}_{N\mathrm{g}})} & \cdots & \sum_n d_{1n}d_{nN}\mathrm{e}^{-\frac{\mathrm{i}(-\mathrm{i}\hbar\beta-t)}{2\hbar}(\hat{H}_{1\mathrm{g}}+\cdots+\hat{H}_{n\mathrm{e}}+\cdots+\hat{H}_{N\mathrm{g}})} \\ \vdots & & \vdots \\ \sum_n d_{Nn}d_{n1}\mathrm{e}^{-\frac{\mathrm{i}(-\mathrm{i}\hbar\beta-t)}{2\hbar}(\hat{H}_{1\mathrm{g}}+\cdots+\hat{H}_{n\mathrm{e}}+\cdots+\hat{H}_{N\mathrm{g}})} & \cdots & \sum_n d_{Nn}d_{nN}\mathrm{e}^{-\frac{\mathrm{i}(-\mathrm{i}\hbar\beta-t)}{2\hbar}(\hat{H}_{1\mathrm{g}}+\cdots+\hat{H}_{n\mathrm{e}}+\cdots+\hat{H}_{N\mathrm{g}})} \end{pmatrix}$$

$$\tag{4-57}$$

式中，$d_{nm}$ 为 $\mathrm{e}^{-\frac{\mathrm{i}(-\mathrm{i}\hbar\beta-t)}{2\hbar}B}$ 矩阵的矩阵元，即

$$\mathrm{e}^{-\frac{\mathrm{i}(-\mathrm{i}\hbar\beta-t)}{2\hbar}B} = \begin{pmatrix} \sum_n c_{1n}c_{1n}\mathrm{e}^{-\frac{\mathrm{i}(-\mathrm{i}\hbar\beta-t)}{2\hbar}v_n} & \cdots & \sum_n c_{1n}c_{Nn}\mathrm{e}^{-\frac{\mathrm{i}(-\mathrm{i}\hbar\beta-t)}{2\hbar}v_n} \\ \vdots & & \vdots \\ \sum_n c_{Nn}c_{1n}\mathrm{e}^{-\frac{\mathrm{i}(-\mathrm{i}\hbar\beta-t)}{2\hbar}v_n} & \cdots & \sum_n c_{Nn}c_{Nn}\mathrm{e}^{-\frac{\mathrm{i}(-\mathrm{i}\hbar\beta-t)}{2\hbar}v_n} \end{pmatrix} \tag{4-58}$$

式中，$c_{nm}$ 为向量 $C_n$ 的第 $m$ 个元素，向量 $C_n$ 和值 $v_n$ 为矩阵 $B$ 对角化后的第 $n$ 个本征向量和本征值。因此，多聚体的热振动关联函数式 (4-53) 可转化为

$$
\begin{aligned}
\rho(t) = \frac{1}{Z_e} \sum_n^N \Bigg[ & d_{nn}^2 \sum_{kl} R_{nk} R_{nl} \left( \delta \delta_k' e^g \delta_l' \delta e^e \right) \left( e^g e^g \right)^{N-1} \\
& + \sum_{m \neq n} d_{nm} d_{mn} \sum_{kl} R_{nk} R_{nl} \left( \delta \delta_k' e^g \delta_l' e^g \delta \right) \left( e^g \delta e^e \delta \right) \left( e^g e^g \right)^{N-2} \Bigg]
\end{aligned}
\tag{4-59}
$$

式(4-59)中参数说明和求解见文献[24]。

## 4.4　算例及应用

### 4.4.1　有机发光体系的吸收和发射光谱

　　由 4.3 节的理论介绍得知，基于热振动关联函数的分子光谱理论考虑了两个电子态势能面之间的位移、扭曲、Duschinsky 转动、Herzberg-Teller(HT)效应及温度效应等，使得理论更具有普适性和预测性。相较于传统的态求和方法，由于采用了快速傅里叶变换方法，Franck-Condon 积分的计算效率大大提高，这便于实现大体系分子光谱的计算。温度效应将分子光谱谱线自然展宽，无须加入任何经验展宽因子就可得到很好的精细谱结构。下面，选择多种常见的有机光电材料的典型化合物和结构构筑单位(图 4-5)，进行理论计算和实验测量的结果比较，并分析温度、溶剂及聚集对光谱的影响。

　　1. 蒽在气相下的吸收和发射光谱

　　蒽是有机光电材料中最常用的化合物和结构构筑单位，得到了实验和理论的诸多研究，具有丰富的光物理性质数据。我们以此为例子，计算了蒽在气相中的吸收和发射光谱，并与实验对照[22]。蒽的基态和第一激发态的结构优化和频率计算分别在 B3LYP/SV(P) 和 TD-B3LYP/SV(P) 水平上由 TURBOMOLE6.0 程序包完成。为了与实验结果比较，将振动频率乘以系数 0.9614。谱线是采用 4.3.2 节介绍的热振动关联函数方法的谱线理论公式进行计算的。图 4-6 给出了计算和实验测量的蒽在 423 K 时的吸收光谱和 433 K 时的发射光谱。横坐标以 0-0 跃迁频率为参考频率。图 4-6(a)中实线是计算的蒽的 FCHT 吸收光谱，计算过程中没有加入任何经验展宽因子，温度效应使得谱线收敛。在 0-0 跃迁前 300~750 cm$^{-1}$ 位置处的谱段称为"热带"(hot band)，来源于温度效应，是由跃迁初态高振动能级的玻尔兹曼布居引起的。图 4-6(a)中点线是蒽蒸气在温度为 423 K 时的吸收光谱[46]。两者比较，计算和实验谱线吻合非常好。

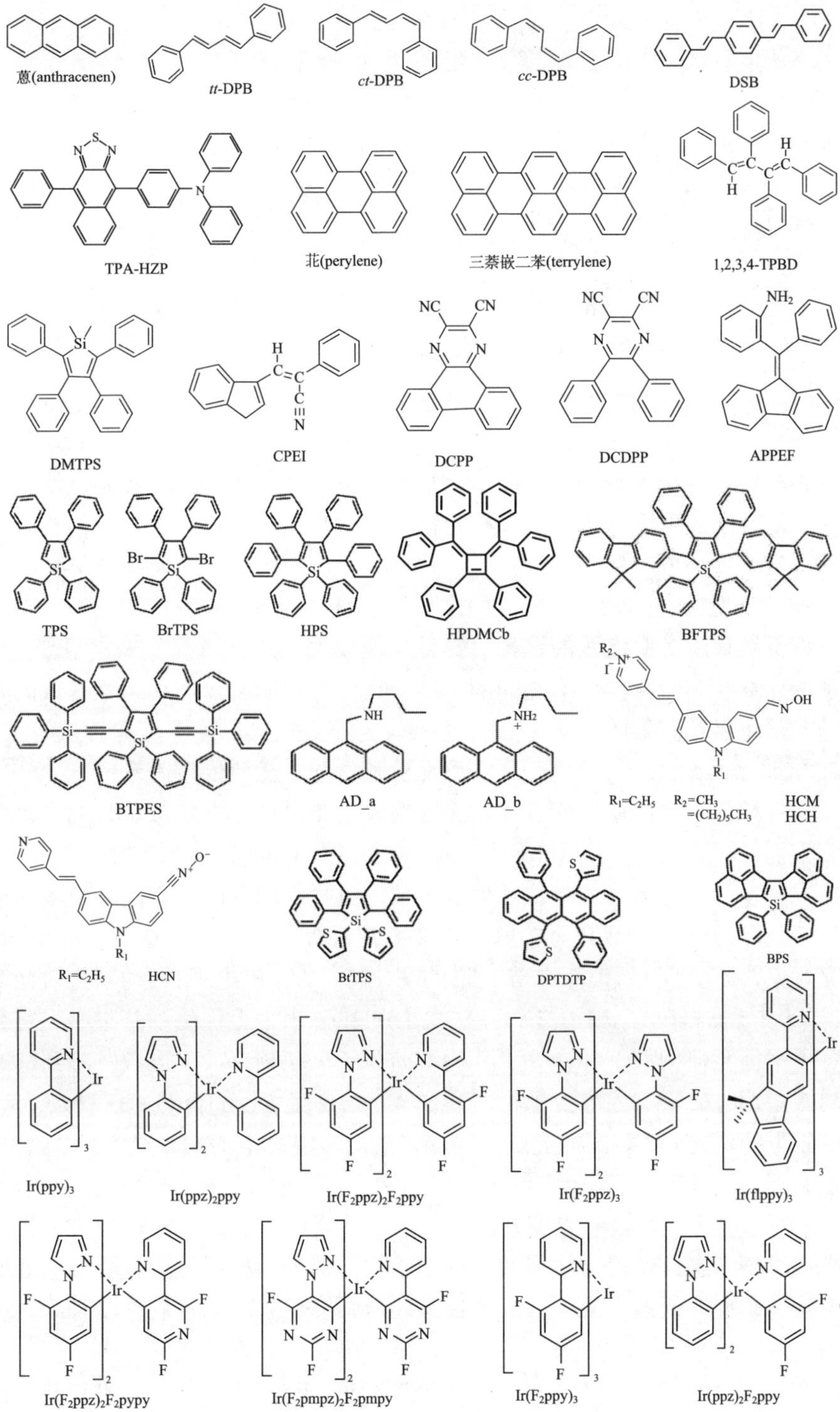

蒽(anthracenen)　　*tt*-DPB　　*ct*-DPB　　*cc*-DPB　　DSB

TPA-HZP　　花(perylene)　　三萘嵌二苯(terrylene)　　1,2,3,4-TPBD

DMTPS　　CPEI　　DCPP　　DCDPP　　APPEF

TPS　　BrTPS　　HPS　　HPDMCb　　BFTPS

BTPES　　AD_a　　AD_b　　$R_1=C_2H_5$　$R_2=CH_3$　HCM
　　　　　　　　　　　　　　　　　　　　　$=(CH_2)_5CH_3$　HCH

$R_1=C_2H_5$　HCN　　BtTPS　　DPTDTP　　BPS

Ir(ppy)$_3$　　Ir(ppz)$_2$ppy　　Ir(F$_2$ppz)$_2$F$_2$ppy　　Ir(F$_2$ppz)$_3$　　Ir(flppy)$_3$

Ir(F$_2$ppz)$_2$F$_2$pypy　　Ir(F$_2$pmpz)$_2$F$_2$pmpy　　Ir(F$_2$ppy)$_3$　　Ir(ppz)$_2$F$_2$ppy

图 4-5　有机发光体系的分子结构

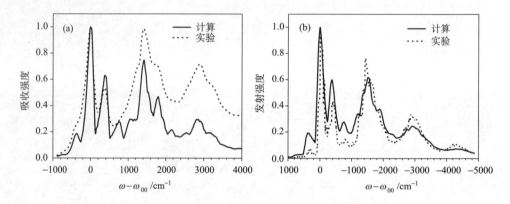

图 4-6　计算和实验得到的蒽在 423 K 时的吸收光谱 (a) 和 433 K 时的发射光谱 (b)[22]

图 4-6 (b) 中给出了蒽的 FCHT 发射光谱和实验谱线的对比。实验谱线是喷嘴温度 433 K 时的超声波分子束的发射光谱[47]，表现出非常精细的振动结构。计算与实验得到的每个振动峰均吻合很好。特别是温度效应引起的光谱在 0-0 跃迁前约 400 cm$^{-1}$ 附近的"热带"谱段。如果不考虑温度效应，采用传统的态求和计算方法，将不能重现实验谱线的这种"热带"现象。

蒽的计算和实验测量光谱之间的高度一致充分证明了热振动关联函数的光谱理论是非常可靠和高效的。

2. 有机金属配合物 *fac*-Ir(ppy)$_3$ 的发射光谱与温度的依赖关系

作为目前最流行的第二代有机发光二极管发光材料，金属铱(Ⅲ)的有机配合物得到人们的极大关注。*fac*-Ir(ppy)$_3$(ppy=2-phenylpyridyl, 2-苯基吡啶基)是最常用的绿光材料，具有丰富的光物理性能参数，包括不同温度下的高分辨率的实验光谱，辐射跃迁速率常数和无辐射跃迁速率常数等[48]。所以，选择 *fac*-Ir(ppy)$_3$ 为研究对象，比较不同温度下磷光光谱的变化特征，分析电子-振动耦合对光谱形状的影响[23]。我们在 CAM-B3LYP/PVTZ-Lanl2DZ 水平上优化了基态和三重激发态的分子平衡几何构型，并计算了其构型的分子振动频率。三重激发态到基态的跃迁偶极矩通过二阶响应函数求得[49]。图 4-7 给出了 *fac*-Ir(ppy)$_3$ 在 77 K、196 K 和 298 K 下的磷光光谱。内插图是实验测量的对应温度下的磷光光谱。由图可知：①在低温下，初态 T$_1$ 多处于能量最低振动态，光谱表现出振动分辨的精细峰，且 0-0 跃迁为强度最大峰。②温度升高，激活了能量较高的高频振动模式或振动模式的高量子振动态，使得谱线展宽，精细结构被抹平；相反，能量较低的低振动态成分减少，使得低温下最大峰的 0-0 跃迁峰强度变弱。③随着温度升高，振动引起的发射峰越来越强，变成主导地位，呈现出发射最大峰红移，由 77 K 下的 466 nm 红移到 196 K 下的 506 nm 和 298 K 下的 509 nm。理论计算得到的光谱特征和不同温度下的最大峰位置与实验测量结果[50]一致。

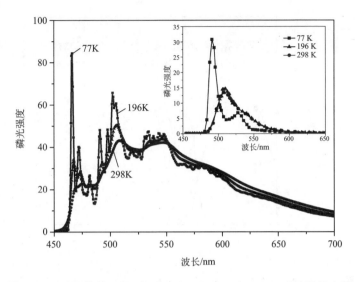

图 4-7　理论计算的 Ir(ppy)$_3$ 在 77 K、196 K 和 298 K 时的发射光谱

插图是相应的实验测量光谱

### 3. TPA-NZP 分子在溶液中的吸收-发射光谱的不对称起源

大规模应用的 OLED 产业迫切需求稳定、高效率和低成本的有机材料体系。一类不含金属的纯有机荧光材料利用 T$_n$(n>1) 到 S$_1$ 的反系间窜越的"热激子"机理,实现了接近 100%激子利用率,有望成为第三代 OLED 发光材料之一[51]。TPA-NZP 是这类材料的代表分子,在溶液中表现出奇异的吸收-发射光谱不对称现象。这里,通过研究 TPA-NZP 分子在己烷(hexane)、乙醚(EE)、四氢呋喃(THF)、二甲基甲酰胺(DMF)等不同溶剂中的吸收和发射光谱,理论揭示其不对称起源[52]。图 4-8 是理论计算的吸收和发射光谱随着溶剂极性增加的演变行为,与实验测量现象一致[51]。由图可以看到,从非极性溶剂到极性溶剂:①吸收和发射光谱均发生红移,前者红移了 21 nm,后者红移了 123 nm;②光谱的半峰全宽(FWHM)变宽,从己烷、乙醚、四氢呋喃到二甲基甲酰胺,吸收光谱的 FWHM 从 124 nm、162 nm、176 nm 增加到 197 nm,发射光谱的 FWHM 从 143 nm、185 nm、204 nm 增加到 231 nm。

图 4-9(a)给出了吸收和发射光谱的微观过程。图中,$E_{abs}^{peak}$ 和 $E_{em}^{peak}$ 分别为基于 S$_0$ 和 S$_1$ 平衡构型下的垂直跃迁能;$\lambda_{gs}$ 和 $\lambda_{es}$ 分别为基态和激发态势能面上的电子-振动耦合,也称为重组能。假设基态和激发态势能面相同,则 0-0 跃迁能等于绝热激发能,吸收光谱和发射光谱的最大峰位置分别近似满足:

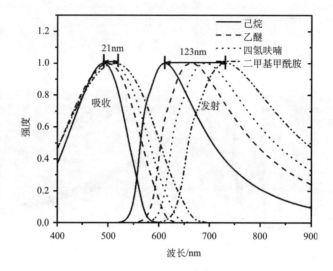

图 4-8　理论计算的 TPA-NZP 在己烷、乙醚、四氢呋喃、二甲基甲酰胺溶剂中的
吸收和发射光谱

$$E_{abs}^{peak} = E_{0\text{-}0} + \lambda_{es} \tag{4-60a}$$

$$E_{em}^{peak} = E_{0\text{-}0} - \lambda_{gs} \tag{4-60b}$$

那么，溶剂诱导的光谱峰位置的移动量可以表示为

$$\delta_{abs}^{peak} = \delta(E_{0\text{-}0}) + \delta(\lambda_{es}) \tag{4-61a}$$

$$\delta_{em}^{peak} = \delta(E_{0\text{-}0}) - \delta(\lambda_{gs}) \tag{4-61b}$$

从这些关系式可以得知，分子的吸收和发射光谱行为是由激发能和重组能共同决定的。表 4-2 的计算数据显示：①随着溶剂极性增加，TPA-NZP 分子激发态由电荷局域-转移的共混特征演变为完全的电荷转移特征[图 4-9(b)]，分子的 0-0 跃迁能量减小，这将导致吸收和发射光谱峰发生同等程度的红移。②随着溶剂极性增加，基态和激发态势能面上的电子-振动耦合强度均增加(表 4-2)，这将导致吸收光谱发生蓝移，发射光谱发生红移。以上两者的综合效果导致了吸收光谱发生很小的红移，而发射光谱发生很大的红移。总之，TPA-NZP 分子在溶液中的吸收-发射光谱的不对称行为是由电子跃迁性质和电子-振动耦合性质对溶剂极性的不同依赖关系所引起。

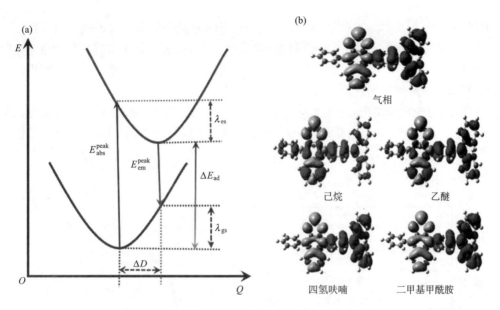

图 4-9　(a)吸收和发射光谱的微观过程，假设基态和激发态势能面相同，则 0-0 跃迁能等于绝
热激发能；(b)TPA-NZP 在不同溶液中两个电子态 $S_1$ 与 $S_0$ 的电荷密度差

表 4-2　计算得到的 TPA-NZP 在气相和不同溶剂中的 0-0 跃迁能量 $E_{0-0}$ 和电子-振动耦合 $\lambda_{gs(es)}$

|  | $E_{0-0}$ /eV | $\delta(E_{0-0})$ /cm$^{-1}$ | $\lambda_{gs}$ /cm$^{-1}$ | $\delta(\lambda_{gs})$ /cm$^{-1}$ | $\lambda_{es}$ /cm$^{-1}$ | $\delta(\lambda_{es})$ /cm$^{-1}$ |
|---|---|---|---|---|---|---|
| 气相 | 2.479 | 0.0 | 1471.7 | 0.0 | 1790.2 | 0.0 |
| 己烷 | 2.239 | −1935.8 | 1272.3 | −199.4 | 1518.5 | −271.7 |
| 乙醚 | 2.086 | −3169.9 | 1502.6 | 30.9 | 1824.2 | 34.0 |
| 四氢呋喃 | 2.014 | −3750.7 | 1568.6 | 96.9 | 1944.9 | 154.7 |
| 二甲基甲酰胺 | 1.919 | −4517.0 | 1645.2 | 173.5 | 2109.6 | 319.4 |

#### 4. 分子间相互作用对有机分子发射光谱的影响

有机光电器件均在固态下工作，研究聚集对有机光电材料发光性质的影响是必要的。而且，有机材料在固相与液相/气相下发射光谱的差异对比更能有效地揭示材料的固相性质。原则上，分子内电子-振动耦合和分子间相互作用(包括静电相互作用和激子相互作用)共同决定了有机发光分子聚集体光谱形状特征。但是，对于不同体系，起主导地位的因素会有所不同。这里，选择了刚性的二苯乙烯基苯(DSB)和柔性的1,1,2,3,4,5-六苯基硅杂环戊二烯(HPS)两个体系进行对比研究，计算方法见文献[37]。图 4-10 给出了 DSB 和 HPS 在考虑不同分子间相互作用下

的发射光谱及其实验测量谱。由图可知,气相 DSB 分子的发射光谱包含两个特征峰,分别归属为分子的 0-0 跃迁和正则振动模式 1650 cm$^{-1}$ 的 0-1 跃迁。如果考虑晶相中分子间静电相互作用,分子绝热激发能减小,导致整个光谱红移。如果进一步考虑分子间激子耦合作用,H-聚集体中激子耦合抑制了分子的 0-0 跃迁峰,使得其他振动引起的跃迁峰成为主导,致使发射光谱发生强烈红移并且其强度大大减弱。这表明,环境电荷的静电相互作用和激子耦合对 DSB 的固态发射光谱性质的影响均很大,理论上只有同时考虑这两种分子间相互作用因素才能得到与实验吻合的固态发射光谱。

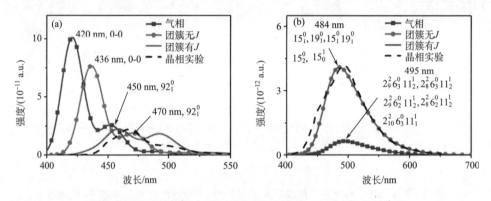

图 4-10　理论计算和实验测量的 DSB(a) 和 HPS(b) 的发射光谱

与 DSB 体系不同,HPS 体系的发射光谱仅有一个很宽的发射峰,未表现出任何精细结构。这个宽的发射峰,在气相下是归属为能量低于 100 cm$^{-1}$ 的低频振动模式到基态的 2-8、2-9、2-10、0-3、0-2、1-2 和 1-1 等高振动态之间的跃迁混合而成。考虑晶相中分子间静电相互作用后,固相发射光谱相比于气相中的发射光谱发生了蓝移并且强度急剧增强。发射光谱组成数量减少,主要是小于 200 cm$^{-1}$ 的低频振动模式的 0-1、0-2 和 1-0 跃迁。这种光谱变化特征是因为分子间的静电相互作用加固分子刚性,减小了分子内的电子-振动耦合。进一步考虑激子耦合作用得到的发射光谱几乎无变化。两者均与实验光谱[53]吻合较好。这说明,结构柔性的分子体系中,在固态中分子间排列松散,激子耦合比较弱,远小于分子内电子-振动耦合值。这种情况下,只考虑分子间静电相互作用就可得到可靠的理论预测光谱[54]。

### 4.4.2　有机发光体系的激发态衰减速率

1. 常见有机发光材料的激发态衰减速率与量子发光效率
量子发光效率是表征有机发光材料发光性质的重要参数,它很大程度地决定着有机光电器件的效率。定量预测有机光电材料的量子发光效率一直是人们梦寐以求的事情。在第一性原理的基础上，运用上述速率理论定量计算了诸多有机光电材料分子(图 4-5)的辐射跃迁速率常数、无辐射跃迁速率常数及量子发光效率，并与实验测量值作比较(表 4-3 和表 4-4)。

表 4-3　有机荧光材料的辐射跃迁速率常数、无辐射跃迁速率常数及量子发光效率

| 材料 | $k_r /s^{-1}$ | $k_{IC} /s^{-1}$ | $\Phi_F$ |
|---|---|---|---|
| $tt$-DPB[55] | $9.58\times10^8$ <br> $(1.4\times10^8\sim9.0\times10^8)$ <br> $(5\times10^8\sim7\times10^8)$ | $1.19\times10^9$ <br><br> $(0.6\times10^9\sim6.2\times10^9)$ | 0.44 (0.42) |
| $ct$-DPB[55] | $6.64\times10^8$ | $2.84\times10^{12}$ | $2.34\times10^{-4}$ ($<10^{-3}$) |
| $cc$-DPB[55] | $7.74\times10^8$ | $9.16\times10^{11}$ | $8.44\times10^{-4}$ ($<10^{-3}$) |
| 芘[56] | $0.91\times10^8$ | $0.72\times10^3$ | 1.0 (约 1.0) |
| 三萘嵌二苯[56] | $1.20\times10^8$ | $0.51\times10^5$ | 1.0 (约 1.0) |
| DCPP[57] | $1.59\times10^6$ | $3.29\times10^5$ | 0.83 |
| DCDPP[57] | $0.93\times10^7$ | $4.45\times10^9$ | $2.09\times10^{-3}$ ($1.5\times10^{-4}$) |
| CPEI[58] | $0.61\times10^8$ | $3.28\times10^{11}$ | $1.86\times10^{-4}$ ($<0.001$) |
| 1,2,3,4-TPBD[55] | $4.80\times10^8$ | $1.09\times10^{10}$ | 0.042 ($1.1\times10^{-3}$) |
| DMTPS[59] | $1.20\times10^8$ | $1.80\times10^{11}$ | $6.66\times10^{-4}$ ($2.2\times10^{-4}$) |
| APPEF[60] | $0.47\times10^6$ | $1.27\times10^8$ | $3.69\times10^{-3}$ ($1.1\times10^{-3}$) |
| TPS[61] | $1.15\times10^6$ | $3.32\times10^6$ | 0.258 (0.168) |
| BrTPS[61] | $8.12\times10^6$ | $1.50\times10^6$ | 0.823 |
| HPS[61] | $7.43\times10^7$ | $1.57\times10^6$ | 0.979 (0.78) |
| BTPES[61] | $6.57\times10^7$ | $1.93\times10^6$ | 0.971 (0.181) |
| BFTPS[61] | $1.14\times10^8$ | $1.07\times10^7$ | 0.914 (0.88) |
| AD_a[62] | $3.00\times10^7$ | $2.26\times10^8$ | 0.086 (0.047) |
| AD_b[62] | $2.85\times10^7$ | $2.53\times10^8$ | 0.0101 |
| HCH[63] | $0.88\times10^8$ | $4.62\times10^9$ | 0.019 (0.011) |
| HCN[63] | $1.63\times10^8$ | $1.10\times10^9$ | 0.129 (0.14) |

注：括号内是相应的实验值

表 4-4　金属有机配合物磷光材料的辐射跃迁速率常数、
无辐射跃迁速率常数及其量子发光效率

| 材料 | $k_r/s^{-1}$ | $k_{ISC}/s^{-1}$ | $\Phi_P$ |
|---|---|---|---|
| Ir(ppy)$_3$ [23] | $6.36\times10^5$<br>$(5.6\times10^5\sim6.1\times10^5)$ | $5.04\times10^4$ $(3.0\times10^4)$ | 0.927<br>$(0.90\sim0.96)$ |
| Ir(F$_2$ppy)$_3$ [64] | $2.81\times10^5$<br>$(2.7\times10^5\sim5.8\times10^5)$ | $0.89\times10^5$<br>$(0.12\times10^5\sim3.6\times10^5)$ | 0.76<br>$(0.43\sim0.98)$ |
| Ir(ppz)$_2$(ppy) [65] | $1.47\times10^5$<br>$(4.2\times10^5\sim5.6\times10^5)$ | $3.08\times10^5$<br>$(0.29\times10^5\sim2.0\times10^5)$ | 0.32 |
| Ir(F$_2$ppz)$_2$F$_2$ppy [65] | $1.14\times10^5$ $(4.6\times10^5)$ | $2.47\times10^5$ $(3.1\times10^5)$ | 0.31 |
| Ir(F$_2$ppz)$_3$ [65] | $1.70\times10^4$ | $3.43\times10^7$ (约 $10^8$) | $4.9\times10^{-4}$ |
| Ir(F$_2$ppz)$_2$F$_2$pypy [65] | $1.04\times10^5$ | $2.35\times10^6$ | 0.04 |
| Ir(F$_2$mpz)$_2$F$_2$pmpy [65] | $4.26\times10^4$ | $3.97\times10^6$ | 0.01 |
| Ir(ppz)$_2$F$_2$ppy [66] | $3.0\times10^5$ $(4.6\times10^5)$ | $6.3\times10^6$ $(3.8\times10^5)$ | 0.05 (0.55) |
| Ir(flppy)$_3$ [66] | $2.5\times10^5$ $(2.5\times10^5)$ | $2.8\times10^6$ $(6.0\times10^5)$ | 0.08 (0.29) |

注：括号内是相应的实验值

　　从 4.2.3 节可知，荧光效率是激发单重态的衰减过程中内转换、系间窜越和辐射跃迁相互竞争的结果。对于表 4-3 中给出的化合物，实验测得的系间窜越均很弱或者在低温下几乎观测不到磷光现象，此过程可以忽略不计。所以，这里未给出这些化合物的系间窜越速率常数值。对于表 4-4 给出的金属有机配合物，系间窜越过程非常快，光致发光过程的三重态产生比例几乎达到 100%，所以磷光效率主要取决于三重态到基态的辐射和无辐射跃迁速率的竞争。从表 4-3 和表 4-4 中的计算结果可以看到：①计算得到的速率和量子发光效率均与实验测量结果吻合较好，这说明微扰近似的态跃迁速率理论结合密度泛函理论可以有效描述这些常用的有机荧光和磷光体系的激发态衰减过程；②一般情况下，常见有机体系的辐射跃迁速率变化范围比较小，像有机荧光分子的辐射跃迁速率常数变化范围是 $10^6\sim10^8\ s^{-1}$，金属有机配合物的辐射跃迁速率常数变化范围是 $10^4\sim10^5\ s^{-1}$；而无辐射内转换速率变化范围很大，为 $10^3\sim10^{12}\ s^{-1}$；③刚性体系的无辐射跃迁速率很小，受环境影响小；而柔性体系的无辐射跃迁速率受环境影响大，在自由环境中速率很快，在刚性环境中则会急剧减小。

　　**2. 激子耦合对无辐射跃迁速率的影响**

　　在 4.4.1 节中讨论了分子间相互作用对有机发光光谱的影响，得出结论：在有机分子固态中，分子间相互作用是非常重要的。因为，对于单个发光分子来说，它周围的分子构成一个环境，分子间静电相互作用则在一定程度上决定了这个环境的刚性程度。所以，在有机分子从一个电子态到另一个电子态跃迁过程中，静电相互作用将对几何结构的弛豫变化产生很大的影响。一般情况下，静电相互作用阻碍分子结构的变化，抑制无辐射跃迁，相关内容可参看诸多聚集诱导发光的文献[67-70]。激子耦合是两个电偶极矩之间的相互作用，非常依赖于分子间距离及分子本身的跃迁电偶极矩的大小和取向。所以，对于有机分子中排列规整紧密的比较平面性的体系，激子耦合效应较明显；对于分子间距离大或者跃迁偶极小的体系，激子耦合效应不明显。相较于溶液发光，由于两个电偶极子的取向不同，激子耦合使得发射光谱增强或者减弱，光谱峰位置的移动均会有所不同。但是，激子耦合对无辐射跃迁的影响尚不清楚。基于此，选择光物理数据丰富的 DCPP 分子的二聚体作为一个算例，考察无辐射跃迁速率常数对激子耦合的依赖关系[24]，计算结果如图 4-11 所示。由图可知，聚集体的无辐射跃迁速率常数随着激子耦合强度 $J$ 的增大而增大。根据式 (4-53) 可知，激子耦合强度 $J$ 出现在公式中的平方项，其符号将不会引起速率的改变。也就是说，无论 H-聚集体或者 J-聚集体，其无辐射跃迁速率常数与激子耦合强度均呈正向关系。而且，当激子耦合强度 $J$ 较小时，$\cos^2 \dfrac{J(i\hbar\beta+t)}{2\hbar} \approx 1$ 和 $\sin^2 \dfrac{J(i\hbar\beta+t)}{2\hbar} \approx \dfrac{J^2(i\hbar\beta+t)^2}{4\hbar^2}$，无辐射跃迁速率常数与激子耦合强度 $J$ 呈二次函数的关系，如图 4-11 (a) 中的拟合曲线 (虚线) 所示。简单来讲，有机发光分子的无辐射跃迁速率常数与两个电子态之间的带隙关系服从带隙规则，即无辐射跃迁速率常数随着带隙的减小而呈现指数形式增大。相对于单分子，聚集体的激子耦合效应使得带隙减小，基于单分子的无辐射跃迁速率常数按照带隙规则作图[图 4-11 (a) 中圆点划线]，再以本章发展的包含激子耦合的关联函数公式计算得到的无辐射跃迁速率常数作图[图 4-11 (a) 中正方形划线]。由图可知，随激子耦合增加，关联函数公式得到的无辐射跃迁速率常数比带隙规则得到的偏小。这是因为二聚体分子激发态能级在激子耦合作用下劈裂成高能量激子态和低能量激子态，并且这些激子态在一定温度下呈现玻尔兹曼分布[图 4-11 (b)]。根据带隙规则，相对单分子，低能量激子态的无辐射跃迁速率常数增大，高能量激子态的无辐射跃迁速率常数减小，根据热分布得到的总无辐射跃迁速率常数要小于完全根据带隙规则得到的低能量激子态的无辐射跃迁速率常数。而且温度越低，这两种方法得到的无辐射跃迁速率常数越接近。

2001 年，唐本忠等基于观察到的一类在溶液中不发光或者发光微弱的分子在聚集后发光增强的奇特现象，提出了"聚集诱导发光"(AIE) 的新概念，打破了传统的"浓度猝灭发光"论断，改变了人们对发光材料的认知，在化学和材料等学科领域开辟了新的研究领域[69,71]。理论揭示 AIE 机理、探究 AIE 的根源，是创新和扩展 AIE 体系及应用的关键。目前，主流的 AIE 机理是 AIE 体系分子聚集后分子内运动受限，电子-振动耦合减弱，抑制了无辐射跃迁速率，表现出荧光增强。帅志刚课题组应用 QM/MM 理论结合热振动关联函数的速率理论，定量计算了诸多 AIE 体系在溶液和固相下的辐射和无辐射跃迁速率常数，验证上述发光机理。但是，在其研究中均忽略了固相下分子间的激子相互作用。这里，我们选取了一些典型的 AIE 体系分子，2,3-二氰基-5,6-二苯吡嗪（DCDPP）、1,2-二苯基-3,4-二(二苯基亚甲基)-1-环丁烯（HPDMCb）、HPS、1,1,3,4-四苯基-2,5-二(9,9-二甲基芴-2-基)噻咯（BFTPS），如图 4-5 所示，研究晶体中激子耦合对无辐射跃迁速率常数的影响[24]。

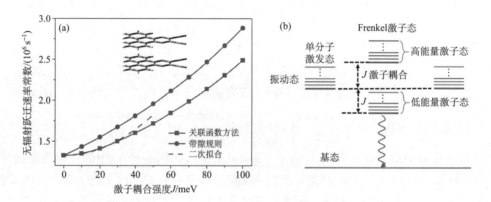

图 4-11　(a)DCPP 分子二聚体室温下无辐射跃迁速率常数($k_{nr}$)与激子耦合强度 $J$ 的依赖关系，二次拟合函数为 $k_{nr}^{dimer}=\left(1+c\times J^2\right)k_{nr}^{monomer}$，其中 $c$ 代表二次拟合系数；(b)二聚体激发态能级劈裂示意图

　　AIE 体系聚集体激子耦合计算模型是在晶体堆积最为紧密的两个方向上进行扩展，考虑分子间次相邻相互作用。DCDPP、HPS 和 BFTPS 的计算模型中包含 9 个分子，而 HPDMCb 的计算模型中包含 8 个分子。表 4-5 给出室温下 AIE 体系考虑与不考虑激子耦合效应的无辐射跃迁速率常数($k_{nr}^{with\,J}$、$k_{nr}^{without\,J}$)以及其对应的分子间激子耦合值。激子耦合效应的影响被定义为 ECE=($k_{nr}^{with\,J}-k_{nr}^{without\,J}$)/$k_{nr}^{without\,J}$。由表可知，这些体系中分子间的激子耦合效应将使得体系无辐射跃迁速率常数增大 12%～33%，并未引起无辐射跃迁速率常数数量级上的变化。所以，对类似上述分子结构的 AIE 体系，激子耦合效应对无辐射跃迁速率常数的影响并不会很大。

表 4-5 计算所得的室温下 AIE 体系无辐射跃迁速率常数、体系对应的分子间激子耦合值($J$)、激子耦合效应

| 体系 | $J$/meV | $k_{nr}^{without\ J}$/$10^7$ $s^{-1}$ | $k_{nr}^{with\ J}$/$10^7$ $s^{-1}$ | ECE/% |
|------|---------|------|------|-------|
| DCDPP | 0.2~34.2 | 1.12 | 1.49 | 33 |
| HPS | −8.6~12.8 | 2.06 | 2.31 | 12 |
| BFTPS | 3.1~20.5 | 8.13 | 9.85 | 21 |

## 4.5 总结与展望

有机光电材料由于其自身优势得到了广泛应用，成为材料领域的研究热点。有机发光行为在微观上均属于激发态的产生、转化和衰减过程。由于实际应用需求的有机光电材料都是很复杂的体系，目前的理论对其激发态性质的描述非常依赖于一定的模型和假设。本章首先介绍了有机分子激发态的产生、电子结构、转化及衰减性质等相关的基本概念。然后，假设发光过程是个速率过程，我们基于微扰理论和谐振子模型，运用关联函数方法，推导得到了解析的内转换速率、系间窜越速率、辐射速率及光谱计算公式。应用这些公式：①计算了诸多有机分子在不同环境下的光谱并定量分析了其与温度、溶剂极性及聚集等的依赖关系，理论光谱与实验吻合较好；②计算了诸多传统的荧光分子、金属有机配合物分子及新型的聚集诱导分子的辐射、无辐射跃迁速率及量子发光效率，计算结果与实验测量值吻合较好。这些均表明本章介绍的态跃迁速率理论应该是符合物理规律的，能够准确有效地描述有机发光材料的光物理过程。但是，该理论方法也有着明显的局限性：①当遇到体系的两个电子态的势能面发生突变或者交叉情况时将完全失效；②不能合理描述强非谐效应的体系的激发态衰减过程的速率；③有效可靠性非常依赖于体系的电子结构是否得到了正确描述。所以，针对不同研究对象和问题发展更适当的理论处理方法，如激发态计算方法，在势能面突变或者交叉区域描述非绝热跃迁过程的方法等。发展理论方法的目的在于解决光电材料领域遇到的实际科学问题。所以，加强与实验研究的配合互动，选择对基础研究有重要意义或者有重要实际价值的典型问题进行深入研究，通过分析大量的实验与理论研究结果，提出新概念、新机理、新认知等。

# 参 考 文 献

[1]  Turro N J. Modern Molecular Photochemistry. New York: Benjimin/Cummings Publishing Co. Inc, 1978.

[2]  Briks J B. Photophysics of Aromatic Molecules. London: John Wiley & Sons Ltd, 1970.

[3]  Noyes W A Jr, Leighton P A. Photochemistry of Gases. New York: Reinhold, 1941.

[4]  Schonberg A. Preparative Organic Photochemistry. Berlin: Springer-Verlag, 1968.

[5]  Frenkel J. On the transformation of light into heat in solids. I. Phys Rev, 1931, 37: 17-44.

[6]  李正中. 固体理论. 北京: 高等教育出版社, 2002.

[7]  Henri V. The structure of moleoules and the absorption spectra of gaseous substances. Compt Rend, 1923, 177: 1037.

[8]  Zener C. Non-adiabatic crossing of energy levels. P Roy Soc A: Math Phy, 1932, 137: 696.

[9]  Teller E. The crossing of potential surfaces. J Phys Chem, 1937, 41: 109.

[10] Huang K, Rhys A. Theory of light absorption and non-radiative transitions in F-centres. P Roy Soc A: Math Phy, 1950, 204: 406-423.

[11] Kasha M. Characterization of electronic transitions in complex molecules. Discuss Faraday Soc, 1950, 9: 14.

[12] Robinson G W, Frosch R P. Theory of electronic energy relaxation in the solid phase. J Chem Phys, 1962, 37: 1962.

[13] Byrne J P, McCoy E F, Ross I G. Internal conversion in aromatic and N-heteroaromatic molecules. Aust J Chem, 1965, 18: 1589.

[14] Lin S H. Rate of interconversion of electronic and vibrational energy. J Chem Phys, 1966, 44: 3759.

[15] Englman R, Jortner J. The energy gap law for radiationless transitions in large molecules. Mol Phys, 1970, 18: 145.

[16] Fischer S. Anharmonicities in the theory of non-radiative transitions for polyatomic molecules. Chem Phys Lett, 1971, 11: 577.

[17] Medvedev E S, Osherov V I. Radiationless Transitions in Polyatomic Molecules. New York: Springer-Verlag, 1995.

[18] Hayashi M, Mebel A M, Liang K K, et al. *Ab initio* calculations of radiationless transitions between excited and ground singlet electronic states of ethylene. J Chem Phys, 1998, 108: 2044.

[19] Peng Q, Yi Y P, Shuai Z G, et al. Excited state radiationless decay process with Duschinsky rotation effect: Formalism and implementation. J Chem Phys, 2007, 126: 114302.

[20] Islampour R, Miralinaghi M. Dynamics of radiationless transitions: Effects of displacement-distortion-rotation of potential energy surfaces on internal conversion decay rate constants. J Phys Chem A, 2007, 111: 9454-9462.

[21] NiuY L, Peng Q, Shuai Z G. Promoting-mode free formalism for excited state radiationless decay process with Duschinsky rotation effect. Sci China Chem, 2008, 51: 1153-1158.

[22] Niu Y L, Peng Q, Deng C M, et al. Theory of excited state decays and optical spectra:

Application to polyatomic molecules. J Phys Chem A, 2010, 114: 7817-7831.

[23] Peng Q, Niu Y L, Shi Q H, et al. Correlation function formalism for triplet excited state decay: Combined spin-orbit and non-adiabatic couplings. J Chem Theory Comput, 2013, 9(2): 1132-1143.

[24] Li W Q, Zhu L L, Shi Q, et al. Excitonic coupling effect on the nonradiative decay rate in molecular aggregates: Formalism and application. Chem Phys Lett, 2017, 638(1): 504-517.

[25] Robinson G W. Excited States. New York: Academic Press, 1974.

[26] Lin S H, Chang C H, Liang K K, et al. Ultrafast dynamics and spectroscopy of bactericd photosynthetic reaction centers. Adv Chem Phys, 2002, 121: 1-88.

[27] Duschinsky F. Acta physicochim. URSS, 1937, 7: 551.

[28] Kasha M. Energy transfer mechanisms and the molecular exciton model for molecular aggregates. Radiat Res, 1963, 20: 55-70.

[29] Kasha M, Rawls H, El-Bayoumi M A. The exciton model in molecular spectroscopy. Pure Appl Chem, 1965, 11: 371-392.

[30] Hestand N J, Spano F C. Molecular aggregate photophysics beyond the Kasha model: Novel design principles for organic materials. Acc Chem Res, 2017, 50: 341-350.

[31] Seibt J, Marquetand P, Engel V, et al. On the geometry dependence of molecular dimer spectra with an application to aggregates of perylene bisimide. Chem Phys, 2006, 328: 354-362.

[32] Gao F, Zhao Y, Liang W Z. Vibronic spectra of perylene bisimide oligomers: Effects of intermolecular charge-transfer excitation and conformational flexibility. J Phys Chem B, 2011, 115: 2699-2708.

[33] Philpott M R. Theory of the coupling of electronic and vibrational excitations in molecular crystals and helical polymers. J Chem Phys, 1971, 55: 2039-2054.

[34] Haverkort F, Stradomska A, Knoester J. First-principles simulations of the initial phase of self-aggregation of a cyanine dye: Structure and optical spectra. J Phys Chem B, 2014, 118: 8877-8890.

[35] Zhao Z, Spano F C. Multiple mode exciton-phonon coupling: Applications to photoluminescence in oligothiophene thin films. J Phys Chem C, 2007, 111: 6113-6123.

[36] Spano F C. The spectral signatures of Frenkel polarons in H- and J-aggregates. Acc Chem Res, 2010, 43: 429-439.

[37] Li W Q, Peng Q, Xie Y J, et al. Effect of intermolecular excited-state interaction on vibrationally resolved optical spectra in organic molecular aggregates. Acta Chimica Sinica, 2016, 74(11): 902-909.

[38] Li W Q, Peng Q, Ma H L, et al. Theoretical investigations on the roles of intramolecular structure distortion versus irregular intermolecular packing in optical spectra of 6T nanoparticles. Chem Mater, 2017, 29: 2513-2520.

[39] Mukamel S, Abramavicius D. Many-body approaches for simulating coherent nonlinear spectroscopies of electronic and vibrational excitons. Chem Rev, 2004, 104: 2073-2098.

[40] Tanimura Y, Kubo R. Time evolution of a quantum system in contact with a nearly Gaussian-Markoffian noise bath. J Phys Soc Jpn, 1989, 58: 101-114.

[41] Shi Q, Chen L, Nan G J, et al. Electron transfer dynamics: Zusman equation versus exact theory. J Chem Phys, 2009, 130: 164518.

[42] Freed K F. Theory of photophysical properties of symmetric chlorophyll hydrated dimers. J Am Chem Soc, 1980, 102: 3130-3135.

[43] Scharf B, Dinur U. Striking dependence of the rate of electronic radiationless transitions on the size of the molecular system. Chem Phys Lett, 1984, 105: 78-82.

[44] Anker F, Ganesan S, John V, et al. A comparative study of a direct discretization and an operator-splitting solver for population balance systems. Comput Chem Eng, 2015, 75: 95-104.

[45] Hermann M R, Fleck J A. Split-operator spectral method for solving the time-dependent Schrödinger equation in spherical coordinates. Phys Rev A, 1988, 38: 6000-6012.

[46] Ferguson J, Reeves L W, Schneider W G. Vapor absorption spectra and oscillator strengths of naphthalene, anthracene, and pyrene. Can J Chem, 1957, 35: 1117.

[47] Lambert W R, Felker P M, Zewail A H. Quantum beats and dephasing in isolated large molecules cooled by supersonic jet expansion and excited by picosecond pulses: Anthracene. J Chem Phys, 1981, 75: 5958.

[48] Yersin H, Finkenzeller W J. Triplet emitter for organic light-emitting diodes: Basic properties//Yersin H. Highly Efficient OLEDs with Phosphorescent Materials. Weinheim: Wiley-VCH Verlag GmbH & Co. KGaA, 2008.

[49] Minaev B, Agren H. Theoretical DFT study of phosphorescence from porphyrins. Chem Phys, 2005, 315: 215-239.

[50] Sajoto T, Djurovich P I, Tamayo A B, et al. Temperature dependence of blue phosphorescent cyclometalated Ir(III) complexes. J Am Chem Soc, 2009, 131: 9813-9822.

[51] Li W J, Pan Y Y, Xiao R, et al. Employing ～100% excitons in OLEDs by utilizing a fluorescent molecule with hybridized local and charge-transfer excited state. Adv Func Mater, 2014, 24: 1609-1614.

[52] Fan D, Yi Y P, Li Z D, et al. Solvent effects on the optical spectra and excited-state decay of triphenylamine-thiadiazole with hybridized local excitation and intramolecular charge transfer. J Phys Chem A, 2015, 119: 5233-5240.

[53] Zhan X W, Risko C, Amy F, et al. Electron affinities of 1,1-diaryl-2,3,4,5-tetraphenylsiloles: Direct measurements and comparison with experimental and theoretical estimates. J Am Chem Soc, 2005, 127(25): 9021-9029.

[54] Wu Q Y, Zhang T, Peng Q, et al. Aggregation induced blue-shifted emission: The molecular picture from a QM/MM study. Phys Chem Chem Phys, 2014, 16: 5545-5552.

[55] Peng Q, Yi Y P, Shuai Z G, et al. Toward quantitative prediction of molecular fluorescence quantum efficiency: Role of Duschinsky rotation. J Am Chem Soc, 2007, 129: 9333-9339.

[56] Peng Q, Niu Y L, Wang Z H, et al. Theoretical predictions of red and near-infrared strongly emitting X-annulated rylenes. J Chem Phys, 201, 134: 074510.

[57] Deng C M, Niu Y L, Peng Q, et al. Theoretical study of radiative and non-radiative decay processes in pyrazine derivatives. J Chem Phys, 2011, 135: 014304.

[58] Wu Q Y, Peng Q, Niu Y L, et al. Theoretical insights into the aggregation-induced emission by

hydrogen bonding: A QM/MM study. J Phys Chem A, 2012, 116: 3881-3888.

[59] Yu G, Yin S W, Liu Y Q, et al. Structures, electronic states, photoluminescence, and carrier transport properties of 1,1-disubstituted 2,3,4,5-tetraphenylsiloles. J Am Chem Soc, 2005, 127: 6335-6346.

[60] Peng Q, Niu Y L, Deng C M, et al. Vibration correlation function formalism of radiative and non-radiative rates for complex molecules. Chem Phys, 2010, 370:215-222.

[61] Xie Y J, Zhang T, Li Z, et al. Influences of extent of conjugation on the aggregation-induced emission quantum efficiency in silole derivatives: A computational study. Chem Asian J, 2015, 10(10): 2154-2161.

[62] Escudero D. Revising intramolecular photoinduced electron transfer (PET) from frist- principles. Acc Chem Res, 2016, 49: 1816-1824.

[63] Hao X L, Zhang L, Wang D, et al. Analyzing the effect of substituents on the photophysical properties of carbazole-based two-photon fluorescent probes for hypochlorite in mitochondria. J Phys Chem C, 2018, 122: 6273-6287.

[64] Shi Q H, Peng Q, Sun S R, et al. Vibration correlation function investigation on the phosphorescence quantum efficiency and spectrum for blue phosphorescent Ir(III) complex. Acta Chim Sin, 2013, 71(6): 884-891.

[65] Peng Q, Shi Q H, Niu Y L, et al. Understanding the efficiency drooping of the deep blue organometallic phosphors: A computational study of radiative and non-radiative decay rates for triplets. J Mater Chem C, 2016, 4: 6829.

[66] Zhang X, Jacquemin D, Peng Q, et al. General approach to compute phosphorescent OLED efficiency. J Phys Chem C, 2018, 122: 6340-6347.

[67] Zhang T, Jiang Y Q, Niu Y L, et al. Aggregation effects on the optical emission of 1,1,2,3,4,5-hexaphenylsilole (HPS): A QM/MM study. J Phys Chem A, 2014, 118: 9094-9104.

[68] Shuai Z G, Peng Q. Organic light-emitting diodes: Theoretical understanding of highly efficient materials and development of computational methodology. Natl Sci Rev, 2017, 4: 224-239.

[69] Mei J, Leung N L, Kwok R T, et al. Aggregation-induced emission: Together we shine, united we soar! Chem Rev, 2015, 115(21): 11718-11940.

[70] Zhang T, Peng Q, Quan C Y, et al. Using the isotope effect to probe an aggregation induced emission mechanism: Theoretical prediction and experimental validation. Chem Sci, 2016, 7: 5573-5580.

[71] Luo J, Xie Z, Lam J W, et al. Aggregation-induced emission of 1-methyl-1,2,3,4,5-pentaphenylsilole. Chem Commun, 2001, (18): 1740-1741.

# 第 **5** 章

## 有机场效应与局域电荷的核隧穿理论

## 5.1 引言

有机场效应晶体管不仅是有机电子电路中的基本元器件，也是评估材料结构和性能之间关系、揭示有机半导体性能的重要表征手段。而电荷迁移率是有机场效应晶体管中的重要性能参量。目前小分子空穴传输材料的最高迁移率达到了 $43~cm^2/(V \cdot s)$ [1]，而给受体共聚物的空穴迁移率也达到了 $58.6~cm^2/(V \cdot s)$ [2]。相对而言，高性能的电子传输材料相对滞后。为了排除分子无序、缺陷及晶界对器件性能的影响，有机单晶通常被作为研究材料的本征性质的模型体系。由于有机材料的柔性、结构的复杂性等因素，有机半导体的电荷传输机理仍然是个具有挑战性的问题。

在有机半导体中，分子间通过范德瓦耳斯力相结合，导致分子间相互作用较弱，因此通常认为电子是高度局域化的，跳跃模型对应于这种情况。近二十年，Brédas 等将半经典 Marcus 理论结合量子化学方法，计算模拟了载流子转移速率及载流子的扩散迁移率 [3]，虽然在分子设计等方面 Marcus 理论获得了很大的成功，但是也遇到很多无法解释的问题。基于半经典 Marcus 理论，电荷传输是热激活的，电荷迁移率随温度升高而升高。然而，实验研究发现一大类高密度堆积的有机共轭小分子体系，如红荧烯、并五苯、C8-BTBT、F2TCNQ 等，电荷迁移率随着温度升高而降低。基于此，Troisi 和 Orlandi 认为电荷传输的本质是离域电荷的能带理论，在较高温度下，分子间振动导致晶格动态无序，电荷变得局域化，从而电荷迁移率随温度升高而降低 [4]。然而，剑桥大学卡文迪许实验室通过电荷调制光谱测量发现，TIPS-并五苯有机材料中载流子为局域的电荷，即使在极低温度下也能观测到局域电荷的吸收峰，同时其迁移率随温度升高而降低[5]，这一现象既无法用 Marcus 跳跃模型，也无法用能带模型和动态无序模型来解释。Frisbie 等测量具有高迁移率的 DNTT 体系的温度效应时发现，其迁移率基本与温度无关，同时通过模拟不同样品中的缺陷态密度发现，缺陷态密度越低，与温度的关系越不明显[6]。因此仅通过迁移率与温度的关系判断电荷传输机制碰到很多困难。

　　基于以上矛盾的现象，我们提出基于局域电荷传输模型的核隧穿理论(原子核振动的量子效应)，应用该理论可以很好地解释 TIPS-并五苯场效应器件测量出的反常实验现象；基于考虑核隧穿效应的极化子跳跃模型，Asadi 等得到了聚合物体系在高载流子浓度下场效应器件的电流-电压关系曲线，成功解释了导电聚合物中的反常电荷输运性质[7]。赵仪等发展的含时波包扩散(TDWPD)理论，发现电子与高频分子内振动的强耦合引起明显的核隧穿效应，该效应足以打破分子间的电子相干效应[8]。因此，这一结果为量子核隧穿效应下的跳跃模型提供了理论验证。核隧穿理论可以看作连接半经典 Marcus 与传统能带模型的中间机制。该理论可以更定量地预测有机半导体材料的电荷迁移率，以及同位素取代对电荷传输的影响，这些都表明核隧穿效应在有机半导体电荷传输中具有重要作用。

## 5.2　有机场效应晶体管

　　场效应晶体管(field effect transistor, FET)是通过改变外加电场来调制半导体材料导电性能的有源器件。图 5-1 为场效应晶体管的基本结构，包括介电层、活性层(半导体层)以及三个电极(源极、漏极、栅极)。通过栅极调控载流子注入，控制载流子在源极和漏极之间的流动。有机场效应晶体管的活性层采用有机薄膜材料。

　　相比于无机半导体场效应晶体管，有机场效应晶体管缺乏自由电荷载流子。有机半导体场效应晶体管的工作原理为累积模式，电荷载流子通过栅极在界面注入。电荷载流子的浓度分布影响器件电流与电压的关系。目前有机场效应晶体管延用基于硅的传统的无机金属氧化物场效应器件的公式，如式(5-1)所示，当门电压 $V_{GS}$ 远大于源漏电压 $V_{DS}$ 时，假设活性层与绝缘层界面处的载流子浓度较为均匀，沟道的电流-电压关系表现为线性特征，其斜率与电荷迁移率、器件沟道参数和绝缘层电容有关：

$$I_{D,lin} = \frac{W\mu_{lin}C}{L}(V_{GS} - V_T)V_{DS} \tag{5-1}$$

式中，$W$ 为沟道宽度；$L$ 为沟道长度；$C$ 为绝缘层的电容；$\mu_{lin}$ 为线性区的电荷迁移率；$V_T$ 为器件的阈值电压。阈值电压是指沟道开始收集电荷的最小电压。当施加的门电压减去阈值电压等于源漏电压($V_{GS} - V_T = V_{DS}$)时，栅极到漏极的有效电压为零，因此电荷密度为零。沟道中源极的电压最大，确保有最大的电荷收集。当电流开始达到饱和点，此点称为夹断点($P$)，见图 5-1(b)。当施加的源漏电压大于施加的门电压时，沟道电流保持为一常数，这个传输区间称为饱和区。典型的电流-电压曲线见图 5-1(c)中的右图。在饱和区，通过沟道的电流为

$$I_{D,sat} = \frac{W\mu_{sat}C}{2L}(V_{GS} - V_T)^2 \tag{5-2}$$

式中，$\mu_{sat}$ 为饱和区的电荷迁移率。

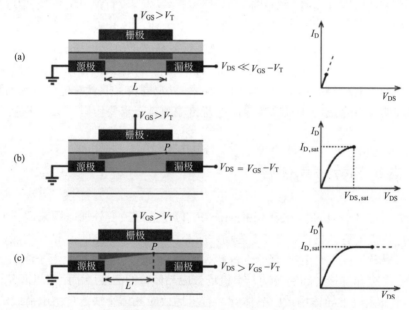

图 5-1　场效应器件不同电压下沟道中的电荷分布[9]

(a)线性区；(b)电流饱和点，即夹断点 $P$；(c)饱和区

式(5-1)和式(5-2)通常被用来测量有机半导体场效应晶体管线性区和饱和区的电荷迁移率。上述场效应晶体管模型都采用了缓变沟道近似，该近似假设沟道中仅存在一种载流子并且忽略了电极与活性层接触效应。由于有机场效应晶体管的电流-电压关系与电荷注入、载流子电荷密度等因素密切相关；有机半导体通过分子间弱范德瓦耳斯力结合在一起，且有较大的各向异性；另外，杂质的存在以及非传统的电荷传输机制导致有机场效应晶体管的电流-电压曲线呈现非典型的特征[10]，有机半导体材料在很多情况下不能简单套用无机半导体得到的传输模型来计算电荷迁移率。

相比于无机半导体，有机半导体材料具有制作工艺简单、价格低廉、柔性、可大面积生产等优点。然而有机半导体较低的电荷迁移率限制它的应用与发展。为此，科学家们致力于研究开发高迁移率的有机半导体材料，近几年来，有机小分子/共轭高分子材料的电荷迁移率性质取得了极大发展。有机半导体材料由质量较轻的元素组成，其柔性导致强的电-原子核振动耦合(电子-声子耦合)。另外，有机半导体由分子组成，分子间相互作用为较弱的范德瓦耳斯力。有机半导体的几何结构决定了其电子结构呈现能级分立、能带较窄的特点。因此，对于大多数有机半导体材料，电荷载流子并不能像在离域的布洛赫能带中运动。电荷载流子通常认为是在局域电子态间通过热激活跳跃迁移，局域电子态间的平均能量差为活化能。活化能的大小是影响有机半导体电荷传输本质的重要因素。因此，通过测量场效应晶体管在不同温度下的电流-电压曲线是研究电荷传输机制的一种重要手段。

## 5.3　有机材料电子结构与电荷传输性质的关系

### 5.3.1　有机材料电子结构

有机分子晶体通过分子间范德瓦耳斯力结合在一起，分子间相互作用相对较弱。因此，可以将单分子视为格点，基于紧束缚近似，体系的哈密顿量可写成如下形式：

$$H = H_0 + H_1 \tag{5-3}$$

$$H_0 = \sum_m \varepsilon_m a_n^+ a_m + \sum_l \hbar\omega_l \left( b_l^+ b_l + \frac{1}{2} \right) + \sum_n \sum_m t_{mn} a_n^+ a_m \tag{5-4}$$

$$H_1 = \sum_m \sum_l \hbar\omega_l g_{l,mm}(b_l^+ + b_l) a_m^+ a_m + \sum_{mn} \sum_l \hbar\omega_l g_{l,mn}(b_l^+ + b_l) a_m^+ a_n \tag{5-5}$$

式中，$a_m^+$、$a_m$ 为电荷载流子在格点 $m$ 上的产生湮没算符；$b_l^+$ 和 $b_l$ 为声子的产生湮没算符；$\varepsilon_m$ 为格点能(将分子作为格点则为分子轨道能量)；$t_{mn}$ 为近邻分子(格点)间的转移积分；$H_0$ 为零阶哈密顿量；$H_1$ 为电子-声子耦合项。$\lambda = \sum_l \lambda_l = \sum_l \hbar\omega_l g_{l,mm}^2$，表征局域电子-声子耦合强度，转移积分($t_{mn}$)对应非局域耦合常数($g_{l,mn}$)，它们之间的相对大小决定了载流子的运动特点。下面将详细讨论材料的电子结构参数与电荷传输的关系。

### 5.3.2 电子结构与电荷注入

电荷注入是影响载流子迁移的重要因素，在很大程度上影响着场效应晶体管的性能。人们通常认为金属电极与有机半导体界面之间为肖特基势垒，空穴载流子注入势垒取决于金属电极的功函数和价带带边之间的能量差，而电子的注入势垒取决于金属电极的功函数与导带带边之间的能量差。因此，有机半导体的能带结构和电极功函数的匹配情况与材料电荷传输性质息息相关。另外，金属电极与半导体接触界面好坏也将严重影响电荷的注入，界面之间的电荷转移产生诱导偶极导致能带弯曲，为精确调控注入带来一定的困难。理想载流子注入条件是金属电极/有机半导体界面为欧姆接触，即金属功函数非常接近半导体的价带或者导带带边。势垒越大将会导致非欧姆接触和电荷注入受限，从而影响器件的性能。

基于局域电荷模型，当电荷完全局域在单分子上时，电荷载流子可以看作是在局域电荷态之间跳跃的热激活过程，局域电荷态之间的平均能量差为活化能。活化能的大小是影响有机半导体电荷注入与传输的重要因素。因此，要精确描述电荷注入传输过程必须考虑晶体堆积结构下局域电荷态的能量——格点能。

如果忽略分子间静电极化作用与分子间堆积对分子轨道能量的影响，根据Kopmanns 近似，电离能和电子亲和能通常近似采用单分子的 HOMO 和 LUMO 轨道，如图 5-2 所示。但是实际有机半导体体相材料，分子间静电极化作用与分子间堆积对分子轨道的极化作用不能忽略，这时，孤立单分子的前线轨道能量与分子聚集体环境下单分子体系的格点能有很大的差别。因此，要精确计算材料的电离能、电子亲和能及带隙，必须考虑周围环境分子偶极分布对局域电子态能量

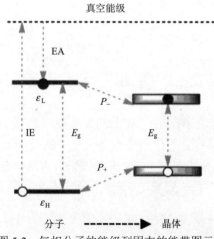

图 5-2　气相分子的能级到固态的能带图示[11]

IE 为电离能，EA 为电子亲和能，$\varepsilon_H$ 为 HOMO 轨道能量，$\varepsilon_L$ 为 LUMO 轨道能量，$E_g$ 为带隙，$P_+/P_-$ 为空穴/电子的极化能

的影响。空穴/电子的极化能($P_+/P_-$)反映了从气相到固相电离能(电子亲和能)的变化。电离能的降低或者电子亲和能的升高与周围分子的极化情况密切相关。电荷态对周围分子产生诱导偶极,而诱导偶极又反过来影响中心分子格点能量,如图 5-3 所示。

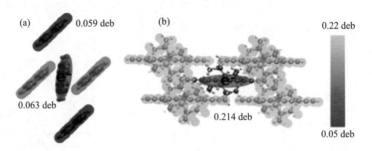

图 5-3　并五苯晶体(a)与 Tips-并五苯晶体(b)中心带电分子与近邻分子的诱导偶极[12]

另外,分子间的堆积情况也在很大程度上影响分子的极化能。通过基于极化力场的分子力学与量子力学相结合的方法(QM+MM)[12],人们发现并五苯与 Tips-并五苯的极化能有很大的区别,这主要来源于两者不同的分子间堆积结构[12]。为了获得半导体与电极的最佳匹配,一方面,人们可以选择不同功函数的金属作为电极;另一方面,人们通过取代基修饰改变有机半导体的轨道能级,选取合适的有机半导体分别获得电子空穴的注入,或者通过选取窄带隙的半导体获得电子空穴的双重注入。另外,通过给体与受体共混或者共结晶的方式,以期获得电子和空穴双重注入也是近年来新兴的一种策略[13,14]。

### 5.3.3　转移积分与堆积结构

有机半导体由弱的范德瓦耳斯力相结合,因此其载流子在分子间的传输与分子的堆积情况密切相关。根据哈密顿量[式(5-4)],将分子视为格点,分子之间的电子耦合(也称转移积分)是反映分子间电子耦合强度的重要参数。转移积分越大,电荷传输性质越好。空穴的转移积分可近似看作分子间 HOMO 分子轨道交叠;电子的转移积分可看作 LUMO 轨道的交叠耦合。考虑分子间极化作用的影响,电荷转移积分可采用格点能修正方法计算[15]:

$$V_{mn} = \frac{\tilde{V}_{mn} - \frac{1}{2}(\tilde{e}_m + \tilde{e}_n)S_{mn}}{1 - S_{mn}^2} \tag{5-6}$$

式中,$\tilde{e}_m = \left\langle \tilde{\Phi}_m \middle| H \middle| \tilde{\Phi}_m \right\rangle$,$\tilde{V}_{mn} = \left\langle \tilde{\Phi}_m \middle| H \middle| \tilde{\Phi}_n \right\rangle$,$\tilde{\Phi}_m$ 和 $\tilde{\Phi}_n$ 为孤立单分子的前线轨道在

总体系基函数空间的表示，$H$ 为双分子自洽场收敛的哈密顿量；$S$ 为两分子轨道之间的交叠矩阵，$S_{mn} = \langle \tilde{\Phi}_m | \tilde{\Phi}_n \rangle$。

如图 5-4 所示，分子间转移积分对分子间堆积非常敏感。随着分子间堆积距离变大，转移积分呈现单调下降趋势。随着分子间夹角变大，转移积分也呈现明显的下降趋势。然而，当分子沿着长轴或者短轴滑移，转移积分呈现振荡降低趋势，振荡规律与分子轨道波函数的节点相位有关。

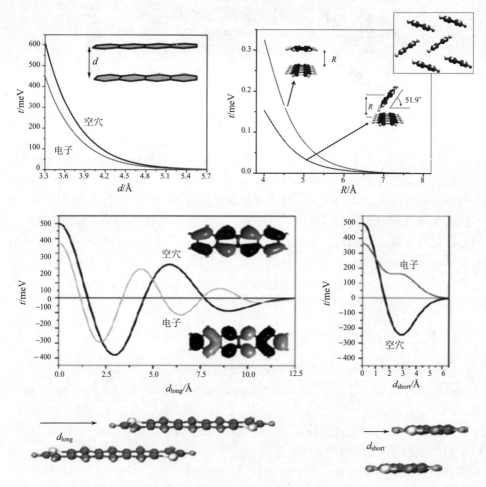

图 5-4　电荷转移积分与分子间堆积关系图[15]

### 5.3.4　静态及动态无序

杂质的存在、结构缺陷以及堆积的无序导致局域电子态能量呈现一定的分布，称为静态无序。局域态能量分布与杂质的种类、电子结构、杂质与环境分子之间的电荷转移以及材料的堆积情况等密切相关，局域态能量的分布将影响电荷转移的热活化能，从而影响分子间电荷转移的难易程度。当在一种分子材料中掺杂其他分子时，电荷将在两种介质中传输，不同分子间格点能不同，因而在电荷转移反应中存在能量势垒。下面讨论在 Cl4-TIPS-P 中混合 F8-TIPS-P 的情形，如图 5-5 所示。

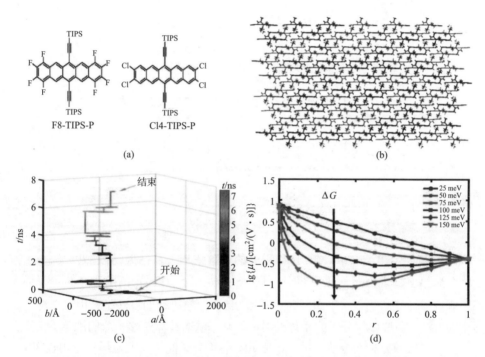

图 5-5　(a) Cl4-TIPS-P 与 F8-TIPS-P 的分子结构；(b) 两种分子的共混堆积模型；(c) 蒙特卡罗模拟中电荷扩散轨迹与扩散时间的关系曲线；(d) 电荷迁移率与物质混合比例($r$)以及格点能差的关系曲线[16]

通过随机行走模拟电荷扩散，可以看到电荷在晶体中的扩散轨迹。在 50 K 下，F8-TIPS-P 作为杂质所占比例为 0.001 时，随模拟时间电荷在传输平面的扩散轨迹如图 5-5(c)所示。在 0.5～2 ns 及 4～5 ns 模拟时间范围内，可以明显看到随着模拟时间增长，载流子在传输平面 $a$、$b$ 方向都没有位移，即电荷被束缚在 F8-TIPS-P 陷阱中。在其他模拟时间，扩散轨迹呈现平台型特点，相当于电荷在主体材料 Cl4-TIPS-P 分子中传输。基于核隧穿跳跃模型，理论模拟当分子间格点能差($\Delta G$) 从 25 meV 变化到 150 meV 时电荷迁移率的变化情况，发现随着格点能差的增大，电荷迁移率随之降低。格点能差对应于陷阱深度，陷阱深度越大，电荷载流子更倾向于停留在陷阱中，静态无序限制电荷传输，静态无序程度越大，电荷迁移率越小。

与静态无序不同，动态无序即非局域电子-声子耦合，可以表示为分子间振动对转移积分 $t_{mn}$ 的调制：$\left[ g_{l,mn} = \left( \hbar \omega_l^3 \right)^{-1/2} \dfrac{\partial t_{mn}}{\partial Q_l} \right]$。如果将原子核振动部分表示为谐振子形式：

$$H_{ph} = \frac{1}{2} \sum_j \hbar \omega_j (P_j^2 + Q_j^2) \tag{5-7}$$

式中，$\omega_j$、$Q_j$ 和 $P_j$ 分别为振动频率、正则坐标和正则动量。在线性电子-声子耦合近似下，$\upsilon_{jmn} = \dfrac{\partial t_{mn}}{\partial Q_j}$，转移积分涨落与分子间振动模式的关系为

$$\sigma^2 = \left\langle t_{mn}^2 \right\rangle - \left\langle t_{mn} \right\rangle^2 = \frac{\mathrm{Tr}[t_{mn}^2 \exp(-H_{ph} / k_B T)]}{\mathrm{Tr}[\exp(-H_{ph} / k_B T)]} - t_{mn}^{(0)2} \tag{5-8}$$

$$\sigma^2 = \sum_j \frac{\upsilon_{jmn}^2}{2} \coth\left( \frac{\hbar \omega_j}{2 k_B T} \right) \tag{5-9}$$

由式(5-8)和式(5-9)可知，转移积分的涨落依赖于晶格振动频率以及电子-声子耦合强度 $\upsilon_{jmn}$。但是对于有机分子晶体来说，由于计算量的限制，大部分体系都很难直接计算其整个布里渊区的声子谱，目前比较可行的办法是采用经典分子动力学的方法，通过模拟分子间距离随时间演化，从而计算转移积分的涨落。由于分子间振动由低频分子间振动占主导，因此高温下分子间振动的量子效应可以忽略。

通过分子动力学模拟可以得到晶体结构涨落的轨迹，由此可以计算转移积分随时间的涨落。这里以 TIPS-pentacene 晶体为例进行说明。通过经典的分子动力学方法在不同温度下做正则(NVT)系综的动力学模拟，总模拟时间为 180 ps，在 60 ps 平衡后，每 60 fs 输出一次，共得到 2000 个结构，根据不同分子间堆积结构，计算每个轨迹的转移积分，转移积分的分布满足高斯分布(图 5-6)。由图 5-6 可知，300 K 时转移积分的涨落远大于 2000 次转移积分的平均值，这表明热涨落对 TIPS-pentacene 来说将产生很大的影响，而且转移积分的涨落随温度线性增加。因此，动态无序的大小与分子间堆积结构和温度密切相关。有机半导体中静态无序与动态无序对电荷传输的影响较为复杂，不仅与静态无序导致的能量分布变化、动态无序导致的转移积分涨落有关，还与采用的传输模型密切相关，具体细节将在下面章节详细描述。

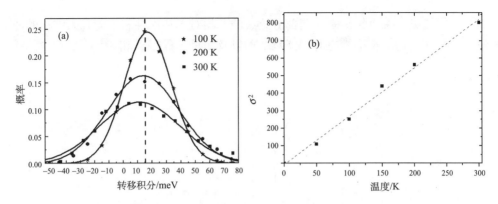

图 5-6　(a) TIPS-pentacene 转移积分在不同温度下的分布，其中实线表示高斯拟合，垂直虚线
为 300 K 时 2000 次动力学轨迹计算的转移积分的平均值；(b)转移积分涨落标准方差的平方
($\sigma^2$)与温度的关系[17]

### 5.3.5　重组能

在电荷转移过程中，电荷与分子本身以及分子周围环境耦合导致分子几何结构发生畸变，其中，分子内几何结构所导致的能量弛豫称为内部重组能。外部重组能则来源于分子电荷转移导致周围环境的能量弛豫。由于有机分子相互距离比较大，外部的弛豫能通常比较小，可以忽略或做微扰处理。因此，重组能反映了载流子与晶格的电子-声子耦合强度，是决定电荷传输性质的重要参数。根据式(5-5)，体系哈密顿量受晶格振动的微扰，其中局域电子-声子耦合 $\left[ g_{l,mm} = \left( \hbar\omega_l^3 \right)^{-1/2} \dfrac{\partial \varepsilon_m}{\partial Q_l} \right]$ 描述哈密顿对角元的无序，将格点能在平衡位置展开，振动作为微扰，则格点能变化可以表示为：$\varepsilon_m = \varepsilon_{m0} + \sum\limits_l \left( \dfrac{\partial \varepsilon_m}{\partial Q_l} \right)_0 Q_j + \cdots$，格点能的无序反映局域电子-声子耦合强度，决定重组能的大小：$\lambda = \sum\limits_l \hbar\omega_l g_{l,mm}^2$。通常来说，具有高共轭度、良好刚性结构的分子往往具有较低重组能。而一些杂原子的引入会引起重组能变大。如何理解重组能与分子结构的关系，从而设计优化高迁移率材料是一种重要的研究思路，因此下面讨论重组能与分子电子结构的关系。

分子的内部重组能通常可以由绝热势能面法(图 5-7)计算得到：

$$\lambda^{(1)} = E^{(1)}(M) - E^{(0)}(M), \quad \lambda^{(2)} = E^{(1)}(M^{\bullet+}) - E^{(0)}(M^{\bullet+}) \tag{5-10}$$

式中，$E^{(0)}(M)$ 和 $E^{(0)}(M^{\bullet+})$ 分别为中性分子和电荷态分子的基态能量；$E^{(1)}(M)$ 为中性分子在电荷态平衡几何结构下的能量；$E^{(1)}(M^{\bullet+})$ 为电荷态在中性态平衡几何结构下的能量。总重组能是由两部分组成的，相对于从中性态平衡几何结构的能量到离子态结构下在中性态时的能量弛豫以及相反过程[ $\lambda^{(1)}$ 和 $\lambda^{(2)}$ ]。

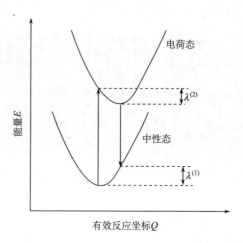

图 5-7　中性态与电荷态势能面，弛豫能 $\lambda^{(1)}$ 和 $\lambda^{(2)}$

另一种计算重组能的方法为正则模式分析[18]，在简谐近似下，将重组能分解到分子振动的贡献：

$$\lambda = \sum_l \lambda_l = \sum_l \hbar\omega_l g_{l,mm}^2 = \sum_l \hbar\omega_l S_l = \sum_l \frac{K_l}{2}\Delta Q_l^2 \tag{5-11}$$

式中，$\lambda_l$ 为力常数是 $K_l$、频率是 $\omega_l$ 的简正模 $l$ 的重组能；$g_{l,mm}$ 为模式 $l$ 的局域电子-声子耦合系数；$S_l$ 是黄昆因子，表征电子-声子耦合强度的大小；$\Delta Q_l$ 为中性分子和电荷态在平衡几何结构下沿简正模（NM）$l$ 的正则位移。$\lambda_l$ 表示频率为 $\omega_l$ 的模式 $l$ 的重组能大小，$\Delta Q_l$ 表示离子态和中性态沿着第 $l$ 个简正模方向的平衡位置间的变化值。总的重组能由所有的振动模式加和得到。然而，由于简正模式是分子中所有原子坐标的线性组合，很难用于研究局部结构修饰引起的重组能变化。为此，将重组能分解为所有内坐标弛豫的贡献[19]：

$$\lambda = \sum_j \lambda(S_j) = \sum_j \sum_i \frac{1}{2\omega_i}\left(\alpha_{ij}^2 \Delta S_j^2 + \sum_{m(\neq j)} \alpha_{ij}\alpha_{im}\Delta S_j \Delta S_m\right) \tag{5-12}$$

式中，$\lambda_j = \sum_i \frac{1}{2\omega_i}\alpha_{ij}^2 \Delta S_j^2$ 为对角项；$\lambda_{jm} = \sum_i \frac{1}{2\omega_i}\sum_{m(\neq j)}\alpha_{ij}\alpha_{im}\Delta S_j \Delta S_m$ 为非对角项，这里 $S_j$ 为内坐标，可以为键长、键角及二面角等。重组能也可以用振动耦合常数来表示。假设没有 Duschinsky 混合，离子态与中性态的力常数相等，两部分[ $\lambda^{(1)}$

和 $\lambda^{(2)}$]对重组能的贡献几乎相等。重组能可以表示为简正模式贡献的总和：

$$\lambda = \sum_i \lambda_i = \sum_i \frac{V_i^2}{2\omega_i^2} \tag{5-13}$$

式中，$V_i$ 为模式 $i$ 的振动耦合常数，即

$$V_i = \left\langle \Psi^+(r,R_0) \left| \left( \frac{\partial H(r,R)}{\partial Q_i} \right)_{R_0} \right| \Psi^+(r,R_0) \right\rangle \tag{5-14}$$

式中，$\Psi^+(r,R_0)$ 为带电分子在中性态平衡几何结构 $(R_0)$ 下的波函数。通过内坐标分解，可以将耦合常数定义为内坐标的形式，而重组能则为它的函数，但是却引入了非对角项的贡献(及其相关的耦合常数)，因此只有当耦合项比较小时才可以这样分解。将离子态的总能量用相应的前线分子轨道的能量替代，例如，空穴振动耦合常数可以表示为

$$V_i = \frac{\partial E_{\text{HOMO}}}{\partial Q_i} \tag{5-15}$$

此外，将分子轨道能量在原子轨道基组下展开，可得

$$E_{\text{HOMO}} = c_i^2 \beta_{ii} + c_j^2 \beta_{jj} + c_k^2 \beta_{kk} + 2c_i c_j \beta_{ij} + 2c_i c_k \beta_{ik} + \cdots \tag{5-16}$$

在紧束缚近似下，可得

$$\tilde{V}_i = \frac{\partial E_{\text{HOMO}}}{\partial S_i} = \sum_{j,k} c_j c_k \frac{\partial \beta_{jk}}{\partial S_i} \tag{5-17}$$

$$\beta_{ij} = \langle \phi_i | F | \phi_j \rangle \tag{5-18}$$

式中，$\phi_i$ 为原子轨道基组；$\beta_{ii}$ 为格点能；$\beta_{ij}$ 为原子 $i$ 和 $j$ 之间的共振积分；$c$ 为 HOMO 的原子轨道基组展开系数。由上面推导可知，重组能与前线分子轨道波函数密切相关，空穴重组能与分子 HOMO 轨道相关，电子重组能与 LUMO 轨道相关。分子轨道系数较大的部分对重组能贡献较大。通过取代基修饰改变分子轨道系数分布可以达到调制材料重组能的目的，由此可以指导我们设计低重组能的材料[20]。

## 5.4 有机半导体电荷传输模型

根据电荷的局域性及电子–声子耦合的强度,有机半导体主要分为以下三个传输模型。①能带模型:基于电荷完全离域的图像,转移积分(电子耦合)相比于重组能较大,电荷受到晶格振动的散射随着温度的升高而加剧,迁移率随温度表现为下降的趋势。在能带模型下,随着温度升高,电荷迁移率随温度呈现降低趋势。②跳跃模型:基于完全局域的图像,转移积分(电子耦合)相比于重组能较小,随着温度升高,电荷具有足够动能跨过势垒,电荷迁移呈现热活化型,电荷迁移率随温度升高而升高。③动力学局域化模型:基于离域电荷图像,非局域电子–声子耦合导致电荷在高温下局域化,动态无序使得电荷迁移率随温度升高而降低。④中间机制:包括大极化子、小极化子模型以及基于局域电荷的核隧穿理论。下面介绍几种典型的电荷传输模型。

### 5.4.1 能带模型

布洛赫(Bloch)在 1928 年提出能带理论,以计算金属导体和无机半导体的电子结构性质。在这些体系中,电子受原子核运动影响很小,因此在整个体系中电子运动基本不会被散射。而对于某些高度堆积的有机材料,分子间电子耦合能较大,且能带带宽较宽(数百毫电子伏),电荷的离域性较强,人们认为其载流子传输与无机半导体中类似,以布洛赫波的形式在离域的能带中运动。在能带图像中,电荷迁移率可以通过 Drude 理论获得:

$$\mu = e\tau / m^* \tag{5-19}$$

$$\frac{1}{m^*} = \frac{1}{\hbar^2} \frac{\partial^2 E}{\partial k_i k_j} \tag{5-20}$$

式中,$m^*$ 为载流子的有效质量,与电子耦合大小相关;$\tau$ 为弛豫时间,描述载流子受到晶格振动和杂质的散射。随着温度升高,原子核振动加剧,声子对电子的散射增强,阻碍了载流子的传输。因此,能带模型能有效地解释某些有机半导体中迁移率随着温度升高而降低的现象。

基于经典牛顿力学的玻尔兹曼输运方程将电子看作准经典的粒子,即波包。波包是指电子空间分布在一定范围内,动量在某一范围内的量子态的组合。对于一定的能带结构 $E(k)$,在电子–声子相互作用下导致载流子从一个布洛赫态散射到另一个布洛赫态,电子–声子散射通过改变波包的转播速度 $v(k) = \dfrac{\partial E(k)}{\partial k_i}$,从而限制了布洛赫态的寿命。各种散射过程可以通过弛豫时间近似引入,在有机晶体中主要存在三种散射来源，包括光学声子、声学声子和杂质散射。假设不同散射过程相互独立，利用马西森近似合并不同类型散射的贡献，总的弛豫时间可表示为

$$\frac{1}{\tau} = \frac{1}{\tau_{ac}} + \frac{1}{\tau_{op}} + \frac{1}{\tau_{imp}} + \cdots \tag{5-21}$$

式中，$\tau_{ac}$ 为声学声子散射时间；$\tau_{op}$ 为光学声子散射时间；$\tau_{imp}$ 为杂质散射时间。

在弛豫时间近似下的电子和空穴迁移率计算公式为

$$\mu_\alpha^\mp = \frac{e}{k_B T} \frac{\sum\limits_{i \in CB(VB)} \int \tau_\alpha(i,k) v_\alpha^2(i,k) \exp\left[ \mp \frac{\varepsilon_i(k)}{k_B T} \right] dk}{\sum\limits_{i \in CB(VB)} \int \exp\left[ \mp \frac{\varepsilon_i(k)}{k_B T} \right] dk} \tag{5-22}$$

式中，$\alpha$ 为方向，而正（负）号表示电子（空穴）迁移率；$\varepsilon_i(k)$ 和 $v_\alpha(i,k)$ 分别为第 $i$ 个能带上状态 $k$ 的能带能量和相应群速度的 $\alpha$ 分量。而式 (5-22) 中电子迁移率对应的能带求和遍及导带 (CB)，空穴部分则遍及价带 (VB)。此外，对状态 $k$ 的积分在整个布里渊区范围内进行。计算各向异性弛豫时间 $\tau(i,k)$ 是一项非常困难的任务，因此人们往往采用各向同性弛豫时间近似。考虑真实材料中非球形对称的能带结构，通过玻尔兹曼方法中对碰撞项的唯象定义得到计算弛豫时间的公式：

$$\frac{1}{\tau_\alpha(i,k)} = \sum_{k' \in BZ} \left\{ \frac{2\pi}{\hbar} \left| M_i(k,k') \right|^2 \delta\left[ \varepsilon_i(k) - \varepsilon_i(k') \right] \left[ 1 - \frac{v_\alpha(i,k')}{v_\alpha(i,k)} \right] \right\} \tag{5-23}$$

式中，$M_i(k,k')$ 为第 $i$ 能带上从 $k$ 态散射到 $k'$ 态的散射概率。基于形变势模型，考虑长波长纵声学波声子对散射的影响，散射矩阵可以表示为

$$\left| M_i(k,k') \right|^2 = k_B T \left( E_\beta^i \right)^2 \Big/ C_\beta \tag{5-24}$$

式中，$\beta$ 为与 $k - k'$ 平行的纵声学波 (LA) 的方向指标；$E_\beta^i$ 为第 $i$ 个能带上沿 $\beta$ 方向的形变势常数；$C_\beta$ 为 $\beta$ 方向上的弹性常数。如果忽略了光学波产生的形变势，仅考虑低载流子浓度下带边对迁移率的贡献，散射概率可以认为与 $k$ 或 $k'$ 无关。对于沿 $\alpha$ 方向上的电荷输运，用平行于外场的纵声学波散射概率来替代所有方向上的概率值，即 $\beta = \alpha$。

$$\frac{1}{\tau_\alpha^i} = \frac{2\pi}{\hbar} \frac{k_B T \left( E_\alpha^i \right)^2}{C_\alpha} \sum_{k'} \delta(\varepsilon_k - \varepsilon_{k'}) \left[ 1 - \frac{v_\alpha(i,k')}{v_\alpha(i,k)} \right] \tag{5-25}$$

由式 (5-25) 可知，弛豫时间可以近似通过形变势常数 $E_\alpha^i$、弹性常数 $C_\alpha$ 以及群速度 $v_\alpha(i,k)$ 来计算。其中，沿输运方向 $\alpha$ 的晶体弹性常数可以通过公式 $(E - E_0)/V_0 = C_\alpha (\Delta l/l_0)^2/2$，拟合总能量 $E$ 对形变量 $\Delta l/l_0$ 的曲线得到，其中，$V_0$ 和 $E_0$ 分别为平衡原胞的体积和总能量；$\Delta l$ 为沿 $\alpha$ 方向上晶格长度的变化；$l_0$ 为相应的平衡构型时的长度值。形变势常数，定义为 $E_\alpha^i = \Delta E_i/(\Delta l/l_0)$，其中，$\Delta E_i$ 为当晶格沿外场方向发生形变 $\Delta l/l_0$ 时第 $i$ 个能带上的能量变化值。为了简化计算，分别取导带底 (CBM) 和价带顶 (VBM) 处的能量变化来计算电子和空穴部分的形变势常数。形变势方法已经广泛用于研究二维材料的电荷传输性质[21,22]。

### 5.4.2 极化子模型——含时波包扩散理论

极化子指电荷与晶格畸变相互作用构成的一个整体。若晶格畸变区域远大于晶格常数，此时的极化子为大极化子；若前者小于或等于后者，则需要考虑晶体结构的原子性，此时为小极化子。极化子是电荷与周围极化晶格组成的一个准粒子。在有机分子晶体中，电子-声子相互作用通常是不能忽略的。通常，基于 Holstein 哈密顿量，只考虑声子与电子格点能之间的耦合，即局域电子-声子耦合。考虑到分子晶体中分子间的弱相互作用，分子间的电子耦合也同时受到分子间低频振动的影响。因此，需要在哈密顿量中加入 Peierls 项，即 Holstein-Peierls 模型。基于模型哈密顿量的量子动力学方法已被广泛用于分子聚集体中载流子动力学模拟，如非微扰的级联运动方程[23]、非马尔可夫随机薛定谔方程[24]等。

这里介绍非马尔可夫随机薛定谔方程方法模拟载流子与晶格耦合的极化子 (波包) 扩散过程。其中，载流子在晶格中的哈密顿量可表示为

$$H = H_e + H_{ph} + H_{e\text{-}ph} \tag{5-26}$$

式中，$H_e$ 为电子部分的哈密顿量；$H_{ph}$ 为晶格部分的哈密顿量，表示谐振子的总和：

$$H_{ph} = \sum_{i=1}^{N} \sum_{k=1}^{N_{ph}^i} \left( \frac{p_{ik}^2}{2} + \frac{1}{2} \omega_{ik}^2 x_{ik}^2 \right) = \sum_{i=1}^{N} H_{ph}^i \tag{5-27}$$

式中，$N_{ph}^i$ 为第 $i$ 个分子的声子总数；$x_{ik}$ 和 $p_{ik}$ 分别为第 $k$ 个声子的坐标和动量。电子-声子相互作用哈密顿量 $H_{e\text{-}ph}$ 可表示为

$$H_{e\text{-}ph} = \sum_{i=1}^{N} F_i(x)|i\rangle\langle i| + \sum_{i \neq j}^{N} V_{ij}(x)|i\rangle\langle j| \tag{5-28}$$

为了研究载流子在晶格振动环境中的动力学行为，将体系总哈密顿量变换到 $H_{ph}$ 的相互作用表象，则

$$H(t) = e^{iH_{ph}t/\hbar}(H_e + H_{e\text{-}ph})e^{-iH_{ph}t/\hbar} = \sum_{i=1}^{N}[\varepsilon_{ii} + F_i(t)]|i\rangle\langle i| + \sum_{i \neq j}^{N}[\varepsilon_{ij} + V_{ij}(t)]|i\rangle\langle j| \quad (5\text{-}29)$$

式中，$F_i(t) = e^{iH_{ph}^i t/\hbar}F_i(x)e^{-iH_{ph}^i t/\hbar}$，$V_{ij}(t) = e^{iH_{ph}^i t/\hbar}V_{ij}(x)e^{-iH_{ph}^i t/\hbar}$。$F_i(t)$ 和 $V_{ij}(t)$ 为算符，为了使经典波动力包含量子效应，我们从 $F_i(t)$ 和 $V_{ij}(t)$ 的量子关联函数出发来得到格点能与转移积分的涨落 $\delta\varepsilon_{ij}(t)$。$F_i(t)$ 的关联函数表示为

$$C_i(t) = \frac{1}{Z_i}\text{Tr}\left[e^{-\beta^T H_{ph}^i}F_i(t)F_i(0)\right] = \frac{1}{Z_i}\text{Tr}\left[e^{-\beta^T H_{ph}^i}e^{iH_{ph}^i t/\hbar}F_i(0)e^{-iH_{ph}^i t/\hbar}F_i(0)\right] \quad (5\text{-}30)$$

式中，$Z_i$ 为声子配分函数；$\beta^T = 1/k_A T$。根据关联函数的时间对称性，只考虑时间关联函数的实部，经过一系列推导可得

$$C(t) = \frac{1}{\pi}\int_0^\infty d\omega J(\omega)\left[\coth(\beta^T\omega/2)\cos(\omega t)\right] \quad (5\text{-}31)$$

式中，$J(\omega)$ 为表示分子内的电子-声子相互作用的谱密度函数，即

$$J(\omega) = \frac{\pi}{2}\sum_j \frac{\chi_j^2}{\omega_j}\delta(\omega - \omega_j) \quad (5\text{-}32)$$

式中，$\chi_j = \Delta Q_j \omega_j^2$，为第 $j$ 个正则模式的电子-声子相互作用强度；$\delta$ 函数用洛伦兹分布形式表示，$\delta(\omega - \omega_j) = \frac{1}{\pi}\frac{a}{a^2 + (\omega - \omega_j)^2}$。$V_{ij}(t)$ 的关联函数表达形式可同理套用式 (5-30)。根据时间关联函数的定义：

$$C_{ij}(t) = \langle\delta\varepsilon_{ij}(t)\delta\varepsilon_{ij}(0)\rangle \quad (5\text{-}33)$$

对于有机分子晶体，格点能涨落（对角元波动）由分子内振动引起，转移积分涨落（非对角元波动）由分子间晶格振动引起，而含时波动力须满足波动耗散定理。载流子体系的哈密顿量重写为

$$H(t) = \sum_{i=1}^{N}\sum_{j=1}^{N}|i\rangle[\varepsilon_{ij} + \delta\varepsilon_{ij}(t)]\langle j| \quad (5\text{-}34)$$

式中，$|i\rangle$ 为第 $i$ 个位点（分子）的电子态；$N$ 为分子的总数目；常数 $\varepsilon_{ii}(i{=}j)$ 和 $\varepsilon_{ij}$

$(i \neq j)$ 分别为位点能(对角元)和电子耦合强度(非对角元)，用于描述完全刚性体系的载流子相干运动；$\delta \varepsilon_{ii}(t)$ 和 $\delta \varepsilon_{ij}(t)$ 分别为位点能和电子耦合强度随时间波动部分，且平均值为 0。将位点能和电子耦合强度的波动用随机过程描述，在得到载流子体系的含时哈密顿量后，可以通过求解含时薛定谔方程来描述载流子动力学：

$$i\hbar \frac{\partial \psi(t)}{\partial t} = H(t)\psi(t) \tag{5-35}$$

将含时的载流子体系波函数表示为

$$\psi(t) = \sum_i^N c_i(t)|i\rangle \tag{5-36}$$

在已知初态分布 $c_i(0)$ 后，通过 Chebyshev 多项式方法求得载流子分布随时间的变化 $c_i(t)$，从而可以进一步得到相关动力学性质。扩散系数可以由 $D = \lim\limits_{t \to \infty} \dfrac{\langle R^2(t) \rangle}{2dt}$ 求得，其中，$d$ 为体系维度；$\langle R^2(t) \rangle = \sum\limits_i^N r_i^2 \rho_{ii}(t)$，为载流子均方位移。在一段时间达到平衡后，均方位移与时间 $t$ 呈线性关系，初始时刻 $\langle R^2(0) \rangle = 0$，而一个载流子完全局域在一个位点 $a$ 上。$r_i$ 为位点 $i$ 到 $a$ 的距离，$\rho_{ii}(t) = \langle c_i^*(t)c_i(t) \rangle$，为位点 $i$ 上载流子的布居数。根据爱因斯坦公式 $\mu = eD/k_BT$，得到体系电荷迁移率。

### 5.4.3 跳跃模型——Marcus 电子转移理论

在 20 世纪 50 年代，Holstein 的极化子模型用来描述分子材料电荷传输。在有机半导体中，分子间距离较远，范德瓦耳斯力较弱，分子间的电子耦合能也较弱，电子通常是高度局域化的，伴随着局域电荷在分子间的电荷转移，电荷与晶格有较强电子-声子耦合。在强电子-声子耦合极限下，极化子模型等价于 Marcus 电子转移理论，电荷局域在一个单分子上，电荷从一个分子跳到另一个分子的速率遵循半经典 Marcus 公式：

$$k_{if} = \frac{2\pi}{\hbar} |V_{if}|^2 \frac{1}{\sqrt{4\pi \lambda k_BT}} \exp\left[ -\frac{(\lambda + \Delta G_{fi})^2}{4\lambda k_BT} \right] \tag{5-37}$$

式中，$V_{if}$ 为两分子间的电子耦合项；$\lambda$ 为分子内的重组能；$\Delta G_{fi}$ 为初末态自由能差。扩散常数可以简单地表示为 $D = a^2 k_{if}$（$a$ 为分子间距离），迁移率由爱因斯坦公式得到 $\mu = eD/k_BT$。由于载流子高度局域化，需要依靠热激发使载流子在局域态之间跳跃传输。这个模型虽然简单，但是人们可以简单地从量化计算转移积分和重组能从而指导材料设计。近二十年，Brédas 等将半经典 Marcus 理论广泛应用于以跳跃机制进行载流子传输的有机半导体中，结合量子化学计算，得到载流子传输速率及迁移率。在预测载流子迁移率、通过调节分子参数以改善材料性能等方面，Marcus 理论获得了一定成功。除了 Marcus 理论，Miller-Abraham 方法和 Arrhenius scaling 方法也同样基于跳跃模型，并且常被用于研究无序有机半导体中载流子输运性质，它们在描述载流子扩散时也具有与 Marcus 方法类似的特性。

我们注意到，通常采用的 Marcus 公式是在一维势能面下通过高温近似（$k_B T \gg \hbar \omega$）和短时近似(强耦合近似)得到的，这里 $\omega$ 通常指环境的频率。Marcus 理论最早研究 $Fe^{2+} + Fe^{3+} \longrightarrow Fe^{3+} + Fe^{2+}$ 的电荷转移过程，这里重组能仅包括溶剂的运动，溶剂分子的振动具有低频的特征。然而对于有机半导体，局域的电荷与分子内的高频振动耦合，这时 $k_B T \ll \hbar \omega$，高温近似失效。因此基于费米黄金规则，我们提出了考虑量子核隧穿效应的跳跃模型。该理论认为，原子核的高频振动引起的量子核隧穿效应可以降低电子转移所需的活化能，即使在 0 K 下电子转移仍可能发生，这与 Marcus 理论完全不同。它虽然基于跳跃模型，但是可以描述类能带的迁移率温度效应，即迁移率随温度升高而降低。

### 5.4.4　跳跃模型——核隧穿理论

由于有机材料的主要元素(C、H)的原子核振动位移(约 0.2 Å)与其德布罗意波长相当，因此人们发现氨气($NH_3$)分子反转过程[25]与环丁二烯分子的异构化过程[26]都需要考虑原子核振动的量子效应。Jortner 考虑不同模式对电荷传输的贡献不同，将分子内的一个高频振动做量子处理，而对其他的模式做经典处理[27]。近些年来，核隧穿效应在有机半导体电荷传输中的作用才引起理论实验科学家的注意[7,28]。

在有机半导体电荷转移过程中，伴随电荷转移的分子内振动是一种典型的高频振动。因此，即使在绝对零度的温度，体系拥有量子力学的"零点能"，这将减少从初态到末态的能量势垒，因此原子核振动的量子效应又称核隧穿效应。在有机半导体的电荷转移中，核隧穿理论(原子核振动的量子效应)对电荷传输具有重要作用。基于一级含时微扰理论的费米黄金规则，考虑原子核振动量子效应的载流子转移速率可以表示为

$$k = \sum_m \sum_k P_k k_{k \to m} = \frac{2\pi}{\hbar^2} \sum_m \sum_k P_k |H'_{mk}|^2 \delta(\omega_{mk}) \tag{5-38}$$

式中，$H'_{mk} = \langle \psi_k | V | \psi_m \rangle$，为初态和末态的电子耦合；$\omega_{mk}$ 为初末态的能量差。

考虑到初末态的振动自由度，式(5-38)可以表示为

$$k = \frac{2\pi}{\hbar^2} \sum_v \sum_{v'} P_{iv} \left| H'_{fv,iv'} \right|^2 \delta(\omega_{fv,iv}) \tag{5-39}$$

根据 Condon 近似，可以将电子态与振动态分离变量：

$$k = \frac{2\pi}{\hbar^2} V_{if}^2 \sum_{v,v'} P_{iv} \left| \langle \Theta_{fv'} | \Theta_{iv} \rangle \right|^2 \delta(\omega_{fv',iv}) \tag{5-40}$$

式中，$V_{if} = \langle \psi_f | H' | \psi_i \rangle$，为分子间电子耦合(转移积分)；$P_{iv}$ 为初态在第 $v$ 个振动量子态的玻尔兹曼分布函数；$\Theta_{iv(fv')}$ 为初态(末态)原子核振动波函数。基于位移谐振子近似，初末振动态的声子频率和模式遵循以下关系，$\omega_j = \omega_j'$，$\Delta Q_j = Q_j' - Q_j$，载流子转移速率可以表示为

$$k_{i \to f} = \frac{|V|^2}{\hbar^2} \int_{-\infty}^{\infty} dt \exp\left\{ it\omega_{fi} - \sum_j S_j \left[ (2\bar{n}_j + 1) - \bar{n}_j e^{-it\omega_j} - (\bar{n}_j + 1) e^{it\omega_j} \right] \right\} \tag{5-41}$$

式中，$\omega_{fi}$ 为初末态的格点能差；$\bar{n}_j = 1 / (e^{\hbar\omega_j / k_B T} - 1)$，为频率是 $\omega_j$ 第 $j$ 个声子的占据数；$S_j = (m\omega_j d_j^2) / (2\hbar)$，为黄昆因子，是描述电子-声子耦合强弱的无量纲参数，表征载流子的格点能与第 $j$ 个振动的耦合强度，$d_j$ 表示位移谐振子的位移。从该公式可以看出，决定分子间载流子转移速率的因素有：格点能差、转移积分、电荷转移过程分子内振动对能量弛豫的贡献，以及声子在不同温度下的布居数。

这里不仅电荷运动是量子处理，而且原子核的振动也是量子处理。采用半经典 Marcus 理论对原子核做经典处理，要求电荷必须越过势垒才能实现电子转移；然而在量子的图像中，由于初末态间的电子转移反应是多维(3N–6)势能面的耦合，两个势能面将有很多交点，假设每个势能面对应一种振动模式，振动是量子化的，对于高频的振动，其零阶量子数也有较高的能量，电荷隧穿通过每个势垒都有一定的概率，概率的大小取决于声子的布居数和势垒的高度，这就是量子的核隧穿效应，见图 5-8。假定电荷转移与分子振动耦合非常强，在强耦合极限 $\left( \sum_j S_j \gg 1 \right)$ 下，量子电荷速率公式的被积函数在 $t$ 很小的区间就趋近于 0，因此对各指数项做泰勒展开到二阶项并积分，可以得到

$$k_{i \to f} = \frac{|V_{fi}|^2}{\hbar^2} \sqrt{\frac{2\pi}{\sum_j S_j(2n_j+1)\omega_j^2}} \exp\left[-\frac{\left(\omega_{fi}+\sum_j S_j\omega_j\right)^2}{2\sum_j S_j(2n_j+1)\omega_j^2}\right] \tag{5-42}$$

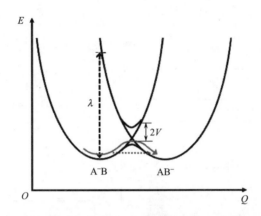

图 5-8　分子 A 到分子 B 的电子转移过程[29]

半经典 Marcus 跳跃路径用灰色实线箭头标出，核隧穿路线用灰色虚线箭头标出

考虑高温近似（$\hbar\omega_j/k_BT \gg 1$，$\overline{n}_j \approx k_BT/\hbar\omega_j$），式（5-42）可以回到半经典 Marcus 公式，因此，Marcus 理论在较高温时才能成立。基于上述电荷转移参数，扩散常数可以简单地表示为 $D = a^2k_{if}$，其中 $a$ 为分子间距离；$k_{if}$ 为分子间载流子转移速率。邓伟桥等将双分子模型扩展到三维网络，从分子 $m$ 到 $j$ 方向传输的概率为 $P_{mj}$[30]，$P_{mj} = k_{mj}/\sum_n k_{mn}$，扩散系数可以表示为

$$D = \frac{1}{2n}\sum_m a_{mj}^2 k_{mj} \times P_{mj} \tag{5-43}$$

式中，$n$ 为体系的维度；$a_{mj}$ 为从分子 $m$ 到 $j$ 的扩散距离。考虑到晶体结构的各向异性、分子间振动的动态无序，我们进一步提出通过随机行走方法模拟电荷扩散系数[31]。电荷随机行走扩散模拟流程如图 5-9 所示。

第一，根据晶体结构建立超级晶胞格点，给定初始的载流子位置，随机设定不同分子对的相因子。第二，考虑动态无序，计算该时刻的转移积分，计算当前分子 $m$ 与所有近邻分子 $n$ 间的转移速率 $k_{mn}$。第三，根据载流子转移速率计算到近邻分子 $n$ 的概率为 $P_{mn} = k_{mn}/\sum_n k_{mn}$。第四，每次跳跃前都产生一个 0 到 1 之间

均

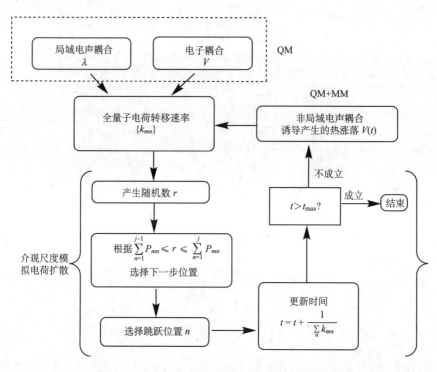

图 5-9　多尺度模拟有机半导体电荷迁移率流程图[31]

匀分布的随机数 $r$，如果随机数落在 $\sum\limits_{n=1}^{j-1} P_{mn} \leqslant r \leqslant \sum\limits_{n=1}^{j} P_{mn}$ 范围内，则电荷沿 $j$ 方向跳跃。第五，每次跳跃后模拟时间增加 $1\big/\sum\limits_{n} k_{mn}$，如果模拟时间达到设定的模拟时间，计算结束，否则回到第二步。采用多次模拟可以得到扩散系数 $D = \dfrac{1}{2}\left\langle l^2\right\rangle\big/t$，其中 $l$ 为模拟中空穴位置矢量在研究方向上的坐标投影。迁移率由爱因斯坦公式 $(\mu = eD/k_{\mathrm{B}}T)$ 得到。

## 5.5　电荷局域尺度与电荷传输模型的应用

有机半导体的电荷传输机制一直是人们争论的焦点。无论是 Holstein-Peierls 小极化子模型还是动力学局域化模型，它们都认为电荷有一定程度的离域。Trorsi 和 Orlandi 提出的动力学局域化模型[4]，将分子振动做经典处理，基于非绝热动力学的方法，通过 Su-Schrieffer-Heeger 模型求解时间相关的薛定谔方程。他们认为随着温度的升高，电荷变得越来越局域，迁移率与温度的关系主要受动力学局域化影响，因此，随着温度升高，电荷从离域向局域转变，从而使得迁移率与温度的关系呈现 $\frac{d\mu}{dT} < 0$ 的行为。通常分子间的转移积分 $V$ 决定电荷离域还是局域，转移积分越大，电荷越趋于离域，反之电荷越局域。而重组能 $\lambda$ 表征由电子-声子相互作用导致的陷阱效应。一般来说，当 $\lambda \gg V$ 时，电荷可看作局域的，电荷传输属于跳跃机制。并苯体系和红荧烯的转移积分 $V$ 和重组能 $\lambda$ 非常接近，大约为 100 meV，所以这些体系原则上属于能带传输机制。而核隧穿理论则基于完全局域化的电荷传输图像，属于跳跃模型范畴。

## 5.5.1　局域电荷图像下核隧穿理论的应用

最近 Sakanoue 和 Sirringhaus[5]制备的可溶液处理的 TIPS-pentacene 场效应器件，在高电压下，OFET 迁移率与温度的关系表现出"类能带"的传输现象，即 $\frac{d\mu}{dT} < 0$。令人感到惊奇的是：通过电荷调制光谱(CMS)测量工作中 FET 器件的薄膜的吸收时，他们发现其吸收峰与溶液电化学法掺杂测量的阳离子单分子的吸收峰非常吻合。当温度从 43 K 升至 300 K 时，电荷诱导的吸收峰的位置不变，仅仅变宽，这就表明载流子是局域在单个分子上的，温度对电荷局域影响不大。进一步的测量表明，TIPS-pentacene 的霍尔迁移率不同于场效应迁移率[32]，这些现象都表明 TIPS-pentacene 中的电荷传输确实是属于局域电荷下的跳跃范畴，这是一个非常矛盾的发现，即从迁移率的测量表现出类能带的传输现象，而光学测量表明电荷是局域的。

为此，我们研究了 TIPS-pentacene 的电荷传输性质。图 5-10 为 TIPS-pentacene 的分子结构与晶体堆积结构，与 pentacene 的鱼骨状堆积不同，侧链的引入导致 TIPS-pentacene 呈现砖型堆积结构。相比于 pentacene 体系，TIPS-pentacene 具有较弱的电子耦合，最大转移积分只有 22 meV 左右，如表 5-1 所示。通过正则模式(NM)分析与绝热势能面(AP)方法计算体系空穴重组能，两种方法计算结果较为吻合，说明简谐近似成立，侧链的引入使得体系重组能比并五苯增大一倍。根据正则模式分析，发现高频 C—C 振动对体系重组能贡献较大，振动频率范围为 $1200\sim1800$ cm$^{-1}$。

TIPS 支链使得分子间的电子耦合降低(约 20 meV)，并导致体系重组能 $\lambda$ 升高(约 220 meV)。因此，TIPS-pentacene 不符合能带传输模型的基本要求，局域化的电荷图像将是描述 TIPS-pentacene 的一种更为合适的方法。根据电荷转移理论，由于分子内高频振动对重组能的较大贡献[图 5-11(a)]，因此高温近似失效，

$k_BT \ll \hbar\omega$ 不成立，半经典 Marcus 电荷转移理论不成立。这里，我们必须考虑原子核振动的量子效应，应用核隧穿理论来研究此类有机分子材料中的电荷传输问题。为此，我们提出电荷是局域在单个分子上的，电荷与分子高频振动的耦合使得局域的电荷可以隧穿通过势垒。

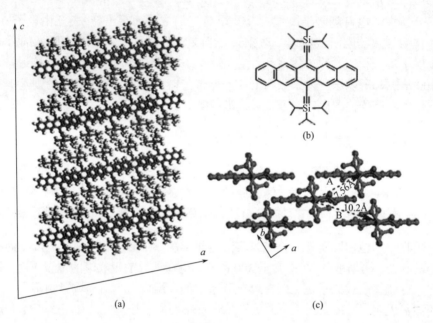

图 5-10  TIPS-pentacene 晶体的 5×5×3 超胞结构(a)、分子结构(b)和超胞 *ab* 平面的结构(c)

表 5-1  分子间电子耦合和分子重组能

| 分子对 | 质心距离/Å | $V$/meV | 重组能 | $\lambda^{(1)}$ | $\lambda^{(2)}$ | $\lambda=\lambda^{(1)}+\lambda^{(2)}$ |
|---|---|---|---|---|---|---|
| A | 7.565 | 22.56 | NM 分析 | 110 | 107 | 217 |
| B | 10.212 | −1.07 | AP 方法 | 112 | 110 | 222 |

图 5-11(b)显示了全量子载流子转移速率与半经典 Marcus 理论随温度的不同变化：半经典的 Marcus 载流子转移速率随着温度的升高而增大，而在低温下，全量子载流子转移速率对温度不敏感，在较高温度下，全量子载流子转移速率随温度升高而下降。如果对所有的模式做短时近似，计算全量子载流子转移速率，发现即使在高温下，它也与不做短时近似的载流子转移速率有较大差别，这是因为对于 TIPS-pentacene 体系，强耦合近似 $\sum_j S_j \gg 1$ 并不成立。我们数值计算了

TIPS-pentacene 体系的黄昆因子，$\sum_j S_j = 1.97$。我们发现半经典 Marcus 理论在大约 1000 K 时接近所有模式都做短时近似的全量子载流子转移速率,这表明高温近似对室温下有机半导体的载流子转移速率来说是不合适的。这里，全量子的载流子转移速率公式考虑原子核振动的量子效应，表现为在较低的温度下也有较大的载流子转移速率，体系拥有量子力学的"零点能"，从而减少从初态到末态的能量势垒，因此原子核振动的量子效应又称核隧穿效应。

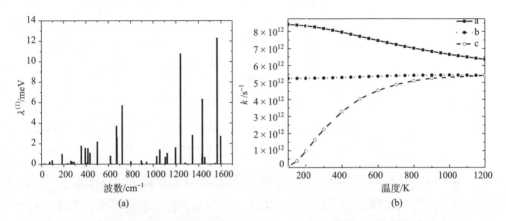

图 5-11 　(a)正则模式对重组能 $\lambda^{(1)}$ 的贡献，$\lambda^{(2)}$ 与 $\lambda^{(1)}$ 非常相似，这里不再列出；(b)载流子转移速率($k$)与温度的依赖关系，a 代表全量子载流子转移速率，b 代表所有模式都做短时近似的全量子载流子转移速率，c 代表半经典 Marcus 理论

　　根据上面计算的电荷转移参数，就可以通过多尺度的蒙特卡罗模拟计算材料的电荷迁移率，TIPS-pentacene 体系的迁移率随温度的变化关系如图 5-12 所示，实线为不考虑热涨落，通过量子载流子转移速率公式计算的电荷迁移率随温度的变化；虚线为考虑热涨落的迁移率随温度的变化。图 5-12 内置图为基于半经典 Marcus 理论不考虑热涨落与考虑热涨落时电荷迁移率随温度的变化规律，发现：①对于 TIPS-pentacene 体系，基于局域电荷的量子核隧穿效应确实给出迁移率随温度下降(类能带传输)的关系，与半经典 Marcus 理论形成鲜明对比；②动力学涨落在低温下使得迁移率下降，而在室温附近却可以促进电荷传输；③我们计算的室温空穴迁移率为 1.7 cm²/(V·s),与 Sakanoue 和 Sirringhaus 测量的实验结果 1.5 cm²/(V·s) 非常接近，如此好的一致性表明我们的方法可以定量地预测材料的迁移率。因此，局域电荷图像的核隧穿理论不仅能够解释 TIPS-pentacene 的迁移率随温度的变化，迁移率定量结果也与实验非常吻合。

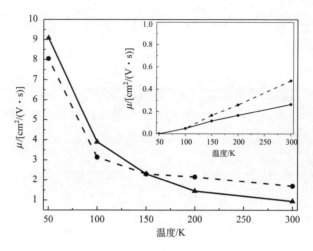

图 5-12 迁移率随温度的变化关系图[17]

虚线为考虑热涨落，实线为不考虑热涨落，基于转移积分的平均值；内置图为基于半经典 Marcus 理论计算的迁移率的结果

基于动力学局域化模型[5]，在低温下，陷阱的存在导致电荷局域；在高温下，热涨落导致电荷局域。如果在不同的温度范围电荷的局域机制不同，那么电荷将表现出不同的温度依赖关系，然而，这与实验结果是矛盾的。因为光学吸收峰的位置对电荷局域的分子数目非常敏感，电荷局域分子数目的改变会引起电荷调制谱的吸收峰位置的移动，而实验结果并不是这样。然而，基于局域电荷图像，考虑高频振动耦合的量子核隧穿效应不仅可以解释类能带传输，而且局域化图像与电荷调制谱发现的单分子电荷态的吸收相吻合。因此，核隧穿效应是导致局域电荷图像下电荷迁移率随温度升高而下降的原因。

### 5.5.2 核隧穿理论与电荷迁移率预测

在预测有机半导体材料电荷传输性能方面，核隧穿效应同样具有重要的作用。选取几种典型的电子传输材料作为研究对象：萘四酰亚二胺(NDI)衍生物、苝四酰亚二胺(PDI)衍生物以及氟取代的寡聚噻吩的衍生物，如图 5-13 所示。

基于分子的晶体结构，我们首先计算分子的转移积分与重组能，图 5-14 显示了几个主要传输通道的转移积分。这几个分子中最大的转移积分为 78.4 meV，分子沿两个方向呈砖墙状堆积，其次为 73.5 meV，呈一维堆积。而其他分子的转移积分都比较小，不超过 50 meV。体系的重组能远大于分子间最大的电子耦合，这表明跳跃模型是研究其电荷传输性质的合适方法。

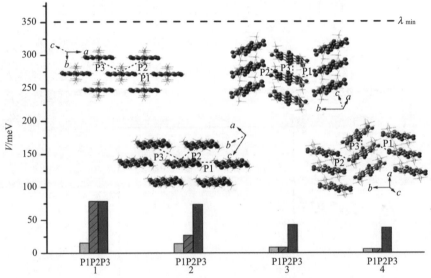

图 5-13　几种典型的电子传输材料

图 5-14　分子堆积及相应电子耦合

虚线标出这类体系最小的重组能的位置

　　图 5-15 为 NDI 的正则模式分析，由此可以看出高频部分（1350～1700 cm$^{-1}$）对重组能有主要贡献。将其投影到分子内坐标上发现，C＝O 键、C—C 键的伸缩振动分别占了 17.4% 和 58.7% 的比重。因此半经典 Marcus 理论已经不能正确描述这种情况的电子转移。图 5-16 中列出了基于半经典 Marcus 理论和全量子载流子转移速率（核隧穿理论）计算的电子迁移率。我们发现核隧穿理论与实验结果非常吻合，而半经典 Marcus 理论总是低估迁移率，甚至其相对关系也与实验不一致。

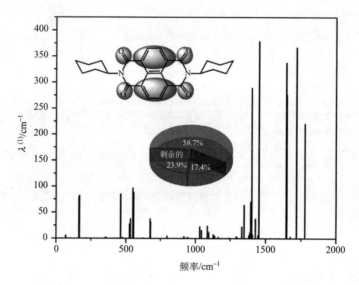

图 5-15 重组能的正则模式分析[17]

饼图中比重从大到小分别代表 C—C 单键和双键伸缩以及 C=O 键伸缩对重组能的贡献

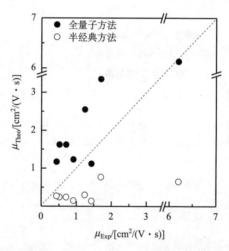

图 5-16 基于 DFT-PW91 水平 1~8 分子计算的电子迁移率与实验对比[17]

圈为半经典 Marcus 结果，黑点为理论计算的量子电荷迁移率，横坐标为实验测量值

因此，我们认为对于一大类有机半导体，其转移积分远小于重组能($V \ll \lambda$)时，电荷迁移率可以通过基于局域图像的核隧穿理论来计算。核隧穿理论对于典型的电子传输材料，包括萘四酰亚二胺衍生物、苝四酰亚二胺衍生物及氟取代的寡聚噻吩的衍生物，计算结果与实验测量非常吻合；而半经典 Marcus 理论不仅低估材料的迁移率，而且不同材料的相对趋势也与实验偏差很大。

### 5.5.3　含时波包扩散预测电荷迁移率

　　量子核隧穿跳跃模型与 Marcus 理论都是针对载流子局域性较强的体系。当分子间电子转移积分增加时，电子的相干作用会变强，载流子会在一定程度上离域在多个分子上。当载流子存在部分离域情况时，通常采用量子动力学的方法来模拟载流子的输运过程，因为它可以同时描述核的振动作用和载流子的离域效应。目前，常用于研究电荷传输性质的量子动力学方法有混合量子经典动力学方法[33,34]和全量子动力学方法[23,24]。混合量子经典动力学方法中核的运动是通过经典动力学方法来模拟；而全量子动力学方法中核的运动是利用量子动力学方法来研究，如非微扰级联运动微分方程[23]、非马尔可夫随机薛定谔方程[24]等。由于数值收敛问题和计算储存限制，大多数全量子动力学方法只能用来研究含有数十个格点的体系，因此很少被用于实际体系的研究。赵仪等提出了一种基于随机薛定谔方程的全量子动力学方法以研究载流子传输性质，即含时波包扩散(TDWPD)方法[8]。该方法可以在考虑核量子效应的同时，快速地处理含有数百至数千位点的体系。

　　这里，选择具有高迁移率的二维传输有机半导体为研究对象，包括空穴传输材料，并五苯、红荧烯、噻吩并苯衍生物 DNTT 和 DATT；电子传输材料，萘四酰亚二胺衍生物(NDI-C6)和苝四酰亚二胺衍生物(PDIF-CN2)(图 5-17)。

(a) 并五苯　(b) 红荧烯　(c) DATT　(d) DNTT　(e) NDI-C6　(f) FDIF-CN2

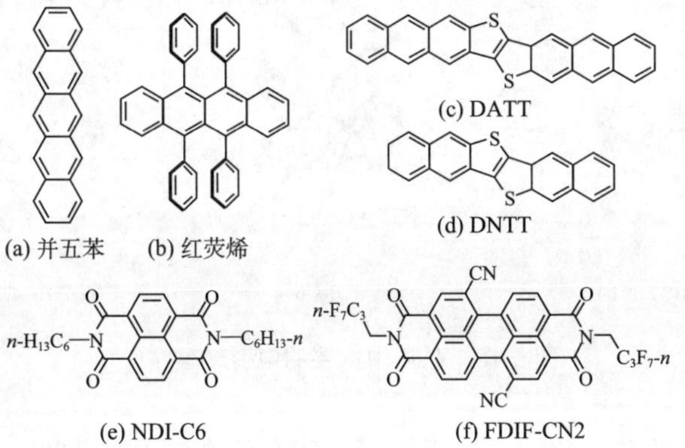

图 5-17　分子结构

　　体系重组能和分子间电子转移积分列于表 5-2 中，对应的电荷跃迁路径在图 5-18 中标出。对于红荧烯晶体，转移积分较大的电荷跃迁均发生在 *bc* 面内，而其他晶体中转移积分较大的电荷跃迁均发生在 *ab* 面内，这说明所有体系均为二维传输材料。因此，这里我们利用 Marcus 理论、核隧穿理论和含时波包扩散方法分别考察它们的二维载流子传输性质。有机半导体分子晶体的二维迁移率在表 5-3 中给出。

表 5-2　六个体系非零的电子转移积分($V$)和体系重组能($\lambda$)　（单位：meV）

| 指标 | 并五苯 | 红荧烯 | DATT | DNTT | NDI-C6 | PDIF-CN2 |
|---|---|---|---|---|---|---|
| $V1$ | 32.6 | 83.0 | 66.8 | 67.2 | 70.3 | 92.0 |
| $V2$ | 47.0 | 14.1 | 38.4 | 86.1 | 29.1 | 0.1 |
| $V3$ | 77.1 | 1.2 | 84.8 | 20.5 | 14.9 | 65.0 |
| $V4$ | 29.9 | 0.1 | 2.2 | 2.5 | | |
| $V5$ | 3.4 | | 0.2 | 0.3 | | |
| $\lambda$ | 91 | 151 | 86 | 131 | 351 | 277 |

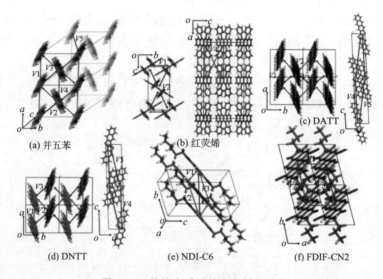

(a) 并五苯　(b) 红荧烯　(c) DATT

(d) DNTT　(e) NDI-C6　(f) FDIF-CN2

图 5-18　晶体中重要的电荷转移路径

转移积分和重组能的计算结果表明，所有体系的重组能均大于最大的转移积分，说明电荷不太可能离域在整个晶体上以 Bloch 波的形式传输。因此，基于能带模型的玻尔兹曼输运方程会高估电荷迁移率，见表 5-3。特别是 DATT、DNTT 和 PDIF-CN2 体系，我们发现基于能带模型理论预测迁移率比实验所得迁移率大 10 倍以上（表 5-3）。因此，只考虑声学声子散射的能带模型不能很好地描述这些高迁移率体系的电荷传输性质，必须考虑分子内振动以及分子间的弱相互作用导致的电荷局域性。

表 5-3  通过 **Marcus** 理论、核隧穿理论、**TDWPD** 和形变势理论(**DP**)计算得到的沿晶格矢量
方向(**a**、**b** 或 **c**)的及二维平均的迁移率

| 体系 | $\mu/[cm^2/(V \cdot s)]$ | | | | |
|---|---|---|---|---|---|
| | Marcus 理论 | 核隧穿理论 | TDWPD | 形变势理论 | 实验 |
| 并五苯 | $a$: 9.4 | $a$: 16.9 | $a$: 21.8 | $a$: 58.0 | 15~40[36] |
| | $b$: 9.3 | $b$: 16.7 | $b$: 21.1 | $b$: 44.0[35] | |
| | 平均: 10.0 | 平均: 17.7 | 平均: 22.6 | | |
| 红荧烯 | $b$: 13.8 | $b$: 48.9 | $b$: 49.0 | $b$: 51.0 | 16.5[37] |
| | $c$: 0.8 | $c$: 2.8 | $c$: 3.2 | $c$: 18.0[35] | |
| | 平均: 7.4 | 平均: 25.8 | 平均: 26.1 | | |

我们比较了不同理论模型的迁移率的各向异性(图 5-19)。由图可知，Marcus 理论、量子核隧穿跳跃模型和含时波包扩散方法得到的迁移率的各向异性一致。在这六个体系中，红荧烯的各向异性最强($\mu_b \approx 15\mu_a$)，这是由于其晶体中 $b$ 方向上的转移积分远远大于其他方向的转移积分。而并五苯、DATT 和 DNTT 的各向异性最小($\mu_a < 2\mu_b$)。红荧烯迁移率的强各向异性和 DNTT 迁移率的弱各向异性与实验测试结果较为一致，说明计算结果的合理性[6,38,39]。

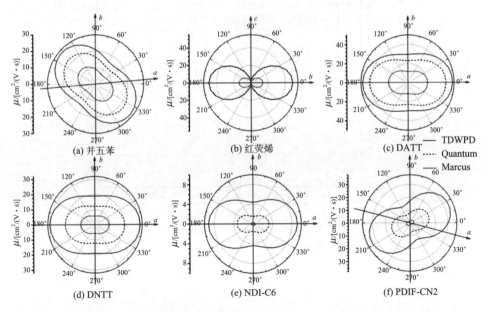

图 5-19  由 Marcus 理论、量子核隧穿跳跃模型(Quantum)、TDWPD 计算得到的不同体系二维
迁移率的各向异性

通过不同理论模型计算得到迁移率的大小顺序为：$\mu_{TDWPD} > \mu_{Quantum} > \mu_{Marcus}$，由此可以推断核隧穿效应与电荷离域效应都会促进载流子传输。通过与实验结果对比，发现 Marcus 理论低估了电荷迁移率，这说明 Marcus 理论对于研究高迁移率有机半导体的电荷传输机制不太适用。相较而言，考虑了核隧穿效应的量子核隧穿跳跃模型和 TDWPD 方法计算得到的迁移率与实验结果相当或者略大于实验结果，说明其计算结果的合理性。

Marcus 理论和量子核隧穿跳跃模型的不同主要在于前者只考虑了原子核的经典振动效应，而后者还考虑了原子核振动的量子效应，即核隧穿效应。因此，为了衡量核隧穿效应的大小，我们计算两种模型电荷迁移率的比值（$\mu_{Quantum}/\mu_{Marcus}$），如图 5-20 所示，发现核隧穿效应与体系的重组能大小密切相关。随着体系的重组能增加，分子内振动对载流子的散射作用增加，导致其迁移率减小，但是核隧穿效应却也随着重组能的增加而线性增强。结果表明，考虑量子核隧穿效应的迁移率至少是 Marcus 迁移率的两倍以上，这更说明有机半导体电荷传输过程中核隧穿效应不可忽略。考虑到 Marcus 理论是在量子核隧穿跳跃模型的基础上采用短时近似(STA)和高温近似(HTA)得到，我们利用只做短时近似不做高温近似的量子核隧穿模型[式(5-42)]计算体系的迁移率($\mu_{STA}$)。

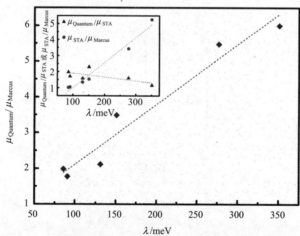

图 5-20　所有体系的重组能($\lambda$)与$\mu_{Quantum}/\mu_{Marcus}$的对应关系

内嵌图为重组能($\lambda$)与$\mu_{Quantum}/\mu_{STA}$及$\mu_{STA}/\mu_{Marcus}$的对应关系

$$W_{STA} = \frac{1}{\hbar^2}\left|H'_{fi}\right|^2 \sqrt{\frac{2\pi}{\sum_j S_j \omega_j^2 (2\bar{n}_j + 1)}} \exp\left[-\frac{\left(\sum_j S_j \omega_j\right)^2}{2\sum_j S_j \omega_j^2 (2\bar{n}_j + 1)}\right] \tag{5-44}$$

这里用 $\mu_{\text{Quantum}}/\mu_{\text{STA}}$ 和 $\mu_{\text{STA}}/\mu_{\text{Marcus}}$ 分别指代短时近似效应和高温近似效应，见图 5-20 内置图。随着重组能增加，短时近似效应减小，而高温近似效应增加。另外，当重组能大于约 160 meV 时，高温近似对核隧穿效应的抑制起主要作用，即 Marcus 只能在较高温度下成立。Marcus 理论在室温下不成立，有很大的偏差。

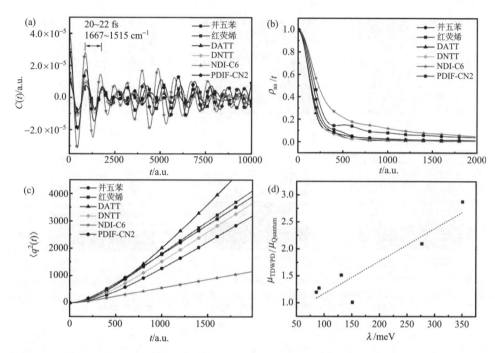

图 5-21　(a) 位点能涨落的含时量子相关函数 $C(t)$；(b) 初始位点 $a$ 的载流子布居数 $[\rho_{aa}(t)]$ 随时间 $(t)$ 的变化；(c) 载流子均方位移 $(\langle q^2(t)\rangle)$ 随时间 $(t)$ 的变化；(d) 体系的重组能 $\lambda$ 与 $\mu_{\text{TDWPD}}/\mu_{\text{Quantum}}$ 的对应关系

TDWPD 方法不仅包括了核隧穿效应，还考虑了电荷的离域效应与电子相干效应，因此使得由 TDWPD 方法计算得到的迁移率大于由量子核隧穿跳跃模型计算得到的结果。从位点能涨落的含时量子相关函数 [图 5-21(a)] 可以看出，重组能越大的体系，位点能涨落的相关函数振荡幅度越大，即位点能涨落幅度越大，而这六个共轭体系的振荡周期类似，因此涨落幅度越大使得载流子扩散越慢。因此，具有最大重组能的 NDI-C6 的载流子扩散程度最小，导致其迁移率也最小。

电子相干效应一般可由哈密顿量的非对角元来衡量，但是我们使用的 TDWPD 方法中只考虑了实数涨落，忽略了声子相位，导致波函数相位失准，因此无法准确计算电子相干长度。不过，需要强调的是，忽略虚部涨落不会影响对称体系的粒子数动力学，即迁移率不受影响。另外，通过观察初始位点上载流子

布居数 $\rho_{aa}(t)$ 随时间 $t$ 的变化关系[图 5-21(b)]，可以定性地看出电子相干性强弱。在时间小于 1000 a.u. 时，载流子布居数随时间产生轻微振荡，说明载流子传输中确实存在相干效应，但是随着时间延长，体系达到准热平衡后电子相干作用不再明显。

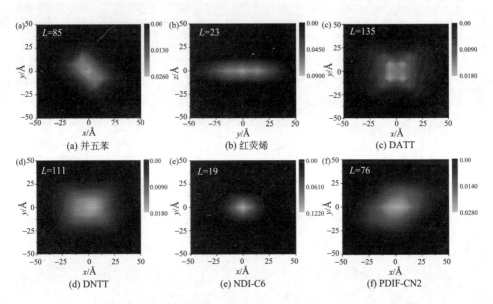

图 5-22　六个体系在时间为 1000 a.u. 时的载流子布居数分布

图中标出了对应的载流子离域长度($L$)

载流子的离域效应可以用离域长度 $L = 1 / \sum_{i=1} |c_i|^4$ 来衡量。由图 5-21(c) 中的载流子均方位移随时间变化可知，1000 a.u.(24 fs) 时所有体系已处于扩散的热平衡阶段，因此，在图 5-22 中给出了 24 fs 时的载流子布居数分布及对应的载流子离域长度。由 TDWPD 方法可知，载流子布居数分布是由重组能和转移积分综合作用的结果。通过对比图 5-22 与图 5-19 可以看出，迁移率的各向异性与载流子的布居数分布一致，很好地说明某方向上载流子扩散的快慢直接决定该方向上的迁移率大小。红荧烯因为具有较小的重组能(151 meV)和较大的转移积分($V1$=83.0 meV)，导致其迁移率也较大[26 cm$^2$/(V·s)]。但是，因为它的各向异性太强，使得其载流子离域长度远小于并五苯、DATT、DNTT 和 PDIF-CN2。而红荧烯的 $\mu_{TDWPD}$ 与 $\mu_{Quantum}$ 两个计算值接近可能也是由其相对较小的离域效应导致。

NDI-C6 体系的载流子离域效应虽然也很小，但计算得到的 $\mu_{TDWPD}$ 却是 $\mu_{Quantum}$ 的两倍。通过分析发现，$\mu_{TDWPD}/\mu_{Quantum}$ 与体系重组能呈正向关系，如图 5-21(d) 所示。由前面的分析可知，载流子离域长度与重组能呈反向关系，而量子核隧穿效应与重组能呈正向关系。因此,我们认为当重组能较小($\lambda<200\ \text{meV}$)时,TDWPD 方法中离域效应对载流子传输的促进作用更明显,因而对 $\mu_{\text{TDWPD}}/\mu_{\text{Quantum}}$ 起主导作用;当重组能较大($\lambda>200\ \text{meV}$)时,TDWPD 方法中包含的量子核隧穿效应会明显大于量子核隧穿跳跃模型,从而对 $\mu_{\text{TDWPD}}/\mu_{\text{Quantum}}$ 的增加起主导作用。

因此,通过 Marcus 理论、量子核隧穿跳跃模型和 TDWPD 方法,我们分别考察了一系列高迁移率的二维传输有机半导体的电荷传输性质。首先,二维迁移率的各向异性结果表明,三种方法得到的各向异性一致,其中红荧烯存在很强的各向异性输运性质,而其他体系,即并五苯、DATT、DNTT、NDI-C6 和 PDIF-CN2,其迁移率的各向异性较弱。通过与实验迁移率对比发现,不考虑核隧穿效应的 Marcus 理论会低估所有体系的载流子迁移率,而考虑核隧穿效应的量子核隧穿跳跃模型和 TDWPD 方法得到的迁移率与实验结果相当或略大于实验结果,说明这两种方法在解释高迁移率有机半导体方面更为合理。另外,转移积分和重组能的计算结果表明这些体系中电荷不可能离域在整个体系呈能带形式传输,而形变势理论计算得到的迁移率也大大高于实验值。因此,我们认为核隧穿效应在这些高迁移率的有机半导体电荷传输中十分重要,并且重组能越大的体系,核隧穿效应越强。此外,还发现采用 TDWPD 方法得到的迁移率略高于量子核隧穿跳跃模型的结果,这是 TDWPD 方法中载流子的离域效应和量子核隧穿效应综合作用的结果。

## 5.6　电荷传输模型与同位素效应

在化学反应动力学中,同位素效应是研究反应机理的重要手段。当同位素取代发生在化学键断裂或生成的位置,反应速率会发生较大改变[40]。在有机发光材料中,氘代会降低单重态($S_1 \rightarrow S_0$)或三重态激发态($T_1 \rightarrow S_0$)的无辐射跃迁速率,增加其荧光或磷光量子产率[41]。但是对于有机半导体电荷传输的同位素效应,目前实验较少且尚无定论。早在 1970 年,Munn 等提出在"慢电子"极限下同位素取代导致电荷迁移率增加,然而,在"慢声子"极限下,同位素取代导致电荷迁移率减小[42,43]。1971 年,Morel 和 Hermann 发现室温下氘代蒽晶体 $c'$方向电子迁移率升高三倍[44]。然而,1973 年,他们便推翻了之前的结论,报道氘代蒽晶体中 $c'$方向电子迁移率的同位素效应为负值($-10\%$),而 $a$、$b$ 方向电子迁移率没有同位素效应[45]。最近,Frisbie 等成功制备了基于单晶氘代红荧烯的场效应晶体管,实验发现同位素取代后空穴迁移率相对于未取代的单晶红荧烯的电荷迁移率并没有发生明显变化[37]。而 Xiao 等发现氘代 P3HT 薄膜的电荷迁移率减小近一个数量级[46]。由于不同电荷传输模型对原子核振动的近似不同，同位素效应与电荷传输模型密切相关。

### 5.6.1　基于能带模型的同位素效应

选取目前实验报道最高空穴迁移率的 $C_8$-BTBT 作为研究对象，基于电荷完全离域的能带模型研究氘代对电荷迁移率的影响[29]。鉴于同位素取代对体系的电子结构没有影响，因此未取代 $C_8$-BTBT 和氘代 $C_8$-BTBT 的能带结构完全一样，这里不加赘述。基于体系的电子结构，采用玻尔兹曼输运方程在弛豫时间近似下模拟 $C_8$-BTBT 晶体的微观电荷输运性质。在玻尔兹曼输运理论中，电导 $\sigma$ 与输运分布函数 $\sum_k v_k \tau_k$ 相关，其中 $v_k = \nabla_k \varepsilon_k / \hbar$ 为单个电子在特定带中的群速度；$\varepsilon_k$ 为 $k$ 点能带能量。由于同位素取代不影响体系能带结构，因此群速度也不受同位素取代影响，主要考虑同位素对弛豫时间 $v_k$ 的影响。

弛豫时间是衡量电子在声子散射过程中恢复平衡态所需的时间。当只考虑长波极限下的纵声学声子散射时，假设散射矩阵元与格波传播方向无关，则弛豫时间可表示为 $\dfrac{1}{\tau_k} = \dfrac{2\pi}{\hbar} \dfrac{k_B T E_1^2}{C_{ii}} \sum_{k'} \delta(\varepsilon_k - \varepsilon_{k'})(1 - \cos\theta)$，其中，$\delta(\varepsilon_k - \varepsilon_{k'})$ 为狄拉克 $\delta$ 函数；$\theta$ 为 $k$ 和 $k'$ 之间的夹角。$\left| M(k,k') \right|^2 = k_B T E_1^2 / C_{ii}$ 为电子从 Blöch 态 $k$ 散射到 $k$ 的矩阵元，其中，$E_1$ 为形变势常数；$C_{ii}$ 为格波传播方向的弹性常数。为了简化，将单胞沿晶体 $a$、$b$ 和 $c$ 方向分别延伸。$E_1$ 通过对晶格拉伸过程的带边能量位移进行线性拟合而得到，$C_{ii}$ 通过对晶格拉伸过程中的总能量进行抛物线拟合得到。在晶格拉伸过程中，当两种 $C_8$-BTBT 晶体结构一样时，它们的群速度 $v_k$、带边能量和总能量也一样。因此，通过线性拟合晶格拉伸过程中带边能量的改变得到的形变势常数 $E_1$ 应该相同，而通过抛物线拟合晶格拉伸过程中总能量的改变得到的弹性常数 $C_{ii}$ 也应该相同。

由表 5-4 可以看出，未取代 $C_8$-BTBT 和氘代 $C_8$-BTBT 的 $E_1$ 和 $C_{ii}$ 基本一致，微小的不同主要是拟合过程中的数值误差导致。又因为 $v_k$，$E_1$ 和 $C_{ii}$ 不受同位素取代的影响，由这三个量决定的弛豫时间 $\tau_k$ 也不具有同位素效应(表 5-5)。因而，与输运分布函数 $\sum_k v_k \tau_k$ 相关的电导 $\sigma$ 也不具有同位素效应。所以，氘代不改变 $C_8$-BTBT 的能带迁移率，如表 5-6 所示。表中取代前后迁移率的不同是由拟合 $E_1$ 和 $C_{ii}$ 时的数值误差导致。因此，我们认为对于声学声子散射占主导的能带传输过程不存在同位素效应。

表 5-4　未取代和氘代 C$_8$-BTBT 晶体沿 $a$、$b$ 和 $c$ 方向的形变势常数（$E_1$）和弹性常数（$C_{ii}$）

| 方向 | 载流子 | 未取代 C$_8$-BTBT | | 氘代 C$_8$-BTBT | |
|------|--------|-------------------|---|------------------|---|
| | | $E_1$ [15] | $C_{ii}$ ($10^9$ J/m³) | $E_1$ [15] | $C_{ii}$ ($10^9$ J/m³) |
| $a$ | 电子 | 2.29 | 18.3 | 2.29 | 18.3 |
| | 空穴 | 1.39 | | 1.39 | |
| $b$ | 电子 | 0.74 | 9.91 | 0.74 | 9.76 |
| | 空穴 | 2.73 | | 2.73 | |
| $c$ | 电子 | 0.81 | 37.8 | 0.78 | 37.4 |
| | 空穴 | 0.50 | | 0.47 | |

表 5-5　室温下未取代和氘代 C$_8$-BTBT 晶体的电子和空穴的弛豫时间（$\tau$）

| C$_8$-BTBT | $\tau$ /fs | |
|------------|-----------|---|
| | 电子 | 空穴 |
| 未取代 | 50.3 | 117 |
| 氘代 | 51.3 | 120 |

表 5-6　室温下未取代和氘代 C$_8$-BTBT 晶体 $a$、$b$ 方向的电荷迁移率

| | $\mu$/[cm²/(V·s)] | |
|---|-------------------|---|
| | 未取代 C$_8$-BTBT | 氘代 C$_8$-BTBT |
| $\mu_a^h$ | 180 | 184 |
| $\mu_b^h$ | 165 | 171 |
| $\mu_a^e$ | 13.4 | 13.6 |
| $\mu_b^e$ | 28.1 | 28.8 |

## 5.6.2　基于跳跃模型的同位素效应

由于同位素取代不影响材料的电子结构，因此同位素取代不会影响分子间的转移积分和分子的总重组能。根据 Marcus 理论，同位素取代不影响 Marcus 跳跃模型下材料电荷迁移率。但是对于有机半导体材料，原子核的量子振动带来的核隧穿效应在载流子传输中十分重要[17]。虽然同位素取代不影响材料的电子结构，但是同位素取代通过改变原子核的质量影响原子核振动特征，可用来研究原子核振动的量子效应对电荷传输的影响，即核隧穿效应。

选取典型的高迁移率电子传输材料[47,48]：NDI-C6 和 $N,N'$-二辛基苝四酰亚二

胺(PDI-C8)作为研究对象。如果将氢原子(H)用氘原子(D)取代，原子质量会增加 100%；用 $^{13}$C 取代 $^{12}$C，原子质量仅增加 8%。然而，在有机材料中，碳链主体的伸缩振动是载流子传输的主要弛豫通道。因此，我们同时考察电荷传输的氘代效应和 $^{13}$C 取代效应，见图 5-23。NDI-C6 和 PDI-C8 同位素取代情形分别标记为未取代物(N0、P0)，氘代物(N1、P1)，烷基链氘代物(N2、P2)，主链氘代物(N3、P3)，主链全 $^{13}$C 取代物(N4、P4)，以及主链部分 $^{13}$C 取代物(N5)。

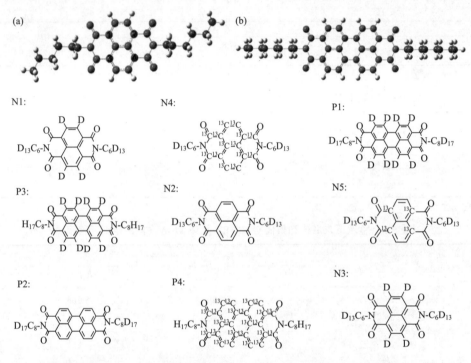

图 5-23  NDI-C6(a)和 PDI-C8(b)的同位素取代分子结构

基于密度泛函理论，我们优化了同位素取代前后体系中性与带电态的几何结构，结果表明同位素取代不影响体系的平衡结构。由玻恩-奥本海默近似可知，基于同样的几何结构，仅仅增加原子核质量不会改变体系的电子结构，因此同位素取代前后体系总重组能不变。NDI-C6 和 PDI-C8 同位素体系的总重组能分别为350 meV 和 271 meV。同位素取代也不会改变分子间堆积，因此体系的转移积分也保持不变。NDI-C6 和 PDI-C8 的最大转移积分分别为 74 meV 和 44 meV。

由上述可知，体系重组能($\lambda$) $\gg$ 转移积分($V$)，电荷传输满足局域电荷图像下的跳跃模型。基于核隧穿理论与蒙特卡罗模拟，我们得到了同位素取代 NDI-C6和 PDI-C8 的电子迁移率及对应同位素效应，见表 5-7。计算结果表明，氘代物(N1、

P1)，烷基链氘代物(N2、P2)以及主链全 $^{13}$C 取代物(N4、P4)的 NDI-C6 和 PDI-C8 具有明显的同位素效应：即同位素取代后，迁移率明显减小。尤其是氘代 NDI-C6 和 PDI-C8，迁移率减小程度分别高达 20.2% 和 15.8%。相反，主链氘代物(N3、P3)以及主链上 4 个 $^{13}$C 取代的 NDI-C6(N5)基本没有同位素效应。

表 5-7　晶体中主要转移积分与相应的载流子转移速率($k$)及对应的同位素效应($\mathrm{IE_k}$，定义为 $(k_{Ni}-k_{N0})/k_{N0}$)，室温电子迁移率($\mu_e$)及对应的同位素效应($\mathrm{IE}_\mu$，定义为 $(\mu_{Ni}-\mu_{N0})/\mu_{N0}$)

| NDI-C6 | $k/(10^{13}\,\mathrm{s}^{-1})$ | $\mathrm{IE_k}/\%$ | $\mu_e/\%$ | $\mathrm{IE}_\mu/\%$ | PDI-C8 | $k/(10^{13}\,\mathrm{s}^{-1})$ | $\mathrm{IE_k}/\%$ | $\mu_e/\%$ | $\mathrm{IE}_\mu/\%$ |
|---|---|---|---|---|---|---|---|---|---|
| N0 | 9.38 | 0.0 | 4.31 | 0.00 | P0 | 11.4 | 0.00 | 13.19 | 0.0 |
| N1 | 7.47 | −20.3 | 3.44 | −20.2 | P1 | 9.7 | −14.8 | 11.11 | −15.8 |
| N2 | 7.59 | −19.0 | 3.55 | −17.6 | P2 | 10.1 | −11.6 | 11.53 | −12.6 |
| N3 | 9.20 | −1.9 | 4.27 | −0.9 | P3 | 11.0 | −3.4 | 12.89 | −2.3 |
| N4 | 8.64 | −7.9 | 4.02 | −6.7 | P4 | 10.4 | −8.6 | 11.87 | −10.0 |
| N5 | 9.28 | −1.1 | 4.28 | −0.7 | | | | | |
| Marcus | 0.52 | | 0.24 | | Marcus | 0.44 | | 0.50 | |
| 实验 | | | 0.7[51] | | 实验 | | | 1.7[52] | |

目前已有 NDI 和 PDI 衍生物的迁移率达 6～8 cm$^2$/(V·s)[49,50]。核隧穿模型预测材料的本征电荷迁移率与实验接近，能够用来描述 NDI 和 PDI 体系的电荷传输，而半经典 Marcus 理论计算结果表明，所有同位素取代 NDI-C6(PDI-C8)的载流子转移速率相同，电子迁移率也相同，因此不存在同位素效应。另外，从表 5-3 可以看出 Marcus 理论低估了迁移率。所以，Marcus 理论不能合理描述有机半导体的电荷传输。

同位素效应的来源可通过分析电子-声子相互作用得到。由全量子载流子转移速率公式可知，载流子转移速率与振动模式的黄昆因子($S_j$)、频率($\omega_j$)及它们的分布相关，与转移积分($V$)无关。$S_j$ 可以由总重组能向正则模式投影得到。$S_j$ 越大的模式对载流子的散射作用越强，当同位素取代对这些模式影响较大时振动频率会明显减小，从而减小了核隧穿能力。考虑到总重组能不受同位素取代影响，降低频率会增加电子-声子耦合，因此在减弱的核隧穿效应和增强声子散射作用下，载流子转移速率减小。

为了更好地理解同位素对电荷传输的影响，我们以 NDI-C6 为例做正则模式分析。在图 5-24 中，给出五个对重组能贡献最大的模式，而它们对应的不同同位素取代体系的频率在表 5-8 中列出：其中 N1 和 N2 中模式 1 的频率以及 N4 中模式 2～模式 5 的频率相对于取代前 N0 模式的频率均明显减小。而 N3 和 N5 的五个

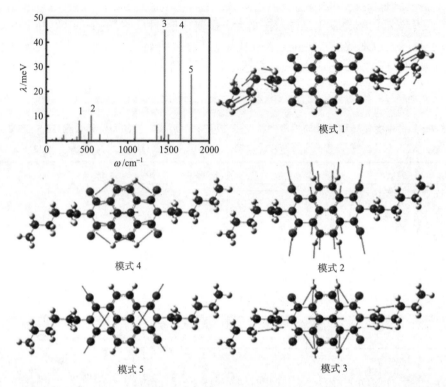

图 5-24　NDI-C6 (N0) 的振动模式分析以及对重组能贡献最大的五个振动模式[29]

表 5-8　**NDI-C6 体系同位素取代前后振动模式频率的变化**

| NDI-C6 | 频率/cm⁻¹ | | | | |
|---|---|---|---|---|---|
| | 模式 1 | 模式 2 | 模式 3 | 模式 4 | 模式 5 |
| N0 | 405.41 | 557.00 | 1450.90 | 1646.63 | 1781.34 |
| N1 | 391.65 | 551.47 | 1446.22 | 1632.79 | 1779.00 |
| | (3.39%) | (0.99%) | (0.32%) | (0.84%) | (0.13%) |
| N2 | 392.17 | 556.55 | 1450.37 | 1646.62 | 1779.16 |
| | (3.26%) | (0.08%) | (0.04%) | (0.00%) | (0.12%) |
| N3 | 404.39 | 552.99 | 1446.24 | 1632.82 | 1781.18 |
| | (0.25%) | (0.72%) | (0.32%) | (0.83%) | (0.01%) |
| N4 | 404.77 | 546.09 | 1394.99 | 1585.83 | 1735.63 |
| | (0.16%) | (1.96%) | (3.85%) | (3.69%) | (2.57%) |
| N5 | 405.14 | 554.78 | 1424.78 | 1632.27 | 1780.51 |
| | (0.07%) | (0.40%) | (1.80%) | (0.87%) | (0.05%) |

注：括号内数值代表频率变化比例

模式的频率减小幅度均很小。由图 5-24 可以看出，模式 1 主要为正己烷基支链的摇摆振动，因此 N1/N2 中支链氢氘代会使质量大大增加，从而大幅度减小模式 1 的频率。此外，模式 2 为面内芳香环的弯曲振动，模式 3 和模式 4 主要为芳香环上共轭 C—C 键的伸缩振动，而模式 5 主要为 C=O 双键的伸缩振动，因此主链上 $^{12}$C 全部被 $^{13}$C 取代会明显减小模式 2～模式 5 的频率。因此，核质量的大幅增加以及对重组能贡献大的模式的较大影响，使 N1、N2 和 N4 体系具有较大的同位素效应。对于 PDI-C8 体系，其结构与 NDI-C6 相似，振动模式与重组能分布也与 NDI-C6 类似，因而，其表现出的迁移率的同位素效应也与 NDI-C6 一致。因此，我们认为支链的全氘代能够揭示 NDI 和 PDI 电荷传输中的核隧穿效应，并帮助我们进一步澄清有机半导体中的电荷传输机制。

# 参 考 文 献

[1] Yuan Y B, Giri G, Ayzner A L, et al. Ultra-high mobility transparent organic thin film transistors grown by an off-centre spin-coating method. Nat Commun, 2014, 5: 3005.

[2] Lee B H, Bazan G C, Heeger A J. Doping-induced carrier density modulation in polymer field-effect transistors. Adv Mater, 2016, 28(1): 57.

[3] Coropceanu V, Cornil J, da Silva Filho D A, et al. Charge transport in organic semiconductors. Chem Rev, 2007, 107(5): 2165.

[4] Troisi A, Orlandi G. Charge-transport regime of crystalline organic semiconductors: Diffusion limited by thermal off-diagonal electronic disorder. Phys Rev Lett, 2006, 96(8): 086601.

[5] Sakanoue T, Sirringhaus H. Band-like temperature dependence of mobility in a solution-processed organic semiconductor. Nat Mater, 2010, 9(9): 736-740.

[6] Xie W, Willa K, Wu Y F, et al. Temperature-independent transport in high-mobility dinaphtho-thieno-thiophene (DNTT) single crystal transistors. Adv Mater, 2013, 25(25): 3478-3484.

[7] Asadi K, Kronemeijer A J, Cramer T, et al. Polaron hopping mediated by nuclear tunnelling in semiconducting polymers at high carrier density. Nat Commun, 2013, 4: 1710.

[8] Zhong X X, Zhao Y. Charge carrier dynamics in phonon-induced fluctuation systems from time-dependent wavepacket diffusion approach. J Chem Phys, 2011, 135(13): 134110.

[9] Zaumseil J, Sirringhaus H. Electron and ambipolar transport in organic field-effect transistors. Chem Rev, 2007, 107(4): 1296-1323.

[10] McCulloch I, Salleo A, Chabinyc M. Avoid the kinks when measuring mobility transistor measurements can overstate organic semiconductor charge carrier mobility. Science, 2016, 352(6293): 1521-1522.

[11] Sun H T, Ryno S, Zhong C, et al. Ionization energies, electron affinities, and polarization energies of organic molecular crystals: Quantitative estimations from a polarizable continuum model (PCM)-tuned range-separated density functional approach. J Chem Theory Comput, 2016, 12(6): 2906.

[12] Ryno S, Risko C, Bredas J L. Impact of molecular packing on electronic polarization in organic crystals: The case of pentacene *vs* TIPS-pentacene. J Am Chem Soc, 2014, 136(17): 6421-6427.

[13] Geng H, Zheng X Y, Shuai Z G. et al. Understanding the charge transport and polarities in organic donor-acceptor mixed-stack crystals: Molecular insights from the super-exchange couplings. Adv Mater, 2015, 27(8): 1443.

[14] Qin Y K, Chen C L, Geng H, et al. Efficient ambipolar transport properties in alternate stacking donor-acceptor complexes: From experiment to theory. Phys Chem Chem Phys, 2016, 18(20): 14094-14103.

[15] Valeev E F, Coropceanu V, da Silva Filho D A, et al. Effect of electronic polarization on charge-transport parameters in molecular organic semiconductors. J Am Chem Soc, 2006, 128(30): 9882-9886.

[16] Li W T, Shuai Z G, Geng H, et al. Theoretical insights into molecular blending on charge transport properties in organic semiconductors based on quantum nuclear tunneling model. J Photon Energy, 2018, 8: 032204.

[17] Geng H, Peng Q, Wang L J, et al. Toward quantitative prediction of charge mobility in organic semiconductors: Tunneling enabled hopping model. Adv Mater, 2012, 24(26): 3568-3572.

[18] Reimers J R. A practical method for the use of curvilinear coordinates in calculations of normal-mode-projected displacements and Duschinsky rotation matrices for large molecules. J Chem Phys, 2001, 115(20): 9103-9109.

[19] Geng H, Niu Y L, Peng Q, et al. Theoretical study of substitution effects on molecular reorganization energy in organic semiconductors. J Chem Phys, 2011, 135(10): 104703.

[20] Tang X D, Liao Y, Gao H Z, et al. Fascinating effect of dehydrogenation on the transport properties of *N*-heteropentacenes: Transformation from p- to n-type semiconductor. J Mater Chem, 2012, 22(35): 18181-18191.

[21] Long M Q, Tang L, Wang D, et al. Theoretical predictions of size-dependent carrier mobility and polarity in graphene. J Am Chem Soc, 2009, 131(49): 17728-17729.

[22] Long M Q, Tang L, Wang D, et al. Electronic structure and carrier mobility in graphdiyne sheet and nanoribbons: Theoretical predictions. ACS Nano, 2011, 5(4): 2593-2600.

[23] Wang D, Chen L P, Zheng R H, et al. Communications: A nonperturbative quantum master equation approach to charge carrier transport in organic molecular crystals. J Chem Phys, 2010, 132(8): 081101.

[24] Zhong X X, Zhao Y. Non-Markovian stochastic Schrödinger equation at finite temperatures for charge carrier dynamics in organic crystals. J Chem Phys, 2013, 138(1): 014111.

[25] Rauk A, Allen L C, Mislow K. Pyramidal inversion. Angew Chem Int Ed, 1970, 9(6): 400.

[26] Carpenter B K. Heavy-atom tunneling as the dominant pathway in a solution-phase reaction? Bond shift in antiaromatic annulenes. J Am Chem Soc, 1983, 105(6): 1700-1701.

[27] Jortner J. Temperature-dependent activation-energy for electron-transfer between biological molecules. J Chem Phys, 1976, 64(12): 4860-4867.

[28] van der Kaap N J, Katsouras I, Asadi K, et al. Charge transport in disordered semiconducting polymers driven by nuclear tunneling. Phys Rev B, 2016, 93(14): 140206.

[29] Jiang Y Q, Geng H, Shi W, et al. Theoretical prediction of isotope effects on charge transport in organic semiconductors. J Phys Chem Lett, 2014, 5(13): 2267-2273.

[30] Deng W Q, Goddard W A. Predictions of hole mobilities in oligoacene organic semiconductors from quantum mechanical calculations. J Phys Chem B, 2004, 108(25): 8614-8621.

[31] Shuai Z G, Geng H, Xu W, et al. From charge transport parameters to charge mobility in organic semiconductors through multiscale simulation. Chem Soc Rev, 2014, 43(8): 2662-2679.

[32] Chang J F, Sakanoue T, Olivier Y, et al. Hall-effect measurements probing the degree of charge-carrier delocalization in solution-processed crystalline molecular semiconductors. Phys Rev Lett, 2011, 107(6): 066601.

[33] Wang L J, Beljonne D. Flexible surface hopping approach to model the crossover from hopping to band-like transport in organic crystals. J Phys Chem Lett, 2013, 4(11): 1888-1894.

[34] Wang L J, Beljonne D. Charge transport in organic semiconductors: Assessment of the mean field theory in the hopping regime. J Chem Phys, 2013, 139(6): 064316.

[35] Kobayashi H, Kobayashi N, Hosoi S, et al. Hopping and band mobilities of pentacene, rubrene, and 2,7-dioctyl[1]benzothieno[3,2-b][1] benzothiophene (C$_8$-BTBT) from first principle calculations. J Chem Phys, 2013, 139(1): 014707.

[36] Jurchescu O D, Popinciuc M, van Wees B J, et al. Interface-controlled, high-mobility organic transistors. Adv Mater, 2007, 19(5): 688.

[37] Xie W, McGarry K A, Liu F L, et al. High-mobility transistors based on single crystals of isotopically substituted rubrene-d$_{28}$. J Phys Chem C, 2013, 117(22): 11522-11529.

[38] Sundar V C, Zaumseil J, Vitaly Podzorov V, et al. Elastomeric transistor stamps: Reversible probing of charge transport in organic crystals. Science, 2004, 303(5664): 1644-1646.

[39] Ling M M, Reese C, Briseno A L, et al. Non-destructive probing of the anisotropy of field-effect mobility in the rubrene single crystal. Synth Met, 2007, 157: 257260.

[40] Bigeleisen J, Wolfsberg M. Theoretical and experimental aspects of isotope effects in chemical kinetics. Adv Chem Phys, 1958, 1: 15-76.

[41] Hewitt J T, Concepcion J J, Damrauer N H. Inverse kinetic isotope effect in the excited-state relaxation of a Ru(II)-aquo complex: Revealing the impact of hydrogen-bond dynamics on nonradiative decay. J Am Chem Soc, 2013, 135(34): 12500-12503.

[42] Munn R W, Siebrand W. Theory of charge carrier transport in aromatic hydrocarbon crystals. J Chem Phys, 1970, 52(12): 6391.

[43] Munn R W, Nicholson J R, Siebrand W, et al. Evidence for an isotope effect on electron drift mobilities in anthracene crystals. J Chem Phys, 1970, 52(12): 6442.

[44] Morel D L, Hermann A M. Isotope effect for electron mobility in anthracene. Phys Lett A, 1971, 36(2): 101.

[45] Mey W, Sonnonstine T J, Morel D L, et al. Drift mobility of holes and electrons in perdeuterated anthracene single-crystals. J Chem Phys, 1973, 58(6): 2542-2546.

[46] Shao M, Keum J, Chen J H, et al. The isotopic effects of deuteration on optoelectronic properties of conducting polymers. Nat Commun, 2014, 5: 4180.

[47] Rivnay J, Jimison L H, Northrup J E, et al. Large modulation of carrier transport by

grain-boundary molecular packing and microstructure in organic thin films. Nat Mater, 2009, 8(12): 952-958.

[48] Katz H E, Lovinger A J, Johnson J, et al. A soluble and air-stable organic semiconductor with high electron mobility. Nature, 2000, 404(6777): 478-481.

[49] He T, Stolte M, Wurthner F. Air-stable n-channel organic single crystal field-effect transistors based on microribbons of core-chlorinated naphthalene diimide. Adv Mater, 2013, 25(48): 6951-6955.

[50] Minder N A, Ono S, Chen Z H, et al. Band-like electron transport in organic transistors and implication of the molecular structure for performance optimization. Adv Mater, 2012, 24(4): 503.

[51] Shukla D, Nelson S F, Freeman D C, et al. Thin-film morphology control in naphthalene-diimide-based semiconductors: High mobility n-type semiconductor for organic thin-film transistors. Chem Mater, 2008, 20(24): 7486-7491.

[52] Chesterfield R J, McKeen J C, Newman C R, et al. Organic thin film transistors based on $N$-alkyl perylene diimides: Charge transport kinetics as a function of gate voltage and temperature. J Phys Chem B, 2004, 108: 19281-19292.

# 第 6 章

# 有机光伏材料的模拟——形貌、界面与能量转换

## 6.1 有机光伏简介

### 6.1.1 有机光伏器件及材料的发展

太阳能是一种取之不尽、用之不竭的绿色清洁能源。随着能源和环境问题日趋严峻，如何高效利用和转化太阳能引起世界各国的广泛重视，成为科学和企业界的研究热点。太阳电池(即光伏电池)直接将太阳光能转变成电能，是有效利用太阳能的技术途径之一。目前基于无机材料主要是硅基材料(如单晶硅、多晶硅)的太阳电池已经商品化，但是由于价格昂贵且其制造过程本身能耗高，限制了它们的大规模应用。基于有机半导体为光活性材料的有机太阳电池，具有成本低、质量轻、柔性以及制作工艺简单等突出优点[1]。而且，有机体系分子结构容易裁剪修饰，有利于改善有机太阳电池的光伏性能。因此，有机太阳电池具有重要的发展和应用前景。

图 6-1 给出太阳电池典型的输出特性，即电流密度-电压($J$-$V$)曲线。从图中可以看出，表征器件性能的主要参数包括：①开路电压($V_{OC}$)：在光照条件下，太阳电池断路时的电压；②短路电流密度($J_{SC}$)：在光照条件下，太阳电池短路时的电流密度；③填充因子(FF)：太阳电池的最大输出功率 $P_m$ 与 $J_{SC}V_{OC}$ 之比；④能量转换效率(PCE)：是表征太阳电池光伏性能最重要的物理量，表明入射光的能量转换为电能的效率，即最大输出功率 $P_m$ 与入射光的光照强度 $P_{in}$ 之比。能量转换效率与开路电压、短路电流密度和填充因子成正比。

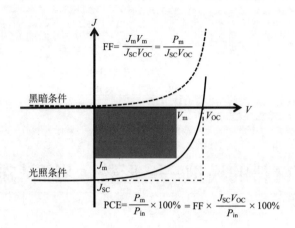

图 6-1　太阳电池典型的电流密度-电压(*J-V*)输出曲线和器件性能主要参数

$J_m$ 和 $V_m$ 分别对应最佳工作电流密度和最佳工作电压

有机太阳电池的器件结构经历了三个重要的发展。①肖特基型的单层电池 [图 6-2(a)]: 早在 1967 年, Gutmann 和 Lyons 等发现一种具有低功函数金属/有机分子/高功函数金属的夹心结构的电池可以表现出光伏效应。基于这个研究结果, 1973~1974 年, Ghosh 与其合作者[2-3]报道了几种以铝为低功函数金属, 银和金为高功函数金属, 用并四苯和酞菁类有机分子制备的单层有机光伏器件。随后, Tang、Merritt、Kampas 及 Fan 等[4-7]也以各种金属材料和有机小分子制备出类似的单层有机光伏器件。由于有机体系的介电常数很小, 吸收光后产生的是受束缚的电子-空穴对即激子, 激子束缚能达几百毫电子伏, 甚至超过 1 eV。因此, 单层器件的光生电荷效率非常低, 测试结果表明虽然其具有较高的 $V_{OC}$, 但是 $J_{SC}$ 和 FF 都很小, PCE 一般远低于 0.1%。②双层给受体平面异质结电池[图 6-2(b)]: 为提高有机光伏器件性能, 当时在柯达公司的邓青云博士在 1986 年创新性地提出双层有机太阳电池, 其器件结构为铟锡氧化物玻璃/有机给体分子(D)/有机受体分子(A)/金属银, 有机给体、受体分子分别为酞菁铜和四羧基苝衍生物[8]。这样, 可以利用给体与受体前线轨道之间的能量差作为驱动力克服激子束缚能, 使得激子在给受体界面有效分离产生电荷, 因而给受体双层器件的光伏效率(约 1.0%)比单层器件提高了很多。③给受体本体异质结电池[图 6-2(c)]: 1995 年加利福尼亚大学圣芭芭拉分校的 Heeger 等[9]使用聚对苯撑乙烯衍生物 MEH-PPV 和 CN-PPV 分别作为给体和受体材料, 制备了首个 "D/A 本体异质结" 有机光伏器件。他们将给体与受体混合形成一种互穿网络状的薄膜制作光活性层, 在很大程度上增加了给受体界面, 同时缩短激子扩散的距离, 从而极大地提高了激子分离的效率, 将有机太阳电池的效率提高到 1.5%, 是一个具有里程碑意义的研究工作。目前研究的有机光伏器件大部分属于本体异质结型结构。研究人员还进一步将多个本体异质结串联成叠层和多层器件[图 6-2(d)]，或者引入两种给体或受体材料制备三元体系本体异质结电池[图 6-2(e)]，从而拓宽吸收光谱范围，提高对太阳光的吸收能力和能量转换效率。

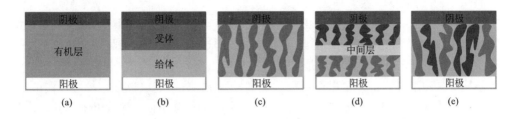

图 6-2　各种有机太阳电池器件结构示意图

(a)肖特基型单层结构；(b)双层给受体平面异质结；(c)给受体本体异质结；
(d)叠层电池；(e)三元体系本体异质结

除了器件结构，对有机光伏性能影响最重要的因素就是光活性层中电子给体和受体材料。在早期的单层和双层电池中，研究人员主要使用酞菁、四羧基苝衍生物等染料小分子作为活性层材料。1992 年，Sariciftci 等[10]发现使用 $C_{60}$ 分子作为电子受体材料，在有机电子给体材料与 $C_{60}$ 界面，激子可以在皮秒时间尺度上发生快速分离。自该研究成果发表以后，$C_{60}$、$C_{70}$ 及其衍生物 $PC_{60}BM$、$PC_{70}BM$ 一直是有机光伏器件的主要受体材料。因此长期以来，电子给体材料的发展是有机光伏领域的最主要研究方向之一。有机共轭聚合物是一种最重要的给体材料。聚对苯撑乙烯(PPV)是研究的较早的一类材料。1993 年，Sariciftci 等[11]在其 1992 年研究工作的基础上制备了 PPV/$C_{60}$ 双层电池器件。然后，通过对 PPV 的分子结构修饰，在侧链上引入烷氧基得到 MEH-PPV 和 MDMO-PPV 等 PPV 衍生物，并进行了大量的有机光伏器件研究[12-14]。研究结果显示，PPV 类材料的能量转换效率比较低，大概在 3%左右。而且，采用不同溶剂得到的活性层形貌具有很大差异，对器件的效率影响很大。因此在后来的研究工作中，研究人员使用改变溶剂、调节溶液浓度、热退火以及使用溶剂添加剂等方法来改善活性层形貌以提高有机光伏器件性能。聚噻吩类聚合物是继 PPV 衍生物之后一种重要的给体材料。其中，P3HT 具有高结晶性和高迁移率等优点，在很长一段时间内是有机光伏领域的一个研究热点。2003 年，Padinger 等[15]将 P3HT/$PC_{60}BM$ 器件在 75℃下处理 4 min，将器件的能量转换效率从 0.4%提高到 2.5%。2005 年，Heeger 等[16]经过 150℃热退火处理后，又将 P3HT/$PC_{60}BM$ 器件的效率提高到 5%。但是，受 P3HT 较窄的光吸收限制，基于 P3HT 的有机光伏器件的能量转换效率一直都不高。因此，通过对噻吩单元进行分子结构优化，以期获得具有更好光伏性能的聚噻吩衍生物。2006 年，中国科学院化学研究所李永舫等[17]在噻吩侧链上引入噻吩乙烯单元，得到二维共轭聚噻吩 biTV-PTs。基于 biTV-PTs 的器件效率为 3.18%，比相同条件下的 P3HT 器件效率高了 0.7%。而在 2014 年，中国科学院化学研究所侯剑辉等[18]在聚噻吩中引入长链酯基得到聚合物 PDCBT，该聚合物与 PC$_{71}$BM 制备的器件获得高达 7.2%的能量转换效率。

然而，PPV 与聚噻吩衍生物的带隙仍然较宽，不能很好地匹配太阳光谱，很大程度上限制了其光伏性能。因此，研究人员通过设计合成窄带隙聚合物来解决这个问题。目前，最成功的方法是在聚合物主链上引入电子给体-电子受体交替共聚结构。这种聚合物不但可以拓宽吸收光谱，而且其分子能级也很容易进行调节。研究人员发展了咔唑、芴、噻吩环戊二烯、苯并二噻吩(BDT)等给电子单元，同时发展了苯并噻二唑(BT)、噻吩并吡咯二酮(TPD)、吡咯并吡咯二酮(DPP)及噻吩并噻吩(TT)等吸电子单元。基于这些给电子和吸电子单元，通过交替共聚得到一系列的 D-A 型窄带隙聚合物。其中，基于噻吩环戊二烯和 BT 的聚合物 PCPDTBT 的光伏性能较为优异。2006 年，Brabec 等[19]制备的 PCPDTBT/PC$_{70}$BM 器件的能量转换效率达到 3.2%。随后在 2007 年，Heeger 等[20]通过使用溶剂添加剂将器件效率提高到 5%。用 Si 和 Ge 原子将 C 原子取代后得到噻吩环戊二硅(锗)烯结构单元，它们与 TPD 共聚得到的窄带隙聚合物的光伏效率超过 7%[21,22]。目前，基于 BDT 单元的窄带隙聚合物是光伏性能最好的电子给体材料之一。侯剑辉等[23]使用 BDT 单元与 BT、噻吩并吡嗪等吸电子单元制备了一系列的共聚物，有效地调节聚合物光电性质，但是它们的光伏性能都不太理想。2009 年，他们制备了含羰基的 TT 吸电子单元与 BDT 的共聚物 PBDTTT-C，能量转换效率为 6.6%[24]。紧接着，李刚[25]在 TT 单元上再引入氟原子，进一步增大器件开路电压，光伏效率也提高到 7.7%。随后，侯剑辉等[26]在 BDT 单元侧链上引入噻吩基团，再与含羰基 TT 单元共聚得到二维共轭聚合物 PBDTTT-C-T，它与 PC$_{70}$BM 制备的器件效率高达 9.1%。类似地，Chen 等[27]制备的聚合物 PTB7-Th 的光伏器件的效率也高达 9.3%。另外，侯剑辉等[28]在 BDT 单元侧链噻吩基上引入烷硫基，与含氟 TT 单元共聚得到聚合物 PBDT-TS1，其光伏器件的效率为 9.5%。后来对器件结构进行优化，效率提高到 10.2%[29]。除了基于 BDT 的聚合物，香港科技大学颜河[30]基于噻吩和含氟 BT 制备了聚合物 PffBT4T-C$_9$C$_{13}$也显示了非常优异的光伏性能，其短路电流密度接近 20 mA/cm$^2$，填充因子高达 73%，能量转换效率最高为 11.7%。更重要的是，该器件是使用不含卤元素的溶剂制备的，对保护环境具有重要的意义。

相对于聚合物来说，小分子具有纯度高、分子量单一、可重复性好和结晶性好等优点。因此，近年来小分子给体材料也受到很多关注，而且取得很好的进展。由于 BDT、DTS、异靛青和 DPP 等给电子和吸电子单元具有优异的光学和电学性能，研究人员以这些单元作为分子中心单元，然后在其两端连接噻吩及其他给电子或吸电子基团，得到对称的 D-A 型小分子给体材料，基于它们与 PCBM 的本体异质结电池的光伏效率为 2%～6%[31-35]。2012 年，孙艳明等[36]基于小分子 DTS(PTTh$_2$)$_2$/PC$_{70}$BM 体系制备的光伏器件能量转换效率高达 6.7%，进一步激发对小分子给体的研究兴趣。同年，南开大学陈永胜等[37]合成了以 BDT 单元为中心单元的小分子 DR3TBDT，它的光伏效率达到 7.4%。随后，他们在 BDT 单元侧链上引入噻吩基团和烷硫基得到 DR3TBDTT 和 DR3TSBDT，效率分别提高到 8.1%和 10%，取得重大的进步[38,39]。加利福尼亚大学洛杉矶分校杨阳等[40]发展了类似的小分子，效率也突破 10%。寡聚噻吩体系也是一类优异的小分子给体材料，它们以多个噻吩单元为主链结构，用氰基、BT 等吸电子单元作为末端基团。该类材料具有较高的载流子迁移率，而且容易对能级进行调控。早在 2006 年，Bauerle 等[41]合成了二氰基乙烯基(DCV)封端的寡聚噻吩，其光伏效率为 3.4%。2011 年，他们又发展了一系列的 DCV 封端的寡聚噻吩材料，光伏效率提高到 5.2%[42]。南开大学陈永胜等也进行了相关研究，但是器件效率只有 4%左右。直到 2015 年，他们进一步对分子结构进行修饰，并改变主链中噻吩单元的数目，合成一系列 A-D-A 型寡聚噻吩 DRCN4T～DRCN9T。其中，DRCN5T 显示高达 10.1%的能量转换效率，超过大部分聚合物的效率，可与优异的聚合物的性能相比[43]。另外，还有一种非对称的 D-A 型小分子给体材料也受到广泛关注，比较突出的主要有以下几类分子。2011 年，Wong 等[44]合成了一种结构非常简单的小分子 DTDCTB，与 C$_{70}$制备的 p-i-n 型光伏器件的效率达 5.8%。然后，他们将 DTDCTB 中的噻吩单元替代为苯环得到 DTDCPB，其与 C$_{70}$制备的器件效率达 6.6%[45]。后来，Forrest 等[46]通过器件优化将其效率提高到了 9.6%。另外，Wurthner 等[47]发展了一系列具有强偶极的染料小分子，光伏效率最高可达 6.2%。他们这种设计思想不但能够提高器件效率，而且可以减少实验合成步骤，大大降低成本，是一项非常值得继续研究的工作。

　　长期以来，由于优异的各向同性传输特性和吸电子能力，富勒烯及其衍生物是应用最多最广泛的有机光伏电子受体材料。但是，它们也具有明显的不足之处，如带隙宽、电子亲和能高，导致它们的光吸收差和器件的开路电压较低，在一定程度上限制了器件的光伏性能。另外，它们不易被合成和修饰，导致成本高及难以进一步优化。因此，发展非富勒烯有机光伏电子受体逐渐受到重视。早在 2007 年，占肖卫等[48]合成了基于 PDI 的聚合物受体材料，其与聚噻吩组成的光伏器件效率为 1.5%，是一个非常不错的结果。虽然国内外对聚合物受体材料的研究相对比较少，但是相关研究结果都比较突出。2015 年，Jenekhe 等[49]制备的基于硒吩和 PDI 共聚物电子受体的器件效率为 7.7%。2016 年，李永舫等[50]制备的噻吩与 PDI 的聚合物受体的光伏效率高达 8.3%。另外，小分子非富勒烯受体材料取得非常好的研究进展。PDI 类分子是研究较早且较多的一类小分子受体。通过对 PDI 的分子结构进行修饰，得到大量的 PDI 衍生物，相应器件的能量转换效率也不断提高。2014 年，Nuckolls 等[51]制备的螺旋状 PDI 受体的光伏效率为 6.1%。2015 年，王朝晖等[52]在 SdiPBI 分子上通过引入硫原子得到 SdiPBI-S，其器件效率达 7.2%。因此，PDI 体系是一类优秀的受体材料，具有非常好的发展前景。氯化硼亚酞菁类材料也取得了不错的进展。Cnops 等[53]使用两种氯化硼亚酞菁类分子 SubPc 和 SubNc 为受体、六噻吩分子为给体制备的器件效率高达 8.4%。另外，他们在 SubPc 分子不同位置上引入不同数量的氯原子及氟原子，它们的光伏效率也能达到 7% 左右[54]。 目前，最成功的小分子受体材料是基于引达省并二噻吩(IDT)给电子基团为中心单元的 A-D-A 结构小分子。2015 年，占肖卫等[55,56]基于 IDT 合成的 IEIC 和 ITIC 分子的光伏效率分别为 6.3%和 6.8%。2016 年，他们合成分子 IC-C6IDT-IC 和 ITIC-Th，将效率分别提高到 9.2%和 9.6%[57,58]。随后，李永舫等[59,60]使用 ITIC 作为受体，以 BDT 和含氟苯并三唑合成二维共轭聚合物 J50、J51、J52、J60 和 J61 用作给体，制备的器件效率最高能到 9.5%。他们进一步改变 ITIC 中 IDT 单元的侧链苯环上烷基链的位置，将器件效率提高到惊人的 11.8%[61]。同时，侯剑辉等[62]也对 ITIC 类受体材料的有机光伏器件进行了研究，获得的能量转换效率超过 11%。对 ITIC 末端基团进行氟取代，他们进一步取得了创纪录的 13.1%[63]。这些结果表明，非富勒烯类受体材料具有非常光明的应用前景。

### 6.1.2 有机光伏的基本电子过程及相关理论问题

如前面所述，受限于有机体系较短的激子扩散长度和强的激子束缚能，目前高效的有机太阳电池器件都采用有机给受体本体异质结型结构，其工作机理包括以下五个基本电子过程。

1) 光吸收

活性层的给体和受体材料吸收太阳光，被激发后生成受束缚的电子-空穴对，即激子。这个过程要求活性层材料具有宽而强的吸收光谱，实现对太阳光的极大吸收。通常单独的给体或受体难以实现对太阳光的全光谱吸收，因而希望给体和受体具有互补的吸收光谱。理论上计算有机体系的吸收光谱，关键在于合理描述它们的激发态电子结构性质。由于有机光伏材料的分子体系一般都比较大，目前计算研究较多地使用含时密度泛函理论。然而，传统密度泛函[如局域密度近似(LDA)和广义梯度近似(GGA)]和标准的杂化泛函(如 B3LYP)由于在长程处不能很好地回溯库仑作用的渐进行为、整数电荷处能量不连续以及存在明显的离域化误差，难以准确地描述电荷转移态和较大分子体系的激发态。近年来发展的区间分离密度泛函，将库仑算符通过标准误差函数分成短程和长程两部分：

$$1/r = \mathrm{erf}(\omega r)/r + \mathrm{erfc}(\omega r)/r \tag{6-1}$$

公式前一项对应描述短程交换的 DFT 部分，后一项则对应描述长程作用的 HF 精确交换部分。$\omega$ 是区间分离参数，它的倒数可以看成是主要由短程贡献的交换项和由长程贡献的交换项的分隔点。较小的 $\omega$ 表示 DFT 交换项在更长的电子间距离被精确交换项代替。这样原则上，区间分离密度泛函可以更加合理地描述电荷转移激发能和共轭聚合物的带隙等激发态电子结构性质。然而近期一些研究表明，默认的 $\omega$ 一般偏大 (0.2~0.4 Bhor$^{-1}$)，使得泛函中含有过多的 HF 特征，导致电子过于局域化，得不到预期满意的结果。为了改善区间分离泛函，使其在描述离域与局域作用之间达到平衡，Baer 等[64]提出通过电离能(IP)调控的方法来优化 $\omega$ 值。具体策略为调节 $\omega$ 值使 $J_{gap}$ 最小化：

$$J_{gap}\left(\omega\right) = J_{IP}\left(\omega\right) + J_{EA}\left(\omega\right) \tag{6-2}$$

$$J_{IP}\left(\omega\right) = \left| \varepsilon_H^\omega\left(N\right) + E_{gs}^\omega\left(N-1\right) - E_{gs}^\omega\left(N\right) \right| \tag{6-3}$$

$$J_{EA}\left(\omega\right) = \left| \varepsilon_H^\omega\left(N+1\right) + E_{gs}^\omega\left(N\right) - E_{gs}^\omega\left(N+1\right) \right| \tag{6-4}$$

式中，$\varepsilon_H^\omega\left(N\right)$ 与 $E_{gs}^\omega\left(N\right)$ 分别为 $N$ 个电子体系的 HOMO 能量和自洽场(SCF)总能量。通过优化 $\omega$ 值将 Koopmans 理论与 $\Delta$SCF 方法获得的离子化能(IP)之差最小化，改善了体系的基本带隙，从而保证了大体系的激发态与电荷转移态电子结构性质的合理描述。

2) 激子扩散

光吸收产生的激子在衰退之前需要扩散到给受体界面才能发生有效分离生成电荷，因而给受体的相分离尺度应小于激子扩散长度。理论上，激子扩散长度取决于激发态的能量转移速率和寿命。光吸收产生的是单重态激子，能量转移速率可以通过 Förster 共振能量转移理论来计算，但是不适用于电子耦合和相干较强的情况。而激发态的寿命取决于激发态的辐射衰退、内转换及系间窜越速率。因此，准确计算激子扩散长度需要能够精确描述激发态的电子结构及动力学的理论方法。实验上则可通过不同的加工工艺，如溶剂添加剂、热退火及溶剂退火等，来调控给受体的相分离尺度，使光吸收产生的激子能够有效到达界面。

3) 激子分离

扩散至给受体界面的激子，首先在给受体之间电负性差异的驱动下发生分离形成电荷转移态，然后进一步分离分别在给体和受体中产生自由的空穴和电子载流子。理论研究激发态的电荷转移过程，需要合理计算激发态与电荷转移态之间的电子耦合、能级排列以及电荷转移引起分子结构变化带来的几何弛豫能。给受体界面电荷转移态的空穴与电子之间仍然具有较大的库仑束缚能，如何实现进一步的分离产生自由载流子存在多种可能机制。例如，给受体分子在界面进行有序排列，促使电荷离域化，从而增大空穴与电子之间的距离、减小电荷转移态的束缚能，促进电荷分离。又如，激子在界面分解成高能级的电荷转移态，从而可利用额外的能量驱使电荷快速分离。还有观点认为，电荷分离会带来更大的熵，从而可以通过熵驱动电荷有效分离。

4）电荷迁移

激子分离产生的空穴和电子载流子，分别沿着给体和受体材料迁移。载流子在迁移过程中可能会与异性电荷发生复合，为了减少复合就需要提高载流子迁移率、增加传输维度及减少缺陷。分子间排列严重影响电荷传输性质，然而精确揭示薄膜微观堆积形貌仍是实验中的难点，因此发展可靠的理论模拟方法来预测分子堆积结构十分重要。

5）电荷收集

电子被负电极收集，空穴被正电极收集。一般通过改善电极修饰层调节功函数，减小界面电阻以提高电荷收集效率。另外，电极修饰层可能会影响活性分子相对基底的取向，同时影响电荷传输和收集。

## 6.2　有机光伏形貌模拟

有机光伏器件性能依赖于给体和受体分子体相和界面处的微观堆积形貌或分子间排列[65]。目前，许多实验表征技术，如原子力显微镜（AFM）、掠入射广角 X 射线散射（GIWAXS）、小角中子散射（SANS）、透射电子显微镜（TEM）等，被用来揭示活性层形貌，包括相分离尺寸、相纯度和结晶性等[66]。然而，上述表征技术还很难检测出分子自组装过程和无定形区域内的分子细节，因此严重妨碍获取可靠的结构-性能关系。事实上，目前只有计算机仿真模拟技术可以提供材料体系详尽的分子尺度，甚至原子尺度的结构信息。根据体系的尺寸和复杂性，计算需要选择不同理论水平和复杂度的多尺度方法，包括量子化学计算、分子动力学模拟（模型从原子到粗粒化，策略从平衡态到非平衡态）和蒙特卡罗（Monte Carlo）模拟等。高精度的量子化学计算可以有效处理单分子体系或小尺寸分子复合体（一般不超过 300 个原子），给出体系明确的几何和电子结构信息以及激发态性质。然而，介观尺度（10～1000 nm）的活性层堆积形貌只能通过经典的分子动力学模拟（基于牛顿运动方程）和蒙特卡罗模拟获得。需要指出的是，分子动力学模拟基于经验的分子力场参数，严格考虑分子内和分子间的相互作用，并嵌入了热力学条件（如温度、压强等），从原理上讲，可以产生相对真实的形貌。不过还需要额外的策略和技巧去仿真实验加工过程，如气相沉积、溶剂挥发、热退火等。本节首先总结近期文献中涉及的模拟方法和策略，然后介绍它们在模拟界面堆积结构、仿真加工条件、重现相分离形貌等方面的应用。

## 6.2.1　有机光伏形貌的模拟方法和策略

在给定的热力学条件下，有机光伏活性层的形貌模拟给计算物理和化学家带来许多方法和技术上的挑战。随着方法的逐渐发展和计算机硬件水平的不断提高，形貌模拟变得切实可行，尽管目前相关文献并不是太多。以分子力学为代表的势能最小化方法较早地被用于模拟有机给受体界面结构。例如，Verlaak 等[67]在 2009 年利用 MM3 分子力场优化了两个相对取向不同的，有限大的'晶体岛'来表示并五苯(001)/$C_{60}$(001)和并五苯(01-1)/$C_{60}$(001)界面，并基于微静电模型探讨了界面几何结构对真空能级位移和电子–空穴对分离的影响。虽然势能最小化方法计算量小，但忽略了熵和温度的作用，不能实现从一个极小点到另外一个极小点。以分子动力学和 Metropolis 蒙特卡罗为代表的自由能最小化方法很好地解决了这一问题，可用于关联微观分子性质和宏观可观测量，如预测分子晶体的相变温度。分子动力学方法可以给出体系"真实"的动态演化过程，允许处理平衡态与非平衡态问题，因此比蒙特卡罗方法更为常用，也更为可靠。需要指出的是，目前大部分有机光伏形貌模拟的工作都是采用平衡态分子动力学方法。利用模拟产生的坐标轨迹，结合量子化学计算和电子转移理论可以有效评估体系的电子转移过程，从而达到预测体系光伏性能的目的。

尽管制备好的光伏器件在外界环境的作用下，形貌最终处于相对平衡的状态，但实际加工过程，包括气相沉积(或真空蒸镀)和溶剂挥发，并不是一个平衡态过程。对于气相沉积，活性分子是逐渐沉积到基底上，通过分子间相互作用结合到一起的；对于溶剂挥发，活性分子(即溶质)数目总体不变，随着溶剂分子不断挥发，慢慢自聚集到一起。此外，一些后处理过程，如热退火，也不是一个平衡态过程。如何从分子尺度上仿真模拟分子自组装过程，包括晶体生长，已经成为一个极具挑战性的问题。动力学蒙特卡罗方法能用于模拟晶体生长。2006 年，Choudhary 等[68]利用该方法研究了并五苯在惰性基底上的生长过程。不过，该方法需要势能最小化方法或分子动力学/蒙特卡罗方法作为补充去计算体系的总能量。借鉴动力学蒙特卡罗方法模拟晶体生长的策略，国内外一些课题组开始使用非平衡(或准平衡)分子动力学模拟来仿真气相沉积或溶剂挥发，从而得到更加可靠的堆积形貌。

### 1. 平衡态分子动力学模拟

分子动力学模拟是通过积分算法(实际中常用有限差分方法，如 Verlet 算法、蛙跳法等)求解牛顿运动方程以获取随时间演化的构象。通常原子核的振动时间尺度在 $10^{-14}$ s 数量级，故一般有机物的分子动力学模拟的时间积分步长选取 $10^{-15}$ s，即 1 fs。在分子动力学模拟中，利用分子力场计算每个瞬时势能，加上动能，依据统计力学求算各个体系的性质。平衡态分子动力学模拟总是在特定的统计力学系综中进行，包括微正则($NVE$，体系粒子数 $N$、体积 $V$、能量 $E$ 保持不变)系综、正则($NVT$，体系粒子数 $N$、体积 $V$、温度 $T$ 保持不变，且总动量保持不变)系综、等温等压($NPT$，体系粒子数 $N$、压强 $P$、温度 $T$ 保持不变，压强 $P$ 与体积 $V$ 共轭，控压可以通过标度体系的体积实现)系综和等压等焓[$NPH$，体系粒子数 $N$、压强 $P$、焓值($H=E+PV$)保持不变]系综。体系的温度和压强一般通过热浴法(如 Berendsen、Andersen 和 Nosé-Hoover 法)和压浴法(如 Berendsen、Nosé-Hoover 和 Parrinello-Rahman 法)来控制。在有机光伏形貌模拟中，通常采用 $NVT$ 和 $NPT$ 两种系综。目前，有许多功能强大、技术成熟的分子动力学模拟软件(如 Amber、Charmm、Gromacs、Lammps 和 Tinker 等)可供选择使用。

有机光伏形貌的几个核心概念与光电转换过程密切相关，包括给受体相分离(考虑到激子扩散长度，尺寸要求在 10～20 nm)、局域界面结构(影响激子分离与电荷复合)以及纯的给体或受体相内的分子排列(影响激子扩散和电荷传输)。目前，在全原子或联合原子水平上模拟相分离尺度的形貌还很难，这受限于当下的计算资源。在全原子的基础上，对分子进行粗粒化，减少相互作用位点和自由度，从而实现器件级别(亚微米)的模拟。对于局域界面结构，主流的方法是通过对接两个"晶体岛"，可参考 Verlaak 等的工作。与之不同的是，使用全原子分子动力学模拟可以在一定温度下对体系进行热弛豫，从而得到更加可靠的分子间相对取向。进一步结合电子结构计算，还能考虑热微扰对界面电子过程的影响。获取纯的给体或受体分子堆积形貌最常用的平衡态方法是基于 $NPT$ 系综的高温退火法，具体步骤：①将大量活性分子随机放置于一个周期性的大盒子中；②利用高温(高于玻璃化转变温度)高压把分子压缩到一起；③高温常压使薄膜无定形化；④逐渐退火至常温并进行平衡。

2. 非平衡分子动力学模拟

为了使分子动力学模拟更加贴近实际情况或减少计算量，通常采用非平衡分子动力学。例如，对体系内某一组分进行加速、冻结基底分子运动等，这些功能常见模拟软件都已实现。然而，仿真气相沉积或溶剂挥发过程还需要研究者修改源程序或结合配套脚本。下面简要介绍一下近期两个相关的理论模拟工作。

Muccioli 等[69]于 2011 年利用非平衡分子动力学方法模拟有机半导体分子气相沉积生长过程，这是一个具有代表性的工作。该工作很好地重现了并五苯分子在 $C_{60}$(001)基底表面上的自组装(成核)过程，如图 6-3 所示。具体策略是：基于 $NVT$ 系综，每隔一段时间将一个活性分子放置于基底表面上方，重复 $N$ 次，其中每次新添加分子的位置和取向随机，而距离在 1 nm 以内(保证基底对沉积分子存在吸附作用)。由于体系总粒子数 $n$ 是随时间不断增加的，所以整个过程可视为一个非平衡态过程。可以观察到，在沉积的初始阶段，分子是平躺在基底上的，当并五苯分子的排列密度接近 2 个/nm$^2$ 时，它们开始集体垂直于基底，同时形成有序的鱼骨形排列。本质的原因是，随着并五苯分子数的增加，它们之间的相互作用变得强于与基底之间的相互作用。

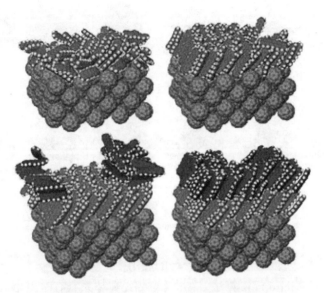

图 6-3 非平衡分子动力学模拟气相沉积过程

仿真溶剂挥发过程是有机光伏形貌模拟领域的又一个重要问题。2016 年，易院平等[70]采用非平衡动力学方法研究了溶剂挥发速率对有机光伏给体小分子 DPP(TBFu)$_2$ 自组装过程和局域堆积结构的影响。具体策略是：从平衡后的 DPP(TBFu)$_2$/氯仿溶液中每隔一段时间随机抽取一定数目的氯仿分子，直至溶剂挥发完毕，最终得到干燥的薄膜，如图 6-4 所示。改变抽取溶剂的时间间隔可以控制溶剂挥发速率。上述两个实例都模拟了单一活性分子的自组装，我们指出非平衡动力学适用于模拟给受体共混，从而得到可靠的体异质结堆积形貌。

**3. 蒙特卡罗模拟**

蒙特卡罗方法（又称统计模拟法、随机抽样技术或统计实验方法等）是一种随机模拟方法，即以概率和统计理论方法为基础，使用随机数（或计算机算法中更常见的伪随机数）来解决数学、物理、化学及社会经济学等问题的数值计算方法。蒙特卡罗方法的具体算法是为所求解的科学问题建立一定的概率统计模型，然后通过对模型或过程的观察或抽样实验来计算所求参数的统计特征，最后给出所求解的近似值。例如，数学家提出的用投针实验的方法求解圆周率即是蒙特卡罗方法的一个典型应用。随着电子计算机的发展，特别是近年来高速电子计算机的出现，可以用数学算法在计算机上大量、快速地模拟这样的抽样实验，从而极大地拓展了蒙特卡罗方法在诸多科学领域的应用[71]。

DPP(TBFu)$_2$/氯仿溶液

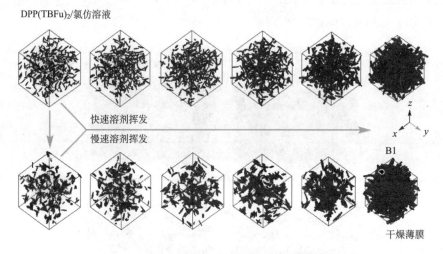

图 6-4　非平衡分子动力学模拟溶剂挥发过程

在传统分子模拟或统计物理学领域的应用中，蒙特卡罗方法一般使用了"重要抽样"技术或 Metropolis 算法[71-73]。考虑到经典体系具有有限个数的微观状态，例如，具有 $N$ 个自旋系统的 Ising 模型，其总的微观状态数为 $2^N$，同时可以直接地计算任意状态 i 的能量 $E_i$。当我们希望计算正则系综下物理量的期望值时，最简单的办法是用随机数产生器为所有的自旋赋值，然后再按配分函数权重 $\exp(-\beta E_i)$ 来计算微观状态 i 对最终物理量期望值的贡献，重复这一随机过程直到体系物理量的期望值收敛。实际体系的相空间中，不同微观状态对最终体系期望值的贡献不同，而上述方法却使得每种状态出现的概率相同，包括那些对热力学平均性质贡献很小的状态。为了有效抽样那些具有重要贡献的状态，或者说提高抽样局域相空间的效率，可以采用著名的 Metropolis 算法。

由 Metropolis 算法产生的状态序列符合马尔可夫过程（Markov processes）[71,74]，即满足两个必要条件：①每次尝试的输出结果只依赖于上一次尝试，而与任何更早以前的尝试历史无关；②每次尝试都属于一个有限的可能输出结果的集合。为了使 Metropolis 算法得到的最终平衡态分布满足热力学玻尔兹曼（Boltzmann）分布，产生的马尔可夫过程还应该满足各态遍历（ergodicity）和细致平衡（detailed balance）条件。各态遍历是指如果经过足够长时间的观察，所研究系统可以通过建立的马尔可夫过程从任意的初始状态到达体系的任何一个允许状态。而细致平衡条件是指体系从初始状态 i 变化到状态 j 的概率等于体系从初始状态 j 变化到状态 i 的概率，即

$$P_i \times P_{i \to j} = P_j \times P_{j \to i} \tag{6-5}$$

式中，$P_i$ 为体系处于状态 i 的概率；$P_{i \to j}$ 为从状态 i 变到状态 j 的概率。

具体满足这些条件的 Metropolis 算法如下：

(1) 选择一个体系的初始构象状态 i；

(2) 随机选择体系构象的改变方式，使体系尝试从状态 i 跃迁到状态 j；

(3) 根据基于细致平衡原理的判据来决定是接受还是拒绝该体系构象的改变尝试；

(4) 重复以上第 (2) 和 (3) 步直到收集到足够的数据。

其中第 (3) 步的选择判据中可以接受构象改变的概率 $P$ 为

$$P(\Delta\varepsilon) = \frac{\exp(-\Delta\varepsilon / k_B T)}{1 + \exp(-\Delta\varepsilon / k_B T)} \tag{6-6}$$

式中，$\Delta\varepsilon$ 为体系构象改变前后所对应的体系能量差，即 $\Delta\varepsilon = E_j - E_i$；$T$ 为体系温度；$k_B$ 为玻尔兹曼常数 (Boltzmann constant)。

为了更好地理解及应用，我们可以比较分析分子动力学技术和蒙特卡罗方法[71]。首先，分子动力学可以明确地给出体系随时间演化的轨迹，因此可以直接计算一些依赖于时间的物理量[75]，如扩散系数等，即分子动力学是一种可以"记忆过去"并且"预见未来"的方法；而蒙特卡罗方法一般不能提供体系演化的明确轨迹，其构象改变的不确定性使其不能直接模拟体系的动力学性质。作为对蒙特卡罗方法的改进，可以设计算法得到众多条体系演化的可能轨迹，然后通过平均这些轨迹来获得对动力学性质的统计描述，如本节下面将介绍的动力学蒙特卡罗方法。其次，两种方法搜索相空间的能力不同。蒙特卡罗方法在系统演化过程中一些非物理的构象改变可以明显增强其探索广阔相空间的能力；而分子动力学在体系演化过程中需要同时改变所有粒子位置和动量，这使其在研究局域相空间问题时更具有优势。为了不同的研究目的，在实际应用中有时需要提高分子动力学搜索相空间的范围，如使用伞形抽样技术[76]，有时则需要提高蒙特卡罗方法抽样局域相空间的效率，如 Metropolis 蒙特卡罗方法[77]。最后，从算法实现难易的角度来说，蒙特卡罗方法更适合研究一些特定系综 (如正则、巨正则系综) 体系问题，并且特别适合格点体系模型，此外蒙特卡罗方法的计算机并行化算法也比较容易实现。

对于器件尺度的有机共混本体异质结结构，我们利用 Metropolis 蒙特卡罗方法模拟体系相分离形貌，具体采用类 Ising 模型产生随机的共混本体异质结模型结构[78]。有机太阳电池的形貌用一组空间三维跳跃格点来描述，方格中的每个格点代表实际体系中局域化电荷和激子的活动区域，这些格点可以按照它们是属于电子还是空穴导体高分子来区分标记。我们当前一个主要的兴趣是研究体系中电子/空穴导体材料相分离程度对器件效率的影响。为了达到这个目的,首先需要设法产生一系列具有不同相分离程度的体系形貌。直接依赖实验上制备本体异质结的方法(如溶液中的旋转涂膜法)设计的模拟方法肯定是非常耗时而且可能是无法完成的任务,因此需要一个简单但定性上合理的方法来生成形貌序列。

初始时,三维空间的每个格点上等概率随机分配自旋标记,即或者属于空穴导体,或者属于电子导体。初始构型中相互间穿插的相结构尺寸最小,为了引导体系向更大的相分离程度转化,需要进行带有概率权重的能量优化,即 Metropolis 蒙特卡罗方法过程。Ising 模型体系的哈密顿量中,格点 $i$ 贡献给体系的能量是

$$\varepsilon_i = -\frac{J}{2}\sum_j(\delta_{S_iS_j}-1) \tag{6-7}$$

式中,$\delta_{ab}$ 为克罗内克(Kronecker)$\delta$ 函数,$S_i$ 和 $S_j$ 则为格点 $i$ 和 $j$ 上占据的自旋,对应指标 $j$ 的求和是格点 $i$ 的第一和第二近邻格点。同时假设格点间的相互作用能与距离成反比,因此第二近邻格点对格点 $i$ 能量的贡献需要乘以因子 $1/\sqrt{2}$。高分子物理中,按照同种高分子链单体间相互排斥还是相互吸引,可以将两相共混高分子体系分为两类[79]。模拟过程中,通过选择合理的初始构型和相互作用参数,两类共混高分子体系均可以产生一系列具有不同相分离程度的体系形貌。此处采用同种单体间相互吸引的体系作为例子,因此相互作用能 $J$ 需要被设置为+1,模拟演化过程中体系向两相分离状态转化。

根据自旋交换动力学来弛豫体系能量[80],即随机从体系中选择临近成对格点,根据一定概率决定是否交换它们的自旋占据,自旋交换概率依赖于交换自旋时所引起的体系能量变化。在模拟执行过程中,将会出现大量的自旋交换尝试,而被选择的交换趋向于降低体系的整体能量。电子/空穴导体间接触面积将会减小,两相间混合的特征尺寸将会被粗化。因此可以产生和储存具有不同接触面积的一系列形貌,并作为下一步太阳电池效率模拟研究的基础,如图 6-5 所示。具体设置如下:体系温度为 298 K,体系尺寸在 $x$、$y$、$z$ 三方向上分别为 60×60×30 个格点,格点间距离为 3 nm,电极平行于 $xy$ 平面(位于 $z = 0$ 和 $z = 90$ nm),在 $xy$ 平面上应用周期性边界条件。按照传统,模拟中每一蒙特卡罗步长表示进行自旋交换企图的次数等于体系所有格点数。

另外,我们来看一下对体系中某种成分具有选择性溶解能力的添加剂对体系最终相分离程度的影响。根据最近的实验研究,向体系中添加一种具有选择性溶解能力的物质有利于体系的相分离,进而对体系的光吸收或效率产生积极影响[81,82]。这里可以利用 Metropolis 蒙特卡罗方法来模拟这一现象。如图 6-6 所示,随着添加剂对电池材料中富勒烯衍生物成分选择性吸附能力的逐渐增强,电

池中给体相高分子的自组装聚集也越来越明显。

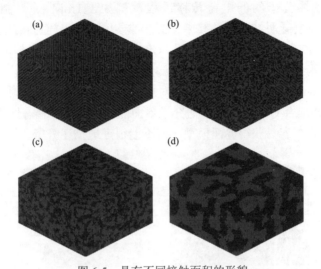

图 6-5　具有不同接触面积的形貌

随着体系的时间演化，从(a)到(d)的相分离程度逐渐增加

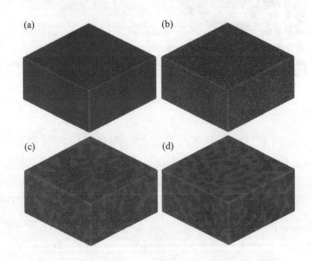

图 6-6　添加剂对体系最终相分离程度的影响

(a)是初始构象，(b)～(d)是使用不同添加剂时体系的稳定构象，从(b)到(d)使用的添加剂对富勒烯成分的选择性
溶解度逐渐增强

## 6.2.2　有机光伏局域界面形貌的研究

有机光伏局域界面形貌严重影响激子分离、电荷分离和复合过程。基于分子

动力学模拟获取的界面堆积结构，结合电子结构计算和电子转移理论(6.3.1 节)，可以揭示给受体分子间的电荷转移过程。例如，Troisi 等[83]搭建并模拟了 P3HT/PCBM 双层异质结构，其中 P3HT 链以 face-on(面向着)的方式平行于 PCBM，如图 6-7 所示。模拟结果表明 PCBM 会引起 P3HT 主链构象的弯曲，进一步的电子结构计算揭示了局域界面结构的可变性和动态无序对电荷转移过程起到重要影响。van Voorhis 等[84]利用晶体对接的方式搭建了酞菁(001)/PTCBI(010) 单晶异质结，并结合 QM/MM 方法研究了界面能级和电荷转移态性质。我们指出，虽然对接的方式很容易获得界面模型，但不能很好地描述分子自组装过程。

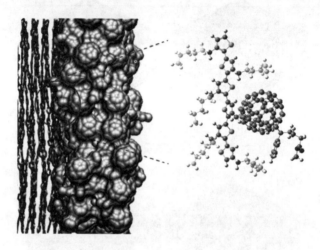

图 6-7　P3HT/PCBM 双层异质结及局域界面结构

2013 年，Brédas 等[85]研究了并五苯表面取向和粗糙度对并五苯/$C_{60}$局域界面形貌的影响。为了仿真气相沉积，首先在并五苯基底表面上方随机放置一定数目的 $C_{60}$ 分子，然后利用平衡态动力学模拟($NVT$ 系综)在室温下对整个体系进行热弛豫。弛豫过程中，$C_{60}$ 分子发生聚集并被吸附于基底上，从而形成双层异质结。模拟发现：对于低表面能的(001)面，界面处未发生混合，且靠近界面的 $C_{60}$ 分子形成六角密排结构；而对于高表面能的(010)面，界面处发生严重混合；类似地，阶梯状的(001)和(010)面也出现混合现象，原因是表面粗糙度导致表面能升高。此后，利用相同的方案，他们还研究了方酸/$C_{60}$ 体系[86]。与并五苯晶面不同，方酸晶面存在纳米级别的沟壑和空洞，足以容纳整个 $C_{60}$ 分子，而且没有出现有序的 $C_{60}$ 堆积结构。这两个工作很好地描述了给体分子基底与 $C_{60}$ 分子间的相互作用，但平衡态动力学模拟不能充分反映沉积分子的生长过程，即 $C_{60}$ 分子聚集太快。2015 年，易院平等[87]采用非平衡分子动力学模拟气相沉积的方法(图 6-3)研究了不同 DTDCTB(小分子给体)表面对 $C_{60}$ 分子生长过程和局域界面形貌的影响。弛豫后的 DTDCTB 基底表面和 DTDCTB/$C_{60}$ 双层异质结形貌如图 6-8 所示。可见，无序且不稳定的表面将引起界面混合；地貌不匹配和动态的分子基团使 $C_{60}$ 排列无定形；仅当表面稳定有序、地貌匹配、动态基团受限才会导致 $C_{60}$ 结晶。

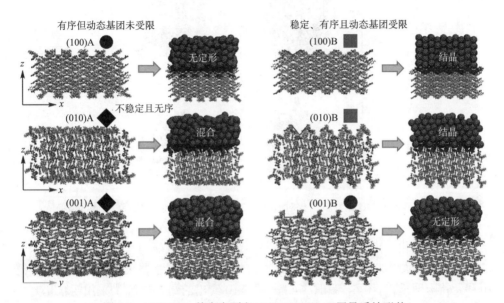

图 6-8　DTDCTB 基底表面和 DTDCTB/$C_{60}$ 双层异质结形貌

在高效的本体异质结中，一般存在许多混合相[88]。近期 Brédas 等研究了烷基侧链对聚合物/富勒烯混合相局域界面堆积结构的影响，阐明了侧链位置和位阻的作用[89]。必须指出的是，他们采用的是气相压缩的平衡态方法，没有考虑溶剂的影响。

### 6.2.3　溶剂蒸发速率及热退火处理的研究

溶液加工的有机太阳电池具有低成本和可大面积制备的优点，是目前有机光伏领域的研究重点。大量的研究表明，溶剂及溶剂添加剂、热退火等加工条件对活性层形貌起到重要影响。利用非平衡分子动力学模拟可以从纳米尺度上阐明这些加工条件的影响。例如，易院平等[70]采用非平衡分子动力学模拟溶剂挥发的方法 (图 6-4) 研究了溶剂挥发速率对 DPP(TBFu)$_2$ 给体小分子局域堆积形貌的影响。模拟发现：快速挥发导致活性分子无定形排列，而慢速挥发允许活性分子发生有序预聚集从而得到相对有序的薄膜，不过有序聚集体之间存在大量空隙，如图 6-9 所示。随后对这两个样品进行热退火处理，结果表明快速挥发样品变得局域有序，而慢速挥发样品有序性被部分打破，原因是热退火促使聚集体边界的分子移动，从而降低了部分的有序性，但却挤掉了空隙，增大了薄膜的密度。

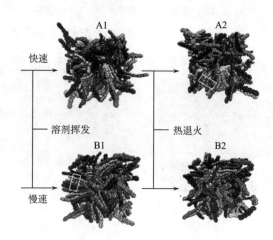

图 6-9　溶剂挥发速率和热退火对 DPP(TBFu)$_2$ 给体小分子局域堆积形貌的影响

　　我们指出相分离一般在介观尺度上，受限于计算机能力和计算资源，全原子的方法很难模拟出相分离形貌。为此，相分离形貌模拟主要采用粗粒化动力学模拟和蒙特卡罗模拟(图 6-5 和图 6-6)。图 6-10 给出的是 Lee 等[90]采用粗粒化方法和热退火处理得到的不同质量比的 P3HT/PCBM 相分离形貌。模拟结果表明，当 P3HT/PCBM 质量比为 1∶1 时，界面/体积比最高，且电荷传输最为平衡，这与实

图 6-10　不同质量比的 P3HT/PCBM 相分离形貌

验结果相符，即 1∶1 质量比的光伏效率最高。基于粗粒化模型和非平衡动力学，他们还研究了溶剂挥发过程中 P3HT/PCBM 相分离形貌的演化，考察了溶剂和溶剂挥发速率对薄膜紧密度、给受体界面面积等的影响[91]。需要指出的是，目前最流行的粗粒化力场 MARTINI 力场，可以把粗粒化形貌重新映射回全原子尺度上，不仅提高了分辨率，还可以结合电子结构计算和电子转移理论研究有机光伏的电荷产生和传输过程[92]。

## 6.3　有机光伏界面的激发态电子转移过程

### 6.3.1　有机光伏给受体界面激发态的电子转移理论方法

有机光伏界面的激发态电子转移过程如图 6-11 所示，包括激子分离(给体或受体分子光吸收产生的激子在界面处分离形成 CT 态)、电荷分离(CT 态进一步分离形成自由电荷)和电荷复合(CT 态复合回到基态)。使用半经典 Marcus 电子转移理论模型可以计算出电子转移速率，其表达式为

$$k_{\mathrm{IF}} = V_{\mathrm{IF}}^2 \sqrt{\frac{\pi}{\lambda k_{\mathrm{B}} T \hbar^2}} \exp\left[ -\frac{(\Delta G + \lambda)^2}{4\lambda k_{\mathrm{B}} T} \right] \tag{6-8}$$

式中，$V_{\mathrm{IF}}$ 为初态和末态之间的电子耦合(或转移积分)；$\lambda$ 为重组能；$\Delta G$ 为吉布斯自由能[93]。通常，激子分离和电荷复合分别发生在 Marcus 正常区和反转区。为了考虑核隧穿效应，精确计算电子转移速率，Jortner[94]、帅志刚等[95]还进一步发展了半量子和全量子的计算方法。

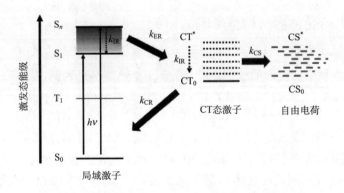

图 6-11　有机光伏给受体界面激发态电子转移过程

电子耦合是理论计算化学中的一个难点，目前已经发展起来用于电子耦合计算的方法包括片段分子轨道(FMO)法、能级劈裂(ELS)法、广义 Mulliken-Hush (GMH)模型和限制性密度泛函理论(CDFT)等[96-99]。FMO 法和 ELS 法基于单电子近似，不能很好地描述多电子态的激发态电子转移过程；GMH 方法可以处理多电子态，但仅适用于绝热态由两个非绝热态组成的情况；而 CDFT 方法只能考虑最低的电荷转移态。2009 年，易院平等[100]发展了一种可以计算任何两种激发态与界面电荷转移态之间电子耦合的方法。在透热态近似下，将给体和受体的局域态组合成给受体复合物的电子态。给受体分子局域激发态与分子间电荷转移态可以分别表示为

$$\Psi_{ij}^{\text{LE}}(\text{SM}) = \sum_{M_i M_j} C_{S_i M_i S_j M_j}^{\text{SM}} \left| \psi_i^{\text{D}}(S_i M_i) \psi_j^{\text{A}}(S_j M_j) \right| \tag{6-9}$$

$$\Psi_{km}^{\text{CT}}(\text{SM}) = \sum_{M_k M_m} C_{S_k M_k S_m M_m}^{\text{SM}} \left| \psi_k^{\text{D}^+}(S_k M_k) \psi_m^{\text{A}^-}(S_m M_m) \right| \tag{6-10}$$

式中，$S$ 和 $M$ 分别为复合物透热态的自旋和自旋投影；$\Psi_i^{\text{D}} / \Psi_i^{\text{A}}$ 为中性给体或受体分子的基态或第 $i$ 个激发态，$S_i$ 和 $M_i$ 分别为自旋和自旋投影；$\Psi_i^{\text{D}^+} / \Psi_i^{\text{A}^-}$ 为给体分子的正电态或受体分子的负电态；$C_{S_i M_i S_j M_j}^{\text{SM}}$ 为 Clebsch-Gordan 系数，保证复合物组合态是总自旋的本征态。基于间略微分重叠(INDO)哈密顿来计算单独给体或受体的电子态，活性空间中包括了所有的 $\pi$ 轨道，库仑排斥项是由 Mataga-Nishimoto 势描述[101,102]。在透热态近似下，电子耦合则可通过式(6-11)计算：

$$V_{\text{ab}} = \left\langle \Psi_a^{\text{LE}} \middle| H \middle| \Psi_b^{\text{CT}} \right\rangle \tag{6-11}$$

### 6.3.2　有机给受体界面构型影响的研究

有机给受体界面构型影响界面电荷转移态能量、电子耦合等因子，从而影响界面激子分离和电荷复合的速率。以并五苯/$C_{60}$模型体系为例，易院平等[100]通过理论计算研究了分子间的取向和距离对激子分离和电荷复合的影响。相比于垂直取向，平行取向导致更低的电荷转移态能量和更强的电子耦合。计算的界面电子转移速率表明：无论垂直取向还是平行取向，激子分离过程都很有效；而垂直取向更能限制电荷复合过程(图 6-12)。我们指出在双层器件中，并五苯与 $C_{60}$ 之间主要是垂直取向，而在本体异质结器件中，分子间主要是平行取向，因此存在严重的电荷复合。实验研究结果也表明双层器件的效率要比本体异质结器件的高 6 倍[103]。

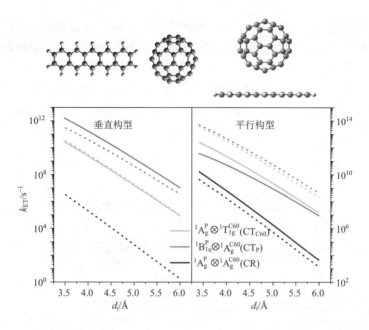

图 6-12　不同分子间取向的并五苯/$C_{60}$ 的激子分离和电荷复合速率与距离的关系

并五苯垂直 1 平行 $C_{60}$ 的碳碳双键(图中所示构型，实线)或六元环(虚线)

### 6.3.3　高能级电荷转移态的研究

高能级 CT 态具有的额外能量可用来克服电子和空穴之间的库仑吸引，因此有助于促进超快的电荷分离，从而大大提高光伏效率。通常，高能级 CT 态来源于富勒烯受体接近简并的 LUMO 能级或其阴离子的最低激发态(能量差一般为 0.2～0.4 eV)。以高效的 DTDCTB/$C_{60}$ 体系为例，瞬态吸收和时间分辨荧光光谱实验表明电荷分离发生在 100 fs 左右，比电荷复合(纳秒尺度)快得多，是一种超快电子转移过程[104]。为了理解 DTDCTB/$C_{60}$ 体系激子分离的机理，易院平等[105]通过理论计算研究了高能级 CT 态在激子分离过程中的作用。如图 6-13 所示，face-on 构型(Ⅱ)的电子耦合要大于 edge-on(边对着)构型(Ⅰ)的，原因是前者存在更大的轨道重叠。考虑到外部重组能还很难精确计算，他们给出了激子分离和电荷复合速率随外部重组能变化(0.06～0.20 eV)的关系。由于激子分离到最低 CT 态($S_{1D}$-$CT_0$ 和 $S_{1A}$-$CT_0$)的驱动力远大于重组能，激子分离到最低 CT 态的速率随外部重组能增大而提高，但一般低于 $10^{10}$ $s^{-1}$。最低 CT 态复合与此类似，在大部分情况下速率低于 $10^9$ $s^{-1}$，最大值也不超过 $10^{10}$ $s^{-1}$，这与实验值非常吻合。与此不同的是，激子分离到高能级 CT 态($S_{1D}$-$CT_{1A}$ 和 $S_{1A}$-$CT_{1A}$)的重组能略小于或接近驱动力，因此激子分离到高能级 CT 态速率随外部重组能变化保持不变或略微降低。更重要的是，速率可以达到 $10^{12} \sim 10^{14}$ $s^{-1}$，这与实验测得的超快电荷分离速率非常一致。这些计算结果表明，高能级 CT 态对有效的电荷产生和高性能太阳电池有非常重要的作用。此外，Troisi 等[106]通过研究目前存在的 80 多种非富勒烯受体的几何和电子结构性质发现，所有高效的非富勒烯受体的 LUMO+1 与 LUMO 能级差都很小。这就暗示高能级 CT 态在高效的光伏体系中是重要的，也是普遍存在的。

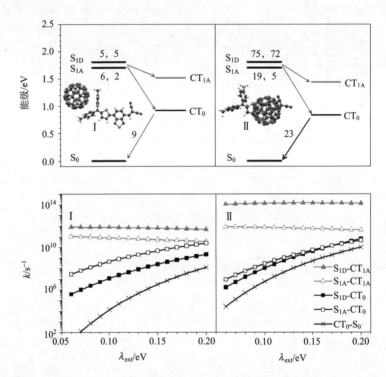

图 6-13　两个典型 DTDCTB/$C_{60}$ 复合物的理论计算的局域态与 CT 态之间的电子耦合和电子转移速率

## 6.3.4　有机给受体界面电子态离域性的研究

局域激发(EX)态和 CT 态的本质对给受体界面的激子分离和电荷分离过程非常重要。然而，EX 态和 CT 态的电子离域性对激子解离(ED)和电荷分离(CS)效率的作用还有争议。一方面，有研究发现热的离域的 P3HT 激子可以超快形成 CT 态，而且提高激发能可以提高自由电荷的产率[107]。另一方面，也有研究发现热激子对器件内量子效率几乎没有影响，电荷产生效率与初始激子的离域性无关，而且离域的分子间激子甚至对器件性能有害[108-110]。另外，由第一性原理计算发现，热 CT 态有更高的离域性[111,112]。然而，也有一些理论研究发现，在酞菁/$C_{60}$ 和并五苯/$C_{60}$ 体系中最低 CT 态和高能级 CT 态都是局域的[113-116]。这些研究结果说明，有机光伏体系激发态的性质还需要更多的研究。特别是对于 D-A 型共聚物或小分子，它们的界面激发态性质很少被研究。以 4DTDCTB/$C_{60}$ 体系为例，易院平等[117]通过 TDDFT 理论在 ωB97XD/6-31G**（优化 ω 值）水平上研究了给体结晶对界面 CT 态离域性质的影响。如图 6-14 所示，对于所有给体到受体的 CT 态，空穴都是局域在单个 DTDCTB 分子上，并且随着 CT 态能级的升高，空穴逐渐远离 $C_{60}$。这表明 DTDCTB 结晶不能导致 CT 态的离域。需要指出的是，激子态是离域在整个 DTDCTB 团簇上的，表明有序堆积的形成可以缩短激子扩散的距离。

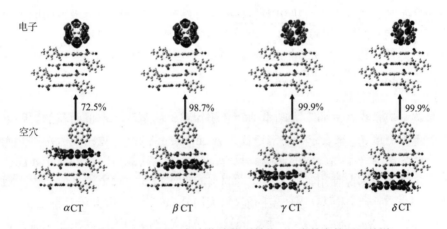

图 6-14　4DTDCTB/$C_{60}$ 复合物给体到受体 CT 态的自然跃迁轨道

## 6.4　有机光伏器件物理及性能的模拟

### 6.4.1　光伏器件效率及其细致平衡极限（Shockley-Queisser 极限）

图 6-1 中描述了一般太阳电池器件的电流密度-电压性能曲线，其中一些基本的电池性能参数如下。

1）开路电压

开路电压 $V_{OC}$ 是指在光照下太阳电池正负极断路时的电压。对于给受体异质结型有机太阳电池，实验发现，其开路电压正比于电子给体材料的电离势（或粗略地认为是 HOMO 能级）与电子受体材料的亲电势（LUMO 能级）之差，即等于给受体材料的准费米能级的劈裂[118,119]。根据半导体物理：

$$eV_{OC} = E_L^A - E_H^D - \underbrace{k_B T \ln\left(\frac{N_L N_H}{np}\right)}_{>0} \tag{6-12}$$

式中，$e$ 为基元电荷电量；$n(p)$ 为电子（空穴）密度；$N_L(N_H)$ 为受（给）体材料 LUMO（HOMO）能级上的态密度。由于电子（空穴）密度不可能大于各自对应的态密度，因此式 (6-12) 中的第三项始终大于 0，可以理解为熵效应对能级结构的修正。一般实验上测量的结果为[118,120]

$$eV_{OC} = E_L^A - E_H^D - (0.3 \sim 0.7)\text{eV} \tag{6-13}$$

由此可知，为了提高开路电压，可以增加给体材料（HOMO）能级与受体材料（LUMO）能级之差。除了有机电池材料的电子结构，体系内沿电极方向的电荷梯度也可以影响开路电压，例如，当电池采取双层结构时，开路电压会显著增加[121]。对于有些器件结构为 ITO/聚合物/金属电极的单层聚合物太阳电池，正负电极的功函数差也可以影响开路电压的测量。

2）短路电流密度

短路电流是指在光照下太阳电池正负极短路时的电流。单位面积的短路电流用短路电流密度 $J_{SC}$ 来表示，通常单位为 A/cm$^2$ 或 mA/cm$^2$。短路电流密度受光吸收、光诱导电荷产生与传输的影响。只有能量大于材料能级带宽的光子才能被吸收并产生激子，因此使用具有窄带宽的材料有助于提高短路电流密度。由于激子或电子-空穴对分离需要克服一定的能垒（大约 0.5 eV[122]），因此给体的 LUMO 能级与受体的 LUMO 能级之差必须大于这一能垒。当然，为了提高短路电流密度而减小材料带隙时，有可能影响给受体材料间的电荷转移带隙，从而改变开路电压，所以需要选择具有合适电子结构的有机材料制备太阳电池。

3）填充因子

填充因子（fill factor，FF）的定义为

$$FF = \frac{V_m \times J_m}{V_{OC} \times J_{SC}} = \frac{P_m}{V_{OC} \times J_{SC}} \tag{6-14}$$

式中，$V_m$ 为最佳工作电压，$J_m$ 为最佳工作电流，如图 6-1 所示，是最大输出功率点（即输出电压和输出电流乘积为最大的点）对应的电压与电流。填充因子受电荷传输与载流子复合湮灭的影响，经过优化后的体系器件的填充因子可以超过 0.7。

4）内量子效率

内量子效率（internal quantum efficiency，IQE）[123]的定义为

$$\text{IQE} = \frac{\text{贡献外电路的电子（或空穴）数}}{\text{吸收的光子（或生成的激子）数}} \tag{6-15}$$

一般应用时，可以计算电子和空穴数量的平均值作为式(6-15)中的分子。太阳电池的内量子效率可以比较直接地反映材料本身光电转化能力，是分析和验证电池机理的重要参数。为了方便分析电池的能量转化机理，定义两个内量子效率的分量——激子分离效率(exciton dissociation efficiency)和电荷传输效率(charge transport efficiency)，其定义分别为

$$\text{激子分离效率} = \frac{\text{分离的激子数}}{\text{生成的激子数}} \tag{6-16}$$

$$\text{电荷传输效率} = \frac{\text{被导出的电子（或空穴）数}}{\text{分离的激子数}} \tag{6-17}$$

5) 外量子效率

外量子效率(external quantum efficiency，EQE)[123]的定义为

$$\text{EQE} = \frac{\text{贡献外电路的电子（或空穴）数}}{\text{入射到器件的光子数}} \tag{6-18}$$

实验中，外量子效率均是在单色光条件下测量的，因此可以表达为 $\text{EQE}(\lambda)$。进一步短路电流密度为

$$J_{\text{SC}} = e\int_0^\infty \text{Sun}(\lambda) \times \text{EQE}(\lambda)\mathrm{d}\lambda \tag{6-19}$$

式(6-19)的积分范围是从 0 到$\infty$，而实际情况是只有能量大于材料能级带宽的光子才能被吸收而产生激子。

6) 能量转换效率

能量转换效率(power conversion efficiency，PCE)的定义为

$$\text{PCE} = \frac{V_{\text{m}} \times J_{\text{m}}}{P_{\text{in}}} = \frac{P_{\text{m}}}{P_{\text{in}}} = \frac{V_{\text{OC}} \times J_{\text{SC}} \times \text{FF}}{P_{\text{in}}} \tag{6-20}$$

式中，$P_{\text{in}}$ 为入射光功率，通常单位为 $\text{W/m}^2$，目前在实验和理论研究工作中入射光谱一般选用 AM 1.5 G 光谱①。

能量转换效率是评估太阳电池最重要的性能参数。根据热力学卡诺循环(Carnot cycle)，太阳电池能量转换效率的绝对理论极限是

---

① http://rredc.nrel.gov/solar/spectra/am1.5/。

$$\eta_p = \frac{T_s - T_c}{T_s} \tag{6-21}$$

式中，$T_s$ 和 $T_c$ 分别为太阳表面和太阳电池的温度，假设 $T_s = 5760$ K，$T_c = 300$ K，那么 $\eta_p$ 可以达到 95%。由于诸多物理过程的限制，实际应用的太阳电池可以达到的效率要远低于这个数值，其中最主要的限制是光伏器件对入射光的吸收。

1961 年，Shockley 和 Queisser 两位物理学家[124]首次基于细致平衡原理推导出了单 p-n 结型太阳电池的理论效率极限。Shockley-Queisser 效率极限的计算只依赖于基本的物理原理，是太阳电池领域里基础的理论机理之一。假设光伏材料体系只有一个单独的带隙，这意味着入射光谱中所有能量（$E_A$）小于该带隙能量（$E_g$）的光子都不会产生电子-空穴对或激子。在 Shockley-Queisser 模型中，所有高能光子（即 $E_A \geqslant E_g$）都可以被吸收，每个被吸收的光子只能贡献一个电子到导带上，超过带隙能量的多余能量通过热弛豫效应耗散掉。光伏体系吸收光子形成的电子-空穴对可以分离导出从而贡献外电路，也可以通过碰撞复合重新生成光子而辐射到周围环境中（即辐射复合过程），最终入射进电池器件的光子数和辐射出的光子数达到平衡。理想条件下，电池电流可以表示为

$$J(V) = J_{\text{Photogeneration}} - \text{RR}(V) \tag{6-22}$$

式中，$J_{\text{Photogeneration}}$ 为高能光子入射进电池内部的速率，一般采用 AM 1.5 G 作为入射光谱；$\text{RR}(V)$ 为不同电池外加工作电压 $V$ 下的辐射复合速率，即辐射出的光子速率。当电子和空穴在体系内碰撞时，有可能发生辐射复合，发生概率依赖于电子和空穴的密度。在 Shockley-Queisser 模型中，只考虑了电子和空穴在体系内碰撞时可能发生的辐射复合损耗，而实际体系中还存在无辐射复合（以热能形式）损耗。根据黑体辐射公式和半导体物理，可以推导出太阳电池的辐射复合速率：

$$\text{RR}(V) = \frac{2\pi}{c^2 h^3} \int_{E_G}^{\infty} \frac{E^2 \mathrm{d}E}{\exp\left[(E - eV)/(k_B T_c)\right] - 1} \tag{6-23}$$

式中，$c$ 为真空中的光速；$h$ 为普朗克常量（Planck constant）。由此可以得到 Shockley-Queisser 模型的电流-电压曲线，进而计算出一个给定带隙对应材料的最大光伏效率。

如图 6-15 所示，具有 1.1 eV 带隙的太阳电池（如硅基太阳电池）在 Shockley-Queisser 模型框架下的短路电流密度为 44 mA/cm$^2$，开路电压为 0.86 V，填充因子为 0.87，能量转换效率为 33.8%。有机太阳能材料前线轨道能级差一般在 2.0 eV 左右，对应的理想太阳电池的短路电流密度为 14.54 mA/cm$^2$，开路电压为 1.74 V，填充因子为 0.92，能量转换效率为 22.8%。当前实验上报道了一

些高效有机太阳电池，其中性能优异者效率已经达到约 12%。对比 Shockley-Queisser 模型和实验参数，我们发现实际有机太阳电池的短路电流密度可以达到或超过 Shockley-Queisser 模型的预测值，这是因为在有机共混或本体异质结型太阳电池中，两种具有不同带隙的高分子对光子的吸收可以起到一定的互补作用，从而提高短路电流密度。导致实际有机材料太阳电池效率大幅低于 Shockley-Queisser 效率的主要原因之一是开路电压明显小于有机太阳电池材料的能级差。在 Shockley-Queisser 模型中，不同光伏体系带隙与开路电压之差$(E_{\mathrm{g}} - eV_{\mathrm{OC}})$的范围是 0.18~0.38 eV（带隙为 2.0 eV 时，$E_{\mathrm{g}} - eV_{\mathrm{OC}} \approx 0.3$ eV）。而从式(6-12)中可以看出，实际有机太阳电池体系这一差值可以表达为$k_{\mathrm{B}}T \ln\left(\dfrac{N_{\mathrm{L}}N_{\mathrm{H}}}{np}\right)$，具体的实验数值范围是 0.3~0.7 eV。因为有机太阳电池的开路电压小于相应的能级差而造成的能量损耗明显大于 Shockley-Queisser 模型的预测，这说明体系中的自由载流子（电子或空穴）密度要小于 Shockley-Queisser 模型框架模拟的载流子密度。导致这一结果的可能原因是 Shockley-Queisser 模型只考虑了辐射复合过程，而没有考虑实际体系中存在的无辐射复合及电荷陷阱等其他导致载流子密度下降的因素。

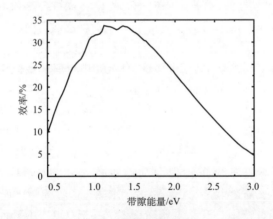

图 6-15　具有单一带隙太阳电池的最大能量转换效率与带隙能量的依赖关系

　　Shockley-Queisser 模型是太阳电池领域重要的研究成果之一，其预测可以作为发展和评估新型光伏技术参考的标准[125]。当然，这一模型在实际应用时也存在一些明显的不足之处，例如设计有机光伏材料时，常常希望比较准确地重复或预测特定材料的电流-电压性能曲线，而不仅仅是推测该电池可能的效率极限。另外，光伏材料微观（或介观）的结构及性质，如载流子迁移率、器件尺度相分离形貌等，都会对电池功率输出等宏观性能产生重要影响，这也是太阳电池领域一个非常重要的课题，但传统的 Shockley-Queisser 模型只考虑了能带结构对电池极限性能的影响。在推导 Shockley-Queisser 模型时用到的各种假设并不是必要的，如实际环境下光伏材料体系很难满足黑体辐射理论；除了辐射复合外，无辐射复合也是一个重要的微观电池过程等，还有现代电池技术中常用的串并联架构等也超出了传统 Shockley-Queisser 模型的框架范围。近年来，人们不断提出下一代的太阳电池技术概念，试图在理论上突破 Shockley-Queisser 模型的假设条件限制，从而有效提高电池效率，甚至可以超过模型预测的极限值(本节后面部分将会介绍一些常见的新型太阳电池技术概念)[126-130]。

## 6.4.2 器件尺度模拟方法

大多数有机太阳电池属于激子太阳电池(excitonic solar cell)[131]。有机光电材料吸收光子后生成激子。在有机半导体本体相中，激子或电子-空穴对束缚能较大(大约 0.5 eV，大于热扰动能量)。一般情况下，激子需要扩散到电子给体与电子受体界面处(因此给体的 LUMO 能级与受体的 LUMO 能级之差要大于电子-空穴对束缚能)才可能进一步分离成自由电荷，以便贡献外电路。近年来的研究证明，促进激子分离(或自由电荷的生成)是进一步提高有机太阳电池效率的关键。

在分子或原子尺度上，有机太阳电池的光电转化过程复杂，理论上完全理解这些转化机理还存在着很大的挑战[132]。与此同时，还迫切地需要发展相对准确可信的数值模拟方法，来研究有机太阳电池在器件尺度上的性质，以便更好地优化它们的性能。目前，两种常用于定量分析有机光电材料的数值模拟方法是离散动力学蒙特卡罗(discrete dynamic Monte Carlo)方法和宏观连续介质模型(macroscopic continuum medium model)法。离散动力学蒙特卡罗方法利用一系列随机事件来模拟有机光电材料内的微观粒子(激子、电子及空穴等)，理论上可以跟踪和分析这些粒子可能的动力学轨迹。这种方法可以比较直观地描述器件形貌对载流子输运行为的影响。宏观连续介质模型则通过耦合扩散-漂移方程和泊松方程(Poisson equation)来描述电荷与电场的相互作用，这种模型一般可以比较准确地预测实验光电性能，特别是开路电压附近的光电行为[133]。下面将详细地介绍这两种数值模拟方法[134,135]。

### 1. 动力学蒙特卡罗模拟法

相较于本节前面介绍的 Metropolis 算法，动力学蒙特卡罗方法是一种与时间相关的随机过程模型。Watkins 等[78]发展了这种方法以便描述有机太阳电池内粒子(电子、空穴及激子)之间的相互作用和运动行为，进而可以系统地评估光伏性能(如内量子效率等)对于体系形貌中相分离程度的依赖性。动力学蒙特卡罗方法可以在统一的框架内模拟有机光电材料体系内的各种微观过程，如有机光伏效应的关键步骤，包括激子产生、激子扩散、激子失活、激子分离、电荷传输、电荷复合失活，以及电荷从电极处导出或注入等。通过模拟这些独立且实际可能同时发生的过程，可以计算抽样时间间隔内的内量子效率等电池参数[77]。最初的动力学蒙特卡罗模拟一般假设电子和空穴具有相等的电荷迁移率以避免空间电荷累积。我们进一步发展了这种方法，在模拟各种粒子动力学轨迹的同时，通过耦合泊松方程来计算电池内部总电场随空间电荷分布变化而出现的调整，进而模拟粒子的动力学轨迹对电场调整和空间电荷效应的响应[133,136]。

动力学蒙特卡罗方法基本算法的主要挑战在于如何确保模拟的轨迹符合动力学方程的要求。我们用来模拟有机太阳电池时间演化过程的算法是离散事件模拟(discrete event simulation)算法[137]，更具体地讲，为第一反应方法(first reaction method)[138-140]，该算法的基本思想是将一组离散事件按暂时的顺序存储成队列。按计算机科学术语，该队列是动态变化的数据结构，所存储的每个事件都是体系的构象改变方式。队列中的事件按等待时间的大小排序，等待时间是该事件实际发生所需的时间。该算法的具体执行过程如下所示。

(1)初始化。在模拟时间 $t_{sim}=0$，指定一些体系初始构型。利用式(6-24)为每个可能事件计算分配等待时间，该事件将完成 c→c′ 的体系变化。所有事件按等待时间递增的顺序存储在队列中。

(2)选择一个反应或事件。选择队列开始的事件(因此具有最小的等待时间)。如果事件是可执行的，跳到算法第3步；如果事件不可执行，则跳到算法第4步。在某个特定的时间步，可执行事件是体系允许的构象改变，而不可执行事件是由于其他先前事件的发生造成此事件被体系禁止。

(3)实现事件所规定的体系构象改变。执行被选择事件 c→c′ 所涉及的体系构象改变。模拟时间增加该事件发生所消耗的等待时间，即 $t_{sim}=t+\tau_q$，而队列中其他事件的等待时间均减少该等待时间 $\tau_q$。然后算法执行到第5步。

(4)不可执行反应或事件。如果队列开始的事件执行被体系所禁止，那么不执行该事件并将其从队列中清除，然后执行算法第2步。

(5)添加新事件。某一给定事件的发生执行还可能使一组其他事件的发生成为可能。为每一个新事件计算分配等待时间 $\tau_q$(这里的 $\tau_q$ 是相对于当前模拟时间的事件发生时间)。按照 $\tau_q$ 值的大小将这些新事件插入到队列的合适位置处，然后执行算法第2步。

根据主方程(master equation)，上述算法中事件的等待时间可以表示为

$$\tau = -\frac{1}{W}\ln(X) \tag{6-24}$$

式中，$X$ 为平均分布在(0,1)区间内的随机数；$W$ 为某个特定事件发生的速率。我们将第一反应法具体应用到有机太阳电池的模拟中。将有机光电体系简化成格点模型(格点间距离是 $a_0$)，三种可移动粒子(激子、空穴和电子)以各自浓度出现

在有机光伏材料内部。体系中存在的每个粒子的动力学行为都被一个事件(体系构象改变)所描述,而每个事件都被赋予等待时间 $\tau_q$。体系中所有可能的事件将按等待时间增加的顺序存储形成一个临时的序列。随着体系的演化,这一系列事件将不断更新以反映体系演化时间的推进。在每个特定时刻,事件序列的头一个事件将被执行然后从队列中被清除,系统模拟时间将增加该事件执行所消耗的等待时间,而所有队列中剩余事件的等待时间也要同时减少该等待时间。按照一些特定的规则,当前事件的执行可能会阻止后续事件的发生,如格点的单粒子占据性,也有可能要求产生新的事件并插入到队列中。

对于体系内的每个粒子,只有一个首先发生的事件需要被插入到队列中。我们需要为每个粒子计算所有相关可能事件的等待时间,然后选择将其中具有最小等待时间的事件作为该粒子的事件插入队列中。目前,有机光伏体系模拟中所有可能的事件类型为以下几种。

(1)激子产生:激子可以通过吸收光子或热激活的方式在体系内任意空闲的电子或空穴导体格点上产生。模拟体系中光致激子生成的位置分布可以选取不同的形式,如沿电极方向平均分布或呈高斯分布等,经常使用的是平均分布形式。

(2)激子跳跃:激子可以从空穴导体跃迁到非占据的临近空穴导体,或从电子导体跃迁到非占据的临近电子导体。程序实现时,激子跃迁涉及某一格点的激子消失和另一格点的激子占据。

(3)激子失活:具体的程序实现为将激子从当前格点位置上去掉。

(4)激子分离:当激子位于电子/空穴导体界面处时,空穴导体上的激子将留一个空穴在原位置,而传输一个电子到邻近电子导体格点上;电子导体上的激子将留一个电子在原位置,而传输一个空穴到邻近空穴导体格点上。

(5)电子跳跃:电子从电子导体格点跃迁到非占据的临近电子导体格点上。

(6)空穴跳跃:空穴从空穴导体格点跃迁到非占据的临近空穴导体格点上。

(7)电子/空穴复合湮灭:电子与空穴在给受体界面处相遇,程序实现为同时去掉电子和空穴。

(8)电子/空穴在电极处导出:电子和空穴在电极处被导出,程序实现为去掉该电荷,计算对外电路的贡献。

(9)电子/空穴在电极处注入:电子在空的负极格点(必须为电子导体)处,或空穴在空的正极格点(必须为空穴导体)处被电极注入,程序实现为添加电荷,计算对外电路的贡献。

太阳电池的一个核心问题是电荷与电磁场的相互作用,在当前模拟中电磁场效应可以近似地分解成入射光场和电池内部电场。入射光场与电池的吸收性能直接相关,而电池内部电场对载流子的输运有着重要影响。根据经典电动力学,通过求解泊松方程可以计算光电材料内部的总电场。电池内部的总电场来源于空间电荷的库仑电势及由外加工作电场导致的线性分布驱动电势。我们可以证明，外加电场的驱动电势梯度等于总电场在电池正负电极处附近的平均值。为了动态评估空间电荷效应对外加驱动电场的影响，将泊松方程的求解耦合到动力学蒙特卡罗模拟中，如图 6-16 所示。除计算机模拟动力学算法外，模型参数(如模拟事件的发生速率)的设定也是动力学蒙特卡罗方法的重要组成部分，直接决定着电池性能的最终模拟结果。下面将介绍一般情况下参数设定的计算方法，而具体数值可以根据需要模拟的实际材料的实验数据或理论预测结果设定。

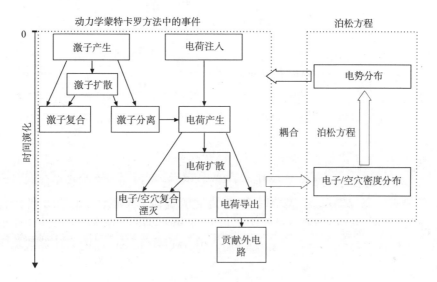

图 6-16　有机太阳电池动力学蒙特卡罗方法示意图

在有机太阳电池模拟中，光致激子将以均匀的速率随机产生在空穴或电子导体高分子格点上。通过计算太阳光入射光谱照射下的光子吸收速率，可以计算光致激子的生成速率 $W_{eg}$，具体计算为[77]

$$W_{eg} = \int_0^{\lambda_{max}} \frac{P_0(\lambda) - P(\lambda)}{hc / \lambda} d\lambda = \int_0^{\lambda_{max}} \frac{P_0(\lambda) \times [1 - 10^{-A(\lambda)}]}{hc / \lambda} d\lambda \tag{6-25}$$

式中，$\lambda$ 为入射光波长；$P_0$ 为入射光功率，$P$ 为透射过材料的光功率，被材料吸收的光功率为 $P_0 - P$；$A(\lambda)$ 为材料吸收率，是波长的函数。电池材料只能吸收本身能量大于带隙的光子，因此计算积分时存在积分上限 $\lambda_{max}$。实际应用时，入射光谱一般选用 AM 1.5 G 太阳光光谱，而有机光伏材料的吸收率从实验测量的吸收光谱中得到。实际模拟时，体系中激子生成的时间间隔为生成速率的倒数。

被吸收的光子都将成功产生激子，对应于激子的事件有三种：激子跳跃、复合失活及界面处分离。在模拟中假设生成的激子在分离或失活前保持为单重态，即一旦到达给受体界面处激子应极快分离。为了实现这一现象，模拟中可以将激子分离事件的速率 $W_{ed}$ 设置的足够大，以保证对于体系中到达界面处的激子的分离事件必然位于所有事件队列的首位而优先被执行。在有机半导体材料中，激子寿命一般范围是几百皮秒到几百纳秒之间，而激子复合速率 $W_{er}$ 设置为寿命的倒数。给定的激子从当前格点 $i$ 到邻近格点 $j$ 的跃迁速率为

$$W_{ij} = W_e \left( \frac{R_0}{R_{ij}} \right)^6 \tag{6-26}$$

式中，$R_{ij}$ 为格点 $i$ 和格点 $j$ 之间的距离；$R_0$ 为激子局域化半径；$W_e$ 为激子企图跳跃频率。激子跳跃事件计算时选择的邻近格点将包括邻近半径 $R_c$ 内的格点，这个数值接近于体系的热力学捕获半径[141]。我们的模型只允许激子跳跃发生在相同材料格点间。跳跃完成后，激子将面临一个新的事件选择过程，直到它们最终失活或在给受体界面处分离。

激子的分离将电荷载体(电子和空穴)引入到体系的计算中。载流子一旦产生或出现，我们需要分配事件描述其动力学过程。这可以通过在三种可能事件中挑选最有利的一个(具有最小等待时间)作为载流子动力学事件，这些事件是：电荷跃迁、界面处电子-空穴对复合失活以及被电极导出形成外电流。载流子的计算模型中将包括器件中所有的静电相互作用。利用 Marcus 理论来计算载流子跳跃速率[142]：

$$W_{ij} = \nu_{hop} \exp \left[ -\frac{(E_j - E_i + E_r)^2}{4 E_r k_B T} \right] \tag{6-27}$$

式中，$E_i$ 和 $E_j$ 分别为跳跃格点 $i$ 和 $j$ 的能量；$E_r$ 为电荷重组能。格点能量的计算需要考虑相邻电荷的库仑电势以及由泊松方程计算的外加驱动电场效应。电荷跃迁将被限制在最邻近格点间，其能量计算须计入因态密度而导致的高斯标准方差 $\sigma$。指前因子 $\nu_{hop}$ 是通过在格点能量相等条件下的 Einstein 关系导出的：

$$\nu_{hop} = \frac{6 k_B T \mu_{n/p}}{e a_0^2} \exp \left( \frac{E_r}{4 k_B T} \right) \tag{6-28}$$

式中，$\mu_{n/p}$ 为电子(或空穴)的迁移率。电子及空穴在相邻格点相遇时，该电子-空穴对将以速率 $W_{cr}$ 复合失活，从而导致电荷损失。当载流子扩散到电极的邻近位置时，它将按特定速率 $W_{ce}$ 从体系中被导出以贡献外电路电流。动力学模拟中电荷导出过程被处理为一种特殊的电荷跳跃过程，因此可以利用 Marcus 理论描述为

从有机材料对应的前线轨道跳跃到较低的金属电极费米能级的过程，即式(6-27)中的能量差(驱动力)为$-E_{IB}$。为了模拟电池的"漏电现象"，电子(或空穴)在正极和负极处均可以被导出。

　　模拟载流子从电极处注入的过程时，每个合适的电极格点(阴极电子导体格点，阳极空穴导体格点)都有可能向材料体系注入电荷载体，其时间间隔为其特征的注入速率的倒数。研究发现电荷注入过程是影响暗电流分布的关键过程。电荷注入能垒 $\Delta U$ 限制了暗电流载流子从金属电极跳跃进入有机材料本体相的速率，而该能垒主要来源除了金属费米能级与较高的有机材料前线轨道之差($E_{IB}$)外，还应包括外加电场及电极处镜像电荷的库仑势的影响，即

$$\Delta U = E_{IB} - \frac{e^2}{16\pi\varepsilon a_0} - eFa_0 \tag{6-29}$$

式中，$E_{IB}$ 也可以理解为当外加电场及镜像电荷效应不存在时的注入能垒；$F$ 为电极处的外加电场(由泊松方程求解得到)。计算得到注入能垒后，将采用传统的 Miller-Abrahams 公式来计算电荷注入速率，即

$$W_{ij} = W_0 \begin{cases} \exp\left(-\dfrac{E_j - E_i}{k_B T}\right), & E_i < E_j \\ 1, & E_i \geq E_j \end{cases} \tag{6-30}$$

式中，指前因子 $W_0$ 是通过 Einstein 关系在格点能量相等条件下导出的，即

$$W_0 = \frac{6k_B T \mu_{n/p}}{ea_0^2} \tag{6-31}$$

　　电荷注入能垒的计算也须计入因态密度而导致的高斯标准方差 $\sigma$，因此式(6-30)中的格点能计算为 $E_j = \Delta U + \sigma R$ 及 $E_i = \sigma R$，其中 $R$ 为满足正态分布的随机数。电荷注入算法只考虑在离电极最近的格点注入，被注入后电荷的动力学行为须充分考虑所处静电环境。电极附近镜像电荷效应的有效距离是 $R_c$。泊松方程的数值求解需要合理的电荷密度分布，为此动力学模拟程序要求新生成的电荷不能立即被电极导出。除电荷注入外，实际光伏体系中暗电流的另外一个来源是激子的热激活生成，模拟中选择合适的热激活激子生成速率 $W_{egt}$，使模拟暗电流等于实际材料的饱和暗电流。热激活激子与光致激子经历相同的扩散或分离等事件。

　　如上所述，我们需要耦合求解一维泊松方程以获得体系内外加驱动电场，即

$$\frac{\partial^2}{\partial z^2}\psi(z) = \frac{e}{\varepsilon}\big[n(z) - p(z)\big] \tag{6-32}$$

式中，$\varepsilon$ 为材料介电常数；$\psi$ 为体系各位置的电势函数；$n(p)$ 为体系电子(空穴)的密度函数。这里假设电极方向为坐标系 $z$ 方向。在没有光照及外加工作电压的条件下，有机太阳电池被认为处于平衡状态，因此暗电流工作下的边界条件为

$$\psi(L_z) - \psi(0) = V_a \tag{6-33}$$

式中，$V_a$ 为外加工作电压；$L_z$ 为电池在电极方向的长度。在光照条件下，有机光伏材料的准费米能级将会发生劈裂，导致开路电压与电子给体的 HOMO 能级和电子受体的 LUMO 能级之差相关，因此光电流工作下的边界条件为

$$\psi(L_z) - \psi(0) = V_a - \frac{1}{e} E_{gap} \tag{6-34}$$

式中，$e$ 为一个电子电荷；$E_{gap}$ 为电子给体的 HOMO 能级和电子受体的 LUMO 能级之差。

2. 连续介质模型法

连续介质模型法是模拟有机光电材料的常用数值模拟方法，同样适合采用格点模型。模型假设电池体系内任意点均满足电流连续性方程，而电池电流的来源机理包括电场驱动的载流子漂移及由密度梯度造成的电荷扩散，即电流分布可以利用经典半导体扩散-漂移方程(drift-diffusion equation)来计算。电池体系电场分布可以通过求解经典电磁学麦克斯韦方程组(Maxwell's equations)得到[143,144]，实际应用时我们假设电池体系处于稳定工作状态，因此可以简化方程通过求解泊松方程来描述电场分布[145]。我们需要自洽求解上述耦合方程组以便模拟电荷与电场的相互作用，最终获得本体异质结型有机太阳电池的电流-电压特征曲线及其他性能参数。连续介质模型中，描述电荷密度与体系静电势间定量关系的泊松方程为

$$\nabla \cdot (\varepsilon \nabla \psi) = -e(p-n) \tag{6-35}$$

式中，$p$ 为空穴密度；$n$ 为电子密度。

根据扩散-漂移方程，有机半导体中的电流计算公式为

$$J_n = e\mu_n n(-\nabla \psi) + k_B T \mu_n \nabla n \tag{6-36a}$$

$$J_p = e\mu_p p(-\nabla \psi) - k_B T \mu_p \nabla p \tag{6-36b}$$

电池处于稳定工作状态时，体系内电流密度分布应满足连续性方程：

$$\nabla \cdot J_n = eU \tag{6-37a}$$

$$\nabla \cdot J_p = -eU \tag{6-37b}$$

式中，$J_{n(p)}$ 为电子(空穴)的规定电流方向；$U$ 为净电荷生成速率函数；$\mu_{n(p)}$ 为电子(空穴)的迁移率。具体求解上述耦合方程时，需要结合反映有机光电材料电子结构的边界条件。

净电荷生成速率分布是连续介质模型中模拟太阳电池体系的一项重要参数，同样需要从有机太阳电池能量转换机理出发来计算。材料吸收光子生成激子，激子迁移到给受体界面处分离可快速生成束缚状态的电子-空穴对。束缚态电子-空穴对需要进一步分离才能生成自由电荷(分离速率为 $k_d$)，同时电子-空穴对也存在因孪生湮灭而失活的可能(失活速率为 $k_f$)，因此定义电子-空穴对分离概率为[146]

$$P = \frac{k_d}{k_d + k_f} \tag{6-38}$$

一旦获得分离，自由电荷(电子和空穴)将跃迁到各自的电极处，被导出后形成外电流。电荷迁移过程中，正负电荷相遇可能发生复合失活现象。而电荷复合速率计算为

$$R = k_r \left( np - n_{int}^2 \right) \tag{6-39}$$

式中，$n_{int} = N_c \exp\left(-E_{gap} / 2k_B T\right)$ 为材料内部电子或空穴的本征密度；$N_c$ 为半导体导带或价带边缘处的有效态密度；$k_r$ 为电荷复合速率常数，一般由电子或空穴迁移率中较小的一个决定，即 $k_r = \dfrac{e}{\varepsilon} \min(\mu_n, \mu_p)$。根据激子或电子-空穴对动力学，稳定状态下体系内电子-空穴对密度满足方程：

$$\frac{\mathrm{d}X}{\mathrm{d}t} = G - k_f X - k_d X + R = 0 \tag{6-40}$$

式中，$G$ 为电子-空穴对生成速率，可以由材料吸收光谱计算得到。因此，净电荷生成速率可以表达成

$$U = k_d X - R = PG - (1 - P)R \tag{6-41}$$

电子-空穴对分离速率 $k_d$ 依赖于体系电场分布及体系温度，根据 Onsager 理论可以表示为[146]

$$k_d = \frac{3R}{4\pi a^3} \mathrm{e}^{-E_b/kT} \left( 1 + b + \frac{b^2}{3} + \cdots \right) \tag{6-42}$$

式中，$E_b = e^2 / (4\pi \varepsilon a)$ 是电子-空穴对束缚能；$a$ 为电子与空穴之间距离；

$b = \dfrac{e^3 F}{8\pi \varepsilon k_B^2 T^2}$，其中 $F$ 为电场强度，$T$ 为体系温度。求解上述耦合方程组需要载流子及静电势在电极处的边界条件，具体设置为电子和空穴在各自电极处的边界密度设置为有效态密度 $N_c$，而静电势的边界条件与动力学蒙特卡罗方法中求解泊松方程（光电流工作）时的条件相似。另外，求解上述连续介质方程组的一个难点是各方程式间的耦合太强，我们具体应用的数值求解算法包括 Gummel 解耦合法[147]及 Newton-Raphson 算法[143]等。

研究发现实际有机太阳电池中电荷的复合机理比较复杂，为此人们已经提出不同的模型来描述这一过程[134,135]，例如，计算复合速率常数的公式包括：①经典的 Langevin 模型，即 $k_r = \dfrac{e}{\varepsilon}\left(\mu_n + \mu_p\right)$；②最小迁移率模型，即 $k_r = \dfrac{e}{\varepsilon}\min\left(\mu_n, \mu_p\right)$；③势能涨落模型，即考虑存在能垒的效应，$k_r = \dfrac{e}{\varepsilon}\exp\left(-\dfrac{\Delta E}{k_B T}\right)\left(\mu_n + \mu_p\right)$；④载流子密度梯度模型，即复合速率正比于电子及空穴密度的乘积；⑤二维 Langevin 模型，即复合速率依赖于载流子密度的平方根；⑥更复杂的孪生及本体相中电子-空穴复合的统一理论，可以用来解释观察到的复合速率常数一般远小于 Langevin 模型的预测。

连续介质模型最初被用来模拟本体异质结或双层结构有机太阳电池。当可以忽略体系三维相分离形貌时，我们经常利用一维连续介质模型模拟和预测光伏材料的电流-电压曲线等性能参数[145,148]。最近，人们也开始发展二维或三维的模型模拟形貌因素对性能的影响[149]。同时，当前平衡态连续介质模型也可以被拓展为时间依赖的器件模型，以便模拟有机太阳电池的瞬态光电行为[150,151]。

通过比较动力学蒙特卡罗方法和连续介质模型，可以看出两者都利用了泊松方程来模拟体系的电场分布，而这两种方法的主要区别在于如何模拟有机光伏体系内电荷的动力学行为。具体应用时可以根据需要选择合适的数值模拟方法。

### 6.4.3 有机光伏器件性能的模拟研究

1. 有机太阳电池的电流-电压曲线及效率模拟

首先，将利用上述两种数值模拟方法模拟具体的有机太阳电池电流-电压性能曲线。动力学蒙特卡罗方法的模型体系是共混高分子材料 PPDI[poly (perylene diimide-*alt*-dithienothiophene)][48] 和 PBTT [bis (thienylenevinylene)-substituted polythiophene][17]，如图 6-17 所示。这种全高分子共混电池在可见及近红外光区内都展现了强吸收性质，同时拥有相对高的电荷迁移率，例如，PPDI 的电子迁移率为 $1.3 \times 10^{-2}$ cm²/(V·s)，而 PBTT 的空穴迁移率大约为 $10^{-3}$ cm²/(V·s)。这种全高分子共混电池器件的能量转换效率可以达到 1.5%。

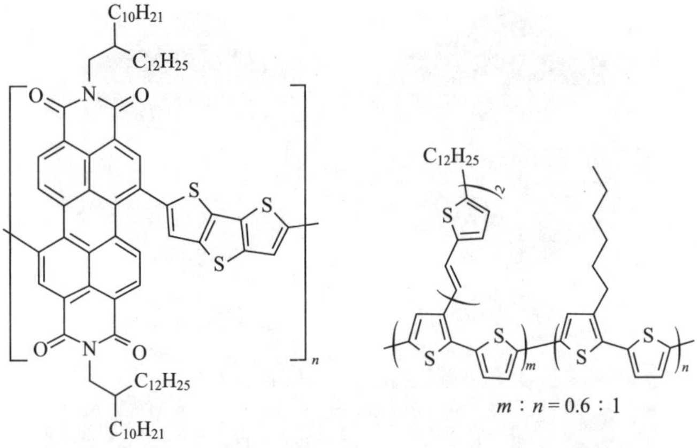

图 6-17　有机太阳电池材料 PPDI 和 PBTT 的分子式结构

　　使用格点模型来模拟电池材料,体系在 $x$、$y$ 和 $z$ 三个方向的尺寸分别为 60 个、60 个和 30 个格点,考虑到高分子材料 POTVT 的 X 射线衍射(XRD)数据[152],格点间距离 $a_0$ 被设置为 3 nm,同时每个格点只能被一个粒子占据。体系的温度为室温 298 K。电极平面分别位于 $z = 0$ nm 和 $z = 90$ nm 处且平行于 $xy$ 平面(图 6-18 中未明显画出),$x$ 和 $y$ 方向上将应用周期性边界条件。动力学蒙特卡罗方法可以定量地分析体系相分离形貌对有机光伏器件性能的影响。通过计算共混高分子体系的体积 $V$ 对相界面接触面积 $S$ 的比值,按照公式 $C = 3V/S$,可以评估共混高分子体系的相分离特征尺寸 $C$[141]。

　　出于计算效率的考虑,体系库仑相互作用的截断值 $R_c$ 为 15 nm[141]。当前有机光伏体系内激子的实际扩散长度估计为 10~20 nm[153],需要设置参数 $W_e R_0^6 = 2$ nm$^6$/ps 及激子复合失活速率 $W_{er} = 2 \times 10^{-3}$ ps$^{-1}$,以保持体系内的激子平均扩散距离大约为 10 nm。根据材料吸收光谱,计算得到激子生成速率 $W_{eg} = 900$ s$^{-1}$ · nm$^{-2}$,计算时积分上限 $\lambda_{max} = 800$ nm。我们的模拟结果显示,当电子和空穴迁移率相等 [$\mu_n = \mu_p = 10^{-3}$ cm$^2$/(V · s)]时或选取实验测定值[$\mu_n = 10^{-2}$ cm$^2$/(V · s) 及 $\mu_p = 10^{-4}$ cm$^2$/(V · s)]时,体系内典型电荷密度在 $10^{22}$ m$^{-3}$ 量级,这与光伏器件的实际情况相符合。动力学蒙特卡罗模拟的结果具有一定的随机性,实际模拟时需要大量的样本统计以减小误差涨落,即需要足够长的模拟时间(典型的模拟时间将超过 0.1 s)。模拟的外电路电流等于正/负电极处净电流密度的平均值。在该模拟中假设体系的相分离形貌对物理参数的设定没有影响,所有参数见表 6-1。

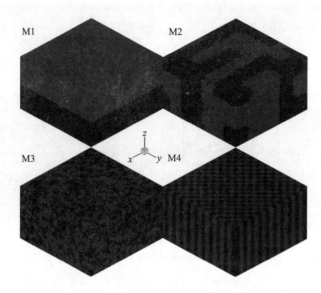

图 6-18    有机太阳电池典型的相分离形貌

M1 代表双层结构, M2 和 M3 代表 Ising 模型生成的共混结构, M4 代表理想的棋盘结构

表 6-1    **PPDI 和 PBTT 共混高分子电池的动力学蒙特卡罗方法模拟参数**

| 参数符号 | 数值和单位 | 参数含义 |
| --- | --- | --- |
| $T$ | 298.0 K | 温度 |
| $\varepsilon$ | 3.5 | 相对介电常数 |
| $a_0$ | 3 nm | 格点距离常数 |
| $R_c$ | 15 nm | 截断临界距离 |
| $W_{eg}$ | 900 $s^{-1} \cdot nm^{-2}$ | 光致激子生成速率 |
| $W_{egt}$ | 32 $s^{-1} \cdot nm^{-2}$ | 热激活激子生成速率 |
| $W_e R_0^6$ | 2 $nm^6/ps$ | 激子跳跃速率常数 |
| $W_{er}$ | $2 \times 10^{-3}$ $ps^{-1}$ | 激子复合速率 |
| $E_r^*$ | 0.187 eV | 激化子束缚能 |
| $V_{hop}$ (p) | $1.06 \times 10^{-3}$ $ps^{-1}$ | 空穴跃迁速率常数 |
| $V_{hop}$ (n) | $1.06 \times 10^{-1}$ $ps^{-1}$ | 电子跃迁速率常数 |
| $\sigma^*$ | 0.062 eV | 高斯标准方差 |
| $W_{cr}$ | $1 \times 10^{-5}$ $ps^{-1}$ | 电荷复合速率 |
| $E_{IB}$ | 0.4 eV | 受体材料 LUMO 能级与铝金属电极费米能级之差 |
| $E_{gap}$ | 1.1 eV | 受体材料 LUMO 能级与给体材料 HOMO 能级之差 |
| $J_S$ | 0.36 $mA/cm^2$ | 饱和暗电流密度 |

注：以星号*标记的参数取自文献[141]

图 6-19 中给出了动力学蒙特卡罗方法模拟的有机太阳电池的电流密度-电压曲线,可以看出开路电压的模拟结果与实验数据符合得很好。我们选择优化的体系形貌 M3 来模拟电流密度-电压曲线,这将导致光电流及暗电流比实验值大。在开路电压附近,暗电流显著增大并抵消了光致电流。更准确地说,动力学模拟开路电压的出现是两种被不同有效电势驱动的电流相互抵消的结果:一种是暗电流,主要来源是注入电荷,有效驱动势即等于开路电压;另一种是由激子分离产生的光电流,而有效驱动势等于开路电压与 $E_{gap}$ 之差[式(6-34)]。根据这些模拟结果,可以得出结论:增强有机太阳电池的光电流(相对于注入电流)可以增加开路电压。例如,研究发现提高激子分离速率(明显可以增大光电流)有助于开路电压的增加。

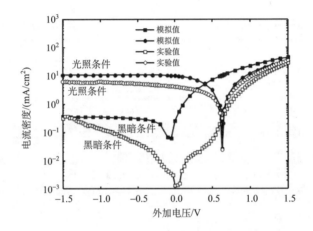

图 6-19 动力学蒙特卡罗方法模拟 PPDI/PBTT 共混高分子电池的电流密度-电压曲线
与实验结果的比较

模拟体系对应的形貌是图 6-18 中的 M3

除了全高分子有机太阳电池外,另一类常用的受体材料或电子导体是富勒烯衍生物,例如,PCDTBT{poly[*N*-9″-hepta-decanyl-2,7-carbazole-*alt*-5,5-(4′,7′-di-2-thienyl-2′,1′,3′-benzothiadiazole)]}和 PC$_{70}$BM([6,6]-phenyl C$_{70}$-butyric acid methyl ester)(图 6-20)组成的本体异质结型有机太阳电池。该电池展现了良好的光伏性能,短路电流密度可以达到 10.6 mA/cm$^2$,开路电压为 0.88 V,能量转换效率达到 6.1%[154]。这里用一维连续介质模型来模拟此类光伏材料。对于本体异质结型结构,假设激子的生成不依赖于空间位置,在体系内均匀分布。实验测定的电子迁移率 $\mu_n$ = 3.5×10$^{-3}$ cm$^2$/(V·s) 及空穴迁移率 $\mu_p$ = 1.0×10$^{-3}$ cm$^2$/(V·s)[155],有效态密度 $N_c$=2.5×10$^{25}$ m$^{-3}$,受体材料的 LUMO 与给体材料 HOMO 间的能级差 $E_{gap}$=1.3 eV。根据实验数据,模拟用到的参数总结于表 6-2。

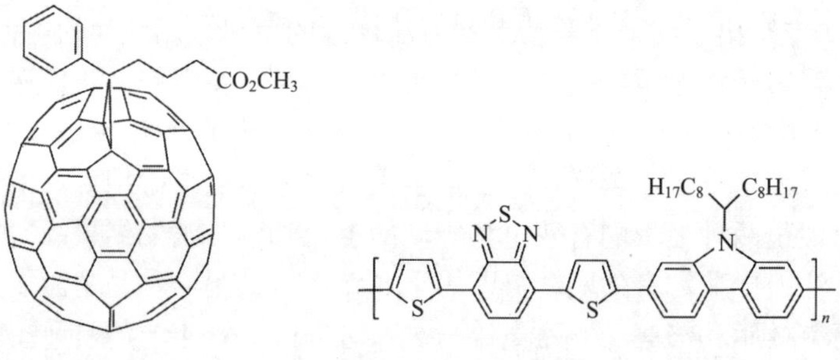

图 6-20   有机太阳电池材料分子式结构

表 6-2   **PCDTBT 和 $PC_{70}BM$ 本体异质结型电池的连续介质模型模拟参数**

| 参数符号 | 数值和单位 | 参数含义 |
| --- | --- | --- |
| $T$ | 298.0 K | 温度 |
| $\varepsilon$ | 3.5 | 相对介电常数 |
| $\mu_n$ | $3.5\times10^{-7}$ m²/(V·s) | 电子迁移率 |
| $\mu_p$ | $1.0\times10^{-7}$ m²/(V·s) | 空穴迁移率 |
| $N_c$ | $2.5\times10^{25}$ m$^{-3}$ | 有效态密度 |
| $G$ | $1\times10^{28}$ m$^{-3}$·s$^{-1}$ | 激子生成速率 |
| $a$ | 1.6 nm | 电子-空穴对距离 |
| $k_f$ | $1.5\times10^{6}$ s$^{-1}$ | 激子失活速率 |
| $E_{gap}$ | 1.3 eV | 受体材料 LUMO 能级与给体材料 HOMO 能级之差 |

在两种光源照射(AM 1.5 G 和波长为 532 nm 的单色绿光)下，PCDTBT/ $PC_{70}BM$ 有机太阳电池连续介质模型的模拟结果如图 6-21 所示，作为比较图中给出了实验数据。可以看出我们的模拟结果很好地重复了实验光伏曲线。上述这些光伏材料电流-电压曲线模拟的成功验证了我们的模型对有机太阳电池机理的模拟及对应参数选择的合理性。

2. 有机材料电子及器件结构对光伏转化性能的影响

为了进一步提高有机太阳电池的性能，我们需要深入理解有机光电材料的构效关系，特别是材料微观电子结构和过程与器件介观形貌等因素对光伏转化性能的影响。首先以 PPDI/PBTT 共混高分子电池为模型体系，利用动力学蒙特卡罗方法研究器件给受体相分离形貌、电子迁移率等因素对电池性能的影响。

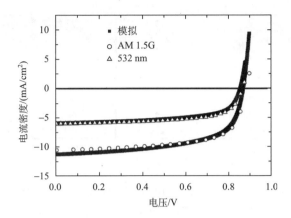

图 6-21　连续介质模型模拟 PCDTBT/ PC$_{70}$BM 有机太阳电池的电流-电压曲线
与实验结果的比较

该模拟包括 AM 1.5 G 及 532 nm 单色光照射下的光电响应

在短路条件下，动力学模型计算了一系列具有不同相分离程度的共混和棋盘型结构有机光伏体系的内量子效率 IQE 以及它的两个构成分量，激子分离效率和电荷传输效率，如图 6-22 所示。一般来说，当给受体间接触面积增加时，激子分离效率增加，同时电荷传输效率减小。通过平衡这两个相互间竞争的分效率，可以得到两个优化的形貌，如图 6-18 所示(M3 是共混系列的优化结构，而 M4 是棋盘型系列的优化结构)，从而使内量子效率达到峰值。对于共混结构序列，峰值内量子效率对应的特征相分离尺寸大约为 10 nm，而对于棋盘型系列结构，方形柱体的宽度大约为 9 nm 时内量子效率达到最大值。细致地分析发现，当共混形貌的相接触面积较小时，如 M2，由于 Ising 模型中的热效应，纯相间不能完美分离，因此在一些大的本体相区域内存在许多小的"孤立岛"。这些岛将会成为自由电荷的陷阱，陷入其中的载流子只能等待有相反电荷跃迁到岛与周围大的本体相间的界面处，进而形成电子-空穴对被复合失活处理掉。造成的结果是，电荷传输效率在对应于 M2 的构象时不能达到接近 100%的程度，而在大尺度相分离的情况下可能会出现峰值[78]。双层结构形貌(M1)将会对开路电压产生额外贡献，并且这一贡献将随着入射光强度的增强而增加，这与实验结果相一致。电荷密度梯度被认为是双层结构形貌中这一额外贡献的来源因素，模拟发现光强每增加 10 倍，开路电压增加 0.07~0.09 V。这与 Marsh 等[141]的研究结果是一致的，也与 Barker 等[148]基于暗电流和光电流叠加的理论预测(光强每增加 10 倍，开路电压增加 0.06 V)相符。

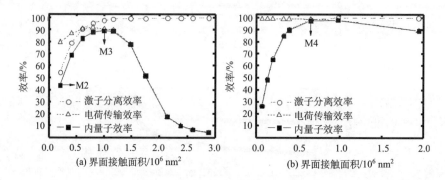

图 6-22 对应于共混形貌(a)和棋盘型形貌(b)的激子分离效率、电荷传输效率及内量子效率随电子/空穴导体间接触面积的变化

作为有机光电材料重要的物理性能，电荷迁移率对光伏性能的影响吸引了很多人的研究兴趣。通过耦合泊松方程，动力学蒙特卡罗方法可以定量地研究电荷迁移率对体系空间电荷效应及电势分布等的影响。如图 6-23 所示，当电子和空穴迁移率相等时，体系电势分布接近线形分布，这证明了动力学模拟的最初假设，即在相等的迁移率条件下，体系内电荷漂移是由线性电场分布驱动的。当电子和空穴迁移率不相等时，一般情况下有机共混材料的迁移率关系为 $\mu_n > \mu_p$，空间电荷效应开始积累，驱动电场的分布进而变得复杂。导致的结果是阳极附近电场增强，可以加速空穴的导出，而阴极附近电场减弱从而抑制电子导出。当电荷迁移率间的差值变大时，电势分布偏离线形分布的情况变得越来越显著。

动力学蒙特卡罗方法还被用来研究一些关键参数(如激子生成速率、电荷迁移率及电荷复合速率等)对短路电流密度和内量子效率的影响。如图 6-24 所示，当电荷迁移率超过 $10^{-3}$ cm$^2$/(V·s)时，短路电流密度和内量子效率随电荷迁移率的增加将趋向于饱和。然而，短路电流密度将是入射光强度或激子产生速率的亚线性函数，这意味着作为提高能量转换效率的手段，增强入射光的吸收比提高电荷迁移率更为有效，因为迁移率只需要足够高就可以将体系内几乎所有的自由电荷导出贡献给外电路。有机太阳电池的一个典型特点是短路电流密度 $J_{SC}$ 不是激子产生速率 $W_{eg}$ 或入射光强度 $I_{in}$ 的线性标度函数，两者间的关系被发现是呈幂次函数依赖的，即 $J_{SC} \propto I_{in}^{\alpha}$，这里一般是 $\alpha \leqslant 1$[156]。一般认为，有机材料的线性 ($\alpha = 1$)偏离是体系内非孪生子电荷复合失活的存在而引起的[141,157,158]。在图 6-24 模拟中，已经假设电子和空穴具有相同的迁移率，但是当电子和空穴迁移率不相等时，不平衡的电子和空穴数将导致空间电荷效应，从而成为较高光强下限制光电流的因素[141,156]。当电荷迁移率减小时，自由电荷逃出器件所需的平均时间趋于增加，非孪生子电荷复合失活发生的可能性也就同时增加，这导致随入射光强度增加时 $\alpha$ 的偏差更大，以及内量子效率下降得更快，如图 6-24 所示。

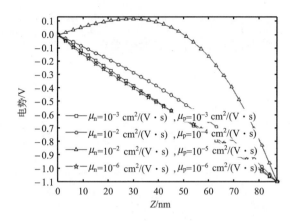

图 6-23　短路条件下有机光伏体系静电势的分布

当电子和空穴迁移率间的差别增大时，空间电荷累积效应开始增强，导致了电势分布开始偏离线性分布

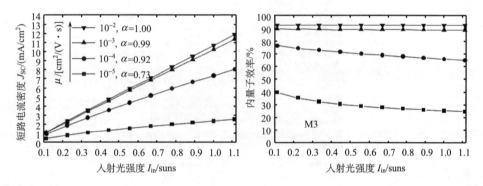

图 6-24　对应于形貌 M3 的短路电流密度和内量子效率对电荷迁移率及入射光强度的依赖

$J_{SC}$ 与 $I_{in}$ 间的定量关系为 $J_{SC} \propto I_{in}^{\alpha}$，$\alpha$ 随迁移率变化；suns 代表一个太阳照射强度

　　图 6-25 给出了电荷复合速率对内量子效率影响的模拟结果。当电荷复合速率增加时，激子分离效率几乎不受影响；然而，电荷传输效率甚至内量子效率都将减小，这是由于非孪生子电荷复合失活发生可能性的增加。短路电流密度的变化方式与内量子效率相同。

　　我们模拟了能量转换效率的包络线(图 6-26)，以其作为相分离形貌及电荷迁移率的函数。由图可以看出，有机太阳电池形貌的理想特征尺寸大约为 10 nm，而 PPDI/PBTT 共混高分子电池对应的优化效率可达到 5%。提高电池材料的迁移率及选择优化的器件形貌可以增强能量转换效率。

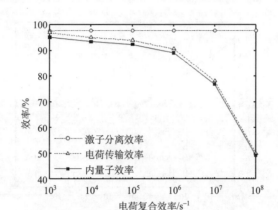

图 6-25  对应于形貌 M3 的内量子效率对电荷复合速率的依赖

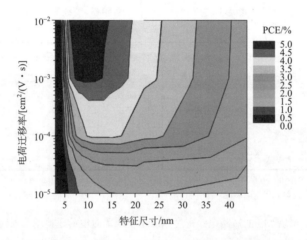

图 6-26  共混形貌能量转换效率的计算值对电荷迁移率及体系特征尺寸的包络线

计算中开路电压及填充因子分别被设置为 0.63 V 和 0.65

　　接下来将利用连续介质模型来定量研究有机太阳电池性能(特别是开路电压)对激子分离速率 $k_d$、激子复合速率 $k_f$ 及电荷迁移率等性质的依赖关系,模型体系为 PCDTBT/PC$_{70}$BM 电池。连续介质模型中 $k_d$ 的数值取决于电子-空穴对距离 $a$、体系电场及温度。参数电子-空穴对距离 $a$ 的经验范围为 $1\sim2.2$ nm,导致 $k_d$ 的取值范围为 $10^5\sim10^7$ s$^{-1}$。激子复合速率 $k_f$ 的经验值范围为 $10^5\sim10^7$ s$^{-1}$。这些经验值范围基本上包括了当前应用的有机光伏材料对应的实际测量结果。模拟这些经验值范围内电池的性能参数具有实际应用价值,例如,图 6-27 给出了模拟开路电压与 $k_d$ 及 $k_f$ 的定量关系。结果发现,模拟体系具有较大的开路电压(大于 0.9 V)时,其对应的 $k_d$ 与 $k_f$ 的关系需要满足 $k_d > 4k_f$,这将导致体系中有 79.1%的电子-空穴束缚对成功分离为自由电荷。

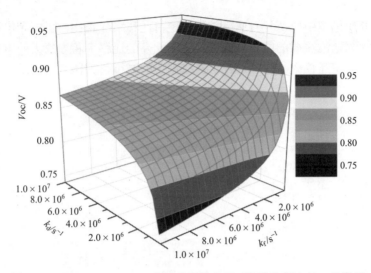

图 6-27 PCDTBT/ PC$_{70}$BM 电池的开路电压对激子分离速率 $k_d$ 及激子
复合速率 $k_f$ 的依赖关系

如图 6-28 所示，连续介质模型的模拟结果显示开路电压与入射光强度的对数成正比，这一结论与动力学蒙特卡罗方法的模拟结果类似。假设器件中的准费米能级是常数，可以推导出开路电压正比于入射光强度的对数，即

$$V_{OC} = \frac{E_{gap}}{q} - \frac{kT}{q} \ln \frac{(1-P)k_r N_c^2}{PG} \tag{6-43}$$

式中，$E_{gap}$ 为带隙；$q$ 为单位电荷；$P$ 为电子-空穴对分离概率；$G$ 为电子-空穴对生成速率；$k_r$ 为电荷复合速率；$N_c$ 为导带或价带边缘处的有效态密度。

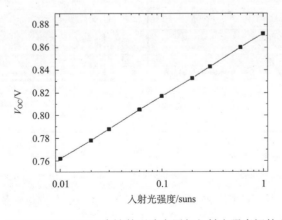

图 6-28 PCDTBT/ PC$_{70}$BM 电池的开路电压与入射光强度间的定量关系

连续介质模型中电荷复合速率常数与电荷迁移率成正比，考虑到电荷复合失活是有机太阳电池重要的能量损耗机理，因此高的迁移率将导致大的电荷复合速率。最终结果是迁移率的增加导致了开路电压的减小，如图 6-29 所示。

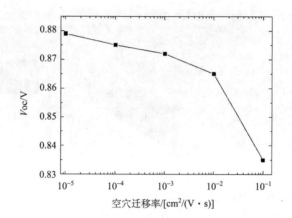

图 6-29　PCDTBT/ PC$_{70}$BM 电池的开路电压随空穴迁移率的变化关系

模拟中保持电子迁移率等于空穴迁移率的 3.5 倍

最后，模拟了电荷迁移率对短路电流密度及能量转换效率的影响，为了与动力学蒙特卡罗方法模拟结果比较，这里的模型体系选择 PPDI/PBTT 共混高分子电池(图 6-30)。结果发现，随着电荷迁移率的增加，短路电流密度逐渐增加到饱和值，因为光电流主要受限于光致载流子的产生。能量转换效率先增加而后减小，这是因为开路电压随电荷迁移率增加而减小。这些结论都与以前的研究相符[159,160]。

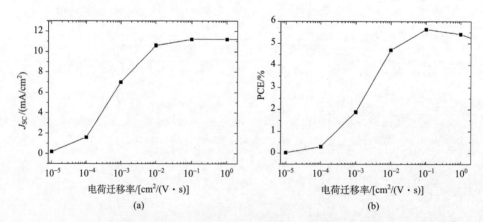

图 6-30　连续介质模型模拟的 PPDI/PBTT 共混高分子电池的短路电流密度(a)及能量转换效率(b)对电荷迁移率的依赖性

### 6.4.4　突破 Shockley-Queisser 极限的材料及器件结构设计

与其他类型的太阳电池相比，有机太阳电池的光电转换性能还有很大的提升空间[125]。发展上述理论模型可以帮助人们模拟和预测新型有机光电材料的性能参数，定量分析有机光伏器件的构效关系，从而为实验上设计和优化材料及器件的结构提供理论依据，以期新一代有机太阳电池的能量转换效率得到显著提高。近年来，太阳电池领域发展出了一些新的结构设计技术，提出了下一代电池的概念。利用这些技术可以显著提高太阳电池的效率，甚至突破 Shockley-Queisser 效率极限，其中已经实际应用到有机太阳电池体系的技术包括串联电池技术及光聚焦技术等。

串联电池(也称多结电池)技术是常用的提高光伏转换效率的方法。总电池器件串联了多个子电池，每个子电池的带隙都被选择对应于光谱中的特定频率段。具有单一带隙的子电池不能吸收能量小于带隙的光子，同时也不能利用高能光子超过带隙部分的能量。而串联电池技术可以明显减小这些能量损耗机理的影响，高带隙子电池吸收高能光子，而剩余的低能光子可以被低带隙子电池吸收利用，从而提高总电池的效率。理论研究证明无限层子电池组成器件的极限效率可以达到 68%(非聚焦光源照射下)[128]，同时模拟结果显示总电池的开路电压近似等于各子电池开路电压之和[161]。

光聚焦技术是另一种常用的新电池技术。传统上，人们可以利用透镜或反射镜等光学器件聚焦太阳光以便实现更高的光照射强度。近年来，等离激元体系已经快速发展成为材料和器件研究领域的一项新技术。实验上已经证明等离激元散射可以有效增加在太阳电池体系内的光程从而实现光聚焦。金属纳米结构将光能转化为局域表面等离激元模式，进而产生强的局域电场。等离激元增强技术已经被广泛应用到多种类型的光伏体系中，包括无机电池、有机电池及染料敏化太阳电池等。而这方面的理论模拟技术同样发展得很快[129,162]。

## 参 考 文 献

[1]  Brabec C J, Sariciftci N S, Hummelen J C. Plastic solar cells. Adv Funct Mater, 2001, 11(1): 15-26.

[2]  Ghosh A K. Rectification, space-charge-limited current, photovoltaic and photoconductive properties of Al/tetracene/Au sandwich cell. J Appl Phys, 1973, 44(6): 2781.

[3]  Ghosh A K, Morel D L, Feng T, et al. Photovoltaic and rectification properties of Al/Mg phthalocyanine/Ag Schottky-barrier cells. J Appl Phys, 1974, 45(1): 230.

[4]  Tang C W, Albrecht A C. Transient photovoltaic effects in metal-chlorophyll-a-metal sandwich cells. J Chem Phys, 1975, 63(2): 953.

[5] Merritt V Y, Hovel H J. Organic solar cells of hydroxy squarylium. Appl Phys Lett, 1976, 29(7): 414.

[6] Kampas F J, Gouterman M. Porphyrin films. 3. Photovoltaic properties of octaethylporphine and tetraphenylporphine. J Chem Phys, 1977, 81(8): 690-695.

[7] Fan F R, Faulkner L R. Photovoltaic effects of metalfree and zinc phthalocyanines. II. Properties of illuminated thin-film cells. J Chem Phys, 1978, 69(7): 3341.

[8] Tang C W. Two-layer organic photovoltaic cell. Appl Phys Lett, 1986, 48(2): 183.

[9] Yu G, Heeger A J. Charge separation and photovoltaic conversion in polymer composites with internal donor/acceptor heterojunctions. J Appl Phys, 1995, 78(7): 4510.

[10] Sariciftci N S, Smilowitz L, Heeger A J, et al. Photoinduced electron transfer from a conducting polymer to buckminsterfullerene. Science, 1992, 258(5087): 1474-1476.

[11] Sariciftci N S, Braun D, Zhang C, et al. Semiconducting polymer-buckminsterfullerene heterojunctions: Diodes, photodiodes, and photovoltaic cells. Appl Phys Lett, 1993, 62(6): 585.

[12] Brabec C J, Padinger F, Sariciftci N S, et al. Photovoltaic properties of conjugated polymer/methanofullerene composites embedded in a polystyrene matrix. J Appl Phys, 1999, 85(9): 6866.

[13] Neugebauer H, Brabec C, Hummelen J C, et al. Stability and photodegradation mechanisms of conjugated polymer/fullerene plastic solar cells. Sol Energy Mater Sol Cells, 2000, 61(1): 35-42.

[14] Gebeyehu D, Brabec C J, Padinger F, et al. The interplay of efficiency and morphology in phtovoltaic devices based on interpenetrating networks of conjugated polymers with fullerenes. Synth Met, 2001, 118(1): 1-9.

[15] Padinger F, Rittberger R S, Sariciftci N S. Effects of postproduction treatment on plastic solar cells. Adv Funct Mater, 2003, 13(1): 85-88.

[16] Ma W L, Yang C Y, Gong X, et al. Thermally stable, efficient polymer solar cells with nanoscale control of the interpenetrating network morphology. Adv Funct Mater, 2005, 15(10): 1617-1622.

[17] Hou J H, Tan Z A, Yan Y, et al. Synthesis and photovoltaic properties of two-dimensional conjugated polythiophenes with bi(thienylenevinylene) side chains. J Am Chem Soc, 2006, 128(14): 4911-4916.

[18] Zhang M J, Guo X, Ma W, et al. A polythiophene derivative with superior properties for practical application in polymer solar cells. Adv Mater, 2014, 26(33): 5880-5885.

[19] Mühlbacher D, Scharber M, Morana M, et al. High photovoltaic performance of a low-bandgap polymer. Adv Mater, 2006, 18(21): 2884-2889.

[20] Peet J, Kim J Y, Coates N E, et al. Efficiency enhancement in low-bandgap polymer solar cells by processing with alkane dithiols. Nat Mater, 2007, 6(7): 497-500.

[21] Amb C M, Chen S, Graham K R, et al. Dithienogermole as a fused electron donor in bulk heterojunction solar cells. J Am Chem Soc, 2011, 133(26): 10062-10065.

[22] Chu T Y, Lu J, Beaupre S, et al. Bulk heterojunction solar cells using thieno[3,4-c]pyrrole-

4, 6-dione and dithieno[3,2-b:2′,3′-d]silole copolymer with a power conversion efficiency of 7.3%. J Am Chem Soc, 2011, 133(12): 4250-4253.

[23] Hou J H, Park M, Zhang S Q, et al. Bandgap and molecular energy level control of conjugated polymer photovoltaic materials based on benzo[1,2-b:4,5-b′]dithiophene. Macromoelcules, 2008, 41(16): 6012-6018.

[24] Hou J H, Chen H Y, Zhang S Q, et al. Synthesis of a low band gap polymer and its application in highly efficient polymer solar cells. J Am Chem Soc, 2009, 131(43): 15586-15587.

[25] Chen H Y, Hou J H, Zhang S Q, et al. Polymer solar cells with enhanced open-circuit voltage and efficiency. Nat Photon, 2009, 3(11): 649-653.

[26] Guo X, Zhang M J, Ma W, et al. Enhanced photovoltaic performance by modulating surface composition in bulk heterojunction polymer solar cells based on PBDTTT-C-T/PC$_{71}$BM. Adv Mater, 2014, 26(24): 4043-4049.

[27] Liao S H, Huo H J, Cheng Y S, et al. Fullerene derivative-doped zinc oxide nanofilm as the cathode of inverted polymer solar cells with low-bandgap polymer (PTB7-Th) for high performance. Adv Mater, 2013, 25(34): 4766-4771.

[28] Ye L, Zhang S Q, Zhao W C, et al. Highly efficient 2D-conjugated benzodithiophene-based photovoltaic polymer with linear alkylthio side chain. Chem Mater, 2014, 26(12): 3603-3605.

[29] Zhang S Q, Ye L, Zhao W C, et al. Realizing over 10% efficiency in polymer solar cell by device optimization. Sci China Chem, 2015, 58(2): 248-256.

[30] Zhao J B, Li Y K, Yang G F, et al. Efficient organic solar cells processed from hydrocarbon solvents. Nat Energy, 2016, 1(2): 15027.

[31] Tamayo A B, Dang X D, Walker B, et al. A low band gap, solution processable oligothiophene with a dialkylated diketopyrrolopyrrole chromophore for use in bulk heterojunction solar cells. Appl Phys Lett, 2009, 94(10): 103301.

[32] Zhou J Y, Wan X J, Liu Y S, et al. A planar small molecule with dithienosilole core for high efficiency solution-processed organic photovoltaic cells. Chem Mater, 2011, 23(21): 4666-4668.

[33] Mazzio K A, Yuan M, Okamoto K, et al. Oligoselenophene derivatives functionalized with a diketopyrrolopyrrole core for molecular bulk heterojunction solar cells. ACS Appl Mater Interfaces, 2011, 3(2): 271-278.

[34] Liu Y S, Wan X J, Wang F, et al. High-performance solar cells using a solution-processed small molecule containing benzodithiophene unit. Adv Mater, 2011, 23(45): 5387-5391.

[35] Mei J G, Graham K R, Stalder R, et al. Synthesis of isoindigo-based oligothiophenes for molecular bulk heterojunction solar cells. Org Lett, 2010, 12(4): 660-663.

[36] Sun Y M, Welch G C, Leong W L, et al. Solution-processed small-molecule solar cells with 6.7% efficiency. Nat Mater, 2012, 11(1): 44-48.

[37] Zhou J Y, Wan X J, Liu Y S, et al. Small molecules based on benzo[1,2-b:4,5-b′]dithiophene unit for high-performance solution-processed organic solar cells. J Am Chem Soc, 2012, 134(39): 16345-16351.

[38] Zhou J Y, Zuo Y, Wan X J, et al. Solution-processed and high-performance organic solar cells using small molecules with a benzodithiophene unit. J Am Chem Soc, 2013, 135(23): 8484-8487.

[39] Kan B, Zhang Q, Li M M, et al. Solution-processed organic solar cells based on dialkylthiol-substituted benzodithiophene unit with efficiency near 10%. J Am Chem Soc, 2014, 136(44): 15529-15532.

[40] Liu Y S, Chen C C, Hong Z R, et al. Solution-processed small-molecule solar cells: Breaking the 10% power conversion efficiency. Sci Rep, 2013, 3: 3356.

[41] Schulze K, Uhrich C, Schüppel R, et al. Efficient vacuum-deposited organic solar cells based on a new low-bandgap oligothiophene and fullerene $C_{60}$. Adv Mater, 2006, 18(21): 2872-2875.

[42] Fitzner R, Reinold E, Mishra A, et al. Dicyanovinyl-substituted oligothiophenes: Structure-property relationships and application in vacuum-processed small molecule organic solar cells. Adv Funct Mater, 2011, 21(5): 897-910.

[43] Ochsmann J R, Chandran D, Gehrig D W, et al. Triplet state formation in photovoltaic blends of DPP-type copolymers and $PC_{71}BM$. Macromol Rapid Commun, 2015, 36(11): 1122-1128.

[44] Lin L Y, Chen Y H, Huang Z Y, et al. A low-energy-gap organic dye for high-performance small-molecule organic solar cells. J Am Chem Soc, 2011, 133(40): 15822-15825.

[45] Chen Y H, Lin L Y, Lu C W, et al. Vacuum-deposited small-molecule organic solar cells with high power conversion efficiencies by judicious molecular design and device optimization. J Am Chem Soc, 2012, 134(33): 13616-13623.

[46] Griffith O L, Liu X, Amonoo J A, et al. Charge transport and exciton dissociation in organic solar cells consisting of dipolar donors mixed with $C_{70}$. Phys Rev B, 2015, 92(8): 085404.

[47] Arjona-Esteban A, Krumrain J, Liess A, et al. Influence of solid-state packing of dipolar merocyanine dyes on transistor and solar cell performances. J Am Chem Soc, 2015, 137(42): 13524-13534.

[48] Zhan X, Tan Z, Domercq B, et al. A high-mobility electron-transport polymer with broad absorption and its use in field-effect transistors and all-polymer solar cells. J Am Chem Soc, 2007, 129(23): 7246-7247.

[49] Hwang Y J, Courtright B A, Ferreira A S, et al. 7.7% Efficient all-polymer solar cells. Adv Mater, 2015, 27(31): 4578-4584.

[50] Gao L, Zhang Z G, Xue L W, et al. All-polymer solar cells based on absorption-complementary polymer donor and acceptor with high power conversion efficiency of 8.27%. Adv Mater, 2016, 28(9): 1884-1890.

[51] Zhong Y, Trinh M T, Chen R S, et al. Efficient organic solar cells with helical perylene diimide electron acceptors. J Am Chem Soc, 2014, 136(43): 15215-15221.

[52] Sun D, Meng D, Cai Y H, et al. Non-fullerene-acceptor-based bulk-heterojunction organic solar cells with efficiency over 7%. J Am Chem Soc, 2015, 137(34): 11156-11162.

[53] Cnops K, Rand B P, Cheyns D, et al. 8.4% efficient fullerene-free organic solar cells exploiting long-range exciton energy transfer. Nat Commun, 2014, 5(1): 3406.

[54] Cnops K, Zango G, Genoe J, et al. Energy level tuning of non-fullerene acceptors in organic solar cells. J Am Chem Soc, 2015, 137(28): 8991-8997.

[55] Lin Y Z, Wang J Y, Zhang Z G, et al. An electron acceptor challenging fullerenes for efficient polymer solar cells. Adv Mater, 2015, 27(7): 1170-1174.

[56] Lin Y Z, Zhang Z G, Bai H T, et al. High-performance fullerene-free polymer solar cells with 6.31% efficiency. Energ Environ Sci, 2015, 8(2): 610-616.

[57] Lin Y Z, Zhao F W, He Q, et al. High-performance electron acceptor with thienyl side chains for organic photovoltaics. J Am Chem Soc, 2016, 138(14): 4955-4961.

[58] Lin Y Z, Li T F, Zhao F W, et al. Structure evolution of oligomer fused-ring electron acceptors toward high efficiency of As-cast polymer solar cells. Adv Energy Mater, 2016, 6(18): 1600854.

[59] Bin H J, Zhang Z G, Gao L, et al. Non-fullerene polymer solar cells based on alkylthio and fluorine substituted 2D-conjugated polymers reach 9.5% efficiency. J Am Chem Soc, 2016, 138(13): 4657-4664.

[60] Gao L, Zhang Z G, Bin H J, et al. High-efficiency nonfullerene polymer solar cells with medium bandgap polymer donor and narrow bandgap organic semiconductor acceptor. Adv Mater, 2016, 28(37): 8288-8295.

[61] Yang Y K, Zhang Z G, Bin H J, et al. Side-chain isomerization on n-type organic semiconductor ITIC acceptor make 11.77% high efficiency polymer solar cells. J Am Chem Soc, 2016, 138(45): 15011-15018.

[62] Zhao W C, Qian D P, Zhang S Q, et al. Fullerene-free polymer solar cells with over 11% efficiency and excellent thermal stability. Adv Mater, 2016, 28(23): 4734-4739.

[63] Zhao W C, Li S S, Yao H F, et al. Molecular optimization enables over 13% efficiency in organic solar cells. J Am Chem Soc, 2017, 139(21): 7148-7151.

[64] Stein T, Kronik L, Baer R. Reliable prediction of charge transfer excitations in molecular complexes using time-dependent density functional theory. J Am Chem Soc, 2009, 131(8): 2818-2820.

[65] Clarke T M, Durrant J R. Charge photogeneration in organic solar cells. Chem Rev, 2010, 110(11): 6736-6767.

[66] Huang Y, Kramer E J, Heeger A J, et al. Bulk heterojunction solar cells: Morphology and performance relationships. Chem Rev, 2014, 114(14): 7006-7043.

[67] Verlaak S, Beljonne D, Cheyns D, et al. Electronic structure and geminate pair energetics at organic-organic interfaces: The case of pentacene/$C_{60}$ heterojunctions. Adv Funct Mater, 2009, 19(23): 3809-3814.

[68] Choudhary D, Clancy P, Shetty R, et al. A computational study of the sub-monolayer growth of pentacene. Adv Funct Mater, 2006, 16(13): 1768-1775.

[69] Muccioli L, D'Avino G, Zannoni C. Simulation of vapor-phase deposition and growth of a pentacene thin film on $C_{60}$(001). Adv Mater, 2011, 23(39): 4532-4536.

[70] Han G C, Shen X X, Duan R H, et al. Revealing the influence of the solvent evaporation rate and

thermal annealing on the molecular packing and charg transport of DPP (TBFu)$_2$. J Mater Chem C, 2016, 4(21): 4654-4661.

[71] Leach A R. Molecular Modelling: Principles and Applications. Prentice-Hall: Upper Saddle River, 2001.

[72] Plischke M, Bergersen B. Equilibrium Statistical Physics. 3rd ed. Singapore: World Scientific Publishing Co. Pte. Ltd., 2006.

[73] Landau D P, Binder K. A Guide to Monte Carlo Simulations in Statistical Physics. 2nd ed. Cambridge: Cambridge University Press, 2005.

[74] Kampen N G V. Stochastic Processes in Physics and Chemistry. Elsevier: Amsterdam, 1992.

[75] Meng L Y, Li Q K, Shuai Z G. Effects of size constraint on water filling process in nanotube. J Chem Phys, 2008, 128(13): 134703.

[76] Meng L Y, Li Q K, Shuai Z G. Effects of charge distribution on water filling process in carbon nanotube. Sci China Ser B: Chem, 2009, 52(2): 137-143.

[77] Meng L Y, Shang Y, Li Q K, et al. Dynamic Monte Carlo simulation for highly efficient polymer blend photovoltaics. J Phys Chem B, 2010, 114(1): 36-41.

[78] Watkins P K, Walker A B, Verschoor G L B. Dynamical Monte Carlo modelling of organic solar cells: The dependence of internal quantum efficiency on morphology. Nano Lett, 2005, 5(9): 1814-1818.

[79] Frost J M, Cheynis F, Tuladhar S M, et al. Influence of polymer-blend morphology on charge transport and photocurrent generation in donor-acceptor polymer blends. Nano Lett, 2006, 6(8): 1674-1681.

[80] Adams C D, Srolovitz D J, Atzmon M. Monte Carlo simulation of phase separation during thin-film codeposition. J Appl Phys, 1993, 74(3): 1707-1715.

[81] Peet J, Cho N S, Lee S K, et al. Transition from solution to the solid state in polymer solar cells cast from mixed solvents. Macromolecules, 2008, 41(22): 8655-8659.

[82] Lee J K, Ma W L, Brabec C J, et al. Processing additives for improved efficiency from bulk heterojunction solar cells. J Am Chem Soc, 2008, 130(11): 3619-3623.

[83] Liu T, Cheung D L, Troisi A. Structural variability and dynamics of the P3HT/PCBM interface and its effects on the electronic structure and the charge-transfer rates in solar cells. Phys Chem Chem Phys, 2011, 13(48): 21461-21470.

[84] Yost S R, Wang L P, van Voorhis T. Molecular insight into the energy levels at the organic donor/acceptor interface: A quantum mechanics/molecular mechanics study. J Phys Chem C, 2011, 115(29): 14431-14436.

[85] Fu Y T, Risko C, Brédas J L. Intermixing at the pentacene-fullerene bilayer interface: A molecular dynamics study. Adv Mater, 2013, 25(6): 878-882.

[86] Fu Y T, da Silva Filho D A, Sini G, et al. Structure and disorder in squaraine-$C_{60}$ organic solar cells: A theoretical description of molecular packing and electronic coupling at the donor-acceptor interface. Adv Funct Mater, 2014, 24(24): 3790-3798.

[87] Han G C, Shen X X, Yi Y P. Deposition growth and morphologies of $C_{60}$ on DTDCTB surfaces:

An atomistic insight into the integrated impact of surface stability, landscape, and molecular orientation. Adv Mater Interfaces, 2015, 2(17): 1500329.

[88] Westacott P, Tumbleston J R, Shoaee S, et al. On the role of intermixed phases in organic photovoltaic blends. Energ Environ Sci, 2013, 6(9): 2756-2764.

[89] Wang T H, Ravva M K, Brédas J L. Impact of the nature of the side-chains on the polymer-fullerene packing in the mixed regions of bulk heterojunction solar cells. Adv Funct Mater, 2016, 26(32): 5913-5921.

[90] Lee C K, Pao C W, Chu C W. Multiscale molecular simulations of the nanoscale morphologies of P3HT∶PCBM blends for bulk heterojunction organic photovoltaic cells. Energ Environ Sci, 2011, 4(10): 4124-4132.

[91] Lee C K, Pao C W. Nanomorphology evolution of P3HT/PCBM blends during solution-processing from coarse-grained molecular simulations. J Phys Chem C, 2014, 118(21): 11224-11233.

[92] Alessandri R, Uusitalo J J, de Vries A H, et al. Bulk heterojunction morphologies with atomistic resolution from coarse-grain solvent evaporation simulations. J Am Chem Soc, 2017, 139(10): 3697-3705.

[93] Marcus R A. On the theory of electron-transfer reactions. Ⅵ. Unified treatment for homogeneous and electrode reactions. J Chem Phys, 1965, 43(2): 679.

[94] Jortner J. Temperature dependent activation energy for electron transfer between biological molecules. J Chem Phys, 1976, 64(12): 4860-4867.

[95] Nan G J, Yang X D, Wang L J, et al. Nuclear tunneling effects of charge transport in rubrene, tetracene, and pentacene. Phys Rev B, 2009, 79(11): 115203.

[96] Kawatsu T, Coropceanu V, Ye A, et al. Quantum-chemical approach to electronic coupling: Application to charge separation and charge recombination pathways in a model molecular donor-acceptor system for organic solar cells. J Phys Chem C, 2008, 112(9): 3429-3433.

[97] Voityuk A A, Rösch N. Fragment charge difference method for estimating donor-acceptor electronic coupling: Application to DNA π-stacks. J Chem Phys, 2002, 117(12): 5607-5616.

[98] Cave R J, Newton M D. Generalization of the Mulliken-Hush treatment for the calculation of electron transfer matrix elements. Chem Phys Lett, 1996, 249(1): 15-19.

[99] Wu Q, van Voorhis T. Direct optimization method to study constrained systems within density-functional theory. Phys Rev A, 2005, 72(2): 024502.

[100] Yi Y P, Coropceanu V, Brédas J L. Exciton-dissociation and charge-recombination processes in pentacene/$C_{60}$ solar cells: Theoretical insight into the impact of interface geometry. J Am Chem Soc, 2009, 131(43): 15777-15783.

[101] Mataga N, Nishimoto K. Electronic structure and spectra of nitrogen heterocycles. Z Phys Chem, 1957, 13(3-4): 140-157.

[102] Nishimoto K, Mataga N. Electronic structure and spectra of some nitrogen heterocycles. Z Phys Chem, 1957, 12(5-6): 335-338.

[103] Salzmann I, Duhm S, Opitz R, et al. Structural and electronic properties of pentacene-fullerene

heterojunctions. J Appl Phys, 2008, 104(11): 114518.

[104] Chang A Y, Chen Y H, Lin H W, et al. Charge carrier dynamics of vapor-deposited small-molecule/fullerene organic solar cells. J Am Chem Soc, 2013, 135(24): 8790-8793.

[105] Shen X X, Han G C, Fan D, et al. Hot charge-transfer states determine exciton dissociation in the DTDCTB/$C_{60}$ complex for organic solar cells: A theoretical insight. J Phys Chem C, 2015, 119(21): 11320-11326.

[106] Kuzmich A, Padula D, Ma H, et al. Trends in the electronic and geometric structure of non-fullerene based acceptors for organic solar cells. Energ Environ Sci, 2017, 10(2): 395-401.

[107] Schulze M, Hänsel M, Tegeder P. Hot excitons increase the donor/acceptor charge transfer yield. J Phys Chem C, 2014, 118(49): 28527-28534.

[108] Lee J, Vandewal K, Yost S R, et al. Charge transfer state versus hot exciton dissociation in polymer-fullerene blended solar cells. J Am Chem Soc, 2010, 132(34): 11878 11880.

[109] Savoie B M, Rao A, Bakulin A A, et al. Unequal partnership: Asymmetric roles of polymeric donor and fullerene acceptor in generating free charge. J Am Chem Soc, 2014, 136(7): 2876-2884.

[110] Guo Z, Lee D, Schaller R D, et al. Relationship between interchain interaction, exciton delocalization, and charge separation in low-bandgap copolymer blends. J Am Chem Soc, 2014, 136(28): 10024-10032.

[111] Niedzialek D, Duchemin I, de Queiroz T B, et al. First principles calculations of charge transfer excitations in polymer-fullerene complexes: Influence of excess energy. Adv Funct Mater, 2015, 25(13): 1972-1984.

[112] Bakulin A A, Rao A, Pavelyev V G, et al. The role of driving energy and delocalized states for charge separation in organic semiconductors. Science, 2012, 335(6074): 1340-1344.

[113] Jailaubekov A E, Willard A P, Tritsch J R, et al. Hot charge-transfer excitons set the time limit for charge separation at donor/acceptor interfaces in organic photovoltaics. Nat Mater, 2013, 12(1): 66-73.

[114] Zhang C R, Sears J S, Yang B, et al. Theoretical study of the local and charge-transfer excitations in model complexes of pentacene-$C_{60}$ using tuned range-separated hybrid functionals. J Chem Theory Comput, 2014, 10(6): 2379-2388.

[115] Lee M H, Dunietz B D, Geva E. Donor-to-donor *vs* donor-to-acceptor interfacial charge transfer states in the phthalocyanine-fullerene organic photovoltaic system. J Phys Chem Lett, 2014, 5(21): 3810-3816.

[116] Tumbleston J R, Collins B A, Yang L, et al. The influence of molecular orientation on organic bulk heterojunction solar cells. Nat Photon, 2014, 8(5): 385-391.

[117] Shen X X, Han G C, Yi Y P. The nature of excited states in dipolar donor/fullerene complexes for organic solar cells: Evolution with the donor stack size. Phys Chem Chem Phys, 2016, 18(23): 15955-15963.

[118] Riede M, Mueller T, Tress W, et al. Small-molecule solar cells—status and perspectives. Nanotechnology, 2008, 19(42): 424001.

[119] Brabec C J, Cravino A, Meissner D, et al. Origin of the open circuit voltage of plastic solar cells. Adv Funct Mater, 2001, 11 (5): 374-380.

[120] Scharber M C, Mühlbacher D, Koppe M, et al. Design rules for donors in bulk-heterojunction solar cells—towards 10% energy-conversion efficiency. Adv Mater, 2006, 18 (5): 789-794.

[121] Moliton A, Nunzi J M. How to model the behaviour of organic potovoltaic cells. Polym Int, 2006, 55 (6): 583-600.

[122] Koster L J A, Mihailetchi V D, Blom P W M. Ultimate efficiency of polymer/fullerene bulk heterojunction solar cells. Appl Phys Lett, 2006, 88 (9): 093511.

[123] Sun S S, Sariciftci N S. Organic Photovoltaics: Mechanisms, Materials, and Devices. Boca Raton: Taylaor & Francis Group, 2005.

[124] Shockley W, Queisser H J. Detailed balance limit of efficiency of p-n junction solar cells. J Appl Phys, 1961, 32: 510.

[125] Polman A, Knight M, Garnett E C, et al. Photovoltaic materials: Present efficiencies and future challenges. Science, 2016, 352 (6283): 307.

[126] Spanier J E, Fridkin V M, Rappe A M, et al. Power conversion efficiency exceeding the Shockley-Queisser limit in a ferroelectric insulator. Nat Photon, 2016, 10 (9): 611-616.

[127] Krogstrup P, Jørgensen H I, Heiss M, et al. Single-nanowire solar cells beyond the Shockley-Queisser limit. Nat Photon, 2013, 7 (4): 306-310.

[128] Vos A D. Detailed balance limit of the efficiency of tandem solar cells. J Phys D: Appl Phys, 1980, 13 (5): 839-846.

[129] Meng L Y, Yam C Y, Zhang Y, et al. Multiscale modeling of plasmon-enhanced power conversion efficiency in nanostructured solar cells. J Phys Chem Lett, 2015, 6 (21): 4410-4416.

[130] Wallentin J, Anttu N, Asoli D, et al. InP nanowire array solar cells achieving 13.8% efficiency by exceeding the ray optics limit. Science, 2013, 339 (6123): 1057-1060.

[131] Gregg B A. Excitonic solar cells. J Phys Chem B, 2003, 107 (20): 4688-4698.

[132] Brédas J L, Norton J E, Cornil J, et al. Molecular understanding of organic solar cells: The challenges. Acc Chem Res, 2009, 42 (11): 1691-1699.

[133] Meng L Y, Wang D, Li Q K, et al. An improved dynamic Monte Carlo model coupled with poisson equation to simulate the performance of organic photovoltaic devices. J Chem Phys, 2011, 134 (12): 124102.

[134] Shang Y, Li Q K, Meng L Y, et al. Computational characterization of organic photovoltaic devices. Theor Chem Acc, 2011, 129 (3-5): 291-301.

[135] Shuai Z G, Meng L Y, Jiang Y Q. Theoretical modeling of the optical and electrical processes in organic solar cells//Yang Y, Li G. Progress in High-Efficient Solution Process Organic Photovoltaic Devices: Fundamentals, Materials, Devices and Fabrication. Berlin, Heidelberg: Springer, 2015: 101-142.

[136] Yang F, Forrest S R. Photocurrent generation in nanostructured organic solar cells. ACS Nano, 2008, 2 (5): 1022-1032.

[137] Mitrani I. Simulation Techniques for Discrete Event Systems. Cambridge: Cambridge

University Press, 1982.

[138] Gillespie D T. A general method for numerically simulating the stochastic time evolution of coupled chemical reactions. J Comput Phys, 1976, 22(4): 403-434.

[139] Jansen A P J. Monte Carlo simulations of chemical reactions on a surface with time-dependent reaction-rate constants. Comput Phys Commun, 1995, 86(1-2): 1-12.

[140] Lukkien J J, Segers J P L, Hilbers P A J, et al. Efficient Monte Carlo methods for the simulation of catalytic surface reactions. Phys Rev E, 1998, 58(2): 2598-2610.

[141] Marsh R A, Groves C, Greenham N C. A microscopic model for the behavior of nanostructured organic photovoltaic devices. J Appl Phys, 2007, 101(8): 083509.

[142] Marcus R A. Electron transfer reactions in chemistry. Theory and experiment. Rev Mod Phys, 1993, 65(3): 599-610.

[143] Mcng L Y, Yam C Y, Koo S, ct al. Dynamic multiscale quantum mechanics/electromagnetics simulation method. J Chem Theory Comput, 2012, 8(4): 1190-1199.

[144] Meng L Y, Yin Z Y, Yam C Y, et al. Frequency-domain multiscale quantum mechanics/electromagnetics simulation method. J Chem Phys, 2013, 139(24): 244111.

[145] Koster L J A, Smits E C P, Mihailetchi V D, et al. Device model for the operation of polymer/fullerene bulk heterojunction solar cells. Phys Rev B, 2005, 72(8): 085205.

[146] Braun C L. Electic field assisted dissociation of charge transfer states as a mechanism of photocarrier production. J Chem Phys, 1984, 80(9): 4157-4161.

[147] Scharfetter D L, Gummel H K. Large signal analysis of a silicon read diode oscillator. IEEE Trans Electron Devices, 1969, 16(1): 64-77.

[148] Barker J A, Ramsdale C M, Greenham N C. Modeling the current-voltage characteristics of bilayer polymer photovoltaic devices. Phys Rev B, 2003, 67(7): 075205.

[149] Buxton G A, Clarke N. Predicting structure and property relations in polymeric photovoltaic devices. Phys Rev B, 2006, 74(8): 085207.

[150] Hwang I, Greenham N C. Modeling photocurrent transients in organic solar cells. Nanotechnology, 2008, 19(42): 424012.

[151] Hwang I, McNeill C R, Greenham N C. Drift-diffusion modeling of photocurrent transients in bulk heterojunction solar cells. J Appl Phys, 2009, 106(9): 094506.

[152] Hou J H, Yang C H, He C, et al. Poly[3-(5-octyl-thienylene-vinyl)-thiophene]: A side-chain conjugated polymer with very broad absorption band. Chem Commun, 2006, (8): 871-873.

[153] Günes S, Neugebauer H, Sariciftci N S. Conjugated polymer-based organic solar cells. Chem Rev, 2007, 107(4): 1324-1338.

[154] Park S H, Roy A, Beaupré S, et al. Bulk heterojunction solar cells with internal quantum efficiency approaching 100%. Nat Photon, 2009, 3(5): 297.

[155] Wakim S, Beaupre S, Blouin N, et al. Highly efficient organic solar cells based on a poly(2,7-carbazole) derivative. J Mater Chem, 2009, 19(30): 5351-5358.

[156] Koster L J A, Mihailetchi V D, Xie H, et al. Origin of the light intensity dependence of the short-circuit current of polymer/fullerene solar cells. Appl Phys Lett, 2005, 87(20): 203502.

[157] Riedel I, Martin N, Giacalone F, et al. Polymer solar cells with novel fullerene-based acceptor. Thin Solid Films, 2004, 451-452: 43-47.

[158] Gebeyehu D, Pfeiffer M, Maennig B, et al. Highly efficient p-i-n type organic photovoltaic devices. Thin Solid Films, 2004, 451-452: 29-32.

[159] Mandoc M M, Koster L J A, Blom P W M. Optimum charge carrier mobility in organic solar cells. Appl Phys Lett, 2007, 90(13): 133504.

[160] Deibel C, Wagenpfahl A, Dyakonov V. Influence of charge carrier mobility on the performance of organic solar cells. Phys Status Solidi RRL, 2008, 2(4): 175-177.

[161] Yam C Y, Meng L Y, Zhang Y, et al. A Multiscale quantum mechanics/electromagnetics method for device simulations. Chem Soc Rev, 2015, 44(7): 1763-1776.

[162] Meng L Y, Zhang Y, Yam C Y. Multiscale study of plasmonic scattering and light trapping effect in silicon nanowire array solar cells. J Phys Chem Lett, 2017, 8(3): 571-575.

# 第 7 章

## 有机材料的自旋注入与输运

## 7.1 引言

近三十年来，物理学和电子学领域出现了两个历史性突破：20 世纪 80 年代末 Fert 和 Grunberg 分别独立发现 Fe/Cr 多层膜中的巨磁电阻效应[1,2]。1996 年，Slonczewski 和 Berger 预言自旋力矩转移[3,4]，并很快得到实验证实[5,6]。作为信息输运和储存的载体，电子有两个基本属性：电荷和自旋。在通常的电子器件中，这两个属性是被分开使用的。例如，集成电路器件是基于电荷来传递信息的，而磁盘是通过自旋来储存信息的。巨磁电阻效应的发现极大地促进了磁记录和储存器件的应用，开启了自旋电子学新领域，这个领域着力于研究电子自旋的产生、输运和探测，为制造新一代信息器件提供了可能性。

磁电阻是表征材料或器件磁响应的一个重要物理量，它是指材料（或器件）电阻因受外磁场或内磁场影响而发生的变化。根据其特点和来源，有以下几种。

（1）各向异性磁电阻。

铁磁金属中，沿磁化方向和垂直磁化方向的电阻不同，从而产生各向异性磁电阻（AMR）。它来源于铁磁畴中的自旋−轨道耦合效应。铁磁金属的磁电阻 $MR = [R_{//} - R_{\perp}] / R_{//} \approx 1\%$。

（2）正常磁电阻。

非铁磁材料中，传导电子因外磁场作用发生回旋运动。磁场总是使磁电阻增加，称为正常磁电阻效应。正常磁电阻（OMR）一般非常微弱，正比于磁场强度的平方。当磁场强度 $H = 10 \, \text{Oe}$ 时，磁电阻 $MR = [R(H) - R(0)] / R(0) \approx 10^{-8}\%$。

(3)巨磁电阻。

1988 年，Fert 制备的 Fe/Cr 纳米多层膜中，低温磁电阻高达 50%，称之为巨磁电阻(GMR)。巨磁电阻通常为负值，磁场使电阻降低。

(4)隧道磁电阻。

在铁磁金属与绝缘材料交替组成的纳米多层结构中，自旋极化的电子可以从金属层隧穿过很薄的绝缘层，形成隧道磁电阻(TMR)。这类器件因绝缘层而电阻较高，磁电阻也可以很大，如 FeCoB/MgO/FeCoB 磁性隧道结在室温下可获得高达 604%的磁电阻。

(5)庞磁电阻。

钙钛矿型锰氧化物的磁电阻值高达 $10^6$%，称为庞磁电阻(CMR)，但需要低温和强磁场，目前难以实用。

2001 年 Wolf 等提出"自旋电子学"(spintronics)[7]，它不仅包含自旋的储存，更关注自旋的输运。"铁磁/非磁层/铁磁"三明治结构是用来研究自旋极化注入和输运的基本器件结构。非磁性的夹层可以是无机或有机材料，电性可以是绝缘体、半导体、金属乃至超导体。半导体可通过掺杂获得广泛可调的性质，因此是最适合输运自旋并且放大信号的材料。

经过近二十年的发展，自旋电子学已形成了一门几乎独立的新兴学科，一些基本概念和理论已经建立起来。描述自旋极化输运的一个常用宏观物理量是电流的自旋极化率，其定义为 $P=\left(J_\uparrow-J_\downarrow\right)/\left(J_\uparrow+J_\downarrow\right)$，其中 $J_s$ (s=$\uparrow$, $\downarrow$)是自旋为 s 的电流密度。对一个铁磁/夹层/铁磁三层结构，从自旋扩散理论得出，系统的电流自旋极化与铁磁电极和中间层的电导紧密相关。一个显著的电流自旋极化可以在一个合适的电导匹配体系中得到，这促进了对铁磁半导体的研究，因为铁磁半导体同时具有铁磁体和半导体的特性，如被广泛应用的半金属材料 $La_{1-x}Sr_xMnO_3$。

描述自旋极化输运的一个常用微观物理量是自旋弛豫时间 $\tau_s$，由 $\tau_s^{-1}=\tau_{\uparrow\downarrow}^{-1}+\tau_{\downarrow\uparrow}^{-1}$ 给出，其中 $\tau_{ss'}$ 表示自旋 s 反转到 s′的平均时间。它设定了失去自旋极化的时间尺度，进而也设定了空间尺度，即自旋弛豫长度 $l_s$。自旋弛豫长度定义为电子在时间 $\tau_s$ 内运动的距离。利用电子顺磁共振测量有机半导体室温下的自旋弛豫时间为 $10^{-7}\sim10^{-5}$ s，这比金属中的 $10^{-10}$ s 要大得多。

自旋电子学最初的工作是研究自旋在非磁材料中的输运。由于有机功能材料具有半导体的特性，人们自然也会想到用有机材料代替通常的半导体，如有机高分子和小分子、碳纳米管和石墨烯等。与通常的无机材料相比，有机材料更容易加工和合成，最重要的是其丰富的功能性质。"软"结构使它能与电极形成良好的界面接触，而不受晶格匹配的影响。有机半导体本身具有相当弱的自旋-轨道耦合，超精细相互作用也不强，因此电子的自旋扩散长度可以很长。以上特有的性质使得有机半导体成为自旋电子学的优选材料之一，这也被认为是自旋电子学中让人感兴趣的课题。有机自旋电子学包含与化学交叉的有机功能材料和与物理交叉的自旋电子学两个领域，它不仅拓宽了人们对有机世界的认识，而且对自旋电子学和生态学的应用有着重要的意义。

2002 年，Dediu 研究组首次报道了有机材料中的自旋注入和输运[8]。2004 年，Xiong 等制备了 $Co/Alq_3/La_{1-x}Sr_xMnO_3$ 器件，测得低温下可以实现 40% 的磁电阻，实现了有机自旋阀效应[9]。同样在 2003 年，Francis 等对不含有任何磁性元素的有机器件 ITO/PEDOT/ polyfluorene(聚芴)/Ca 施加小的外磁场(≤100 mT)，惊奇地发现器件在室温下可出现 10% 以上的磁电阻，磁电阻的大小和正负与有机层的厚度和外加偏压有关[10,11]。进一步研究发现，有机器件不仅存在磁电阻，而且其光致发光(photoluminescence，PL)、电致发光(electroluminescence，EL)和光电流(photocurrent，PC)等都存在不同程度的强磁响应现象。由于该现象在无机器件中很难被观测到，有机磁场效应(organic magnetic field effect，OMFE)很快受到物理、化学、材料和电子学界的广泛关注，成为当前有机功能材料和器件研究的一个重要热点。2009 年以来，人们又揭示出有机材料的多铁现象[12,13]、激发铁磁性[14-16]和有机自旋流现象[17,18]，显示出有机材料在功能性方面的无穷潜力。

有机自旋电子学的这些新现象既有传统半导体材料拥有的，又有它所特有的。认识其性质不仅要掌握有机半导体结构的独特性，也要掌握其内在相互作用的不同性。有机半导体中的载流子电荷-自旋关系充分反映了这一点。如表 7-1 所示，一个孤子有着相反的电荷-自旋关系，即带电的孤子 $S^\pm$ 是没有自旋的，而一个电中性的孤子 $S^0$ 携带自旋 $\pm\hbar/2$，这与传统的电子和空穴载流子是不同的。一个带电的极化子具有自旋 $\pm\hbar/2$，而一个双极化子绑定了两个电子或空穴，所以它是无自旋的。表中列出的激子、双激子以及三粒子复合体是有机半导体中的高能激发态，它们也有着有趣的特性。

表 7-1　有机材料载流子的电荷和自旋关系

| 载流子 | 电荷/$e$ | 自旋/$\hbar$ | 系统 |
| --- | --- | --- | --- |
| 中性孤子 | 0 | 1/2 | 简并 |
| 带电孤子 | ±1 | 0 | 简并 |
| 极化子 | ±1 | 1/2 | 简并、非简并 |
| 双极化子 | ±2 | 0 | 非简并 |
| 单重态激子 | 0 | 0 | 非简并 |
| 三重态激子 | 0 | 1 | 非简并 |
| 双激子 | 0 | 0 | 非简并 |
| 三粒子复合体 | ±1 | 1/2 | 非简并 |

　　自旋电子学的研究首先必须清楚电荷-自旋-电(磁)场之间的关系。当涉及自旋时，单电子量子力学的准确描述为狄拉克方程，即

$$i\hbar \frac{\partial}{\partial t}\psi = H\psi \qquad (7\text{-}1)$$

其中，$\psi$ 为波函数；哈密顿量为

$$H = c\alpha \cdot \left(P - \frac{e}{c}A\right) + V + mc^2\beta \qquad (7\text{-}2)$$

电磁势为 $(A, V)$，$B = \nabla \times A$，$V$ 既包含晶格场，也包含光的电场分量 $E$ 对电子产生的电势能，电荷 $e > 0$。当材料内的电子运动速度远小于光速时，可对狄拉克方程做非相对论近似，得到哈密顿量为

$$H = \frac{1}{2m}\left(p - \frac{e}{c}A\right)^2 + V(r) + \frac{1}{2m^2c^2}s \cdot \left[\nabla V \times \left(p - \frac{e}{c}A\right)\right] - \frac{e}{mc}s \cdot B \qquad (7\text{-}3)$$

式(7-3)右边第一项包含了洛伦兹轨道与磁场的相互作用；最后一项为自旋与磁场的塞曼相互作用。电子自旋 $s = (\hbar/2)\sigma$。

　　式(7-3)右边第三项中的 $p$ 项为自旋-轨道耦合，$A$ 项可理解为电子自旋与光自旋的相互作用。中心力场下，在没有光场的情况，自旋-轨道耦合具有下面的形式：

$$H_{so} = \frac{1}{4m^2c^2}\frac{1}{r}\frac{dV}{dr}(s \cdot l) = \frac{1}{2}\xi(r)(s \cdot l) \qquad (7\text{-}4)$$

很显然，自旋-轨道耦合只对电子空间角动量 $l \neq 0$ 态有影响。对于围绕原子核运动的电子，$V = Ze^2/r$，$r \propto Z$，给出自旋-轨道耦合强度 $\xi \propto Z^4$，表明重原子有更大的自旋-轨道耦合强度。一般来说，有机材料主要由原子序数较低的元素组成，因此，有机材料的自旋-轨道耦合通常被认为是较弱的。

　　半导体中，自旋-轨道耦合的一种重要形式由 Rashba 提出，即

$$H_R = k_{so}e_z \cdot (s \times p) \qquad (7\text{-}5)$$

式中，$e_z$ 为电场方向上的单位矢量；$k_{so}$ 为耦合强度。如果半导体内存在非对称结构或对其施加门电压，自旋-轨道耦合将很明显。

　　除此之外，材料内还可能存在下面两项自旋相关的相互作用。

　　(1)海森堡交换相互作用。

　　海森堡交换相互作用是根据泡利不相容原理得到的，起源于波函数交换反对

称性，哈密顿量为

$$H_{\mathrm{H}} = -\sum_{m \neq n} J_{mn} s_m \cdot s_n \tag{7-6}$$

式中，$J_{mn}$ 为两自旋电子之间的交换积分，也称为交换能。海森堡交换相互作用是长程铁磁体的起源。

(2) 超精细相互作用。

原子核拥有自旋或磁矩，与电子的自旋发生相互作用，从而使电子光谱进一步分裂，其分裂程度比精细相互作用还要小，称为超精细相互作用。其表达式为

$$H_{\mathrm{f}} = \sum_{n} a_n s_n \cdot I_n \tag{7-7}$$

式中，$a_n$ 为原子(分子)处的超精细相互作用强度；$I_n$ 为核自旋。

在自旋电子学的研究中，上述所有的相互作用都应考虑，只不过在具体的情况下可以对其主次进行相应的取舍。

考虑到自旋相关相互作用后，一般来说，材料内的电子自旋不再是好量子数，电子态将是自旋混合态。2010 年，Tarafder 等利用密度泛函理论研究了带电 Alq$_3$ 分子的自旋极化，通过计算分子的磁矩发现，一个带电的 Alq$_3$ 分子存在自发磁化，其净磁矩近似与带电量成正比[19]。对纯有机的噻吩分子研究发现，自发磁化与带电量之间存在复杂的关系，如图 7-1 所示。磁化不仅与电荷的局域性相关，与分子尺寸、电子-电子相互作用和自旋-轨道耦合等都有关系。研究发现，属于有机材料内禀的电子-晶格耦合强度对自旋极化的出现起了关键的作用。如果分子带电量大于一个电子电荷，分子磁矩将会减小。特别地，当一个噻吩分子包含两个电子电量时，磁矩为零，意味着一个带两个电子的噻吩分子是不存在自旋极化的[20,21]。有机材料中，载流子的本征态是自旋 $s = \pm \hbar / 2$ 的极化子和自旋为零的双极化子，因此，按照量子力学的统计解释，一个电荷态应是极化子和双极化子本征态的组合，即

$$\psi = a_{\mathrm{p}\uparrow} \phi_{\mathrm{p}\uparrow} + a_{\mathrm{p}\downarrow} \phi_{\mathrm{p}\downarrow} + a_{\mathrm{bp}} \phi_{\mathrm{bp}} \tag{7-8}$$

式中，$\phi_{\mathrm{p}\uparrow}$、$\phi_{\mathrm{p}\downarrow}$ 和 $\phi_{\mathrm{bp}}$ 分别为自旋向上极化子、自旋向下极化子和自旋为零的双极化子本征态。该电荷对应的磁矩为

$$m = \left( \left| a_{\mathrm{p}\uparrow} \right|^2 - \left| a_{\mathrm{p}\downarrow} \right|^2 \right) \Big/ \left( \left| a_{\mathrm{p}\uparrow} \right|^2 + \left| a_{\mathrm{p}\downarrow} \right|^2 \right) \tag{7-9}$$

由此可见,有机半导体中的载流子特性与无机半导体中的电子或空穴有很大不同。

在具有刚性结构并形成完美能带的无机半导体中，自旋的注入和输运由具有扩展态的电子或空穴以隧穿、弹道或扩散的形式进行，自旋行为主要由自旋-轨道耦合来决定，自旋-轨道耦合可以将轨道角动量的散射转换成自旋的散射。有机半导体由小分子或聚合物组成，在一个分子晶体或一个聚合物链中，载流子的输运可以在一定程度上看成是带输运。然而在无序的有机材料中，输运主要通过跃迁的形式来实现。极化子和双极化子的出现使有机材料内的输运过程复杂了。弱的自旋-轨道耦合会对有机自旋动力学行为带来神秘影响。另外，有机分子通常包含大量氢原子，氢核自旋产生的超精细相互作用又会使问题复杂化，这些特点都使得有机自旋电子学研究更具挑战性并令人向往。

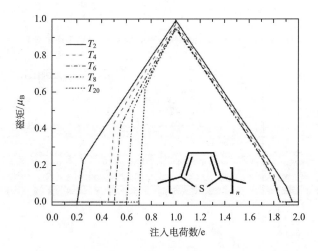

图 7-1　不同噻吩聚集度下磁矩随注入电荷数的变化

内插图是噻吩分子的单元结构

## 7.2　有机自旋阀

### 7.2.1　有机自旋阀效应

　　2002 年，Dediu 课题组首次报道了有机半导体中的自旋注入及输运[8]，他们采用半金属 CMR 材料 $La_{1-x}Sr_xMnO_3$(LSMO)作极化电子给体，有机层采用小分子六噻吩(sexithienyl，$T_6$)制备了铁磁电极有机器件 LSMO/$T_6$/LSMO，器件结构如图 7-2 所示。电极在没有外加磁场之前的磁化方向无序，加磁场后它们的磁化方向变为平行。实验得到了负磁电阻(图 7-3)，表明施加磁场后器件电阻减小。随中间有机层厚度的增加，磁电阻很快衰减为零。该实验一方面显示了有机层内存在自旋极化注入及输运，另一方面显示了有机层中的自旋弛豫长度是个有限值，为 $100\sim200$ nm。

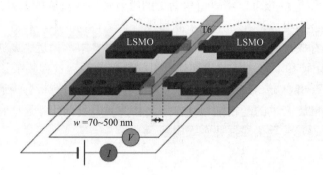

图 7-2　LSMO/T$_6$/LSMO 三明治器件的结构示意图

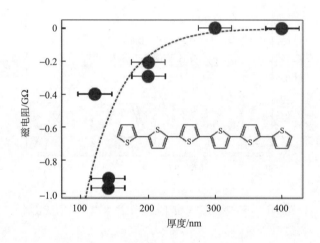

图 7-3　磁电阻随 T$_6$ 厚度的变化

　　2004 年，熊祖洪等采用矫顽力不同的 **LSMO** 和 **Co** 作电极，制备了 LSMO/Alq$_3$/Co 器件[9]。外磁场可调控两铁磁层磁化方向是平行还是反平行，由此可以直观地表现出两铁磁电极相对磁化方向改变时器件电阻值的变化。定义磁电阻为

$$MR = \frac{R_{AP} - R_P}{R_{AP}} \tag{7-10}$$

式中，$R_P$ 和 $R_{AP}$ 分别为电极磁化方向平行或反平行时系统的电阻。低温下测得了高达 40%的磁电阻，显示出器件具有明显的自旋阀效应。一般认为当两侧铁磁电极的磁化方向相同时，器件的磁电阻较小；而当其相反时，磁电阻较大。但该实

验发现了完全相反的结果，即两侧电极的自旋极化方向相反时磁电阻更小。这个相反的结果起源于 Co 电极的 3d 电子形成的能带的自旋极化特征，即费米能级附近的自旋多子与 Co 电极总体的自旋极化方向相反。

　　Majumdar 等进一步研究了自旋弛豫的影响[22]。实验发现，室温下的高分子器件仍有 1% 的磁电阻，而小分子器件中几乎观测不到。例如对于器件 Fe/Alq$_3$/Co，在 11 K 的低温下测得磁电阻为 5%，而当温度升至 90 K 时，其磁电阻几乎降到零，这表明高分子内的自旋弛豫长度更长[23]。Pramanik 等制备了 Ni/Alq$_3$/Co 纳米线器件（器件长 50 nm，中间层厚 30 nm），他们也发现温度升高后器件磁电阻变小[24]。值得一提的是，他们的实验间接测得了器件的自旋弛豫时间比无机材料的要长得多。图 7-4 显示了长达 1 s 的自旋弛豫时间。

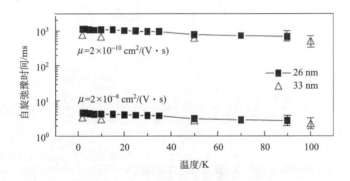

图 7-4　不同温度下的自旋弛豫时间

　　为了进一步提高有机磁电阻，Dediu 等改进了实验，制备了 LSMO/Alq$_3$/Al$_2$O$_3$/Co 器件，其中绝缘性的 Al$_2$O$_3$ 层可以阻止电极与 Alq$_3$ 层之间的相互扩散和反应，使器件具有清晰的界面。图 7-5 显示此器件在室温下得到的磁电阻，并发现 Al$_2$O$_3$ 层厚度会影响电极界面的磁有序。他们改进的实验实现了小分子器件的室温磁电阻[25]。

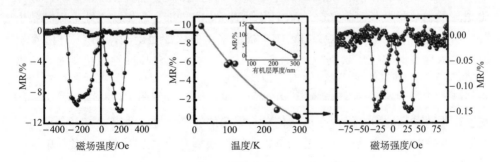

图 7-5　不同温度下器件的磁电阻

Gobbi 等合成了 Py/C$_{60}$/Al$_2$O$_3$/Co 器件，C$_{60}$ 没有超精细作用而且结构较稳定，不会受到电极的破坏。当分子层厚度小于 10 nm 时，根据器件的电流–电压曲线得出 C$_{60}$ 分子层的输运是隧穿输运的结论；而当分子层厚度大于 10 nm 时，呈现跃迁输运特征(图 7-6)。该研究发现跃迁输运下的磁电阻更明显，并在分子层厚度大于 25 nm 时得到了 5%的磁电阻[26]。

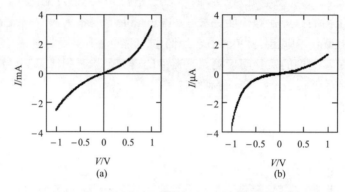

图 7-6　室温下不同厚度 C$_{60}$ 分子层的 *I-V* 曲线

(a)厚度为 8 nm；(b)厚度为 28 nm

### 7.2.2　石墨烯和碳纳米管自旋注入与输运

石墨烯作为一种特殊的有机材料，载流子迁移率很高，可以达到 $10^6$ cm$^2$/(V·s)，而且载流子浓度可调，具有较弱的自旋–轨道耦合，室温自旋扩散长度达微米量级以上，因此是自旋长距离输运的可选材料之一。由于存在电导匹配问题，使用铁磁电极向石墨烯直接注入自旋，目前效率还是很低的，注入的自旋极化率小于 1%。借助隧穿绝缘体材料 Al$_2$O$_3$ 或 MgO，可以显著提高注入电流的自旋极化。

使用石墨烯制作的自旋阀，磁电阻可以高达 10%，并观察到石墨烯内超过 100μm 的自旋扩散长度。2006 年，Hill 等首先用 FeNi 合金作铁磁性电极制备出石墨烯自旋阀[27]，紧接着 Co、Fe 作电极的多层石墨烯自旋阀，Al$_2$O$_3$ 作隧穿层的石墨烯自旋阀也被成功制备。目前认为石墨烯中的主要自旋弛豫机制是 EY 机制[28]或 DP 机制[29]。在 EY 机制中，自旋弛豫主要来源于杂质、声子和样品边缘的散射，自旋寿命 $\tau_s$ 与电子动量弛豫时间 $\tau_p$ 成正比；而在 DP 机制中，自旋弛豫发生在两次动量散射之间，它可能来自石墨烯的非平整性，此时自旋寿命 $\tau_s$ 与电子动量弛豫时间 $\tau_p$ 成反比。通过对单、双层石墨烯自旋弛豫的研究，发现单层石墨烯中自旋寿命 $\tau_s$ 正比于电子动量弛豫时间 $\tau_p$，EY 机制占主导，而双层中自旋寿

命 $\tau_s$ 反比于电子动量弛豫时间 $\tau_p$，DP 机制占主导。

利用石墨烯纳米带的磁学性质，人们提出了一些新奇的石墨烯自旋器件，例如，给具有反铁磁基态的锯齿形石墨烯纳米带（ziazag graphene nanoribbons，ZGNR）施加横向电场，使一种自旋的带隙变大，相反自旋的带隙变小，从而使 ZGNR 呈现半金属性，作为自旋注入器或探测器。

碳纳米管也是一种特殊的有机材料。1999 年，Tsukagoshi 等制备出第一个多壁碳纳米管自旋器件（图 7-7）[30]。碳管样品是由石墨棒弧光放电法制备的，碳管上沉积了两个 65 nm 厚的 Co 电极用于自旋极化注入或探测。该样品在 4.2 K 的低温下观察到 9%的磁电阻。选择更高自旋极化的磁性电极可以进一步提高磁电阻，如半金属 $La_{0.7}Sr_{0.3}Mn_3$ 在低温下的自旋极化率接近 100%，用它制备的碳纳米管自旋器件的磁电阻可以高达 61%。

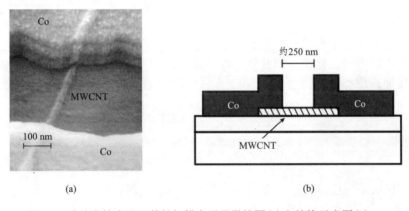

图 7-7　碳纳米管自旋器件的扫描电子显微镜图(a)和结构示意图(b)

石墨烯和碳纳米管作为极特殊的两种有机材料，其自旋电子学性质已有很多专门的文献介绍。本章的有机自旋电子学主要侧重有机小分子或高分子聚合物。

### 7.2.3　有机自旋隧穿理论

载流子输运过程中，由于自旋相关散射，载流子自旋将不再守恒，而是不断发生反转，称之为自旋弛豫，原因可归结为自旋-轨道耦合、超精细相互作用、电子-电子相互作用及其他自旋相关的相互作用。有机分子内的超精细相互作用主要来源于氢核自旋。Nguyen 等将聚(2,5-二-辛氧基)对苯撑乙烯(H-DOO-PPV)中的氢原子替换为氘原子(D-DOO-PPV)，实验结果显示基于二者的自旋阀的磁电阻相差一个量级以上[31]，这个结果表明了超精细相互作用在有机材料自旋弛豫过程中的重要作用。但基于自旋-轨道相互作用对 $Alq_3$ 中的自旋弛豫理论计算却发现与

LE-μSR 技术测量的 Alq$_3$ 中的自旋扩散行为完全一致[32]，似乎表明了自旋-轨道耦合是有机材料中自旋弛豫的主要原因。因此，超精细相互作用和自旋-轨道耦合在有机材料中的作用仍是一个需要进一步研究的问题。

有机自旋阀的实验工艺逐渐创新突破，理论方面的研究也随之不断展开[33-42]。借用无机半导体的自旋电子学理论，人们在一定程度上可以对有机器件中的自旋现象给予理解，但由于有机半导体的特点，有些方面还需要更细致的研究。

磁性材料中，自旋极化与电子结构和输运性质有关，一个简单的近似是磁性材料中的电流正比于费米面处的态密度 $D_F$ 和费米速度 $v_F^n$，其中扩散输运 $n=2$，弹道输运 $n=1$，隧穿输运 $n=0$。自旋极化率的定义为

$$P_n = \frac{D_F^{\uparrow}\left(v_F^{\uparrow}\right)^n - D_F^{\downarrow}\left(v_F^{\downarrow}\right)^n}{D_F^{\uparrow}\left(v_F^{\uparrow}\right)^n + D_F^{\downarrow}\left(v_F^{\downarrow}\right)^n} \tag{7-11}$$

对于一个自旋阀器件，假设电子隧穿过程中自旋守恒，隧穿概率正比于两端电极态密度乘积。由于电导与隧穿概率成正比，左右磁性电极磁化方向平行和反平行下的电导分别为

$$G_P \propto D_{F(L)}^{\uparrow}D_{F(R)}^{\uparrow} + D_{F(L)}^{\downarrow}D_{F(R)}^{\downarrow} \tag{7-12a}$$

$$G_{AP} \propto D_{F(L)}^{\uparrow}D_{F(R)}^{\downarrow} + D_{F(L)}^{\downarrow}D_{F(R)}^{\uparrow} \tag{7-12b}$$

因为电阻 $R \propto 1/G$，经过一番运算可得到隧道磁电阻：

$$TMR = \frac{R_{AP} - R_P}{R_p} = \frac{2P_1P_2}{1 - P_1P_2} \tag{7-13}$$

式中，$R_P$ 和 $R_{AP}$ 分别为两端电极磁化方向平行和反平行时的器件电阻；$P_1$ 和 $P_2$ 为电极的极化。

有机器件中，如 LSMO/Alq$_3$/Co，Co 原子有可能渗透到有机层，使得有机层的有效厚度减小，这可修正为 Co 端界面处的极化减小，$P_2' = P_2 e^{-(d-d_0)/\lambda_s}$，其中 $d$ 为有机层厚度，$d_0$ 为 Co 渗透层厚度，$\lambda_s$ 为有机层的自旋扩散长度，得到拟合磁电阻公式：

$$TMR = \frac{R_{AP} - R_P}{R_p} = \frac{2P_1P_2 e^{-(d-d_0)/\lambda_s}}{1 - P_1P_2 e^{-(d-d_0)/\lambda_s}} \tag{7-14}$$

取 $P_1P_2 = 0.32$；$d_0 = 87$ nm；$\lambda_s = 45$ nm，理论曲线与实验数据如图 7-8 所示，二

者吻合很好[9]。

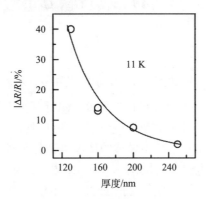

图 7-8 磁电阻随有机层厚度的变化

## 7.2.4 有机自旋注入与输运宏观理论

借用"二流体"模型[43,44]，可以对有机自旋注入与输运有一个简单的理解。当自旋散射长度远小于电子散射长度时，可以认为自旋向上和向下的电子在系统内是独立传播的。当传导电子的自旋方向与铁磁层自旋少子的自旋方向平行时，受到的散射就强，电阻就大；反之，自旋方向与铁磁层自旋多子的自旋方向平行时，受到的散射就弱，电阻就小。

有机器件中，注入的电子将形成极化子和双极化子，而双极化子不携带自旋，因此必须推广"二流体"模型，此时的有机输运层将有三个载流子通道：自旋向上极化子、自旋向下极化子和不带自旋的双极化子。输运模型示意如图 7-9 所示。

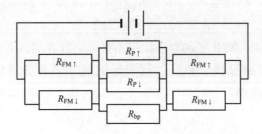

图 7-9 铁磁/有机半导体/铁磁模型示意图

从自旋扩散方程和欧姆定律以及相应的边界条件出发可以得到界面处的电流自旋极化率[31,40]：

$$\alpha_0 = \gamma\beta_0 \frac{\sigma}{\sigma_{\mathrm{FM}}} \cdot \frac{\lambda_{\mathrm{FM}}}{\lambda_{\mathrm{p}}} \cdot \frac{1 + \frac{1}{4\beta_0} \cdot \frac{\sigma_{\mathrm{FM}}}{\lambda_{\mathrm{FM}}}\left(\frac{1}{G_\downarrow} - \frac{1}{G_\uparrow}\right)\left(1 - \beta_0^2\right)}{\left(\gamma \frac{\sigma}{\sigma_{\mathrm{FM}}} \cdot \frac{\lambda_{\mathrm{FM}}}{\lambda_{\mathrm{p}}} + 1\right) - \beta_0^2 + \frac{\gamma}{4} \cdot \frac{\sigma}{\lambda_{\mathrm{p}}}\left(\frac{1}{G_\downarrow} + \frac{1}{G_\uparrow}\right)\left(1 - \beta_0^2\right)} \tag{7-15}$$

一组参数下的数值结果如图 7-10 所示，其中 $\gamma = n_{\mathrm{p}} / (n_{\mathrm{p}} + n_{\mathrm{bp}})$，为极化子占有率。很明显，$\gamma = 0$ 时电流自旋极化率为 0，此时有机半导体中载流子全部是不带自旋的双极化子。电流极化率最大值出现在 $\gamma = 1$ 处，此时载流子全部为带自旋的单极化子，与自旋注入无机半导体的情况类似。另外，我们发现只要有极化子出现就可以有明显的电流自旋极化率。例如，极化子只占 20% 时的电流自旋极化率值为载流子全为极化子时极化率值的 90%。因此，极化子是自旋极化电流的有效自旋载流子。即使极化子只占很少一部分，有机半导体中也可以获得很大的电流自旋极化率。

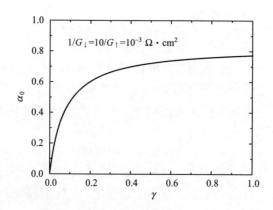

图 7-10　电流自旋极化率 $\alpha_0$ 随极化子占有率 $\gamma$ 的变化

实际输运过程中，极化子和双极化子不是独立存在的，两者会相互转化，这种转化提供了有机半导体中独特的载流子的源。二者的转化可用式 (7-16) 和式 (7-17) 来描述：

$$\mathrm{d}n_{\uparrow(\downarrow)} / \mathrm{d}t = -kn_\uparrow n_\downarrow + bN \tag{7-16}$$

$$\mathrm{d}N / \mathrm{d}t = kn_\uparrow n_\downarrow - bN \tag{7-17}$$

式中，$n_{\uparrow(\downarrow)}$ 为自旋向上 (向下) 的极化子的浓度；$N$ 为双极化子的浓度。式中第一项描述了一个自旋向上 (向下) 的极化子遇到自旋向下 (向上) 的极化子而湮灭成不携带自旋的双极化子的概率。第二项描述的是上述的反过程，即一个双极化子分解成一个自旋向上和自旋向下的极化子。参数 $k$ 和 $b$ 为转化强度,它们都与温度相关。为便于分析有机半导体中注入电荷的自旋特性,定义自旋极化率为

$$P = (n_\uparrow - n_\downarrow)/(n_\uparrow + n_\downarrow) \tag{7-18}$$

因为有机半导体中双极化子的存在,这个定义虽然与传统非有机半导体中的定义类似,但却具有不同的意义,因为双极化子对自旋极化没有贡献。

与无机半导体中的情况不同,有机半导体中有两个因素影响了自旋的传输:自旋反转效应和极化子与双极化子之间的转化。假设从铁磁电极注入到有机半导体中的电子是完全自旋极化的,双极化子的出现降低了自旋载流子(极化子)的浓度,进而影响了系统的自旋极化。极化子和双极化子的浓度在有机层的输运中会达到一种动态平衡,自旋极化将主要由极化子决定。

基于 Landau-Buttiker 理论和量子动力学可以对有机自旋注入和输运更加深入的理解。2002 年,Zwolak 和 Ventra 探讨了铁磁/DNA/铁磁这种三明治结构自旋相关的输运现象[45]。通过格林函数方法计算得到器件的磁电阻后,发现如果用 Fe 和 Ni 作为器件的铁磁层,室温下分别可以获得 16% 和 26% 的磁电阻效应。基于 NEGF-DFT 理论可以计算分子器件的磁电阻效应。对 Ni/octanethiol(辛硫醇)/Ni 隧道结的计算发现其磁电阻可达 33%,而 Ni-octane(辛烷)-Ni 的磁电阻可高达 100% 以上。微观计算主要是针对一个分子器件,只能在一定程度上反映宏观有机器件的性质。NEGF-DFT 理论框架中很难考虑有机分子内在的强电子-晶格相互作用效应,一种可能的改进是把 DFT 声子计算与合适的模型相结合[46]。

铁磁电极-有机半导体界面性质对自旋注入十分重要。由于结构的柔韧性,有机材料不存在界面晶格常数匹配问题,但有机分子与电极的接触形态却是多种多样的,这对界面分子的极化、电荷的注入都有特别的影响。利用低温自旋极化扫描隧道显微镜对吸附在铁磁金属上的单个分子测量发现,分子具有复杂的能量相关的自旋劈裂电子态。基于 DFT 理论计算表明,分子与铁磁电极之间发生了 $p_z$-d 交换相互作用,使得有机分子的电子态发生自旋极化。对 Co 表面吸附苯分子的计算发现,Co 的总自旋极化方向为上,但是费米能级附近的自旋多子却是自旋向下的电子。苯分子在 Co 表面的构型不同,其自旋极化也随之变化,特别地,随着苯分子与 Co 表面距离的增加,分子的自旋极化下降[47]。调整界面自旋极化可以明显改善磁电阻。假设铁磁电极和有机分子之间的耦合(或界面跃迁积分)与自旋相关,平行态下的总电导为 $G_P \propto t_\uparrow t_\uparrow + t_\downarrow t_\downarrow$,反平行态下的总电导为 $G_{AP} \propto t_\uparrow t_\downarrow + t_\downarrow t_\uparrow$,因此,MR 可表示为

$$\mathrm{MR} = \frac{G_P - G_{AP}}{G_{AP}} = \frac{(1-\gamma)^2}{2\gamma} \tag{7-19}$$

式中，$\gamma = t_{\downarrow} / t_{\uparrow}$。该模型虽然简单，但是给出了如何获取高 MR 的启示。

对无机半导体而言，自旋注入效率与铁磁电极和半导体之间的电导率匹配相关。参考前面的式(7-15)，当铁磁电极电导率小于半导体的电导率时，自旋注入效率较高，反之较低。通常情况下铁磁电极为金属，电导率远大于半导体，从而导致极低的自旋注入效率，这种现象被称为电导率失配[48]。为了增加自旋注入效率，人们在铁磁电极与半导体输运层之间引入隧穿势垒，通过增大界面电阻达到提高自旋注入效率的目的。有机器件中也存在电导率失配问题，但由于有机半导体与通常无机半导体的输运机制并非完全相同，如何提高有机器件的自旋注入与输运效率仍需要做深入的研究。

2003 年，我们研究了 CMR/有机半导体系统的基态性质[33]。计算中取聚乙炔或聚噻吩作为有机层，CMR 钙钛矿材料 $La_{1-x}Sr_xMnO_3$ 作为自旋注入层，采用紧束缚哈密顿量来描述系统的界面耦合和电子跃迁过程，特别指出的是模型中包含了有机层内固有的强电子–晶格相互作用。通过调整两种材料的相对化学势，电子可以从 CMR 转移到有机层。微观动力学研究显示，注入电荷在有机层内形成波包，每个波包包含的电荷数可以是 0～2e 的任意值，并携带有一定自旋，由于存在自旋相关相互作用，载流子自旋并非处于本征态[37]。图 7-11 给出了注入电荷的动力学行为，注入 200 fs 后(图中左边波包)，波包已经形成，在外加电场驱动下在有机层内运动。有机层的电子存在自旋极化，但主要出现在界面附近，深入到有机层内部将衰减直至消失。图中显示 1000 fs 后(图中右边波包)，注入电荷仍有明显的自旋极化。

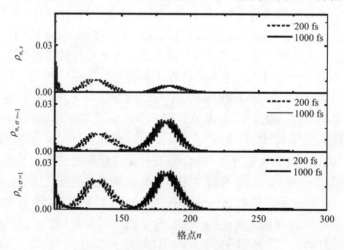

图 7-11　有机层内自旋向上、自旋向下和净自旋密度在不同时刻的分布
偏压 $V$=0.85 eV，电场强度 $E$=0.5 mV/nm

在垂直输运方向施一门电压，可以调节电子有效的自旋–轨道耦合强度，从而影响电子的自旋进动。设门电压的方向沿 $z$ 方向，则相应的哈密顿量为

$$H_{so} = -\frac{\beta}{\hbar}\sigma \cdot (p \times z) = i\beta\left(\sigma_x \frac{\partial}{\partial y} - \sigma_y \frac{\partial}{\partial x}\right) \tag{7-20}$$

式中，$\beta$ 为与门电压相关的自旋-轨道耦合强度；$\sigma$ 为泡利矩阵。假设注入电子沿 $x$ 方向，则只有第二项不为零。在准一维紧束缚近似下，可以得到其二次量子化形式为

$$H_{so} = -t_{so}\sum_n\left[C^+_{n+1,\uparrow}C_{n,\downarrow} - C^+_{n+1,\downarrow}C_{n,\uparrow} + C^+_{n,\downarrow}C_{n+1,\uparrow} - C^+_{n,\uparrow}C_{n+1,\downarrow}\right] \tag{7-21}$$

式中，$t_{so} = \beta/2a$，$a$ 为晶格常数；$C^+_{n,s}$（$C_{n,s}$）为电子的产生（消灭）算符。考虑电子（极化子）在分子链内的运动，SSH 模型下计算的自旋演化结果显示于图 7-12(a) 中，其中格点 $n$ 处的自旋定义为，$s_z(n,t) = \frac{1}{2}\left[\rho_\uparrow(n,t) - \rho_\downarrow(n,t)\right]$，极化子总自旋 $s_z(t) = \sum_n s_z(n,t)$。初始时刻，极化子的自旋是向上的，随着极化子的运动，其自旋逐渐变为零，然后变为向下。图 7-12(b) 表示极化子自旋 $s_z(t)$ 随极化子中心位置的变化[40]。由此可以明显看出，极化子在运动过程中，由于自旋-轨道耦合的作用其自旋随时间不断反转。

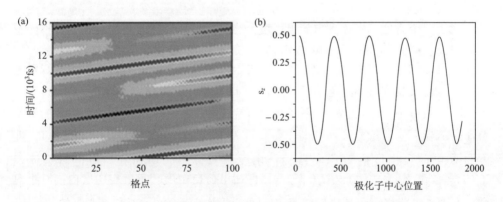

图 7-12 (a)极化子的自旋演化；(b)极化子自旋随中心位置的变化

上述研究表明，如果不计耗散，一个自旋极化子可以很长时间内保持其自旋取向，这是有机自旋电子学的理论基础。

基于自旋阀和自旋场效应管的研究，人们还可以设计更丰富的有机自旋器件。例如，电子输运过程中包含电荷和自旋两个物理量，可以设计一种自旋二极管，它意味着在外场下电子自旋输运是非对称的[49]。通过电流-电压曲线可以很好地描述电荷整流。然而，描述自旋整流相对复杂，因为自旋极化同时包含振幅及自

旋取向两方面的特征。较为简单的一种情况是当外加偏压反转时，自旋极化的振幅改变而自旋极化取向不变，这种情况与电荷整流类似，称之为平行自旋流整流。另外一种情况是随着外加偏压的反转，电流的自旋极化取向发生改变，振幅变化或不变化，称之为反平行自旋流整流。这里，定义电荷流为两种自旋取向的电流之和 $I_q = I_\uparrow + I_\downarrow$，而定义它们之差为自旋流 $I_s = (\hbar/2e)(I_\uparrow - I_\downarrow)$。图 7-13 给出反转偏压时可能出现的三种自旋流图像，分别对应对称自旋流整流、平行自旋流整流和反平行自旋流整流。

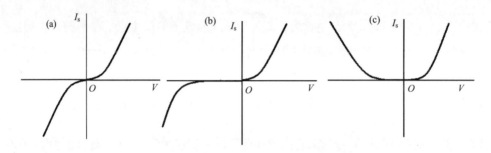

图 7-13　三种自旋整流特征

(a)对称自旋流整流；(b)平行自旋流整流；(c)反平行自旋流整流

对于一个器件，考虑到自旋自由度，当外加偏压反转时可能存在四种不同形式的电流−电压关系：①电荷流和自旋流同时对称，没有整流现象，即 $I_q(V) = -I_q(-V)$，$I_s(V) = -I_s(-V)$，这对于大多数满足电荷和自旋自由度都对称的器件是成立的；②电荷流整流而自旋流不整流，$I_q(V) \neq -I_q(-V)$，$I_s(V) = -I_s(-V)$，这对于空间不对称但自旋简并的器件成立，如前面提到的两类分子整流器；③自旋整流而电荷不整流，$I_q(V) = -I_q(-V)$，$I_s(V) \neq -I_s(-V)$，即器件在电荷自由度内对称而自旋自由度不对称；④电荷和自旋同时整流，$I_q(V) \neq -I_q(-V)$，$I_s(V) \neq -I_s(-V)$，器件在电荷自由度和自旋自由度内同时不对称。无论是电荷整流还是自旋整流，坐标空间或自旋空间非对称是必需的。例如，基于磁性/非磁共聚物可以设计一种分子自旋二极管，一侧是普通的非磁小分子或共轭聚合物，如噻吩；另一侧是有机磁性分子，如高自旋的小分子或 poly-BIPO 类高分子[50]。这种结构在自旋空间为非对称。类似的结构也可以通过别的方式实现，如将半径不同的两种碳纳米管结合在一起，在半径粗的一端嵌入磁性原子。结合自旋相关的 Landauer-Buttiker 公式计算通过器件的电流及其自旋极化率[31,34]。研究发现，该类器件可呈现电荷整流或自旋整流，整流特性与有机铁磁分子以及分子/电极的界面耦合等因素相关。当分子处于自旋激发态，即侧基自旋发生反转时，通过器件的电流自旋极化随侧基自旋反转数目的不同而改变，实现了有机自旋二极管。

## 7.3　有机磁场效应

### 7.3.1　有机磁场效应实验

随着对有机器件中自旋输运的研究，有机自旋电子学中另一个诱人的现象即有机磁场效应被发现了[51]。室温下，即使没有任何磁性元素的有机器件，其光电特性也会对很小的磁场(毫特量级)产生很大的响应[52,53]。定义磁电阻为

$$\text{MR} = \frac{R(B) - R(0)}{R(0)} \tag{7-22}$$

式中，$R(0)$ 为器件在没有任何外磁场时的电阻；$R(B)$ 为器件在外磁场 $B$ 时的电阻。人们发现，有机磁电阻行为具有普遍性，大部分有机器件遵循经典的洛伦兹型 $B^2/(B^2 + B_0^2)$ 或非洛伦兹型 $[B/(|B| + B_0)]^2$ 规律[54,55]。图 7-14 给出一些实验结果和拟合曲线。个别器件可能遵循幂律分布，如 $B^n$，$f_1/B^2 + f_2/B^4$ 或者 $d_1 B^2 + d_2 B^4$ [56,57]。此外，外偏压、温度和有机层厚度等对磁电阻都有一定影响，而且随着这些外界条件的变化，磁电阻可表现出正负符号的转变[54,59-61]。

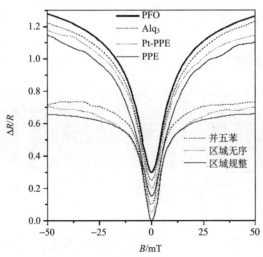

图 7-14　不同有机材料的磁电阻随磁场变化的拟合曲线

图 7-15 展示了实验上研究有机器件磁场效应利用的典型器件[54]。两侧的金属电极和中间的有机层形成了三明治结构。两电极之间施加直流电压后，载

流子便可以从电极往有机层注入并且在有机层中输运。同时，在器件的外部施加上磁场，可以研究磁场对体系输运的影响。结果显示，施加磁场的方向对实验结果影响很小。为了使这种器件的各项性能得到优化，实验制备上，电极通常会选取功函数与有机半导体的能带结构比较匹配的材料，例如，阳极的材料通常选取功函数较高且半透明的铟锡氧化物（ITO）或者聚（3,4-乙二醚噻吩）（PEDOT），阴极的材料通常选取功函数较低的钙、铝等金属。器件制备的过程处在真空环境下。

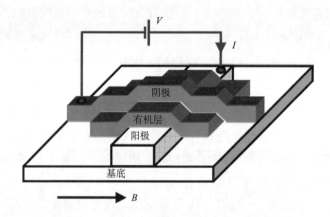

图 7-15　产生有机器件磁场效应对应的实验装置示意图

　　1996 年 Frankevich 等通过实验发现，加入磁场后在高分子聚合物 HO-PPV 器件中的光电流会增加[62]。2003 年 Kalinowski 等研究了 $Alq_3$ 小分子的发光器件，发现随着磁场从 0 增加到 300 mT，器件的发光效率上升了 5%（图 7-16）[63]。

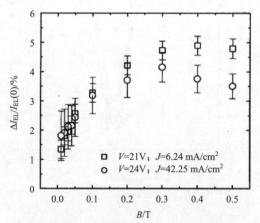

图 7-16　ITO/75%TPD：25%PC（60 nm）/ $Alq_3$（60 nm）/Ca/Ag 器件中
发光效率随磁场的变化曲线

随后，Mermer 等在聚合物 PFO 器件中发现了有机磁电阻(organic magnetoresistance, OMAR)现象。室温下，磁电阻在 100 mT 时达到了 10%[53,54]。图 7-17 显示了在 200 K 时 ITO/PFO(约 60 nm)/Ca 器件中磁电阻的曲线，发现在低电压下磁电阻为负值，然而在高电压下却变成了正值。

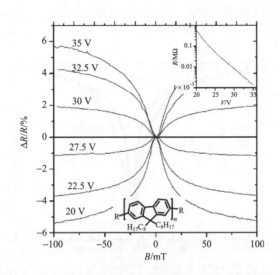

图 7-17　ITO/PFO(约 60 nm)/Ca 器件中磁电阻随磁场的变化曲线

插图为器件电阻随电压的变化曲线

2009 年，胡斌等探讨了不同比例的有机混合物器件的光致发光效率随磁场的变化[51]，实验结果如图 7-18 所示。他们发现纯净有机物 TPD 和 BBOT 没有磁场效应。然而混合物器件[掺杂不同比例的聚甲基丙烯酸甲酯(PMMA)]的光致发光效率提高了，而且不同比例的混合物器件所产生的磁场效应大小也不同。

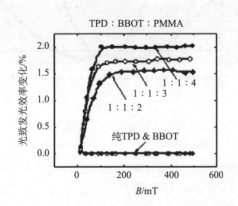

图 7-18　不同比例下有机混合物中的光致发光效率随磁场的变化

Nguyen 等比较了由氢和氘化(后者拥有较弱的超精细相互作用)构成的 π 共轭聚合物 DOO-PPV(分别表示为 H-DOO-PPV 和 D-DOO-PPV)所组成的有机发光二极管的磁场效应[31]。他们发现氘化聚合物组成的器件显示了明显的变窄的电致发光磁场效应,如图 7-19 所示。除此之外,他们发现电致发光磁效应在小的磁场范围下经历了一个符号的转变(图 7-20),这说明了超精细相互作用是有机磁场效应的重要因素之一。

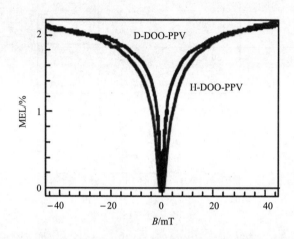

图 7-19　同位素效应对有机发光二极管中磁致发光效率(MEL)的影响

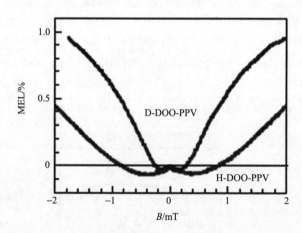

图 7-20　小磁场下同位素效应对有机发光二极管中磁致发光效率的影响

由于有机器件展现出高度非线性的电流-电压曲线,有机磁电阻与器件的驱动电压紧密相连。室温下, Desai 等报道了在 Alq$_3$ 发光二极管的实验中,当驱动电压在开路电压附近,即器件电流非常小时,发现了高达 300%的磁电阻值[64]。

Mahato 等发现了在沸石基质晶体上嵌入分子线形成的一维非磁性的系统会产生超大的磁电阻效应(>2000%)。他们认为这种超大磁电阻效应是因为一维电子输运中的自旋阻断[65]。

## 7.3.2　有机磁场效应理论

从最基本的电流密度公式 $J = nev$ 可知,电流密度 $J$ 不仅依赖于载流子浓度 $n$,还依赖于载流子迁移率或速度 $v$。对一个不是很大的磁电导,有

$$\mathrm{MC} \approx \frac{n(B) - n(0)}{n(0)} + \frac{v(B) - v(0)}{v(0)} = \mathrm{MC}(n, B) + \mathrm{MC}(v, B) \tag{7-23}$$

式中, $\mathrm{MC}(n, B)$ 和 $\mathrm{MC}(v, B)$ 分别为浓度和速度对磁场的响应。相应地,磁电阻 $\mathrm{MR} = -\sigma(0) / \sigma(B) \cdot \mathrm{MC} \approx -\mathrm{MC}$。实验研究似乎揭示了载流子浓度和迁移率 $\mu$($\mu = v / E$, $E$ 为电场强度)都对磁场有响应。例如,通过利用电致发光光谱和电荷引起的吸收光谱技术,Nguyena 等分别测量了单重态激子、三重态激子和极化子的浓度对磁场的依赖性[66]。他们发现所有的浓度随着磁场的增大而增加。然而,Veeraraghavan 等在 PFO 中进行了磁电阻测量,显示磁场效应作用在载流子迁移率上而不是作用在载流子浓度上[67]。此外,Ding 等对 NPB:Alq$_3$ 混合的发光二极管研究发现,电致发光磁场效应与载流子迁移率有着紧密的关系[68]。

人们对有机磁场效应的理解过程是多角度和逐渐深入的,很多机制或模型被提出。由于磁场对电子的自旋和轨道都有影响,因此将自旋-磁场响应产生的电阻称为自旋磁电阻(spin-MR),将轨道-磁场响应产生的电阻称为轨道磁电阻(orbital-MR)。下面介绍一些主要的有机磁电阻机制。

1) 极化子对机制

一个双极器件中,从阳极注入的空穴和从阴极注入的电子在有机层内分别形成正、负极化子。它们在外加电场驱动下相向运动,相遇后两者会因库仑吸引而束缚在一起形成极化子对。随着两者间的距离减小,它们可以束缚在一个分子内形成激子。根据自旋组态的不同,极化子对或激子可以分为单重态和三重态两种。通常情况下认为分子内的激子处于单重态,而分子间的极化子对既可以是单重态也可以是三重态。如果不考虑任何自旋相关的相互作用,单重态/三重态比例约为1:3。当施加一个外磁场时,单重态和三重态极化子对之间的相互转化将会发生。这将导致单重态和三重态极化子对对解离和复合的贡献不同[69]。所以,极化子对中由于磁场引起的单重态/三重态比例的变化将改变辐射或者电流(光电流或者暗电流)。图 7-21 显示了不同距离下单、三重态能级结构变化,其中,S 为单重态激子,T(包含 T$_1$、T$_0$、T$_{-1}$)为三重态激子,而 PP$^1$ 为单重态极化子对,PP$^3$(包含 PP$_1^3$、PP$_0^3$、PP$_{-1}^3$)为三重态极化子对。对于极化子对来说,正负极化子距离较大,之间

有着较小的自旋交换相互作用能，出现了三重态极化子对之间的能级简并。而对于激子来说，单重态能级和三重态能级之间的差别较大。在磁场 $B=0$ 时，如图 7-21(a) 所示，$PP^3$ 的能级为三重简并状态，因此单重态与三重态之间最容易相互转化。磁场 $B \neq 0$ 时，$PP^3$ 出现塞曼劈裂，因而三重简并被解除，所以此时的相互转化只可以发生在 $PP^1$ 和 $PP_0^3$ 之间[70]，如图 7-21(b) 所示。总之，单重态与三重态的相互转化由于外磁场而发生变化，进而单重态极化子对的比例发生变化，因此磁场对电流等的效应显示出来。

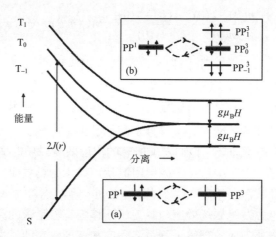

图 7-21　不同距离下 $B=0$(a) 和 $B \neq 0$(b) 时单重态和三重态极化子对间的相互转化示意图

考虑外磁场和超精细场对载流子自旋的共同作用，单个极化子自旋的哈密顿量为

$$H = \omega_0 s_z + \frac{a}{\hbar} s \cdot I \tag{7-24}$$

第一项表示外磁场产生的塞曼能，$\omega_0 = g \mu_B B / \hbar$，其中，$\mu_B$ 为玻尔磁子，$g$ 为朗道因子。第二项表示自旋与氢核自旋 $I$（假设为 $\hbar/2$）的相互作用，$a$ 为相互作用强度。假设系统开始处于态 $|\uparrow, \Downarrow\rangle$ 中，即极化子自旋向下，核自旋向上，那么随着时间的推移，得到极化子自旋的期望值为（以 $\hbar/2$ 为单位）

$$s_z(t) = \left\langle \uparrow \Downarrow (t) \left| s_z \right| (t) \Downarrow \uparrow \right\rangle = \frac{\omega_0^2}{\omega_0^2 + a^2} + \frac{\omega_0^2}{\omega_0^2 + a^2} \cos \sqrt{\omega_0^2 + a^2} \, t \tag{7-25}$$

对于一对自旋态，如 $|\uparrow, \Uparrow\rangle_1 |\uparrow, \Downarrow\rangle_2$，第一个处于本征态，第二个将随时间演化。同样可以得到总自旋的期望值为

$$s_z^{1+2}(t) = \frac{1}{2}\left(1 + \frac{\omega_0^2}{\omega_0^2 + a^2} + \frac{\omega_0^2}{\omega_0^2 + a^2}\cos\sqrt{\omega_0^2 + a^2}\,t\right) = \frac{1}{2} + \frac{1}{2}\left(P_P - P_{AP}\right) \tag{7-26}$$

式中，$P_P$ 和 $P_{AP}$ 分别为发现这对极化子处于平行和反平行态的概率。式(7-26)表明，一对正负极化子的总自旋是随时间振荡的。实验发现，振荡频率远高于它们形成对(束缚态)的复合率，因此取其平均，得到复合率为

$$\gamma = \bar{P}_P\gamma_P + \bar{P}_{AP}\gamma_{AP} = \left[\frac{1}{2} + \frac{\omega_0^2}{2\left(\omega_0^2 + a^2\right)}\right]\gamma_P + \frac{\omega_0^2}{2\left(\omega_0^2 + a^2\right)}\gamma_{AP} \tag{7-27}$$

式中，$\gamma_P$ 和 $\gamma_{AP}$ 为平行和反平行对的复合率。因此

$$\frac{\Delta\gamma}{\gamma} = \frac{\gamma(B) - \gamma(B=0)}{\gamma(B=0)} = \beta\frac{\omega_0^2}{\omega_0^2 + a^2} \tag{7-28}$$

式中，参数 $\beta = \dfrac{\gamma_P - \gamma_{AP}}{\gamma_P + \gamma_{AP}}$。式(7-28)为实验发现的洛伦兹型磁电阻。

2) 双极化子机制

一个单极器件中，主要有一种电荷(电子或空穴)被注入。在这种情况下，双极化子模型被提出来，它基于极化子和双极化子之间的转化。当没有外加磁场时，自旋单重态的极化子对占首要地位。施加外磁场后，由于自旋-磁场的相互作用，三重态极化子对将会增加。由于三重态极化子对比单重态极化子对的迁移率要低，体系的迁移率也将降低，这将导致电流的降低并出现一个正的磁电阻。当考虑长程库仑排斥势时，可以得到一个负的磁电阻。长程库仑排斥势更有利于双极化子的形成。外加磁场使双极化子数目减少，单极化子的数目却随之增加，由此得出一个负的磁电阻[71]。

考虑磁场和超精细相互作用，极化子和双极化子间可相互转化(图 7-22)，其浓度比为[71]

$$p_\beta = \frac{\omega_{e\alpha}}{\omega_{\beta e}}f(B)P \tag{7-29}$$

式中，$\omega_{e\alpha}$ 为极化子从周围环境的某个格点跃迁到格点 $\alpha$ 的概率；$\omega_{\beta e}$ 为格点 $\beta$ 上的极化子跃迁回周围环境的概率；$P$ 为在周围环境中极化子出现的概率；$f(B)$ 为磁场相关的函数，即

$$f(B) = \frac{P_P P_{AP} + 1/(4b)}{P_P P_{AP} + 1/(2b) + 1/b^2} \tag{7-30}$$

式中，$P_{\mathrm{P}} = \sin^2(\theta/2)/2$；$P_{\mathrm{AP}} = \cos^2(\theta/2)/2$；参数 $b$ 为极化子从 $\alpha$ 跃迁至 $\beta$ 的概率 $\omega_{\alpha\beta}$ 与从 $\alpha$ 跃迁回周围环境的概率 $\omega_{\alpha e}$ 的比值，$b = \omega_{\alpha\beta}/\omega_{\alpha e}$。因为双极化子与极化子具有不同的迁移率，磁场对其浓度的影响导致磁电阻的出现。

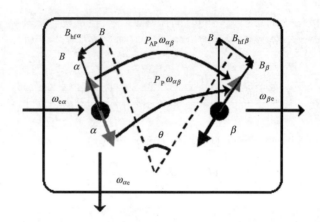

图 7-22　磁场和超精细场下双极化子形成的示意图

3）激子猝灭模型

三重态激子的长寿命使得极化子很容易与之发生碰撞，这种碰撞会导致两个结果：一是阻碍极化子的运动；二是发生反应，一条反应通道是形成短寿命的单重态激子，即

$$\mathrm{P}^{\sigma} + \mathrm{T}_{\mathrm{ex}}^{-\sigma\sigma} \longrightarrow \mathrm{P}^{-\sigma} + \mathrm{S}_{\mathrm{ex}}^{0} \tag{7-31}$$

两个三重态激子也会湮灭成单重态激子，即

$$\mathrm{T}_{\mathrm{ex}}^{\sigma\sigma} + \mathrm{T}_{\mathrm{ex}}^{-\sigma\sigma} \longrightarrow \mathrm{S}_{\mathrm{ex}}^{0} + \mathrm{S}_{\mathrm{ex}}^{0} \tag{7-32}$$

有机小分子晶体中迟滞荧光的负磁场效应已经被观测到，表明磁场可以调制三重态-三重态激子反应。磁场在调节单重态、三重态激子间形成的比例后，影响了极化子和三重态激子间的碰撞概率，进而影响了极化子的迁移率，这样器件的电流便受到磁场的调控。通过非绝热的动力学演化方法，孙震等研究了聚乙炔分子链上的一个负电极化子和三重态激子间的散射过程，如图 7-23 所示[72]。从图中可以看出，极化子的输运确实受到了三重态激子的阻碍。

为了进一步理解有机磁场效应，设想一个单极器件，极化子和双极化子之间可以相互转换，采用扩散理论，转化方程为[73]

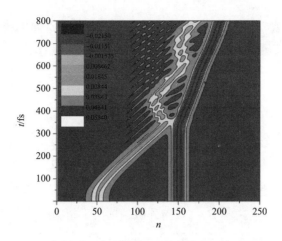

图 7-23　电场作用下极化子和三重态激子晶格位形随时间的演化

$$\begin{cases} \dfrac{\mathrm{d}n_{\mathrm{pp}}}{\mathrm{d}t} = -\gamma_{\mathrm{ap}}n_{\mathrm{pp}} + \gamma'_{\mathrm{ap}}n_{\mathrm{ap}} \\[2mm] \dfrac{\mathrm{d}n_{\mathrm{ap}}}{\mathrm{d}t} = \gamma_{\mathrm{ap}}n_{\mathrm{pp}} - \gamma'_{\mathrm{ap}}n_{\mathrm{ap}} + kn_{\mathrm{bp}} - bn_{\mathrm{ap}} \\[2mm] \dfrac{\mathrm{d}n_{\mathrm{bp}}}{\mathrm{d}t} = -kn_{\mathrm{bp}} + bn_{\mathrm{ap}} \end{cases} \qquad (7\text{-}33)$$

式中，$n_{\mathrm{pp}}(n_{\mathrm{ap}})$ 为自旋平行(反平行)的极化子对的浓度；$n_{\mathrm{bp}}$ 为双极化子的浓度；$-\gamma_{\mathrm{ap}}n_{\mathrm{pp}}$（$-\gamma'_{\mathrm{ap}}n_{\mathrm{ap}}$）为在外磁场和超精细场的作用下，减少(增加)自旋平行的极化子对浓度；参数 $b$ 为极化子对复合成双极化子的复合率；$k$ 为双极化子的解离率；$\gamma_{\mathrm{ap}}$ 为自旋平行的极化子对转化为自旋反平行的极化子对的转换率；$\gamma'_{\mathrm{ap}}$ 为 $\gamma_{\mathrm{ap}}$ 相反的过程。在外磁场的塞曼作用和氢原子核的超精细作用下，一对极化子的哈密顿量为

$$\hat{H} = \sum_{i=1}^{2} (g\mu_{\mathrm{B}}Bs_{z,i} + as_i \cdot I_i) \qquad (7\text{-}34)$$

考虑这对极化子自旋态的各种组合及其演化，可以得到上面的转换率

$$\gamma_{\mathrm{ap}} = \frac{1}{2}\left[1 - \frac{\omega^4}{8(\omega^2 + a^2)^2}\right]\gamma_0 \qquad (7\text{-}35\mathrm{a})$$

$$\gamma'_{\mathrm{ap}} = \frac{1}{2}\left[1 + \frac{\omega^4}{8(\omega^2 + a^2)^2}\right]\gamma_0 \qquad (7\text{-}35\mathrm{b})$$

式中，$\gamma_0$ 为一常数。将式 (7-35) 代入式 (7-33)，可得到平衡状态下各种载流子的浓度，结合电流密度 $J(B) = 2e\left[n_{pp}(B) + n_{ap}(B)\right]v_p + 2en_{bp}(B)v_{bp}$，给出磁电导为

$$MC = MC_{\infty}\frac{\omega^4}{\omega^4 + 2\beta a^2\omega^2 + \beta a^4} \tag{7-36}$$

式中，$MC_{\infty} = \dfrac{2(1-\alpha)k/b}{(\alpha + 2k/b)(7 + 16k/b)}$，为 MC 的饱和值；$\alpha = v_{bp}/v_p$，为双极化子和极化子的速率比值，$\beta = 1 + \dfrac{1}{16k/b + 7}$。从式 (7-36) 中发现 MC 与外磁场和超精细作用紧密相关。由于 $\beta \approx 1$，当外磁场远大于超精细等效场，即 $B \gg B_{hf}$ 时，$MC \approx MC_{\infty}\dfrac{\omega^2}{\omega^2 + 2\beta a^2} = MC_{\infty}\dfrac{B^2}{B^2 + B_{hf}^2}$，这种形式与洛伦兹形式的经验公式完全符合。当外磁场很小即 $B < B_{hf}$ 时，MC 曲线与洛伦兹曲线出现偏离，如图 7-24 中的插图所示。从式 (7-36) 中还可以看到，MC 的饱和值与速率比值 $\alpha$ 相关。在有机半导体内，通常情况下极化子的速率要大于双极化子的速率，因此得到了正向的 MC。在合适的参数条件下，可以得到与实验值 2% 大小相当的计算结果[74]。值得注意的是，计算得到的 MC 饱和值与超精细等效场没有关系，如图 7-24 所示。虽然超精细场是有机磁电阻出现的重要条件，这一计算结果与实验上的测量完全一致[31]。

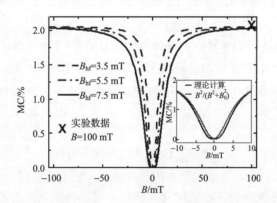

图 7-24　在不同超精细等效场的情况下 MC 曲线随磁场的变化

$B_{hf}$=3.5 mT、5.5 mT、7.5 mT，符号 **X** 为 $B$=100 mT 下的实验值

双极化子占有率对有机磁电阻的大小起着决定性的作用。在有机半导体材料内，影响极化子和双极化子比例的因素有两个：①外加偏压。低外加偏压下，注入电子少，材料内极化子浓度较低，很难形成双极化子，双极化子为少子；高外

加偏压下，极化子浓度增加，因此转化为双极化子的比例就高。②在有机小分子材料内，如并五苯和 $Alq_3$ 等，注入的电子(空穴)所形成的极化子一般会局域在一个小分子上。由于强的库仑排斥，双极化子很难在一个小分子上形成。因此，在小分子体系内双极化子一般为少子。但是，在聚合物材料内情况将有所不同。两个极化子更容易在一条链上形成一个双极化子。因此，我们认为在有机小分子内双极化子为少子；有机聚合物内双极化子为多子。图 7-25 给出了 MC 饱和值随双极化子浓度比例的变化，其中插图为单极性有机小分子器件 PEDOT/Alq₃/Au [53] 和聚合物分子器件 ITO/PFO/Au[75]在不同偏压下的实验结果。

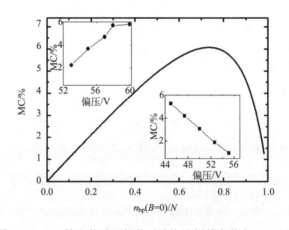

图 7-25　MC 饱和值随双极化子浓度比例的变化（$\alpha = 0.15$）

左边(右边)的插图是有机小分子器件 PEDOT/Alq₃/Au[53]（聚合物分子器件 ITO/PFO/Au[75]）MC 饱和随偏压的变化

　　如果双极化子所占载流子比例较小(双极化子为少子)，MC 饱和值将会随之增大；如果双极化子的比例很大，MC 饱和值将随之减小。在小分子器件 PEDOT/Alq₃/Au[53]中，MC 饱和值将会随着偏压(载流子浓度)的增加而增大，如图 7-25 左上边的插图所示。基于前面的分析，可以验证在小分子 $Alq_3$ 中，双极化子为少子。但是在聚合物器件 ITO/PFO/Au [75]中，MC 饱和值随着偏压的增加而减小，如图 7-25 右下边的插图所示。这是由于在聚合物内，原本双极化子就为多子，在增加偏压的情况下，体系内有更多的极化子转化为双极化子，这就形成了如图 7-25 中 MC 饱和值随双极化子浓度增加而减小的区间。这也验证了聚合物高浓度下双极化子为多子的事实。

　　基于自旋阻塞效应也可以理解有机磁电阻。通过利用量子准带输运的模型，可以研究外磁场下极化子的动力学，进而从速度响应角度理解磁场效应[76]。采用有机小分子晶体的 TO 模型，系统的哈密顿量[77]为

$$H_{\mathrm{TO}} = \sum_{n,s}[-\tau + \alpha(u_{n+1} - u_n)](C_{n+1,s}^+ C_{n,s} + C_{n,s}^+ C_{n+1,s}) + \sum_n \frac{1}{2}M\dot{u}_n^2 + \sum_n \frac{1}{2}K(u_{n+1} - u_n)^2$$

$$(7\text{-}37)$$

式中，$u_n$ 为第 $n$ 个分子相对于等距离分子排列的偏离；$\tau$ 为分子偏离前的电子转移积分；$\alpha$ 为电子-晶格耦合常数；$M$ 为分子质量；$K$ 为分子间弹性耦合常数。外磁场和超精细相互作用由式(7-24)给出。电子自旋与产生(湮灭)算符之间的关系为

$$s_n = \frac{1}{2}\sum_{\sigma\sigma'} C_{n,\sigma}^+ \tau_{\sigma\sigma'} C_{n,\sigma'}$$

$$(7\text{-}38)$$

式中，$\tau$ 为泡利矩阵；$\sigma = \pm 1$。

在外加电场驱动下，带电极化子运动，其电子态的演化由含时薛定谔方程给出，即

$$i\hbar\frac{\partial}{\partial t}Z_{\mu,n,\sigma}(t) = -[\tau - \alpha(u_n - u_{n-1})]Z_{\mu,n-1,\sigma}(t) - [\tau - \alpha(u_{n+1} - u_n)]Z_{\mu,n+1,\sigma}(t)$$
$$+ g\mu_{\mathrm{B}}\sigma(B + B_{hyp,n})Z_{\mu,n,\sigma}(t) - eE(na + u_n)Z_{\mu,n,\sigma}(t)$$

$$(7\text{-}39)$$

式中，$B$ 为外磁场；$B_{hyp,n}$ 为超精细相互作用。

分子位置随时间的演化满足经典牛顿运动方程：

$$m\ddot{u}_n(t) = K(u_{n+1} + u_{n-1} - 2u_n) + 2\alpha[\rho_{n,n+1}(t) - \rho_{n-1,n}(t)] - eE[\rho_{n,n}(t) - 1]$$

$$(7\text{-}40)$$

其中电子态和密度矩阵分别为

$$\psi_\mu = \begin{pmatrix} \varphi_{\mu\uparrow} \\ \varphi_{\mu\downarrow} \end{pmatrix} = \begin{pmatrix} \sum_n Z_{\mu,n,\uparrow}|n\rangle \\ \sum_n Z_{\mu,n,\downarrow}|n\rangle \end{pmatrix}$$

$$(7\text{-}41)$$

$$\rho_{m,n} = \sum_\mu Z_{\mu,m,\sigma}^* f_\mu Z_{\mu,n,\sigma}$$

$$(7\text{-}42)$$

式(7-39)和式(7-40)构成循环方程组，可采用 8 阶可控步长的 Runge-Kutta 法耦合求解。在动力学演化的初始时刻，假设系统内存在一个负电极化子，其运动速度可通过上面的方程组求解得到，由此给出速度响应的磁电阻。计算结果如图 7-26 所示，随着超精细场强度的减弱，|MR|迅速减小。例如，固定外磁场 $B=$ 80 mT，当超精细场由 4.6 mT 减小到 2.4 mT 时，|MR|由 1.78%减小到 0.88%。当超

精细场减为零时，有机磁电阻效应消失。理论结果与一些实验数据的比较发现两者之间能够很好地吻合。

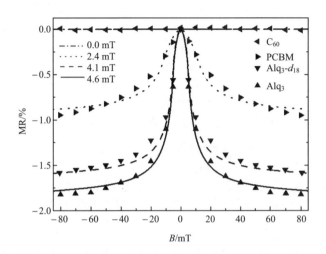

图 7-26  不同超精细场强度下磁电阻 MR 随磁场 $B$ 的变化

三角图形代表实验数据[78,79]，曲线代表不同核自旋下的理论结果

图 7-26 中的实验数据显示，当把 $Alq_3$ 分子内的氢原子替换成氘原子后，即减弱分子内的超精细相互作用强度，磁电阻效应也随之减弱，这与理论计算结果一致；当去掉 $C_{60}$ 分子上含有氢原子的侧基后，分子内将不存在超精细相互作用，此时磁电阻效应也随之消失。理论计算也发现，当超精细场减为零时，有机磁电阻效应消失。

基于更深层次的量子现象，吴长勤等研究了量子不相干和量子关联在有机磁场效应中的影响，载流子自旋跃迁时和它的局域环境发生量子关联，这个关联过程对跃迁速率中的逃逸频率贡献了一个自旋相关的因子，该因子可以由磁场来调制。产生的有机磁电阻展示了一个正的洛伦兹饱和部分和一个负的小磁场部分，解释了小场下的磁电阻精细结构[80]。

对于大多数无序材料，上述相干输运失效，载流子更有可能是以跃迁的方式从一个分子输运到另一个分子。因此，跃迁机制能更好地描述无序有机材料内的电荷输运过程，主方程研究是一个有效的手段，它提供了理解无序有机半导体输运的基本框架[81,82]。当涉及自旋指标时，情况将变得复杂。首先，一个分子格点可容纳自旋向上和自旋向下的两个态，由于内部的和外部的自旋相关相互作用，这两种态可能不是简并的。其次，极化子跃迁将涉及自旋守恒跃迁及自旋反转跃迁，跃迁将根据占据态的不同而不同，如图 7-27 所示。

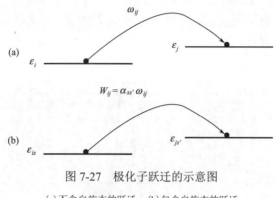

图 7-27　极化子跃迁的示意图

(a)不含自旋态的跃迁；(b)包含自旋态的跃迁

　　为了简单描述自旋相关跃迁，假设自旋和电荷跃迁速率是独立的，即总跃迁速率 $W_{is,js'} = \alpha_{ss'}\omega_{ij}$，这里 $\omega_{ij}$ 是通常的格点在位能相关跃迁速率，如 Marcus 公式所给：

$$\omega_{ij} = \frac{t_{ij}^2}{\hbar}\left(\frac{\pi}{k_{\mathrm{B}}T\lambda}\right)^{\frac{1}{2}}\exp\left[-\frac{(\lambda+\varepsilon_j-\varepsilon_i)^2}{4k_{\mathrm{B}}T\lambda}\right] \tag{7-43}$$

式中，$t_{ij} = t_0\exp(-2\gamma R_{ij})$，为分子 $i$ 和 $j$ 间的跃迁积分，$R_{ij} = |R_j - R_i|$，为这两个分子间的距离，$\gamma$ 为波函数局域因子，反映了极化子的局域性；$\varepsilon_i$ 为格点 $i$ 的在位能。施加驱动电场后，式 (7-43) 中指数因子上还应增加电场的能量贡献 $-eER_{ij,x}$（$e$ 是载流子的电荷值）。$\lambda$ 为分子重组能，反映了有机材料的特性。

　　$\alpha_{ss}$ 为极化子在跃迁时自旋守恒的概率，而 $\alpha_{s\bar{s}}$（$\bar{s}=-s$）为相应的自旋反转的概率。当考虑在分子 $i$ 和 $j$ 间跃迁时，它的自旋将受到超精细场和外磁场的影响，哈密顿量表示为

$$\hat{H}_{ij} = g\mu_{\mathrm{B}}s\cdot B + a_is\cdot\hat{I}_i + a_js\cdot\hat{I}_j \tag{7-44}$$

此处暂时忽略有机材料内较弱的自旋-轨道耦合。考虑各种可能的自旋组态，取这些组态的统计平均，得到自旋概率[83]为

$$\alpha_{ss'} = \begin{cases} \dfrac{B^2+7a_{\mathrm{H}}^2/4}{B^2+9a_{\mathrm{H}}^2/4} & (s=s') \\[3mm] \dfrac{a_{\mathrm{H}}^2/2}{B^2+9a_{\mathrm{H}}^2/4} & (s\neq s') \end{cases} \tag{7-45}$$

　　为了计算有机器件中的磁电导，利用主方程来描述极化子的输运。当涉及极

化子自旋时，需要推广主方程[83]为

$$\frac{dP_{is}}{dt} = \sum_{j \neq i, s'} [-W_{is, js'} P_{is}(1 - P_{js'}) + W_{js', is} P_{js'}(1 - P_{is})] \tag{7-46}$$

式中，$P_{is}$ 为格点 $i$ 自旋 $s$ 的极化子的占据数。当稳定的分布 $P_{is}$ 求得以后，体系的迁移率可以表示为

$$\mu = \frac{1}{PE} \sum_{is, js'} W_{is, js'} P_{is}(1 - P_{js'}) R_{ij, x} \tag{7-47}$$

进而得到体系的磁电导 $MC = \dfrac{\mu(B) - \mu(0)}{\mu(0)}$。

选取合适参数，给出在没有外磁场时计算的迁移率 $\mu(0) = 2.54 \times 10^{-5} \text{ cm}^2/(\text{V} \cdot \text{s})$，根据 $Alq_3$ 薄层的实验工作的结果来看该迁移率是合理的[84]。当施加外磁场以后，发现迁移率明显改变，得到了一个高达 75% 的磁电导值。图 7-28 显示了不同极化子浓度下计算的磁电导随磁场的变化。如果将理论的计算同小电流下的实验数据进行比较，发现计算得到的磁电导随磁场的行为与实验测量的结果是一致的[64]。理论研究也表明极化子浓度降低可以得到更大的磁电导值。例如，当每分子中极化子浓度从 0.21 降低到 0.01 时，磁电导饱和值从 51% 增加到了 75%。

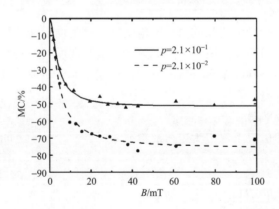

图 7-28  不同极化子浓度下磁电导对磁场的依赖性

三角和圆点为实验数据[64]，参数设为 $\lambda = 0.07 \text{ eV}$，$\sigma = 0.15 \text{ eV}$，$t_0 = 0.01 \text{ eV}$，$a_H = 1.5 \text{ mT}$，$\gamma = 1 \text{ nm}^{-1}$

Kersten 等也研究了聚合物中的链间跃迁，发现有机磁场效应随着链间跃迁速率的降低而提高[85]。为反映极化子输运的各向异性，取极化子沿 $x$ 方向的跃迁因子为 $t_0$，而沿其他方向的跃迁因子为 $t_\perp$。磁电导对各向异性参数 $\eta = t_\perp / t_0$ 的依赖

性如图 7-29 所示,发现磁电导随着各向异性参数 $\eta$ 的增加而明显增加。在各向同性的情况($\eta=1$)下,磁电导值为 62%。但是在准一维输运的情况($\eta=0.001$)下,磁电导值增加为 84%。磁电导绝对值增长了约 30%。其中的物理机理是,各向异性将缩短极化子的跃迁路径,极化子在输运方向上遇到自旋阻塞或者电荷阻塞时不能容易地跃迁到其他的分子,自旋阻塞效应将变得明显。因此,为了得到一个大的磁电导值,采用具有高各向异性结构的有机材料是一个有效的选择。

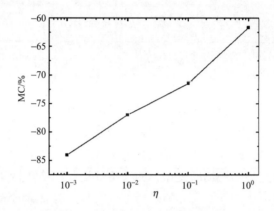

图 7-29　当磁场 $B$ 为 100 mT 时磁电导对各向异性参数 $\eta$ 的依赖性

参数设为 $\lambda=0.07\,\text{eV}$, $\sigma=0.15\,\text{eV}$, $t_0=0.01\,\text{eV}$, $p=0.1$, $a_\text{H}=1.5\,\text{mT}$, $\gamma=1\,\text{nm}^{-1}$

有机材料内也会产生明显的轨道磁电阻[86]。这是由于非对称的电子轨道受外磁场作用产生一个很明显的改变,由此解释了实验观察到的对称和非对称分子在有机磁场效应上的不同。Alexandrov 等也提出通过非零轨道动量来理解跃迁的磁电导[87],发现一个弱的磁场可以压缩/扩展电子 p 轨道,提供了一个对无序有机材料中磁电阻的可能解释。

在磁场存在的情况下,由于电荷洛伦兹效应,两个分子之间的跃迁积分可以修改为

$$t=\frac{\hbar^2}{m}\int\left[\left(\psi_1^*\frac{\partial\psi_2}{\partial x}-\frac{\partial\psi_1^*}{\partial x}\psi_2\right)-\frac{2\mathrm{i}}{\phi_0}A_x\psi_1^*\psi_2\right]_{x=d/2}\mathrm{d}y\mathrm{d}z \tag{7-48}$$

式中,$A_x$ 为磁矢势的 $x$ 分量;$\phi_0=c\hbar/e$,为磁通量子数;$\psi_1$、$\psi_2$ 为两分子的电子态,它们通常为极化子局域态。积分范围是整个 $yz$ 平面,位于两个分子中间。显然,如果两个分子关于该平面不对称,这个积分的虚部将很明显。

考虑注入有机层的一个正电极化子和一个负电极化子在跃迁积分 $t$ 下的输运过程,它们相遇而发生碰撞,碰撞的产率之一是激子,磁场产生的洛伦兹效应将

影响运动的极化子波函数，进而改变激子的产率。通过计算器件电流和磁电导，得到的磁电导显示于图 7-30，与实验结果吻合较好。进一步研究还发现，磁电导对有机分子的结构对称性和电子–晶格耦合强度很敏感，这也解释了为什么磁场效应在有机材料中比相应的无机材料中要明显得多[90]。

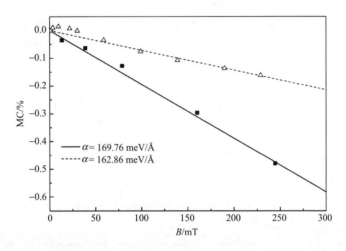

图 7-30　不同电子–声子耦合下磁电导的变化

图中的线是我们的数据[90]，方块符号的 PtOEP 数据来自参考文献[88]，而三角符号的 Ir(ppy)₃ 数据来自参考文献[89]

## 7.4　有机激发铁磁性

多铁材料是指同时具有铁磁性、铁电性和铁弹性中的两种或两种以上铁性的材料。但因磁电耦合强度较弱，该领域的研究进展缓慢。自从 2003 年多铁性材料 $BiMnO_3$ 和 $BiFeO_3$ 被发现以来[91,92]，多铁材料以其丰富的物理性质和在功能器件中潜在的巨大应用，迅速成为物理和材料科学领域的研究热点。多铁材料中，载流子的电荷、自旋、轨道和晶格中的声子都互相强烈地耦合在一起，使得多铁材料具有丰富的物理性质，促进了凝聚态物理和材料科学的快速发展。除了无机材料，有机多铁材料的发现也开始引起人们越来越多的关注，为磁电耦合多铁器件的应用提供了新的思路[93,94]。有机电荷转移复合物中，人们发现了室温铁电、铁磁和磁电耦合等特性，通过超分子设计技术，可以把电子给体和受体分子组装成有序电荷转移网络来实现铁电性。

按照朗道理论，多铁材料的自由能可表示为

$$f(E,H) = f_0 - P_{0i}E_i - M_{0i}H_i - \frac{1}{2}\varepsilon_{ij}E_iE_j - \frac{1}{2}\mu_{ij}H_iH_j$$
$$- \alpha_{ij}E_iH_j - \frac{1}{2}\beta_{ijk}E_iH_jH_k - \frac{1}{2}\gamma_{ijk}H_iE_jE_k - \cdots \tag{7-49}$$

式中，$E_i$ 和 $H_i$ 分别为电场和磁场分量；$P_{0i}$ 和 $M_{0i}$ 分别为自发电极化强度和自发磁化强度；$\varepsilon_{ij}$ 和 $\mu_{ij}$ 分别为材料的介电常数和磁导率；$\alpha_{ij}$ 为一阶(线性)磁电耦合系数；$\beta_{ijk}$ 和 $\gamma_{ijk}$ 为二阶磁电耦合系数。相应地，电极化强度和磁化强度的表达式为

$$P_i(E,H) = -\frac{\partial f}{\partial E_i} = P_{0i} + \varepsilon_{ij}E_j + \alpha_{ij}H_j + \frac{1}{2}\beta_{ijk}H_jH_k + \cdots \tag{7-50a}$$

$$M_i(E,H) = -\frac{\partial f}{\partial H_i} = M_{0i} + \mu_{ij}H_j + \alpha_{ji}E_j + \frac{1}{2}\gamma_{ijk}E_jE_k + \cdots \tag{7-50b}$$

由式(7-50)可以看出，$\alpha_{ij}$ 为电极化强度(或磁化强度)对磁场(或电场)的一阶线性响应，而 $\beta_{ijk}$ 和 $\gamma_{ijk}$ 为二阶响应。

2009 年，Giovannetti 等用 DFT 结合模型方法预言 TTF-CA 有机分子晶体有多铁性[12]。TTF-CA 是一种电荷转移盐，TTF 是电子给体，CA 是电子受体，两种分子交替排列···TTF-CA-TTF-CA···形成 D-A 阵列。计算发现，TTF 的电子会自发跃迁到 CA 上，整个阵列会发生如图 7-31(a)所示的二聚化，系统的对称性降低，整体出现电偶极矩，电极化强度约为 3.5 μC/cm$^2$。计算还发现，这个系统基态是反铁磁耦合的。随后，Kagawa 等研究了一维有机电荷转移系统 TTF-BA，

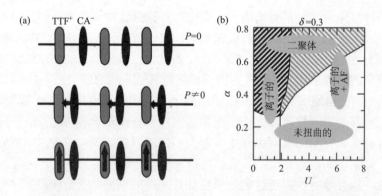

图 7-31　(a) TTF-CA 分子晶体示意图：上图是均匀分布时分子排列图(系统电极化为零)，中图是发生二聚化后的分子排列图(系统出现电极化)，下图是系统反铁磁耦合示意图；(b) 系统磁性随电子-声子耦合和电子-电子相互作用变化的相图[12]

预言在居里温度 53 K 以下，由于自旋-晶格相互作用，系统整体呈现铁磁性并有电极化[13]。在 TTF-BA 中，材料由中性到离子性的转变温度为 84 K，高于这个温度不会发生电荷转移。因此只能在低温下才能观测到 TTF-BA 的多铁性。之后，人们在很多电荷转移盐体系中观测到了铁电现象，并测得了完整的电滞回线。有机材料中的自旋热电子学也悄然出现，这种效应侧重于自旋和热流的相互作用[95]。热电和热磁效应已被应用于温度计、发电机和冷却器。这些研究包括热电导和自旋依赖的 Seebeck/Peltier 系数、热自旋转移力矩及自旋反常热电霍尔效应等。

除了在电荷转移盐体系的研究，2012 年任申强等在 P3HT 纳米线晶体中掺杂 $C_{60}$[14]，通过测量样品的磁滞回线发现，在没有光照时样品最大磁化率约为 10 emu/cm$^3$。当以 615 nm、20 mW 的红光照射时，样品最大磁化率升高到约 30 emu/cm$^3$，如图 7-32（a）所示。实验还发现，外加电场和应力都可以调控磁化率的大小，如图 7-32（b）所示。同时，在 P3HT 纳米线单晶和 $C_{60}$ 单质中均没有测到磁化率。这说明光照引起的电荷转移是系统磁性的来源，这种光激发铁磁性同时可以被电场调控，说明材料具有磁电耦合的特性。之后，在单壁碳纳米管/$C_{60}$ 体系和 nw-P3HT/Au 体系也观测到了光激发铁磁性现象[15,16]。

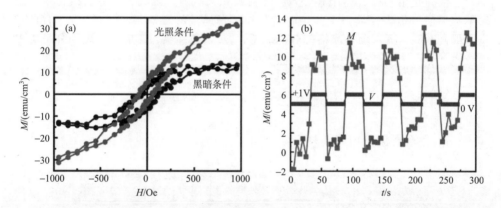

图 7-32　（a）光照前后 nw-P3HT/$C_{60}$ 器件的磁滞回线；（b）nw-P3HT/$C_{60}$ 器件磁化强度随偏压的响应[14]

（b）表明器件具有磁电耦合性质

有机复合材料的光激发铁磁性是一个重要现象，人们可以通过激发获得材料基态时不存在的新现象，设计出一些动态敏感器件。光激发打破了单体分子的闭壳层结构，提供了自旋极化的可能性。一个简单的模型是电子给体和受体组成的一个有机复合系统，如 nw-P3HT/$C_{60}$[图 7-33（a）]，哈密顿量包括三个部分[96]：

$$H = H_{D} + H_{A} + H_{DA} \tag{7-51}$$

分别描述给体、受体及它们之间的耦合。

$$
\begin{aligned}
H_j = & -\sum_{n,s} \varepsilon_j^0 C_{j,n,s}^+ C_{j,n,s} - \sum_{j,n,s} t_{j,n,n+1} \left( C_{j,n,s}^+ C_{j,n+1,s} + C_{j,n+1,s}^+ C_{j,n,s} \right) \\
& + \sum_n U_j C_{j,n,\uparrow}^\dagger C_{j,n,\uparrow} C_{j,n,\downarrow}^\dagger C_{j,n,\downarrow} - \sum_n t_j^{sf} \left( C_{j,n,\uparrow}^\dagger C_{j,n,\downarrow} + C_{j,n,\downarrow}^\dagger C_{j,n,\uparrow} \right) \\
& - \sum_{n,s} t_{so} \left( C_{n+1,s}^\dagger C_{n,-s} - C_{n+1,-s}^\dagger C_{n,s} + C_{n,-s}^\dagger C_{n+1,s} - C_{n,s}^\dagger C_{n+1,s} \right) \\
& + \sum_n \frac{1}{2} K_j \left( u_{j,n+1} - u_{j,n} \right)^2 + \sum_n \frac{1}{2} K_j' \left( u_{j,n+1} - u_{j,n} \right)
\end{aligned}
\tag{7-52}
$$

式中，$\varepsilon_j^0$ 为分子 $j$ 上 $\pi$ 电子的在位能，给出了给体和受体分子之间的在位能差。式 (7-52) 第二项描述了 $\pi$ 电子在分子中相邻碳原子之间的跃迁积分，其表达式为 $t_{j,n,n+1} = t_j^0 - \alpha_j (u_{j,n+1} - u_{j,n}) - (-1)^n t_j'$，$\alpha_j$ 为电子-声子耦合相互作用。$C_{j,n,s}^+ (C_{j,n,s})$ 为电子的产生(湮灭)算符。第三项表示 Hubbard 近似下的电子-电子相互作用。第四项表示格点(或 CH 基团)上 $\pi$ 电子自旋反转效应，来自电子-电子相互作用、氢原子核的超精细相互作用和热效应等自旋相关散射。因为大部分有机材料的迁移率都很低，电子在格点上停留时发生自旋反转的概率会很大。第五项为自旋-轨道耦合效应。第六项是晶格部分的能量，$K_j$ 为弹性系数。最后一项为分子边界稳定项，$K_j' = (4/\pi)\alpha_j$。给体与受体之间的耦合为

$$
H_{DA} = -\sum_{jn,\bar{j}m} t_{DA} \delta_{jn,\bar{j}m} C_{j,n,s}^+ C_{\bar{j},m,s}
\tag{7-53}
$$

式中，$t_{DA}$ 为分子间的电荷转移积分。

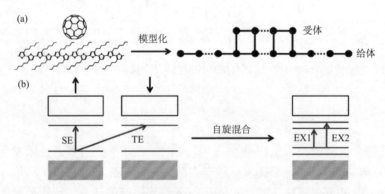

图 7-33　(a) nw-P3HT/C$_{60}$ 电荷转移复合物器件和相应的理论建模示意图；(b) 自旋混合前后光激发电子在 HOMO 和 LUMO 之间的跃迁示意图

由于模型包含自旋相关相互作用，每个电子态都是自旋混合的。波函数既包含自旋向上分量，也包含自旋向下分量，由式(7-41)类似表示，其中 $Z_{\mu,j,n,s}$ ($s =\uparrow$,
$\downarrow$) 表示电子态 $\psi_\mu$ 在分子 $j$ 中格点 $n$ 处自旋为 $s$ 的概率幅。若电子态 $\mu$ 上的占有数为 $f_\mu$，则其自旋为 $s$ 的电子概率为 $P_{\mu,s} = \sum_{j,n} f_\mu Z^*_{\mu,j,n,s} Z_{\mu,j,n,s}$。 那么系统的净

磁矩为 $m = m_\uparrow - m_\downarrow = (\hbar/2) \sum_\mu^{\text{occur}} \left( P_{\mu,\uparrow} - P_{\mu,\downarrow} \right)$。电子态 $\psi_\mu$ 的本征能量 $\varepsilon_\mu$ 通过求解本

征方程 $H\psi_\mu = \varepsilon_\mu \psi_\mu$ 得到。

有机半导体中，激子是通过光激发将电子从 HOMO 激发到最低非 LUMO 而产生的。电子跃迁概率由带间跃迁矩阵元 $\langle \psi_{\text{LUMO}} | H' | \psi_{\text{HOMO}} \rangle$ 决定，其中 $H'$ 表示光-电相互作用。在非相对论近似下，光-电相互作用主要影响电子的空间分量，跃迁过程中自旋保持守恒，带间跃迁光激发产物主要是自旋单重态激子(singlet exciton，SE)。自旋三重态激子(triplet exciton，TE)由于跃迁禁止，其产量很少，可以忽略不计。然而如果 $H'$ 中包含了自旋相关的相互作用，如自旋反转效应，三重态激子的产率会明显的上升。如果电子处于自旋混合态，则不存在纯态跃迁，SE 和 TE 跃迁就会演化成 EX1 和 EX2 跃迁，如图 7-33(b)所示。例如，对于激发 EX1，跃迁矩阵元是 $\langle \psi_{\text{LUMO}} | H' | \psi_{\text{HOMO}} \rangle = \sum_{ss'} \langle \psi_{\text{LUMO},s} | H' | \psi_{\text{HOMO},s'} \rangle$，既包含自旋守恒跃迁，也包含自旋反转跃迁。在有机电荷转移复合物中，光激发可能发生在分子内部(给体分子或受体分子)形成分子内激子；也可能发生在分子间，发生电荷转移形成链间激子，也称电荷转移态。基于上述模型，一个计算结果如图 7-34 所示。对于分子内激子，两种激发态的自旋密度分布分别见图 7-34(a)和(c)。由图可以发现，EX1 有局域自旋密度分布，总的净自旋磁矩为 1.98 $\mu_B$，其中 $\mu_B$ 表示玻尔磁子。EX2 没有自旋。图 7-34(b)和(d)分别给出了分子间激子 EX1 和 EX2 的自旋密度分布。对于 EX1，计算发现，电子给体上的净磁矩为 0.91 $\mu_B$，受体上的净磁矩为 0.96 $\mu_B$，两者自旋极化方向相同，总的净磁矩为 1.87 $\mu_B$。对于 EX2，电子给体上的净磁矩为$-0.85$ $\mu_B$，受体上的净磁矩为 0.93 $\mu_B$，两者自旋极化方向相反，总的净磁矩为 0.08 $\mu_B$。

激发态自发磁化的出现对于理解有机复合物中激发铁磁性是至关重要的。考虑到自旋相关的相互作用后，系统的激发态是自旋混合的分子间 EX1 态和EX2 态，由于有机材料内在的强电子-晶格相互作用，它们在空间上是局域的，类似于自旋准粒子，分别具有局域自旋 $s_1$ 和 $s_2$。如图 7-35 所示，无论 $s_1$ 和 $s_2$ 呈现铁磁耦合还是反铁磁耦合，因为 $|s_1| \neq |s_2|$，系统总会出现净磁矩。实验也表明，nw-P$_3$HT/C$_{60}$ 要出现激发铁磁性，两种分子的耦合构型有一定要求。如果它们出现类似于图 7-35 所示的构型，系统就很有可能出现激发铁磁性。实际

上，图 7-35(b) 的构型类似于有机铁磁分子 poly-BIPO 的模型[97-99]，EX1 和 EX2 之间的自旋耦合由海森堡模型 $H_H = -J_{12}s_1 \cdot s_2$ 描述。耦合强度与激子态的交叠积分或激子密度相关，因此，通过光激发复合物的磁性或明显改变。

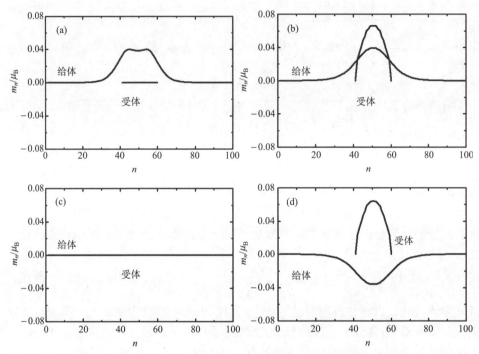

图 7-34　分子内[(a)、(c)]和分子间[(b)、(d)]激子自旋密度分布

(a)、(b) 对应激子 EX1, (c)、(d) 对应激子 EX2

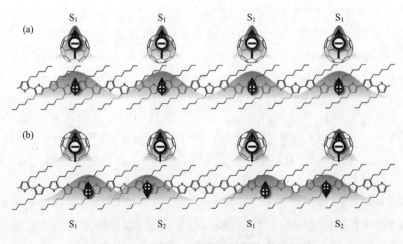

图 7-35　有机复合物激子耦合构型示意图

有机的特征通过电子–晶格耦合强度 $\alpha$ 来反映，强的电子–晶格耦合将会导致电子(空穴)形成局域态。因此，光激发后，聚合物内的空穴呈现局域态，形成空穴极化子，局域程度由耦合强度 $\alpha_D$ 调控；而小分子内的电子主要受分子尺寸限制，电子–晶格耦合强度 $\alpha_A$ 对其影响不明显。图 7-36 给出了 EX1 和 EX2 的磁矩随施主和受主耦合强度的依赖关系。可以看出，它们对小分子不敏感，主要受聚合物分子内电子–晶格耦合强度的影响较大。

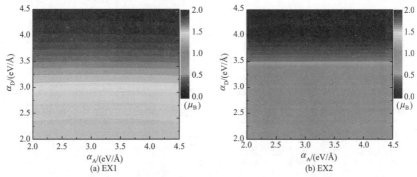

图 7-36　单电子激发磁矩随电子–晶格耦合强度的变化关系

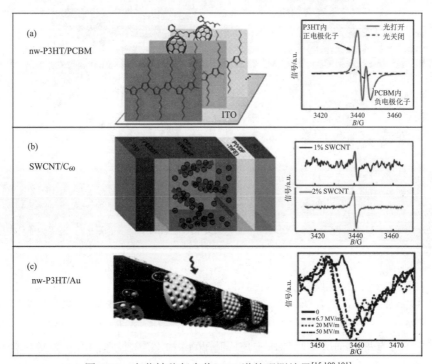

图 7-37　电荷转移复合物 ESR 谱的观测结果[15,100,101]

(a) nw-P3HT/PCBM 器件的分子结构示意图和 ESR 谱；(b) SWCNT/$C_{60}$ 器件的分子结构示意图和 ESR 谱；
(c) nw-P3HT/Au 器件的分子结构示意图和 ESR 谱

电子自旋共振(electronic spin resonance，ESR)测量揭示了材料内载流子的自旋特征。如图 7-37 所示，nw-P3HT/PCBM 的 ESR 谱显示有两个明显的特征峰[100]，指出 P3HT 和 PCBM 内的正负载流子(极化子)均是自旋极化的；而 SWCNT/$C_{60}$ 只出现一个峰，来自 $C_{60}$[15]。SWCNT 中的载流子是扩展的，不存在自旋极化；nw-P3HT/Au 也显示只有 nw-P3HT 中的载流子是自旋极化的，原因是 Au 原子颗粒较大，其内的电子扩展于这个团簇，不呈现自旋极化。

## 7.5  有机自旋流

自旋阀中，极化电流是通过驱动电压从铁磁电极注入到有机层内的。2013 年，日本 Tohoku 大学的 Ando 和英国剑桥大学的 Watanabe 课题组发现有机半导体中存在纯自旋流[17,18]，即自旋的输运不需施加驱动电场。他们制备了 $Ni_{80}Fe_{20}$/PBTTT/Pt 器件，结构如图 7-38 所示。

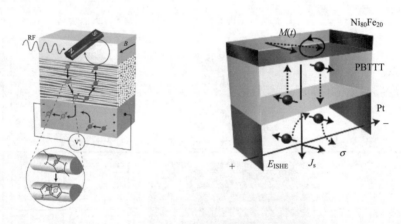

图 7-38  有机纯自旋流装置和原理示意图

中间层为有机聚合物薄膜，$M(t)$ 表示电子磁矩随时间的变化；$E_{ISHE}$ 表示逆霍尔效应电场；$J_s$ 表示自旋流流动方向；$\sigma$ 表示自旋流自旋极化方向

通过微波激发，自旋被泵浦到有机聚合物层 PBTTT，在金属 Pt 端，自旋流通过自旋-轨道耦合转化为电流(逆自旋霍尔效应，ISHE)而被探测到。实验中没有施加外加电场，因此有机层内不存在载流子的定向运动。Pt 层测到的霍尔偏压正比于通过有机层到达该层的自旋流，测到的 Pt 层霍尔偏压随有机层厚度的变化关系如图 7-39 所示，近似于指数形式，$V_{ISHE}(d) \propto e^{-d/\lambda_s}$，$\lambda_s = (153 \pm 32)$ nm，表征了有机层内自旋衰减长度。指数行为进一步证明偏压是非磁性 Pt 层内通过 ISHE

产生的。同时，指数行为也表明有机层内自旋流很可能是通过扩散机制输运的。该研究表明有机半导体可以实现纯自旋流，而且是通过自旋极化子输运的。

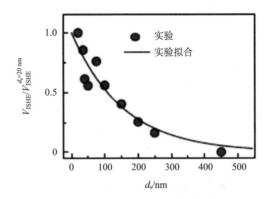

图 7-39　逆自旋霍尔偏压随有机层厚度的变化

　　同时，Ando 等实验上直接测量了 PSS[poly(4-styrenesulphonate)，聚苯乙烯磺酸钠]掺杂 PEDOT 分子中的自旋-电荷转换效应[17]。他们通过自旋泵浦的方法，将自旋流从磁性绝缘体 $Y_3Fe_5O_{12}$ 垂直注入 PEDOT∶PSS 中，在两侧金电极中测得转换电压为 600 nV，比金属铂的转换电压小两个数量级，接近无机半导体硅转换电压(约微伏)[102]。实验人员进一步发现，虽然转换电压较低，但有机自旋-电荷转换效率却几乎可与金属铂相比拟。他们认为，尽管有机材料中的自旋-轨道耦合远弱于金属铂，但其较长的自旋弛豫时间及电导率各向异性有利于提高自旋-电荷转换效率。采用脉冲铁磁共振技术，将自旋流从铁磁金属 NiFe 注入不同自旋-轨道耦合强度的有机半导体，通过测量转化偏压及转换效率，也观测到了自旋-电荷转换现象[103]。类似地，在单层石墨烯中人们利用自旋泵浦的实验手段也观测到了自旋-电荷转换现象[104]。

　　有机半导体中的自旋流与无机半导体中的不同，主要是有机半导体中的自旋载体是空间局域的极化子。对于一个孤立的极化子，自旋为 $s$，考虑它在恒定磁场和微波共同作用下的行为，恒定磁场 $B_0=B_0e_z$ 沿 $z$ 方向，微波的磁场分量与它垂直，总磁场可写为 $B=(B_1\cos\omega t,-B_1\sin\omega t,B_0)$，哈密顿量为

$$H=-g\mu_B s\cdot B \tag{7-54}$$

代入薛定谔方程 $i\hbar\dfrac{\partial}{\partial t}\chi(t)=H\chi(t)$，或 $i\hbar\dfrac{\partial}{\partial t}\begin{pmatrix}\alpha\\\beta\end{pmatrix}=H\begin{pmatrix}\alpha\\\beta\end{pmatrix}$，得到

$$
\begin{cases}
\dfrac{\mathrm{d}\alpha}{\mathrm{d}t} = \mathrm{i}\Omega\alpha + \mathrm{i}\gamma\Omega e^{\mathrm{i}\omega t}\beta \\[3mm]
\dfrac{\mathrm{d}\beta}{\mathrm{d}t} = -\mathrm{i}\Omega\beta + \mathrm{i}\gamma\Omega e^{-\mathrm{i}\omega t}\alpha
\end{cases}
\tag{7-55}
$$

式中，$\Omega = g\mu_{\mathrm{B}}B_0/\hbar$，$\gamma = B_1/B_0$。分离 $\alpha$、$\beta$，得到

$$
\begin{cases}
\dfrac{\mathrm{d}^2\alpha}{\mathrm{d}t^2} - \mathrm{i}\omega\dfrac{\mathrm{d}\alpha}{\mathrm{d}t} + (\gamma^2\Omega^2 + \Omega^2 - \omega\Omega)\alpha = 0 \\[3mm]
\dfrac{\mathrm{d}^2\beta}{\mathrm{d}t^2} + \mathrm{i}\omega\dfrac{\mathrm{d}\beta}{\mathrm{d}t} + (\gamma^2\Omega^2 + \Omega^2 - \omega\Omega)\beta = 0
\end{cases}
\tag{7-56}
$$

假定 $t = 0$ 时，初始条件为 $\begin{pmatrix}\alpha\\\beta\end{pmatrix} = \begin{pmatrix}1\\0\end{pmatrix}$，式 (7-56) 的解为

$$
\begin{cases}
\alpha(t) = \left(\cos\Omega't + \mathrm{i}\dfrac{\Omega - \omega/2}{\Omega'}\sin\Omega't\right)e^{\mathrm{i}\omega t/2} \\[3mm]
\beta(t) = \mathrm{i}\dfrac{\omega\Omega}{\Omega'}\sin\Omega't e^{-\mathrm{i}\omega t/2}
\end{cases}
\tag{7-57}
$$

式中，$\Omega' = \left[(\Omega - \omega/2)^2 + \gamma^2\Omega^2\right]^{1/2}$。结果表明，微波将造成极化子自旋发生反转，$t$ 时刻自旋向下的概率为 $|\beta(t)|^2 = (\gamma\Omega/\Omega')^2\sin^2\Omega't$。

于志刚提出了有机半导体中的一个极化子耦合模型[105]。哈密顿量为 $H = H_0 + H_{\mathrm{h}} + H_{\mathrm{e}}$，其中

$$
H_0 = \sum_i \varepsilon_i\left(a_{i\uparrow}^+ a_{i\uparrow} + a_{i\downarrow}^+ a_{i\downarrow}\right) - g\mu_{\mathrm{B}}s_i \cdot B
\tag{7-58a}
$$

$$
H_{\mathrm{h}} = \sum_{\langle ij\rangle s} V_{ij}\left(a_{is}^+ a_{js} + a_{js}^+ a_{is}\right)
\tag{7-58b}
$$

$$
H_{\mathrm{e}} = \sum_{ij} J_{ij}s_i \cdot s_j
\tag{7-58c}
$$

式中，$a_{is}^+$ 为在分子 $i$ 上产生一个自旋为 $s$ 的极化子；$\varepsilon_i$ 为极化子的在位能；极化子自旋 $s_i = (\hbar/2)\sum_{\sigma\sigma'} a_{i\sigma}^+ \sigma_{\sigma\sigma'} a_{i\sigma'}$，$\sigma_{\sigma\sigma'}$ 为泡利矩阵元；$V_{ij}$ 为极化子跃迁积分；$J_{ij}$ 为极化子之间的交换积分。极化子在分子之间的跃迁由主方程描述，得到分子 $i$ 处的自旋极化遵从动力学方程：

$$\frac{dM_i}{dt} = M_i \times \omega - \sum_j w_{ij}(1-f_j)\left(M_i - M_j\right) - \sum_j f_j \eta_{ij}\left(M_i - M_j\right) \tag{7-59}$$

式中，$\omega = \dfrac{e}{2m}B$。$f_j$ 为极化子在分子 $j$ 处的占有数，由主方程决定：

$$\frac{df_j}{dt} = -\sum_i \left[\, w_{ji}f_j(1-f_i) - w_{ij}f_i(1-f_j) \,\right] \tag{7-60}$$

式中，$w_{ij}$ 为单位时间内极化子从分子 $i$ 到分子 $j$ 的跃迁速率，可由 Marcus 跃迁公式给出；$\eta_{ij} = \sqrt{\pi}J_{ij}^2 / \omega_{\mathrm{e}}$，$\omega_{\mathrm{e}}^2 = \sum_j 8J_{ij}^2 S(S+1)/3 \approx 12\bar{J}^2$。极化子跃迁发生在占据和非占据的分子之间，由式(7-59)右边第二项描述；极化子自旋交换发生在占据的分子之间，由式(7-59)右边第三项给出，它们对自旋分布都有贡献。

当自旋极化在空间变化缓慢时，动力学方程可连续化为

$$\frac{dM}{dt} = (D_{\mathrm{h}} + D_{\mathrm{e}})\nabla^2 M + M \times \omega \tag{7-61}$$

式中，$D_{\mathrm{h}} = \bar{w}a^2$，为跃迁诱导的自旋扩散常数；$D_{\mathrm{e}} = \bar{\eta}\bar{R}^2 \equiv \sqrt{\pi/12}\,\bar{J}\,\bar{R}^2$，为交换诱导的自旋扩散常数；$\bar{w}(\bar{\eta})$ 为 $w_{ij}(\eta_{ij})$ 的系综平均；$\bar{a}(\bar{R})$ 为分子(极化子)的平均间距。在无机材料内，$D_{\mathrm{e}} = 0$，电荷和自旋具有相同的扩散常数；而在磁性绝缘体内，$D_{\mathrm{h}} = 0$，自旋输运主要由交换产生。极化子之间的自旋交换耦合取决于其相互作用和波函数重叠，由于极化子为局域态，$\phi \sim \mathrm{e}^{-r/\xi}$，交换耦合具有如下形式：

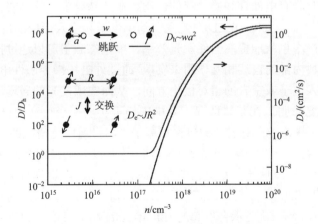

图 7-40　自旋扩散常数与极化子浓度的关系

其中 $D_{\mathrm{h}} = v_{\mathrm{h}}k_{\mathrm{B}}T/e$，$v_{\mathrm{h}} = 10^{-6}\,\mathrm{cm}^2/\mathrm{s}$，内部图示为跃迁和交换诱导的自旋扩散

$$\bar{J} = 0.821 \frac{e^2}{\varepsilon \xi} \left( \frac{\bar{R}}{\xi} \right)^{5/2} e^{-2\bar{R}/\xi} \tag{7-62}$$

式中，$\varepsilon$ 为介电常数；$\xi$ 为极化子态的局域长度。极化子平均距离与其浓度有关，$\bar{R} = n^{-1/3}$，$n = \sum_i f_i / V$。对于 $Alq_3$ 分子，$\varepsilon = 2, \xi = 1$，固定 $D_h$，图 7-40 给出了交换诱导的自旋扩散常数随极化子浓度的关系。可以看出，当极化子浓度 $n$ 超过 $10^{17}\ cm^{-3}$，交换诱导的自旋扩散开始明显，并且很快占据主导地位。

## 7.6  有机自旋器件展望

有机半导体发展三十多年来，可以说每十年有一大进展或突破。20 世纪 80 年代，研究的重点是有机材料的导电性，也一直贯穿于几十年来的研究；20 世纪 90 年代，有机发光获得重大突破，目前有机显示已走向市场，优化研究仍在持续；过去十几年来，有机自旋电子学成为研究的重点，有机自旋阀、有机强磁效应、有机多铁、有机自旋流等新现象层出不穷。

有机半导体具有丰富的电磁光性质，可以用来制备各种电子器件，如 OLED、有机晶体管、有机太阳电池。基于 OLED 的单色和多色显示已进入商业化应用阶段。随着新现象的不断被揭示，一些新颖有机器件可能被制作出来。例如，LSMO/Alq$_3$/Co 的 I-V 曲线在正负偏压下都存在开关现象，同一外加偏压下的 MR 也出现了记忆效应，这意味着在不同的导电状态下，有机器件呈现不同的磁响应，这种器件同时具有电储存和磁储存的性质。在此基础上，这种有机自旋阀还可以用作记忆器[106]。又如，OLED 发光主要基于电子和空穴形成的自旋单重态激子，增加单重态产率也就能提高器件发光效率。单重态激子可以通过控制注入电子或空穴以及材料内部的自旋相互作用来实现。通过外磁场操控磁性电极的极化方向，可以调控注入电子或空穴的相对极化方向，从而实现发光的磁场调控。

一些研究表明，在某些情况下有机中仍可实现相当可观的自旋-轨道耦合强度。首先，一些分子自身组分中包含重原子，如目前广泛研究的 $Alq_3$ 分子中包含 Al 元素，CuPc 分子中含有 Cu 元素。Nuccio 等通过介子自旋共振（$\mu$SR）实验测定，当分子中含有 S 或原子序数更大的原子时，其自旋-轨道耦合可对自旋弛豫产生显著影响[107]。Bandyopadhypy 通过理论计算有机自旋扩散长度对温度和电场的依赖关系，表明自旋-轨道耦合引起的 Elliott-Yafet 机制在有机自旋弛豫中扮演重要角色[108]。这也使得在有机中引入重元素成为人工设计具有强自旋-轨道耦合有机材料的有效途径之一。例如，犹他大学的刘峰等通过在三联苯分子中引入重金属元素(Mn、In、Ti 等)，从理论上设计了一种二维有机金属网格，第一性原理计算表明此结构可实现拓扑绝缘体、量子反常霍尔效应等现象[109]。另外，即使不含重元素，研究表明有机分子结构及轨道杂化的改变也可导致自旋-轨道耦合的增强。例如，帅志刚等通过 DFT 研究表明，碳球取代基或苯环之间的扭曲都会改变 SOC，由此改变系间跃迁[110]；于志刚通过理论计算表明，对于联苯分子，当两苯环由共面结构变为互相垂直时，体系自旋-轨道耦合强度可提高近四个数量级[111]。值得一提的是，在只含碳原子的单层石墨烯中，人们也发现通过引入结构缺陷将个别碳原子的 $sp^2$ 杂化变为 $sp^3$ 杂化，其自旋-轨道耦合强度可提高近三个数量级[112]。弯曲碳纳米管也可产生几乎与 GaAs 半导体具有同样数量级的自旋-轨道耦合强度[113]，在过去几年里引起人们极大的研究兴趣，其原因也是结构弯曲使 $sp^2$ 杂化态发生了变化。有机分子本身就具有结构多样性，且结构调制手段也异常丰富，如改变扭转角、侧基取代、拉伸压缩等，这为增强纯有机材料中的自旋-轨道耦合提供了诸多可行路径。

2006 年，以色列 Naaman 团队在 Au 基底吸附一层双螺旋 DNA 单层，发现其光电子透射谱存在自旋极化现象，称其为手性诱导自旋选择性(chiral-induced spin selectivity, CISS) [114]，在单螺旋 DNA 分子中该效应似乎不存在[115]。但是，Mishra 等于 2013 年[116]和 Einati 等于 2015 年[117]在 bacteriorhodopsin(一种单α-螺旋细菌视紫红质)中分别发现了透射电子的自旋极化。最近，鄂勇课题组在他们制备的手性聚苯胺纳米纤维器件 Ni/helix-PANI/Au 中发现了高达 80%的自旋极化。因此，CISS 效应是手性分子或手性纳米结构材料的一般特征。

手性分子是指与其镜像不能互相重合的具有一定构型或构象的分子，螺旋或轴手性是重要的一类手性结构。DNA 和蛋白质具有螺旋手性结构，碳纳米管也可以形成手性结构。手性分子可以自组装到纳米结构、超结构甚至宏观结构，其独有的结构性自旋-轨道耦合可以产生很多新奇的自旋-电荷关联现象。"手性电子学"或"手性自旋电子学"已悄然出现[118-124]。开展有机手性自旋相关现象的研究，不仅推动有机自旋电子学的发展，推动物理与化学和微纳电子学的交叉，开发有机手性分子和纤维在电磁光等功能方面的应用，而且可以理解生物大分子的信息储存与传递，为复杂的生命现象提供一个物理视角，设计出更多易拉伸、可穿戴或植入的有机(自旋)电子学器件。

过去的这些年里，有机材料越来越多的功能特性被发掘利用，包括电的、磁的和光的特性。人们有理由相信未来将出现全有机器件，它们具有显示、传感、识别等功能，具有低能耗、低造价、可折叠等特征。本章只是回顾了有机自旋电子学的近年发展，同时也将我们课题组相关的理论工作呈现出来。有机材料是柔软的、资源丰富的、便宜的，所以相比无机材料，有机功能材料在未来电子和自旋电子器件的应用领域更有优势，所有这些性质促使人们努力发展有机功能器件。

尽管这个领域的发展并不是那么顺利，如实验数据的不稳定性、理论模型的多样性，等等。有机自旋电子学的研究只是刚刚开始，但是人们在有机自旋电子学方面的热情越来越高涨。我们相信对有机功能材料和有机器件坚持不懈地研究将有利于理解相关尚未清楚的效应机理并且发掘出更好的应用潜力。

## 参 考 文 献

[1] Baibich M N, Broto J M, Fert A, et al. Giant magnetoresistance of (001) Fe/(001) Cr magnetic superlattices. Phys Rev Lett, 1988, 61: 2472.

[2] Binasch G, Grunberg P, Saurenbach F, et al. Enhanced magnetoresistance in layered magnetic structures with antiferromagnetic interlayer exchange. Phys Rev B, 1989, 39: 4828.

[3] Slonczewski J C. Current-driven excitation of magnetic multilayers. J Magn Magn Mater, 1996, 159: L1.

[4] Berger L. Emission of spin waves by a magnetic multilayer traversed by a current. Phys Rev B, 1996, 54: 9353.

[5] Tsoi M, Jansen A G M, Bass J, et al. Excitation of a magnetic multilayer by an electric current. Phys Rev Lett, 1998, 81: 493.

[6] Mayers E B, Ralph D C, Katine J A, et al. Current-induced switching of domains in magnetic multilayer devices. Science, 1999, 285: 867.

[7] Wolf S A, Awschalom D D, Buhrman R A, et al. Spintronics: A spin-based electronics vision for the future. Science, 2001, 294: 1488.

[8] Dediu V, Murgia M, Mataeotta F C, et al. Room temperature spin polarized injection in organic semiconductor. Solid State Comm, 2002, 122: 181.

[9] Xiong Z H, Wu D, Valy Vardeny Z, et al. Giant magnetoresistance in organic spin-valves. Nature, 2004, 427: 821-824.

[10] Mermer Ö, Wohlgenannt M, Veeraraghavan G, et al. Weak localization and antilocalization in semiconducting polymer sandwich devices. arXiv: Soft Condensed Matter, 2003.

[11] Kalinowski J, Cocchi M, Virgili D, et al. Magnetic field effects on emission and current in $Alq_3$-based electroluminescent diodes. Chem Phys Lett, 2003, 380: 710.

[12] Giovannetti G, Kumar S, Stroppa S, et al. Multiferroicity in TTF-CA organic molecular crystals predicted through *ab initio* calculations. Phys Rev Lett, 2009, 103: 266401.

[13] Kagawa F, Horiuchi S, Tokunaga M, et al. Ferroelectricity in a one-dimensional organic quantum magnet. Nat Phys, 2010, 6(3): 169-172.

[14] Ren S, Wuttig M. Organic exciton multiferroics. Adv Mater, 2012, 24: 724-727.

[15] Qin W, Gong M, Chen X, et al. Multiferroicity of carbon-based charge-transfer magnets. Adv Mater, 2015, 27: 734.

[16] Qin W, Chen X, Li H, et al. Room temperature multiferroicity of charge transfer crystals. ACS Nano, 2015, 9: 9373-9379.

[17] Ando K, Watanabe S, Mooser S, et al. Solution-processed organic spin-charge converter. Nat

Mater, 2013, 12: 622.

[18] Watanabe S, Ando K, Kang K, et al. Polaron spin current transport in organic semiconductors. Nat Phys, 2014, 10: 308.

[19] Tarafder K, Sanyal B, Oppeneer P M. Charge-induced spin polarization in nonmagnetic organic molecule Alq$_3$. Phys Rev B, 2010, 82: 060413.

[20] Hou D, Qiu J J, Xie S J, et al. Charge-induced spin polarization in thiophene oligomers. New J Phys, 2013, 15: 073044.

[21] Han S X, Jiang H, Li X X, et al. Spontaneous spin polarization in organic thiophene oligomers. Org Electron, 2014, 15: 240.

[22] Majumdar S, Majumdar H S, Laiho R, et al. Comparing small molecules and polymer for future organic spin-valves. J Alloys Compd, 2006, 423: 169.

[23] Wang F J, Xiong Z H, Wu D. Organic spintronics: The case of Fe/Alq$_3$/Co spin-valve devices. Synth Met, 2005 155: 172.

[24] Pramanik S, Stefanita C G, Patibandla S, et al. Observation of extremely long spin relaxation times in an organic nanowire spin valve. Nat Nanotechnol, 2007, 2: 216.

[25] Dediu V, Hueso L E, Bergenti I, et al. Room-temperature spintronic effects in Alq$_3$-based hybrid devices. Phys Rev B, 2008, 78: 115203.

[26] Gobbi M, Golmar F, Llopis R, et al. Room‐temperature spin transport in C$_{60}$-based spin valves. Adv Mater, 2011, 23: 1609.

[27] Hill E W, Geim A K, Novoselov K, et al. Graphene spin valve devices. IEEE Trans Magnet, 2006, 42: 2694-2696.

[28] Elliott R J. Theory of the effect of spin-orbit coupling on magnetic resonance in some semiconductors. Phys Rev, 1954, 96: 266.

[29] Dyakonov M I, Perel V I. Spin relaxation of conduction electrons in noncentrosymmetric semiconductors. Soviet Phys Solid State USSR, 1972, 13: 3023.

[30] Tsukagoshi K, Alphenaar B W, Ago H. Coherent transport of electron spin in a ferromagnetically contacted carbon nanotube. Nature, 1999, 401: 572-574.

[31] Nguyen T D, Markosian G H, Wang F, et al. Isotope effect in spin response of π-conjugated polymer films and devices. Nat Mater, 2010, 9: 345.

[32] Yu Z G. Spin-orbit coupling and its effects in organic solids. Phys Rev B, 2012, 85: 115201.

[33] Xie S J, Ahn K H, Smith D L, et al. Ground-state properties of ferromagnetic metal/conjugated polymer interfaces. Phys Rev B, 2003, 67: 125202-125208.

[34] Ruden P P, Smith D L. Theory of spin injection into conjugated organic semiconductors. J Appl Phys, 2004, 95: 4898.

[35] Ren J F, Fu J Y, Liu D S, et al. Spin-polarized current in a ferromagnetic/organic system. J Appl Phys, 2005, 98: 074503.

[36] Yu Z G, Berding M A, Krishnamurthy S. Spin drift, spin precession, and magnetoresistance of noncollinear magnet-polymer-magnet structures. Phys Rev B, 2005, 71: 060408.

[37] Fu J Y, Ren J F, Liu X J, et al. Dynamics of charge injection into an open conjugated polymer: A nonadiabatic approach. Phys Rev B, 2006, 73: 195401.

[38] Lei J, Li H H, Jiang H, et al. Spin injection in an organic device with a spin polarized self-assembled monolayer. Phys Lett A, 2008, 372: 6008.

[39] Ren J F, Zhang Y B, Xie S J. Charge current polarization and magnetoresistance in ferromagnetic/organic semiconductor/ferromagnetic devices. Org Electron, 2008, 9: 1017.

[40] Lei J, Li H, Yin S, et al. Spin precession of a polaron induced by a gate voltage in one-dimensional organic polymers. J Phys: Condens Matter, 2008, 20: 095201.

[41] Hu G C, He K L, Xie S J, et al. Spin-current rectification in an organic magnetic/nonmagnetic device. J Chem Phys, 2008, 129: 234708.

[42] Zhang Y, Ren J, Lei J, et al. Effect of Co permeation on spin polarized transport in a Co/organic semiconductor (OSC) structure. Org Electron, 2009, 10: 568.

[43] Julliere M. Tunneling between ferromagnetic films. Phys Lett A, 1975, 54: 225.

[44] Smith D L, Silver R N. Electrical spin injection into semiconductors. Phys Rev B, 2001, 64: 045323.

[45] Zwolak M, Ventra M D. DNA spintronics. Appl Phys Lett, 2002, 81: 925.

[46] Li K S, Chang Y M, Agilan S, et al. Organic spin valves with inelastic tunneling characteristics. Phys Rev B, 2011, 83: 172404.

[47] 伊丁, 武镇, 杨柳, 等. 有机分子在铁磁界面处的自旋极化研究. 物理学报, 2015, 64: 187305.

[48] Schmidt G, Ferrand D, Molenkamp L W, et al. Fundamental obstacle for electrical spin injection from a ferromagnetic metal into a diffusive semiconductor. Phys Rev B, 2000, 62: R4790.

[49] Dalgleish H, Kirczenow G. Spin-current rectification in molecular wires. Phys Rev B, 2006, 73: 235436.

[50] Gallagher N M, Olankitwanit A, Rajca A. High-spin organic molecules. J Org Chem, 2015, 80: 1291-1298.

[51] Hu B, Yan L, Shao M. Magnetic‐field effects in organic semiconducting materials and devices. Adv Mater, 2009, 21: 1500.

[52] Davis A H, Bussmann K. Large magnetic field effects in organic light emitting diodes based on tris (8-hydroxyquinoline aluminum) (Alq₃)/N,N'-di (naphthalen-1-yl) -N,N'diphenyl-benzidine (NPB) bilayers. J Vac Sci Technol A, 2004, 22: 1885.

[53] Francis T L, Mermer Ö, Veeraraghavan G, et al. Large magnetoresistance at room temperature in semiconducting polymer sandwich devices. New J Phys, 2004, 6: 185.

[54] Mermer Ö, Veeraraghavan G, Francis T L, et al. Large magnetoresistance in nonmagnetic π-conjugated semiconductor thin film devices. Phys Rev B, 2005, 72: 205202.

[55] Shakya P, Desai P, Somerton M, et al. The magnetic field effect on the transport and efficiency of group Ⅲ tris (8-hydroxyquinoline) organic light emitting diodes. J Appl Phys, 2008, 103: 103715.

[56] Martin J L, Bergeson J D, Prigodin V N, et al. Magnetoresistance for organic semiconductors: Small molecule, oligomer, conjugated polymer, and non-conjugated polymer. Synth Met, 2010, 160: 291.

[57] Kang H, Park C H, Lim J, et al. Power law behavior of magnetoresistance in tris (8-hydroxyquinolinato) aluminum-based organic light-emitting diodes. Org Electron, 2012, 13:

1012.

[58] Wang F J, Bässler H, Vardeny Z V. Magnetic field effects in π-conjugated polymer-fullerene blends: Evidence for multiple components. Phys Rev Lett, 2008, 101: 236805.

[59] Bloom F L, Wagemans W, Koopmans B. Temperature dependent sign change of the organic magnetoresistance effect. J Appl Phys, 2008, 103: 07F320.

[60] Bergeson J D, Prigodin V N, Lincoln D M, et al. Inversion of magnetoresistance in organic semiconductors. Phys Rev Lett, 2008, 100: 067201.

[61] Kang H, Lee I J, Yoon C S, Sign change in the organic magnetoresistance of tris (8-hydroxyquinolinato) aluminum upon annealing. Appl Phys Lett, 2012, 100: 073302.

[62] Frankevich E, Zakhidov A. Photoconductivity of poly (2,5-diheptyloxy-$p$-phenylene vinylene) in the air atmosphere: Magnetic-field effect and mechanism of generation and recombination of charge carriers. Phys Rev B, 1996, 53: 4498.

[63] Kalinowski J, Cocchi M, Virgili D, et al. Magnetic field effects on emission and current in $Alq_3$-based electroluminescent diodes. Chem Phys Lett, 2003, 380: 710.

[64] Desai P, Shakya P, Kreouzis T, et al. Magnetoresistance in organic light-emitting diode structures under illumination. Phys Rev B, 2007, 76: 235202.

[65] Mahato R N, Lülf H, Siekman M H, et al. Ultrahigh magnetoresistance at room temperature in molecular wires. Science, 2013, 341: 257.

[66] Nguyena T D, Sheng Y, Rybicki J, et al. Device-spectroscopy of magnetic field effects in several different polymer organic light-emitting diodes. Synth Met, 2010, 160: 320.

[67] Veeraraghavan G, Nguyen T D, Sheng Y, et al. Magnetic field effects on current, electroluminescence and photocurrent in organic light-emitting diodes. J Phys: Condens Matter, 2007, 19: 036209.

[68] Ding B F, Yao Y, Sun Z Y, et al. Magnetic field effects on the electroluminescence of organic light emitting devices: A tool to indicate the carrier mobility. Appl Phys Lett, 2010, 97: 163302.

[69] Majumdar S, Majumdar H S, Aarnio H, et al. Role of electron-hole pair formation in organic magnetoresistance. Phys Rev B, 2009, 79: 201202.

[70] Prigodin V N, Bergeson J D, Lincoln D M, et al. Anomalous room temperature magnetoresistance in organic semiconductors. Synth Met, 2006, 156: 757.

[71] Bobbert P A, Nguyen T D, van Oost F W A, et al. Bipolaron mechanism for organic magnetoresistance. Phys Rev Lett, 2007, 99: 216801.

[72] Sun Z, Liu D S, Stafström S, et al. Scattering process between polaron and exciton in conjugated polymers. J Chem Phys, 2011, 134: 044906.

[73] Qin W, Yin S, Gao K, et al. Investigation on organic magnetoconductance based on polaron-bipolaron transition. Appl Phys Lett, 2012, 100: 233304.

[74] Nguyen T D, Sheng Y, Rybicki J, et al. Magnetic field-effects in bipolar, almost hole-only and almost electron-only tris-(8-hydroxyquinoline) aluminum devices. Phys Rev B, 2008, 77: 235209.

[75] Mermer Ö, Veeraraghavan G, Francis T L, et al. Large magnetoresistance at room-temperature in small-molecular-weight organic semiconductor sandwich devices. Solid State Commun, 2005,

134: 631.

[76] Li X X, Dong X F, Lei J, et al. Theoretical investigation of organic magnetoresistance based on hyperfine interaction. Appl Phys Lett, 2012, 100: 142408.

[77] Troisi A, Orlandi G. Charge-transport regime of crystalline organic semiconductors: Diffusion limited by thermal off-diagonal electronic disorder. Phys Rev Lett, 2006, 96: 086601.

[78] Nguyen T D, Sheng Y, Wohlgenannt M, et al. On the role of hydrogen in organic magnetoresistance: A study of $C_{60}$ devices. Synth Met, 2007, 157: 930-934.

[79] Rolfe N J, Heeney M, Wyatt P B, et al. Elucidating the role of hyperfine interactions on organic magnetoresistance using deuterated aluminium tris (8-hydroxyquinoline). Phys Rev B, 2009, 80: 241201.

[80] Si W, Yao Y, Hou X Y, et al. Magnetoresistance from quenching of spin quantum correlation in organic semiconductors. Org Electron, 2014, 15: 824.

[81] Yu Z G, Smith D L, Saxena A, et al. Molecular geometry fluctuations and field-dependent mobility in conjugated polymers. Phys Rev B, 2001, 63: 085202.

[82] Pasveer W F, Cottaar J, Tanase C, et al. Unified description of charge-carrier mobilities in disordered semiconducting polymers. Phys Rev Lett, 2005, 94: 206601.

[83] Yang F J, Qin W, Xie S J. Investigation of giant magnetoconductance in organic devices based on hopping mechanism. J Chem Phys, 2014, 140: 144110.

[84] Barth S, Muller P, Riel H, et al. Electron mobility in tris (8-hydroxy-quinoline) aluminum thin films determined via transient electroluminescence from single- and multilayer organic light-emitting diodes. J Appl Phys, 2001, 89: 3711.

[85] Kersten S P, Meskers S C J, Bobbert P A. Route towards huge magnetoresistance in doped polymers. Phys Rev B, 2012, 86: 045210.

[86] Wang X R, Xie S J. A theory for magnetic-field effects of nonmagnetic organic semiconducting materials. Euro Phys Lett, 2010, 92: 57013.

[87] Alexandrov A S, Dediu V A, Kabanov V V. Hopping magnetotransport via nonzero orbital momentum states and organic magnetoresistance. Phys Rev Lett, 2012, 108: 186601.

[88] Nguyen T D, Sheng Y, Rybicki J, et al. Magnetoresistance in π-conjugated organic sandwich devices with varying hyperfine and spin-orbit coupling strengths, and varying dopant concentrations. J Mater Chem, 2007, 17: 1995.

[89] Sheng Y, Nguyen T D, Veeraraghavan G, et al. Effect of spin-orbit coupling on magnetoresistance in organic semiconductors. Phys Rev B, 2007, 75: 035202.

[90] Li S Z, Dong X F, Yi D, et al. Theoretical investigation on magnetic field effect in organic devices with asymmetrical molecules. Org Electron, 2013, 14: 2216.

[91] Kimura T, Goto T, Shintani H, et al. Magnetic control of ferroelectric polarization. Nature, 2003, 426: 55-58.

[92] Wang J, Neaton J B, Zheng H, et al. Epitaxial $BiFeO_3$ multiferroic thin film heterostructures. Science, 2003, 299: 1719-1722.

[93] Ishihara S. Electronic ferroelectricity in molecular organic crystals. J Phys: Condens Matter, 2014, 26: 493201.

[94] Qin W, Xu B B, Ren S Q. An organic approach for nanostructured multiferroics. Nanoscale, 2015, 7: 9122-9132.

[95] Bauer G E W, Saitoh E, van Wees B J. Spin caloritronics. Nat Mater, 2012, 11: 391.

[96] Han S, Yang L, Gao K, et al. Spin polarization of excitons in organic multiferroic composites. Sci Rep, 2016, 6: 28656.

[97] Fang Z, Liu Z L, Yao K L, et al. Spin configurations of $\pi$ electrons in quasione-dimensional organic ferromagnets. Phys Rev B, 1995, 51: 1304-1307.

[98] Xie S J, Zhao J Q, Wei J H, et al. Effect of boundary conditions on SDW and CDW in organic ferromagnetic chains. Euro Phys Lett, 2000, 50: 635.

[99] Hu G C, Guo Y, Wei J H, et al. Spin filtering through a metal/organicferromagnet/metal structure. Phys Rev B, 2007, 75: 165321.

[100] Qin W, Jasion D, Chen X, et al. Charge-transfer magnetoelectrics of polymeric multiferroics. ACS Nano, 2014, 8: 3671-3677.

[101] Qin W, Lohrman J, Ren S. Magnetic and optoelectronic properties of gold nanocluster-thiophene assembly. Angew Chem Int Ed, 2014, 53 (28): 7316-7319.

[102] Ando K, Saitoh E. Observation of the inverse spin Hall effect in silicon. Nat Commun, 2012, 3: 629.

[103] Sun D, van Schooten K J, Malissa H, et al. Inverse spin Hall effect from pulsed spin current in organic semiconductors with tunable spin-orbit coupling. Nat Mater, 2016, 15: 863.

[104] Ohshima R, Sakai A, Ando Y, et al. Observation of spin-charge conversion in chemical-vapor-deposition-grown single layer graphene. Appl Phys Lett, 2014, 105: 162410.

[105] Yu Z G. Suppression of the Hanle effect in organic spintronic devices. Phys Rev Lett, 2013, 111: 016601.

[106] Prezioso M, Riminucci A, Graziosi P, et al. A single-device universal logic gate based on a magnetically enhanced memristor. Adv Mater, 2013, 25: 534.

[107] Nuccio L, Willis M, Schulz L, et al. Importance of spin-orbit interaction for the electron spin relaxation in organic semiconductors. Phys Rev Lett, 2013, 110: 216602.

[108] Bandyopadhyay S. Dominant spin relaxation mechanism in compoud organic semiconductors. Phys Rev B, 2010, 81: 153202.

[109] Liu Z, Wang Z F, Mei J W, et al. Flat chern band in a two-dimensional organometallic framework. Phys Rev Lett, 2013, 110: 106804.

[110] Beljonne D, Shuai Z, Pourtois G, et al. Spin-orbit coupling and intersystem crossing in conjugated polymers: A configuration interaction description. J Phys Chem A, 2001, 105: 3899.

[111] Yu Z G. Spin-orbit coupling, spin relaxation, and spin diffusion in organic solids. Phys Rev Lett, 2011, 106: 106602.

[112] Castro Neto A H, Guinea F. Impurity-induced spin-orbit coupling in graphene. Phys Rev Lett, 2009, 103: 026804.

[113] Kuemmeth F, Ilani S, Ralph D C, et al. Coupling of spin and orbital motion of electrons in carbon nanotubes. Nature, 2008, 452: 448.

[114] Ray S G, Daube S S, Leitus G, et al. Chirality-induced spin-selective properties of

self-assembled monolayers of DNA on gold. Phys Rev Lett, 2006, 96: 036101.

[115] Gohler B, Hamelbeck V, Markus T Z, et al. Spin selectivity in electron transmission through self-assembled monolayers of double-stranded DNA. Science, 2011, 331: 894.

[116] Mishra D, Markus T Z, Naaman R, et al. Spin-dependent electron transmission through bacteriorhodopsin embedded in purple membrane. P Natl Acad Sci USA, 2013, 110: 14872.

[117] Einati H, Mishra D, Friedman N, et al. Light-controlled spin filtering in bacteriorhodopsin. Nano Lett, 2015, 15: 1052.

[118] di Nuzzo D, Kulkarni C, Zhao B, et al. High circular polarization of electroluminescence achieved via self-assembly of a light-emitting chiral conjugated polymer into multidomain cholesteric films. ACS Nano, 2017, 11: 12713.

[119] Naaman R, Paltiel Y, Waldeck D H. Chirality and spin: A different perspective on enantioselective interactions. Chimia, 2018, 72: 394.

[120] Tassinari F, Jayarathna D R, Kantor-Uriel N, et al. Chirality dependent charge transfer rate in oligopeptides. Adv Mater, 2018, 30: 1706423.

[121] Varade V, Markus T, Vankayala K, et al. Bacteriorhodopsin based non-magnetic spin filters for biomolecular spintronics. Phys Chem Chem Phys, 2018, 20: 1091.

[122] Naaman R, Waldeck D H. The chiral induced spin selectivity (CISS) effect//Vardeny Z V, Wohlgenannt M. Singapore: World Scientific, 2018: 235-270.

[123] Al-Bustami H, Koplovitz G, Primc D, et al. Single nanoparticle magnetic spin memristor. Small, 2018, 14: 1801249.

[124] Koplovitz G, Leitus G, Ghosh S, et al. Nano ferromagnetism: Single domain 10 nm ferromagnetism imprinted on superparamagnetic nanoparticles using chiral molecules. Small, 2019, 15: 1970004.

# 第**8**章

## 有机热电材料的理论研究进展

## 8.1 引言

　　为了缓解全球性的能源危机和环境污染问题，世界各国高度重视利用和开发可再生、清洁的能源，因此近年来光电、热电等新兴能源转换技术受到人们越来越多的关注。热电材料是一类依靠塞贝克效应（Seebeck effect，也称泽贝克效应）和佩尔捷效应（Peltier effect）直接将热能和电能相互转换的固态材料，因此热电材料可用于发电和制冷[1]。热电发电机和致冷机的优点是体积小、运行无噪声，不使用破坏臭氧层、引发温室效应的含氯氟碳氢等元素的化合物，还可直接回收废热或将太阳的热能转变为电能等[2]。但是，目前利用热电材料制成的热电器件的能量转换效率还很低，无法满足大规模实际应用的需求[3]。尽管如此，热电材料仍然在许多领域被广泛应用，如深空探测器旅行者1号搭载了由半导体硅锗合金组成的热电器件，利用放射性同位素衰变产生的巨大热量转换为电能，为飞船上的设备供电。如若能大幅提高热电器件的能量转换效率，必将对热电发电和制冷领域产生重大推动。

　　热电器件通常由空穴型和电子型两种热电材料构成，它的能量转换效率取决于器件冷热两端的温度差和描述单一热电材料性能的无量纲参数——热电优值（zT），$zT = S^2 \sigma T / \kappa$，其中 $S$ 为塞贝克系数（也称为热功率），$\sigma$ 为电导率，$S^2\sigma$ 称为热电功率因子，$T$ 为热电材料冷热两端的平均热力学温度，$\kappa$ 为总热导率，它包括电子热导率（$\kappa_e$）和晶格热导率（$\kappa_L$）两部分的贡献，即 $\kappa = \kappa_e + \kappa_L$。为了提高热电器件的能量转换效率，必须提高热电材料的热电优值，这是目前热电材料研究的重点。优异的热电材料必须同时具有大塞贝克系数、高电导率和低热导率。

然而提高热电材料的热电优值要面临极大的挑战，因为热电输运过程的各个输运系数之间是相互耦合和制约的，例如，当电导率增加时，塞贝克系数会显著下降，而电子的热导率却随之增加[4]。

科研工作者在搜寻和设计高性能热电材料的过程中总结了一些经验。例如，Slack[5]首次提出好的热电材料必须同时具备电子晶体和声子玻璃的特性，即该材料必须同时具备晶体优良的导电性和无定形材料较差的导热性。目前，能带工程和增强声子散射已经成为开发高性能热电材料最重要的两个手段。在能带工程方面，Mahan 和 Sofo[6]从理论上首次提出参与电荷传输的载流子在能量上的分布越窄，可以最大化地提高材料的热电优值。在增强声子散射方面，Hicks 和 Dresselhaus[7,8]首次从理论上提出利用低维材料的尺寸效应，可以有效抑制声子的平均自由程，从而提高热电优值。

20 世纪 70 年代后期，Heeger、MacDiarmid 和 Shirakawa 等[9-11]首次发现碘掺杂的聚乙炔可表现出高达 $10^5$ S/cm 的电导率，这一里程碑式的发现引发了随后的有机电子学革命。有机发光二极管、有机场效应晶体管、有机太阳电池等诸多应用逐渐进入人们的视野。人们也因此将热电材料的研究拓展到有机小分子半导体及导电聚合物。同传统的无机热电材料相比，有机热电材料具有制备成本低、易加工、轻便、柔性，大多只包含碳、氢、氧、氮、硫等无毒且自然界储量丰富的元素等优势；此外有机热电材料具有较低的晶格热导率，其数值大多集中在 $0.1 \sim 1.0$ W/(m·K) 的量级。可以预期，有机热电材料将会在可穿戴电子设备[12]、智能传感器[13]、电子皮肤[14]等诸多领域被广泛应用。近年来有机热电材料，尤其是聚合物热电材料在实验上取得了一系列重大突破[12,15-20]。

导电聚合物 PEDOT 是目前最好的空穴型有机热电材料。Crispin 等[21]通过精确调控氧化程度，将对甲苯磺酸(Tos)掺杂的 PEDOT 薄膜在室温下的热电优值提高到 0.25。Pipe 等[22]通过优化掺杂剂的剂量，即除去多余的未起到掺杂作用的绝缘相聚苯乙烯磺酸(PSSH)，将 PEDOT：PSS 薄膜在室温下的热电优值提高到 0.42。另外，Kim 等[23]通过电化学的方式精确调控载流子浓度，将 PEDOT：Tos 薄膜在室温下的功率因子提高到 1270 μW/(m·K²)。在电子型导电聚合物方面，朱道本等[24,25]开发的一系列过渡金属配位聚合物，如镍配位的乙烯基四硫醇聚合物[poly(Ni-ett)]，在 400 K 左右下热电优值可以达到 0.32 左右，是目前电子型有机热电材料中表现最好的。

在有机小分子半导体方面，实验上已经对并五苯[26-29]、红荧烯[26]、二苯并二噻吩衍生物($C_8$-BTBT)[30]等进行过研究。Batlogg 等[26]首次利用场效应晶体管装置，测量红荧烯单晶和并五苯薄膜的塞贝克系数对温度和载流子浓度的依赖关系。通过调节场效应晶体管的栅极电压，他们发现红荧烯单晶和并五苯薄膜的塞贝克系数随注入的载流子浓度的升高呈现明显指数下降的关系。Adachi 等[27]在研究

2,3,5,6-四氟-7,7′,8,8′-四氰二甲基对苯醌(F4TCNQ)掺杂的并五苯时发现，将掺杂方式从共混改为双层结构，并五苯在相同掺杂浓度时的电导率从 0.041 S/cm 提高到 0.43 S/cm，而塞贝克系数却没有明显变化，说明迁移率有显著提高；最终得到的功率因子为 2.0 μW/(m·K$^2$)。Sirringhaus 等[30]利用场效应晶体管装置实现了对高空穴迁移率的有机小分子半导体 C$_8$-BTBT 及二萘并二噻吩衍生物(C$_{10}$-DNTT)薄膜塞贝克系数的测定，其研究表明塞贝克系数随着载流子浓度的升高显著下降；在载流子浓度为 $10^{17}\sim10^{19}$ cm$^{-3}$ 范围内，C$_8$-BTBT 的塞贝克系数分布为 0.3～1.0 mV/K。

## 8.2　有机热电材料研究的理论方法进展

### 8.2.1　玻尔兹曼电输运理论

在热平衡状态(即没有温度梯度且无外场)下，电子系统的平衡态分布函数满足费米-狄拉克分布：

$$f_0(\varepsilon_k) = \frac{1}{\exp\left[(\varepsilon_k - \varepsilon_F)/k_B T\right]+1} \tag{8-1}$$

当偏离平衡状态时，利用电子系统的非平衡态分布函数 $f(r,k,t)$ 表示电子在 $t$ 时刻，位置在 $r$ 附近，波矢为 $k$ 的概率。电子的位置和波矢可因外场的作用及碰撞而改变。

玻耳兹曼电输运方程描述电子的分布函数在外场作用及碰撞存在的情况下，在相空间 $(r,k)$ 中随时间 $t$ 的演化情况。当存在外加电场 $E$ 和温度梯度 $\nabla T$ 且达到稳态时，有

$$(v \cdot \nabla T)\frac{\partial f}{\partial T} - \frac{eE}{\hbar} \cdot \nabla_k f = \left(\frac{\partial f}{\partial t}\right)_{coll} \tag{8-2}$$

等号左边的第一项称为扩散项，第二项称为漂移项，等号右边的项称为碰撞项或散射项。电子群速度，$v = (1/\hbar)\nabla_k \varepsilon_k$，取决于体系的能带结构。直接求解玻耳兹曼输运方程非常困难，因此引入弛豫时间近似简化求解。此时碰撞项满足：

$$\left(\frac{\partial f}{\partial t}\right)_{coll} = -\frac{f-f_0}{\tau} = -\frac{f_1}{\tau} \tag{8-3}$$

式中，$f_0$ 为电子平衡时的分布函数，即费米-狄拉克分布函数；$\tau$ 为弛豫时间，描

述电子的分布函数从非平衡态经过碰撞恢复到平衡态的快慢程度；$f_1$ 为小量。基于弛豫时间近似，并假设非平衡稳态分布相对于平衡态分布偏离很小，电子的非平衡稳态分布函数可以表示为

$$f = f_0 + \frac{eE}{\hbar} \cdot \nabla_k f_0 \tau - \frac{\partial f_0}{\partial T}(v \cdot \nabla T)\tau \qquad (8\text{-}4)$$

当仅存在一个恒定的弱外加电场时，根据电流密度的定义式 $J = -\frac{2e}{\Omega}\sum_k f_k v_k$，其中 $\Omega$ 为原胞体积，将式(8-4)代入，且考虑到平衡态分布对电流密度没有贡献，即 $\frac{2e}{\Omega}\sum_k f_0(\varepsilon_k)v_k = 0$，结合欧姆定律 $J = \sigma E$，可以得到电导率张量的表达式：

$$\sigma = \frac{2e^2}{\Omega}\sum_k \left[-\frac{\partial f_0(\varepsilon_k)}{\partial \varepsilon_k}\right]v_k v_k \tau_k \qquad (8\text{-}5)$$

当同时存在小的温度梯度和弱外加电场时，电流密度可以写成 $J = \frac{2e}{\Omega}\sum_k v_k v_k \tau_k \left[-\frac{\partial f_0(\varepsilon_k)}{\partial \varepsilon_k}\right]\frac{\varepsilon_k - \varepsilon_F}{T}\nabla T + \frac{2e^2}{\Omega}\sum_k v_k v_k \tau_k \left[-\frac{\partial f_0(\varepsilon_k)}{\partial \varepsilon_k}\right]E$，对比电导率张量的形式，将上式可以记为 $J = \chi \nabla T + \sigma E$，其中张量 $\chi = \frac{2e}{\Omega}\sum_k v_k v_k \tau_k \left[-\frac{\partial f_0(\varepsilon_k)}{\partial \varepsilon_k}\right]\frac{\varepsilon_k - \varepsilon_F}{T}$。由于塞贝克系数是在样品上仅施加温度梯度 $\nabla T$ 并处于开路，即 $J = 0$ 下测量的，因此根据塞贝克系数的定义式 $E = -S\nabla T$，即在样品上施加单位温度梯度时产生电场的大小，可以得到塞贝克系数张量的表达式：

$$S = \frac{2}{\Omega}\frac{e}{\sigma T}\sum_k v_k v_k \tau_k \left[-\frac{\partial f_0(\varepsilon_k)}{\partial \varepsilon_k}\right](\varepsilon_k - \varepsilon_F) \qquad (8\text{-}6)$$

当仅存在温度梯度时，由于电子既是电荷载体又是能量载体，因此温度梯度不仅会引起电流，同时还会引起热流。热流密度定义为 $J_Q = J_E - \varepsilon_F J_P$，其中 $J_E$ 为能流密度，$J_P$ 为粒子流密度；这样电子的热流密度可以进一步表示为 $J_Q = \frac{2}{\Omega}\sum_k (\varepsilon_k - \varepsilon_F)f_k v_k$。同样将电子的非平衡稳态分布函数式(8-4)代入，热流密度的表达式可以写成 $J_Q = -\frac{2}{\Omega}\sum_k v_k v_k \tau_k \left[-\frac{\partial f_0(\varepsilon_k)}{\partial \varepsilon_k}\right]\frac{(\varepsilon_k - \varepsilon_F)^2}{T}\nabla T$

$-\dfrac{2e}{\Omega}\sum_{k}v_{k}v_{k}\tau_{k}\left[-\dfrac{\partial f_{0}\left(\varepsilon_{k}\right)}{\partial \varepsilon_{k}}\right]\left(\varepsilon_{k}-\varepsilon_{F}\right)E$，对比之前得到的输运系数张量 $\chi$，将该式记

为 $J_{Q}=-\kappa_{0}\nabla T-\chi TE$，其中 $\kappa_{0}=\dfrac{2}{\Omega}\sum_{k}v_{k}v_{k}\tau_{k}\left[-\dfrac{\partial f_{0}\left(\varepsilon_{k}\right)}{\partial \varepsilon_{k}}\right]\dfrac{\left(\varepsilon_{k}-\varepsilon_{F}\right)^{2}}{T}$。根据热传导傅

里叶定律 $J_{Q}=-\kappa_{e}\nabla T$，并利用当电流密度 $J=0$ 时的关系式 $S=-\dfrac{E}{\nabla T}=\dfrac{\chi}{\sigma}$，电子

热导率张量可以表示为

$$\kappa_{e}=\kappa_{0}-S^{2}\sigma T \tag{8-7}$$

从基于弛豫时间近似下的玻尔兹曼电输运方程出发，得到了描述热电输运过程的三个重要参数，这些参数均与张量 $\sum_{k}v_{k}v_{k}\tau_{k}$ 有关，此即输运分布函数。电子群速度 $v_{k}$ 可以通过能带插值后直接求导得到。弛豫时间与材料中载流子受到的不同类型的散射有关，利用马西森近似可以合并这些不同类型的载流子散射的贡献：

$$\frac{1}{\tau}=\frac{1}{\tau_{ac}}+\frac{1}{\tau_{op}}+\frac{1}{\tau_{imp}}+\cdots \tag{8-8}$$

玻尔兹曼电输运方程中的碰撞项可以进一步写成

$$\left(\frac{\partial f}{\partial t}\right)_{coll}=\sum_{k'}\left\{W\left(k',k\right)f\left(k'\right)\left[1-f\left(k\right)\right]-W\left(k,k'\right)f\left(k\right)\left[1-f\left(k'\right)\right]\right\} \tag{8-9}$$

式中，$W\left(k,k'\right)$ 为电子从 $k$ 态散射到 $k'$ 态的概率。从 $k'$ 态散射到 $k$ 态的过程使 $f\left(r,k,t\right)$ 增加，这一过程的概率取决于 $k'$ 态被占据的概率 $f\left(k'\right)$ 和 $k$ 态未被占据的概率 $\left[1-f\left(k\right)\right]$。同理，$k$ 态散射到 $k'$ 态的过程使得 $f\left(r,k,t\right)$ 减小，也需要乘以 $f\left(k\right)\left[1-f\left(k'\right)\right]$，然后对所有可能的末态 $k'$ 求和。在平衡态时，碰撞过程不会使电子发生积累和耗散，即从 $k$ 态跃迁到 $k'$ 态的过程同反向过程达到动态平衡，此时有 $W\left(k',k\right)f_{0}\left(k'\right)\left[1-f_{0}\left(k\right)\right]=W\left(k,k'\right)f_{0}\left(k\right)\left[1-f_{0}\left(k'\right)\right]$，其中 $f_{0}\left(k\right)$ 为平衡分布函数。假定电子所经历的碰撞为弹性散射，即散射前后能量相等（$\varepsilon_{k}=\varepsilon_{k'}$），仅波矢的方向发生改变。这样可以得到关系 $W\left(k',k\right)=W\left(k,k'\right)$。此时碰撞项的表达式简化为 $\left(\dfrac{\partial f}{\partial t}\right)_{coll}=\sum_{k'}W\left(k,k'\right)\left[f\left(k'\right)-f\left(k\right)\right]$。结合式 (8-3)，弛豫时间的表达式可以写成

$$\frac{1}{\tau_k} = \sum_{k'} W(k,k') \left[ 1 - \frac{f_1(k')}{f_1(k)} \right] \tag{8-10}$$

结合式(8-4)，仅有电场存在时，利用弹性散射关系 $\varepsilon_k = \varepsilon_{k'}$，进而可以将弛豫时间表示为

$$\frac{1}{\tau_k} = \sum_{k'} W(k,k') \left[ 1 - \frac{\tau_{k'} v_{k'} \cdot e_E}{\tau_k v_k \cdot e_E} \right] \tag{8-11}$$

式中，$e_E$ 为外场 $E$ 方向上的单位矢量。从该式可以看出，要求出 $k$ 态的弛豫时间，必须知道所有 $k'$ 态的弛豫时间，因此这是一个自洽求解的过程。在这里可以将弛豫时间进一步简化成

$$\frac{1}{\tau_k} = \sum_{k'} W(k,k')(1 - \cos\theta) \tag{8-12}$$

这里，我们简单地假定电子系统具有球形费米面，则 $v_k = \hbar k / m^*$，且取电场方向与 $k$ 方向相同。$\theta$ 为电子散射前后波矢方向上的变化量，即散射角。目前，大多数做法是将弛豫时间简化为一个常数，即常数弛豫时间近似，弛豫时间则可以根据实验上测量的迁移率数值估算得到。下面将利用形变势模型及 Brooks-Herring 方案从第一性原理的水平直接计算声学声子和电离杂质散射对弛豫时间的贡献。

根据费米黄金规则，式(8-12)中电子从 $k$ 态跃迁到 $k'$ 态的概率可以表达为

$$W(k,k') = \frac{2\pi}{\hbar} |M(k,k')|^2 \delta(\varepsilon_k - \varepsilon_{k'}) \tag{8-13}$$

式中，$|M(k,k')|^2$ 为散射矩阵元平方；$\delta(\varepsilon_k - \varepsilon_{k'})$ 为狄拉克德尔塔函数，确保散射过程中能量守恒。此时的难点是计算不同散射机制的散射矩阵元。这里我们考虑声学声子和电离杂质对电子的散射。

### 8.2.2 电子–声子散射的形变势模型

首先研究晶格热振动对电荷传输的影响。当晶格格点偏离平衡位置的运动形成格波，量子化的格波即声子，会与晶格中的电子发生散射，形成电子–声子相互作用。在一个原胞内含有多个原子的晶体中，它的声子谱中包含声学声子和光学声子，而每一种声子由一个纵波和两个横波组成。形变势模型主要研究长波长的声学声子对电子的散射作用，并给出相应的散射矩阵元 $|M(k,k')|^2$ 的表达式。该

模型是 Bardeen 和 Shockley[31]于 1950 年提出，用于描述非极性半导体中电荷输运过程。形变势模型认为固体中格波的运动类似于晶体体积的压缩和膨胀，相应的体积压缩或膨胀等价于晶体原胞大小的改变。这样，晶体中的能带也会发生改变。对于在晶体中运动的电子来说，经过这些具有局域晶格形变的区域时，好像正在穿越一个附加的势垒，阻碍其运动，这种等价的势垒称为形变势。形变势的大小与原胞体积相对于初始平衡时体积的改变量大小有关，定义为 $\Delta V(r) \equiv E_1 \Delta(r)$，其中 $\Delta(r)$ 为晶体体积相对改变量，即形变量，$E_1$ 为形变势常数。

在位置为 $R_n$ 的格点，波矢为 $q$ 的纵声学波所引起的位移为

$$u(R_n) = e_q \left[ a_q \exp(iq \cdot R_n) + a_q^* \exp(-iq \cdot R_n) \right] \tag{8-14}$$

式中，$e_q$ 为声学波振动的单位位移矢量；$a_q$ 为振动振幅。将上面的格波近似看成弹性波，弹性波所引起的体积相对改变量为

$$\Delta(r) = i(e_q \cdot q) \left[ a_q \exp(iq \cdot r) - a_q^* \exp(-iq \cdot r) \right] \tag{8-15}$$

在长波极限下，电子从布洛赫态 $k$ 散射到 $k'$ 态的散射矩阵元为 $\left| M(k, k') \right|^2 = \left| \langle k | \Delta V(r) | k' \rangle \right|^2 = E_1^2 a_q^2 q^2$，其中 $|k'\rangle = \psi_{k'}(r) = e^{ik' \cdot r} \phi(k', r)$，为电子的布洛赫波。而且利用了动量关系 $k' = k \pm q$ 和长波条件 $q \to 0$。根据能量均分定理，并利用弹性波近似，因子 $a_q^2 q^2 = \dfrac{k_B T}{2mv_a^2}$，其中 $v_a$ 为声波的速度，$m$ 为每个原胞中原子总的质量。这样将得到的 $a_q^2 q^2$ 表达式代入，并同时考虑吸收和发射声子的过程，总的散射矩阵元的热力学平均值为

$$\left| M(k, k') \right|^2 = \frac{k_B T E_1^2}{\Omega C_{ii}} \tag{8-16}$$

式中，$C_{ii}$ 为波矢 $q$ 方向上的弹性常数，其中利用了弹性波波速公式 $C_{ii} = \rho v_a^2$，$\rho = m/\Omega$ 为晶体的质量密度。结合式(8-12)、式(8-13)和式(8-16)，可以得到在形变势近似下纵声学声子散射的弛豫时间表达式为

$$\frac{1}{\tau_k} = \frac{2\pi}{\hbar \Omega} \frac{k_B T E_1^2}{C_{ii}} \sum_{k'} \delta(\varepsilon_k - \varepsilon_{k'})(1 - \cos\theta) \tag{8-17}$$

此处的形变势常数和弹性常数是两个非常重要的物理量。形变势常数可以通过拟合带边能量随形变量变化的斜率获得；对于弹性常数，拟合不同形变拉伸下体系的总能量对形变量的二次项系数求得。

### 8.2.3 带电杂质散射的 Brooks-Herring 方案

对于研究掺杂系统的输运过程，主体分子和杂质分子之间发生电荷转移，掺杂剂处于电离状态。载流子在经过这些电离中心时将受到库仑力作用，使得载流子运动方向发生偏折，这一过程称为库仑散射。库仑散射一般不改变电子的能量，是弹性散射。电离杂质的"裸"库仑势表示为 $V(r) = (q_{\mathrm{I}}e)/(4\pi\varepsilon_{\mathrm{r}}\varepsilon_0 r)$，其中 $q_{\mathrm{I}}$ 为电离杂质的带电数，$e$ 为基元电荷，$\varepsilon_0$ 为真空介电常数，$\varepsilon_{\mathrm{r}}$ 为相对介电常数。实际上，晶体中自由载流子的存在使得载流子对电离杂质产生屏蔽作用。在屏蔽库仑势的基础上处理电离杂质散射更为合理。在没有电离杂质的晶体中，自由载流子是均匀分布的，但引入电离杂质后，杂质中心的电荷引起载流子在荷电中心附近的分布偏离均匀分布。因此用屏蔽库仑势 $\tilde{V}(r)$ 代替"裸"库仑势，即

$$\tilde{V}(r) = \frac{q_{\mathrm{I}}e}{4\pi\varepsilon_{\mathrm{r}}\varepsilon_0 r}\mathrm{e}^{-\frac{r}{L_{\mathrm{D}}}}，\text{其中 } L_{\mathrm{D}} = \sqrt{\frac{\varepsilon_{\mathrm{r}}\varepsilon_0 k_{\mathrm{B}}T}{e^2 N}}，\text{为德拜屏蔽长度，} N \text{ 为载流子浓度。}$$

假定每个原胞中随机地分布着 $n_{\mathrm{I}}$ 个独立的杂质中心，基于 Brooks-Herring 方案[32]可以得到由电离杂质引起的屏蔽的库仑散射矩阵元：

$$\left|M(k,k')\right|^2 = \frac{n_{\mathrm{I}}(q_{\mathrm{I}}e)^2}{\Omega^2(\varepsilon_{\mathrm{r}}\varepsilon_0)^2\left(L_{\mathrm{D}}^{-2}+\left|k'-k\right|^2\right)^2} \tag{8-18}$$

结合式(8-12)、式(8-13)和式(8-18)，可以得到 Brooks-Herring 方案下电离杂质散射的弛豫时间表达式：

$$\frac{1}{\tau_k} = \frac{2\pi}{\hbar\Omega^2}\frac{n_{\mathrm{I}}(q_{\mathrm{I}}e)^2}{(\varepsilon_{\mathrm{r}}\varepsilon_0)^2}\sum_{k'}\frac{1}{\left(L_{\mathrm{D}}^{-2}+\left|k'-k\right|^2\right)^2}\delta(\varepsilon_k-\varepsilon_{k'})(1-\cos\theta) \tag{8-19}$$

## 8.3 掺杂对聚合物热电材料 PEDOT 热电性能的影响

掺杂是目前调控聚合物热电材料性能最有效的手段之一，例如通过精准调控氧化程度，室温下 PEDOT∶Tos 薄膜的热电优值可以提高到 0.25[21]。利用密度泛函理论(density functional theory，DFT)研究掺杂的有机半导体的化学结构和电子性质已略有报道[33-36]，但许多关键的科学问题，如掺杂究竟是如何影响基态几何构型、电子结构，特别是热电输运性质，至今仍不清楚。这里以空穴型导电聚合物 PEDOT 为例，基于第一性原理计算方法，在分子水平探究掺杂对热电转换过

程的影响。为了精确地研究掺杂效应，我们将对
离子 Tos 加入主体聚合物 PEDOT 中一并研究（图
8-1）。

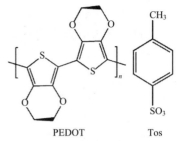

### 8.3.1　计算细节

#### 1. 建模及电子结构计算

在实际的聚合物薄膜中，晶态和无定形区域
是共存的。这里作为初步尝试，构建理想的聚合

图 8-1　PEDOT 和 Tos 的化学结构

物晶体模型进行研究。为了模拟不同的掺杂程度，建立两个包含不同 Tos 个数的
原胞。一个是轻掺杂原胞，其中包含 8 个 EDOT 单元和 1 个 Tos；另一个为重掺
杂原胞，包含 8 个 EDOT 单元和 2 个 Tos。在一个原胞中，8 个 EDOT 单元形成
4 条链，每一条链由 2 个 EDOT 构成。初始的未掺杂和重掺杂的晶体结构取自
Brédas 和 Kim 的工作[36]。他们模拟得到的晶体结构参考了实验获得的 PEDOT 及
其衍生物的晶体结构模型[37-40]。我们利用投影扩展波（projector augmented wave，
PAW）方法[41]和考虑范德瓦耳斯（van der Waals）相互作用的 PBE（Perdew-
Burke-Ernzerhof）交换相关泛函[42]优化晶体结构和计算电子结构。原子位置优化、
晶格参数优化和能带结构计算均利用第一性原理计算软件包 VASP（Vienna Ab
initio Simulation Package）实现[43]。轻掺杂的晶体结构模型在重掺杂的结构基础上
建立，将重掺杂 PEDOT：Tos 原胞中的一个 Tos 去掉，构建轻掺杂的 PEDOT：
Tos 原胞。首先通过从头算分子动力学模拟，在 1.5 ps 内将初始轻掺杂体系温度
升高至 370 K，然后在 370 K 和正则系综下平衡 1.5 ps，最后用 1.5 ps 的时间将其
缓慢降至 0 K。平面波基组的截断能为 600 eV。在电子自洽迭代计算中，总能量
的收敛精度为 $10^{-5}$ eV。不考虑自旋–轨道耦合及自旋极化作用。原子间范德瓦耳
斯相互作用的截断半径为 50 Å。在进行从头算分子动力学模拟时，采用 $1 \times 2 \times
2$ 的 MP（Monkhorst-Pack）$k$ 网格进行；在优化晶格参数及原子位置时，采用 $2 \times
4 \times 4$ 的 MP $k$ 网格；在精确的单点能量计算及电荷密度计算时，采用 $4 \times 8 \times 8$ 的
MP $k$ 网格。聚合物主体 PEDOT 和 Tos 间电荷转移的分析采用 Bader 的电荷分析
方法[44]。

#### 2. 热电输运系数的计算

在弛豫时间近似下求解玻尔兹曼电输运方程，可以得到塞贝克系数、电导率
和电子热导率的表达式[45,46]。其中，群速度可以通过第一性原理的能带结构计算
得到。采用 Madsen 和 Singh[47,48]提出的方案，通过能带插值方法快速计算较密集
的 $k$ 网格点的群速度。初始的 $k$ 网格为 $11 \times 41 \times 41$，在此基础上，又通过能带插
值得到五倍密集的 $k$ 网格点上的群速度。对于未掺杂的 PEDOT，仅用形变势模
型[31]考虑电子和声学声子的散射。对于两个掺杂体系，除了电子和声学声子的散

射外，还用 Brooks-Herring 方案[32]考虑电子和带电杂质，即对离子 Tos 的散射。以上热电输运系数通过 BoltzTraP 程序[47,48]得到。形变势常数、弹性常数和载流子浓度均通过第一性原理计算得到。PEDOT 的相对介电常数取 3.5[49]。

## 8.3.2 结果与讨论

### 1. 掺杂对 PEDOT 链内骨架和链间堆积结构的影响

每一个 PEDOT 单体由两个 3,4-乙撑二氧噻吩（EDOT）单元组成，且保持平面构型，这两个 EDOT 单元的噻吩环呈反式构型。根据实验 2,2′-双（3,4-乙撑二氧噻吩）（BEDOT）的晶体结构，一个 PEDOT 单体中的两个环氧乙基基团也呈反式构型[50]。硫原子和氧原子的距离为 2.96 Å，这一距离比硫原子和氧原子的范德瓦耳斯半径之和（3.25 Å）要小得多[50]。这一链内的非键相互作用有助于保持聚合物链内共轭骨架的平面性。轻掺杂和重掺杂 PEDOT：Tos 的硫氧距离分别为 2.91 Å 和 2.89 Å，比未掺杂 PEDOT 的要小，说明在掺杂体系中的氧硫非键相互作用要更强，这一点预示着掺杂可以增强 PEDOT 链内骨架的平面性。此外，聚合物链内骨架上的碳碳键长呈现出交替变化的特征（图 8-2）。而且，随着掺杂浓度的增加，聚合物链内骨架表现出芳香型向醌型的转变，这与之前 Brédas 和 Kim[36]预测的结果一致。

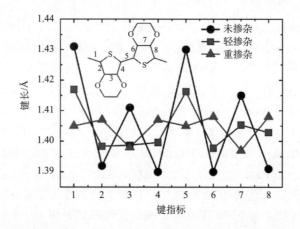

图 8-2 未掺杂、轻掺杂和重掺杂 PEDOT 晶体中沿着聚合物链方向键长的变化

插图为两个相邻的 EDOT 单元的化学结构，八个键指标在图上标出

PEDOT：Tos 与未掺杂的 PEDOT 一样呈现出层状的结构，Tos 离子嵌插在两层 PEDOT 之间，形成绝缘的对离子层。这样的结构也在实验上被 PEDOT：PF6[39]和 PEDOT：OTF[51]所证实。最近，通过 X 射线衍射分析证明 PEDOT：PSS 也表现出层状的结构，其中 PEDOT 层与绝缘的 PSS 层交替排列[52]。未掺杂的 PEDOT 为单斜晶体，其 π-π 堆积方向平行于晶轴 c 方向。在 ab 平面内，聚合物链沿着晶

轴 *b* 方向延伸，绝缘层的堆积方向则平行于晶轴 *a* 方向。轻掺杂和重掺杂的 PEDOT：Tos 晶体均呈现出层状结构，并且为正交晶系。聚合物层和 Tos 层沿着晶轴 *a* 方向交替堆积（图 8-3）。轻掺杂 PEDOT：Tos 晶体中，相邻 PEDOT 层间的距离要比重掺杂的大，这主要是因为轻掺杂体系中缺少一层 Tos 对离子层。由于从聚合物骨架到 Tos 发生接近一个元电荷的电子转移，因此正电性的 PEDOT 与负电性 Tos 之间的库仑吸引导致 PEDOT 与 Tos 之间以及相邻 PEDOT 层间的距离减小。在 *ac* 平面内，π-π 堆积方向平行于晶轴 *c* 方向，沿该方向链间的堆积距离由未掺杂体系的 3.52 Å 减小到轻掺杂的 3.37 Å，再到重掺杂的 3.36 Å，这一点也暗示 Tos 对离子的嵌入有助于增强共轭骨架之间的 π-π 相互作用。这是因为掺杂的 PEDOT：Tos 表现出醌型的共轭骨架结构，与未掺杂的 PEDOT 的芳香型的骨架结构相比，醌型的骨架结构更易于使聚合物骨架保持平面和刚性的构型。实验上已经证实，芳香型的聚合物链倾向于卷曲的构型，而醌型的结构倾向于平展的构型[53]。因此，对离子的嵌入有助于 PEDOT 链内骨架呈现出更加刚性和伸展的构型，从而有利于聚合物形成更加有序的链间堆积结构，进而提高结晶度。相关晶格参数和密度见表 8-1。

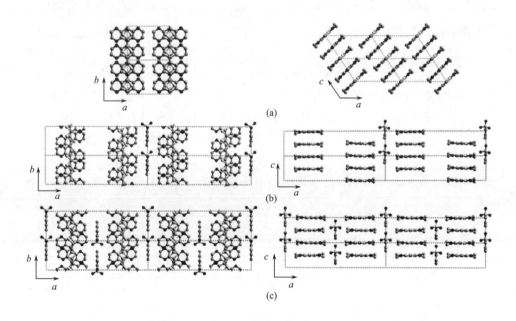

图 8-3　未掺杂(a)、轻掺杂(b)及重掺杂(c)PEDOT 晶体结构

(a)*ab* 平面和 *ac* 平面未掺杂 PEDOT 结构；(b)*ab* 平面和 *ac* 平面轻掺杂 PEDOT：Tos 结构；(c)*ab* 平面和 *ac* 平面重掺杂 PEDOT：Tos 结构，虚线代表晶格，为了便于观察，所有的氢原子均没有显示

表 8-1  未掺杂、轻掺杂及重掺杂 PEDOT 晶体中优化的晶格参数和密度

| 样品 | $a$/Å | $b$/Å | $c$/Å | $\alpha$/(°) | $\beta$/(°) | $\gamma$/(°) | $\rho$/(g/cm$^3$) |
|---|---|---|---|---|---|---|---|
| 未掺杂(本工作) | 12.0 | 7.82 | 7.04 | 90.0 | 123 | 90.0 | 1.68 |
| 轻掺杂(本工作) | 28.4 | 7.83 | 6.76 | 90.2 | 90.0 | 90.2 | 1.45 |
| 重掺杂(本工作) | 27.6 | 7.77 | 6.71 | 90.0 | 90.0 | 90.0 | 1.70 |
| 未掺杂(实验)[38] | 10.5 | 7.87 | | | | | |
| 掺杂(实验)[37] | 14.0 | 7.80 | 6.80 | 90.0 | 90.0 | 90.0 | 1.64 |
| 掺杂(实验)[39] | 15.2 | 7.70 | 6.80 | 90.0 | 90.0 | 90.0 | 1.45～1.62 |
| 未掺杂(计算)[36] | 13.0 | 7.94 | 7.60 | 90.0 | 126.0 | 90.0 | |
| 重掺杂(计算)[36] | 28.0 | 7.90 | 6.80 | 90.0 | 90.0 | 90.0 | |

注：为了以一种能量较低的方式放置两个相邻 PEDOT 层之间的 Tos 离子，之前的理论工作发现有必要以嵌入的 Tos 层为镜面，将一个 PEDOT 与另一个 PEDOT 沿着 $a$ 轴对称放置[36]，这就需要将掺杂体系的 $a$ 方向的晶胞长度在实验测量的晶胞长度基础上扩大一倍

### 2. 掺杂对 PEDOT 电子结构的影响

未掺杂 PEDOT 为直接带隙半导体，带隙为 0.16 eV。实验上通过可见–近红外吸收光谱测得的未掺杂 PEDOT 薄膜的带隙为 1.64 eV[54]，远比我们用 PBE-D 交换相关泛函计算的带隙要大，这主要是由于 DFT 计算往往会低估带隙。用杂化泛函 HSE06 计算的带隙为 0.53 eV，依然远小于实验值。从投影态密度发现，伸乙二氧基上的氧原子对 HOMO 和 LUMO 都有贡献，从而导致电荷的离域，这也表明氧原子参与聚合物链内骨架的共轭效应。相反，硫原子仅对 LUMO 有贡献。此外，未掺杂 PEDOT 的能带结构表现出明显的各向异性：沿着 $\Gamma Y$ 方向上的导带和价带的带宽(1.82 eV 和 1.60 eV)是沿着 $\Gamma Z$ 方向上导带和价带带宽(0.46 eV 和 0.30 eV)的 4 倍左右(表 8-2)。沿着 $\Gamma X$ 方向的导带和价带的带宽均为 0(图 8-4)。这一能带结构特性可归因于其层状的晶体结构，并预示着其具有二维的电荷传输特性。

表 8-2  未掺杂、轻掺杂和重掺杂 PEDOT 晶体沿着高对称线方向的能带展宽和带隙(单位：eV)

| 样品 | 方向 | CB+1 | CB | VB | VB−1 | VB−2 | VB−3 | 带隙 |
|---|---|---|---|---|---|---|---|---|
| | $\Gamma X$ | 0.00 | 0.00 | 0.00 | 0.00 | — | — | 0.16 |
| 未掺杂 | $\Gamma Y$ | 0.97 | 1.82 | 1.60 | 0.97 | — | — | |
| | $\Gamma Z$ | 0.54 | 0.46 | 0.30 | 0.33 | — | — | |
| | $\Gamma X$ | 0.00 | 0.00 | 0.00 | 0.00 | 0.00 | 0.00 | — |
| 轻掺杂 | $\Gamma Y$ | 0.52 | 0.49 | 1.42 | 1.43 | 0.93 | 0.93 | |
| | $\Gamma Z$ | 0.16 | 0.10 | 0.12 | 0.13 | 0.32 | 0.33 | |

续表

| 样品 | 方向 | CB+1 | CB | VB | VB-1 | VB-2 | VB-3 | 带隙 |
|------|------|------|------|------|------|------|------|------|
| 重掺杂 | $\Gamma X$ | 0.00 | 0.00 | 0.00 | 0.00 | 0.00 | 0.00 | — |
|  | $\Gamma Y$ | 1.40 | 1.40 | 1.26 | 1.26 | 0.97 | 0.97 |  |
|  | $\Gamma Z$ | 0.10 | 0.10 | 0.16 | 0.16 | 0.21 | 0.21 |  |

注：高对称点的坐标分别为 $\Gamma = (0,0,0)$，$Y = (0,0.5,0)$，$Z = (0,0,0.5)$，$X = (0.5,0,0)$

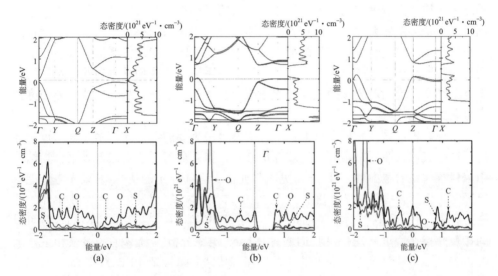

图 8-4  未掺杂(a)、轻掺杂(b)和重掺杂(c)PEDOT 晶体的能带结构和态密度

高对称点的坐标分别为 $\Gamma = (0,0,0)$，$Y = (0,0.5,0)$，$Q = (0,0.5,0.5)$，$Z = (0,0,0.5)$，$X = (0.5,0,0)$

对于轻掺杂和重掺杂 PEDOT：Tos 晶体，费米能级的位置已经移动至价带中，表现出明显的金属的能带特性(图 8-4)。这一点被 Crispin 等通过紫外光电子能谱观测的价电子态密度证实。他们的实验结果表明，PEDOT：Tos 薄膜和 PEDOT：PSS 薄膜在费米能级处均可以观测到 π 电子的信号[55]。金属的能带结构特征可以解释掺杂的 PEDOT 具有较高的电导率这一事实。根据费米能级的位置，利用公式 $N = \dfrac{2}{\Omega} \sum_{k} \left[ 1 - f_0(\varepsilon_k) \right]$，可计算得到轻掺杂和重掺杂体系的空穴浓度分别为 $1.37 \times 10^{20}$ cm$^{-3}$ 和 $5.77 \times 10^{20}$ cm$^{-3}$。该公式中的 $f_0(\varepsilon_k)$ 为费米-狄拉克分布函数。

轻掺杂和重掺杂 PEDOT：Tos 晶体的能带结构类似于未掺杂 PEDOT 晶体。如果将掺杂体系能带结构中-1.0 eV 和-2.0 eV 之间较平展的带移去，能带结构便恢复成未掺杂体系的能带结构。这是因为这些较平展的能带主要是由 Tos 贡献的。掺杂体系的碳、硫和氧元素在费米能级处对态密度的贡献同未掺杂的大体一样

（图 8-4）。塞贝克系数的大小与态密度在费米能级处的变化率密切相关。由于在掺杂体系中费米能级已移入价带，因此我们可以预见到其塞贝克系数会显著降低。沿着 $\Gamma Y$ 方向，轻掺杂和重掺杂体系的价带带宽分别为 1.42 eV 和 1.26 eV；沿着 $\Gamma Z$ 方向，轻掺杂和重掺杂体系的带宽分别为 0.12 eV 和 0.16 eV（表 8-2）。掺杂 PEDOT：Tos 晶体在沿着 π-π 堆积方向的价带带宽要比未掺杂的小，主要是未掺杂和掺杂体系结构的差异造成的。对于未掺杂的 PEDOT 晶体，其堆积结构为噻吩环面对面的堆积，从而可以最大化链间的电子耦合；而掺杂 PEDOT：Tos 晶体的堆积结构在沿着聚合物链方向发生半个噻吩环的滑移，从而减弱了链间的电子耦合。尽管掺杂体系的 π-π 堆积方向的距离要比未掺杂的小，但由于电子耦合的大小还取决于前线轨道在空间的节点位置和重叠，因此掺杂体系沿着 π-π 堆积方向的能带展宽要比未掺杂的小。此外，掺杂体系沿着聚合物链方向的带宽也要比未掺杂的小，因为对离子的嵌入使得在噻吩环上带正电荷，从而导致电荷密度较未掺杂的体系局域。

研究有机半导体和聚合物的掺杂过程是至关重要的。半导体聚合物通过对 π 电子进行氧化或还原来实现 p 型或 n 型掺杂，掺杂后对离子被嵌入到聚合物结构中来保持体系的电中性。紫外-可见吸收光谱、近红外光谱及 X 射线光电子能谱等通常可以用来探测掺杂程度。对于 PEDOT 来说，氧化发生在聚合物单体的聚合过程中，Tos 则扮演对离子的角色。在我们的模型中，原胞中 Tos 的数目可以间接反映掺杂程度。这里，我们通过 Bader 电荷分析[44]计算了轻掺杂和重掺杂 PEDOT：Tos 中每个原子的电荷，发现在轻掺杂和重掺杂 PEDOT：Tos 中，Tos 分别携带大约 0.89 个和 0.87 个电子。通过分析掺杂体系 PEDOT：Tos 和未掺杂 PEDOT 的原子电荷，发现缺电子位点是与伸乙二氧基连接的碳原子和噻吩环上的硫原子；主要的富电子位点是 Tos 上的氧原子（图 8-5）。前人通过自然轨道布居分析表明，从低聚噻吩的衍生物到 F4TCNQ 发生电荷转移的数目为 0.4~0.7[56]。与这电荷转移数目相比，从 PEDOT 到 Tos 发生的电荷转移数目接近于 1，因此可以判断 PEDOT：Tos 体系的掺杂效率应该会较高。此外，我们发现不同的交换相关泛函，如 LDA 和 PBE，对计算的电荷转移量的影响不大。

未掺杂 PEDOT 和 Tos 相对于真空能级的前线轨道绝对能级位置和电荷转移过程如图 8-6 所示。从 PEDOT 和 Tos 的能级位置示意图可以看出，Tos 的 HOMO 在 PEDOT 的 HOMO 之下。Tos 的 HOMO 为单电子占据，并且电荷只集中分布在氧原子上。而 Tos 的 LUMO 在氧原子上几乎没有分布。结合之前的原子电荷分析，Tos 接受电子的原子为氧原子，因此推测电子是从 PEDOT 的 HOMO 转移到 Tos 的 HOMO 上的。从 PEDOT 到 Tos 发生接近一个电子的电荷转移也印证了 Tos 在 PEDOT 氧化掺杂过程中充当对阴离子的事实。

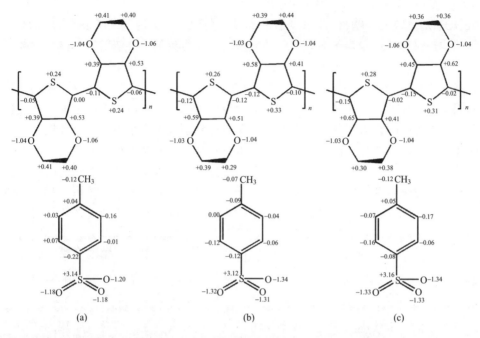

图 8-5　未掺杂 PEDOT 和孤立的 Tos(a)，轻掺杂 PEDOT∶Tos(b)及重掺杂 PEDOT∶Tos(c)
原子电荷分析

图中数值单位均为 e，同时为便于观察，氢原子及其电荷没有标出

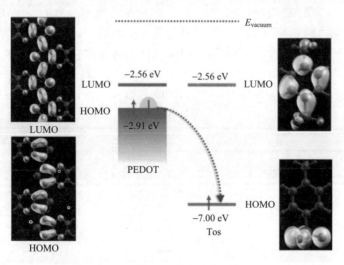

图 8-6　未掺杂 PEDOT 和孤立 Tos 的前线轨道能级图和电荷密度分布

### 3. 掺杂对 PEDOT 热电输运过程的影响

通过求解弛豫时间近似下的玻尔兹曼电输运方程得到热电输运系数。由于

PEDOT 是空穴型传输材料，以下仅讨论空穴传输特性。对于未掺杂的 PEDOT 晶体结构，仅考虑声学声子对载流子的散射。计算得到的形变势常数和弹性常数在表 8-3 中列出。未掺杂的本征态 PEDOT 是半导体，载流子浓度非常低，无法实现高效的热电转换，必须通过掺杂来提高载流子浓度，进而提高电导率和热电功率因子。首先，以未掺杂 PEDOT 的能带结构为起点，在刚性能带近似下通过移动费米能级的位置来增加载流子浓度，从而得到塞贝克系数。电导率和电子热导率随空穴浓度的变化如图 8-7 所示，塞贝克系数随空穴浓度的对数增长呈线性递减关系，然而电导率随空穴浓度的增加而线性递增。因此，在一个特定的载流子浓度，即最优掺杂浓度下，热电功率因子达到最大值。最优掺杂浓度及相应的热电输运系数列在表 8-4 中。此外，电子的热导率也随着载流子浓度的增加线性地增加。电子热导率和电导率通常由威德曼–弗兰茨(Wiedemann-Franz)关系决定，即 $\kappa_e = L\sigma T$。在自由电子气模型下，洛伦兹常数为索墨菲常数，即 $L_0 = \left(\pi^2/3\right)\left(k_B/e\right)^2$。我们计算的低空穴浓度时的洛伦兹常数较索墨菲常数小，但数量级相同，且与轻掺杂 PEDOT：Tos 的计算结果一致。随着空穴浓度的升高，计算的洛伦兹常数逐渐接近索墨菲常数，这一过程发生了半导体向金属的转变，这与重掺杂体系的情况一致(图 8-8)。实验上测量了 PEDOT：PSS 薄膜面内的电子热导率和电导率的关系，发现随着电导率的升高，热导率也随之线性地升高。这是因为电子对热导率的贡献在逐渐增大。通过拟合直线斜率，发现得到的洛伦兹常数与索墨菲常数吻合得很好[57]。而在另一个实验中，人们发现在 PEDOT：Tos 薄膜中面内的热导率也随着电导率的增加逐渐增加，但拟合得到的洛伦兹常数却要比索墨菲常数大。他们将这一原因归结为薄膜内存在晶界区域，其间电荷

表 8-3　未掺杂、轻掺杂和重掺杂 PEDOT 晶体沿着晶轴 *a*、*b* 和 *c* 方向的空穴形变势常数($E_1$)和弹性常数($C_{ii}$)

| 样品 | 方向 | $E_1$/eV | $C_{ii}/(10^9 \text{ J/m}^3)$ |
|---|---|---|---|
| 未掺杂 | *a* | 1.11 | 5.57 |
| | *b* | 6.13 | 232 |
| | *c* | 1.89 | 19.0 |
| 轻掺杂 | *a* | 0.18 | 21.5 |
| | *b* | 6.63 | 195 |
| | *c* | 1.57 | 46.3 |
| 重掺杂 | *a* | 1.30 | 67.1 |
| | *b* | 6.00 | 221 |
| | *c* | 0.56 | 56.4 |

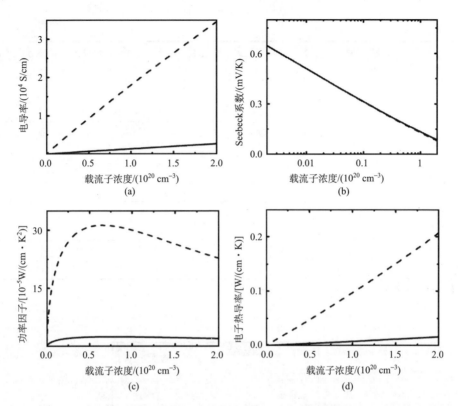

图 8-7　室温下未掺杂 PEDOT 晶体链内(虚线)和链间(实线)的电导率(a)、Seebeck 系数(b)、
功率因子(c)和电子热导率(d)与载流子浓度的关系

弛豫时间通过形变势模型计算得到；塞贝克系数是对对数的载流子浓度作图；链内方向指沿着聚合物共轭骨架的
方向，即晶轴 $b$ 方向；链间方向指 π-π 堆积方向，即晶轴 $c$ 方向

的传输主要以声子辅助的跳跃方式进行；此外，也有可能是在薄膜内有双极性
传输的现象[58]。需要指出的是，我们的模型基于排列规整的 PEDOT 单晶，电
荷以离域的能带传输，没有考虑电荷在无序结构中的跳跃传输机制。我们计算
的洛伦兹常数在载流子浓度低时比索墨菲常数小，随浓度升高而逐渐接近索墨
菲常数。

表 8-4　室温下未掺杂 PEDOT 晶体在刚性能带近似下得到的最佳载流子浓度和相应的热电输
运系数，以及轻掺杂、重掺杂 PEDOT：Tos 晶体的热电输运系数

| 样品 | 方向 | 载流子浓度 /$(10^{20}\ cm^{-3})$ | $S$ /(mV/K) | $\sigma$ /$(10^3\ S/cm)$ | $S^2\sigma$ /[μW/cm·$K^2$] | $\kappa_e$ /[W/(cm·K)] | $\mu$ /[$(cm^2/(V\cdot s)$] | $L/L_0$ |
|---|---|---|---|---|---|---|---|---|
| 未掺杂 | $b$ | 0.65 | 0.16 | 12.0 | 312 | 0.06 | $1.25\times10^3$ | 0.71 |
| | $c$ | 0.77 | 0.15 | 1.05 | 24.8 | 0.006 | 94.5 | 0.75 |

续表

| 样品 | 方向 | 载流子浓度 /(10²⁰ cm⁻³) | $S$ /(mV/K) | $\sigma$ /(10³ S/cm) | $S^2\sigma$ /[μW/cm·K²] | $\kappa_e$ /[W/(cm·K)] | $\mu$ /[(cm²/(V·s)] | $L/L_0$ |
|---|---|---|---|---|---|---|---|---|
| 轻掺杂 | $b$ | 1.37 | 0.13 | 1.95 | 31.5 | 0.01 | 89.0 | 0.77 |
| | $c$ | | 0.11 | 0.16 | 2.09 | 0.0008 | 7.28 | 0.66 |
| 重掺杂 | $b$ | 5.77 | 0.01 | 92.6 | 9.21 | 0.68 | 1.00×10³ | 1.00 |
| | $c$ | | 0.005 | 12.1 | 0.31 | 0.08 | 131 | 0.93 |
| PEDOT：Tos[21] | | | 0.22 | 0.08 | 3.50 | | | |
| PEDOT：PSS[22] | | | 0.07 | 0.90 | 4.50 | | | |
| PEDOT：Tos[23] | | | 0.12 | 0.92 | 12.7 | | | |

注：实验测量结果也放在表中进行对照

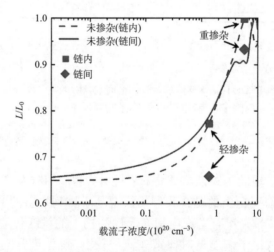

图 8-8 室温下未掺杂、轻掺杂和重掺杂 PEDOT 晶体链内和链间的相对洛伦兹常数($L/L_0$)对载流子浓度的依赖关系

图 8-9 展示了空穴塞贝克系数和电导率对数之间的线性关系。这一线性关系可以在载流子浓度不高和载流子仅在一条价带上传输这两条假定下推导得到：

$$S = -\frac{k_B}{e}\ln\sigma + \frac{k_B}{e}\ln\left(N_{eff}e\mu\right) \tag{8-20}$$

这一关系式表明塞贝克系数($S$)和电导率的对数($\ln\sigma$)之间呈线性关系，直线的

斜率为常数 $-k_B/e$，截距为 $(k_B/e)\ln(N_{eff}e\mu)$，与有效态密度（$N_{eff}$）和空穴迁移率（$\mu$）有关。PEDOT 的实验测量结果也在图 8-9 中标出。实验上，通常用 PSS 或 Tos 作为氧化掺杂 PEDOT 的对离子。早期的实验表明，PEDOT：PSS 微球具有较低的室温热电优值（$1.75\times10^{-3}$）[53]。将聚合物阴离子，PSS 替换为小分子阴离子 Tos，通过逐步还原的方式精确调控氧化程度，可以将，PEDOT：Tos 薄膜的热电优值提高到 0.25 [21]。此外，用电化学的方式精确调控氧化程度也可以使 PEDOT：Tos 薄膜室温的功率因子达到 12.7 μW/(cm·K$^2$) [23]。测量的塞贝克系数和电导率的对数也表现出很好的线性关系，斜率约为 $-k_B/e$。实验上，通过优化掺杂剂体积的方式，即除去多余的未发生电荷转移的 PSS，也可以有效提高 PEDOT：PSS 薄膜的热电优值[22]。这主要是因为没有离子化的 PSSH 无法起到掺杂剂的作用，提供载流子，而绝缘相的 PSSH 可能严重影响聚合物主体的堆积结构，进而降低迁移率[22]。这些最新的实验都证实，通过掺杂可以有效地提高热电优值。由于 Pipe 等的实验中，PEDOT：PSS 的结果与载流子浓度的依赖关系并不明显，因此很难定义出塞贝克系数与电导率对数的线性关系。我们注意到，所有的实验结果都在理论预测的结果之下，即截距要小。这意味着在刚性能带近似下，仅考虑电子和声学声子之间的散射，忽略带电杂质对载流子散射有可能会高估载流子迁移率。

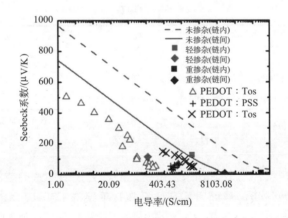

图 8-9　室温下未掺杂、轻掺杂和重掺杂 PEDOT 晶体链内和链间的塞贝克系数与电导率对数的依赖关系

实验测量的结果也放在图中进行比较：三角形结果来自文献[21]，十字形结果来自文献[22]，叉形结果来自文献[23]

上面的结果是采用刚性能带近似得到的，并没有考虑真实的掺杂效应。基于这个近似，掺杂效应通过移动体系的费米能级实现。费米能级出现在电子的分布函数，即费米-狄拉克分布函数中。这里假定在掺杂的过程中，体系的几何结构

和能带结构均不发生变化。这一假定通常在掺杂水平不高时适用。前面已经讨论了掺杂对导电聚合物几何构型和电子结构的影响，下面将进一步讨论掺杂对 PEDOT 电荷输运和热电输运的影响。在 PEDOT：Tos 中，Tos 是对阴离子，空穴会与带负电的 Tos 产生屏蔽的库仑相互作用，从而被散射。此外，由于对离子的引入，掺杂的 PEDOT：Tos 与未掺杂 PEDOT 的几何构型和堆积结构相比也会发生变化，从而导致其具有不同的弹性常数，这样载流子和声学声子的散射也会不同。为了计算总的弛豫时间，假定载流子和声学声子散射与载流子和带电杂质散射两个过程相互独立，这样可以利用马西森近似将两个过程的散射率加和。杂质散射的强度正比于杂质浓度，轻掺杂和重掺杂体系的杂质浓度分别为 $6.65 \times 10^{20}$ cm$^{-3}$ 和 $1.39 \times 10^{21}$ cm$^{-3}$。轻掺杂和重掺杂体系中，Tos 阴离子所带的负电荷分别为 0.89e 和 0.87e。从表 8-5 可以发现，在 PEDOT：Tos 中同时考虑空穴-声学声子和空穴-带电杂质的散射机制时，显然带电杂质对载流子的散射占主导。这一结论与 Restrepo 等[59]的计算结果一致，他们发现晶体硅中载流子浓度为 $10^{15} \sim 10^{19}$ cm$^{-3}$ 时，考虑带电杂质散射计算的迁移率比考虑声子散射计算的要小，且更接近实验值。

**表 8-5　室温下未掺杂、轻掺杂和重掺杂 PEDOT 晶体的弛豫时间（$\tau$）和沿着晶轴 $b$ 和 $c$ 方向的空穴迁移率（$\mu$）**

| 样品 | $\tau$/fs | $\mu_b$/[cm$^2$/(V·s)] | $\mu_c$/[cm$^2$/(V·s)] |
|---|---|---|---|
| 未掺杂 | 169 | $1.25 \times 10^3$ | 94.5 |
| 轻掺杂 | 6.79 (237; 7.01) | 89.0 ($2.39 \times 10^3$; 92.8) | 7.28 (186; 7.61) |
| 重掺杂 | 112 (958; 126) | $1.00 \times 10^3$ ($7.96 \times 10^3$; $1.15 \times 10^3$) | 131 ($1.06 \times 10^3$; 150) |

注：对于未掺杂 PEDOT，仅考虑声学声子对电子的散射；而对于掺杂 PEDOT：Tos，括号外的数值为同时考虑电子-声学声子散射和电子-带电杂质散射的结果，括号内的数值分别为声学声子散射和带电杂质散射的贡献）

在同时考虑声学声子散射和杂质散射之后，轻掺杂体系的载流子迁移率要比未掺杂的小一个数量级，然而重掺杂体系却几乎保持不变（表 8-5）。这是因为在重掺杂的 PEDOT：Tos 中，载流子浓度很高，导致其具有较强的库仑屏蔽效应，进而空穴和带电杂质的散射相对较弱。此前，de Leeuw 等[60]在测量 3-己基噻吩的聚合物（P3HT）和烷氧基侧链取代的聚亚苯基乙烯撑（OC$_1$C$_{10}$-PPV）的场效应迁移率和空穴浓度的关系时发现，空穴浓度为 $10^{14} \sim 10^{15}$ cm$^{-3}$ 时，迁移率几乎保持不变；但当空穴浓度为 $10^{16} \sim 10^{20}$ cm$^{-3}$ 时，迁移率呈现指数上升趋势。他们解释发生这一现象的原因是：在较低的载流子浓度下，载流子会被结构无序或杂质等束缚；而在较高的浓度时，部分的载流子填满这些陷阱，从而屏蔽无序或杂质等对其余载流子的束缚,这样其余的载流子就可以较"自由"地参与输运过程。我们这里计算的轻掺杂和重掺杂 PEDOT：Tos 晶体的空穴迁移率大小变化与该实验结果趋势一致。另外,掺杂体系的电子-声子散射也较未掺杂的弱,这是因为在掺杂的 PEDOT：Tos 晶体中, Tos 对离子嵌插在相邻的 PEDOT 链之间,使得沿着晶轴 $a$ 方向的弹性常数较大。计算的轻掺杂 PEDOT：Tos 的塞贝克系数和电导率分布在 PEDOT：Tos 薄膜实验结果的高电导一侧(图 8-9)。其中,沿着聚合物链方向的数据与 Kim 等[23]报道的通过电化学掺杂优化功率因子的结果一致;沿着 π-π 堆积方向的数据与 Crispin 等[21]报道的结果一致(图 8-9)。

　　轻掺杂和重掺杂 PEDOT：Tos 晶体的热电输运系数在表 8-4 中列出,实验上测量的热电优值也列出进行对照。从表中可以看出, 随着载流子浓度从 $1.37 \times 10^{20}$ cm$^{-3}$ 增加到 $5.77 \times 10^{20}$ cm$^{-3}$,塞贝克系数显著下降,电导率和电子热导率升高。这一结果与我们在刚性能带近似下预测的结果一致。轻掺杂 PEDOT：Tos 晶体的功率因子要显著大于重掺杂的。在重掺杂体系的原胞中, Tos 的数量只增加了一倍,而功率因子却大幅下降,说明重掺杂体系明显已经掺杂过度,这也体现了通过掺杂调控载流子浓度进而优化热电功率因子是非常有挑战的。轻掺杂 PEDOT：Tos 沿着聚合物链和 π-π 堆积方向的功率因子分别为 31.5 μW/(cm·K$^2$) 和 2.09 μW/(cm·K$^2$),这与 Kim 等[22]此前报道的 12.7 μW/(cm·K$^2$) 和 Crispin 等[21]报道的 3.5 μW/(cm·K$^2$) 非常接近。我们注意到, PEDOT 晶体的热电输运系数和热电性能表现出明显的各向异性,其中沿着聚合物链方向的电导率和功率因子要比沿着 π-π 堆积方向的大一个数量级。然而,塞贝克系数却表现出各向同性的特点,这是因为塞贝克系数可以表示为两个输运张量的比值。由于能带结构的各向异性,进而导致群速度的各向异性,最终使得这两个输运张量也是各向异性的。而比值使得这种各向异性被抵消,所以塞贝克系数呈现出各向同性的特点。

　　载流子迁移率是一个非常关键的参数,它通过关系式 $\sigma = Ne\mu$ 与电导率及热电输运性能紧密关联。我们之前的工作指出,高的本征载流子迁移率有助于在低掺杂浓度下实现高热电优值[61]。这里,我们将预测的轻掺杂和重掺杂 PEDOT：Tos 晶体的空穴迁移率和一些实验结果列在图 8-10 中。总的来说,我们的计算结果与实验结果较为一致。尤其是近期,实验上测得的单晶 PEDOT：Cl 纳米线沿着 π-π 堆积方向,在空穴浓度为 $6.23 \times 10^{20}$ cm$^{-3}$ 时电导率为 8797 S/cm,从而其迁移率为 88.08 cm$^2$/(V·s)[62],这与我们预测的重掺杂 PEDOT：Tos 晶体的结果[空穴浓度为 $5.77 \times 10^{20}$ cm$^{-3}$ 时电导率为 $1.21 \times 10^4$ S/cm,迁移率为 131 cm$^2$/(V·s)]非常一致。值得注意的是,计算的迁移率也表现出明显的各向异性,链内的迁移率要比 π-π 堆积方向的迁移率大一个数量级。实际中,聚合物往往呈现出无定形态,从而导致其具有较差的迁移率。然而,通过改善制备工艺,如提高聚合物的结晶度，很多导电聚合物的迁移率都有极大的提高，甚至超过 $10\ cm^2/(V \cdot s)$。例如，Heeger 等[63]报道的具有高度取向性的给受体型聚合物纳米晶 PCDTPT，具有极高的链内空穴迁移率，为 $71\ cm^2/(V \cdot s)$。他们也报道了其电荷传输性质具有很高的各向异性，即链内的迁移率是链间的 10 倍；这与我们预测的 PEDOT 的结果相吻合。我们相信，实验上大多数报道的导电聚合物较低的迁移率主要是由样品的无定形特征所导致的，在无定形结构中，微观的聚合物链往往采取卷曲、纠缠或是折叠的构型。如果通过改变对离子的尺寸[64]，或者在制备薄膜之前，向聚合物水溶液中加入极性溶剂或后处理[65,66]等方式，提高导电聚合物的结晶度，则导电聚合物的迁移率应该会大幅提高。

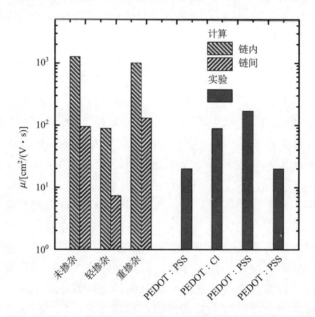

图 8-10　室温下未掺杂、轻掺杂和重掺杂 PEDOT 晶体链内和链间的空穴迁移率

实验测量结果也放在图中进行对照，图中的实验数据从左到右分别来自文献[67]、[62]、[68]和[69]

### 8.3.3　小结

在本工作中，我们引入对离子 Tos，考虑真实的掺杂体系 PEDOT：Tos，探究掺杂对热电转换及电荷传输的影响。我们发现掺杂使聚合物骨架从芳香型的构型转变为醌式构型。掺杂使聚合物的能带结构发生从半导体到金属的转变。在掺杂的 PEDOT：Tos 体系中，带电杂质散射占主导。轻掺杂 PEDOT：Tos（空穴浓度为 $1.37\times10^{20}\ cm^{-3}$）的功率因子远大于重掺杂体系（空穴浓度为 $5.77\times10^{20}\ cm^{-3}$），建议将掺杂浓度控制在轻掺杂的附近。我们预测的掺杂 PEDOT：Tos 晶体的迁移

率和功率因子与最新的实验结果吻合得较好。我们相信通过精确地调控掺杂水平，具有高本征迁移率的半导性聚合物都可能实现可观的热电功率因子。另外，无论是未掺杂的本征态 PEDOT 晶体还是掺杂的 PEDOT：Tos 晶体，其热电功率因子均表现出显著的各向异性，即沿共轭骨架方向的链内功率因子比沿 $\pi$-$\pi$ 堆积方向的链间功率因子高一个数量级。那么，是不是在聚合物链内方向更容易获得高热电优值呢？这里还有一个因素没有考虑，即晶格热导率，下面一节中将进一步讨论这个问题。

## 8.4　聚合物热电材料热输运性质的调控

对于聚合物，热导率是一个非常重要的物理量。在聚合物电子学器件中，高的热导率有利于焦耳热的传导和耗散[70]。而在热电应用中，低的热导率有利于实现高的热电优值。对于聚合物热电材料，目前人们大多将注意力集中在通过掺杂优化热电性能上[21,22,53,71]。然而通过调控聚合物的热输运性质进而提高热电优值的研究未见报道。提高聚合物的结构有序度可以同时提高塞贝克系数和电导率，从而获得较高的热电功率因子[55]。但是，结构规整的聚合物材料同样具有异常高的晶格热导率，这一点不利于实现高的热电优值。例如，通过拉伸聚乙烯纳米纤维，其室温下的晶格热导率可以高达 104 W/(m·K)，比许多纯的金属还要高[72]。这部分的工作将系统地探究导电聚合物 PEDOT 的热输运性质，并结合功率因子研究其热电优值。在此基础上，我们将试图寻找进一步提升 PEDOT 热电优值的方案。

### 8.4.1　计算细节

1. 建模

基于晶态聚合物模型，通过模拟热退火的方式产生具有一定链取向和结构无序的有限链长的 PEDOT 纤维。采用未掺杂的 PEDOT 晶体结构作为初始结构。初始结构首先在正则系综下平衡 500 ps，温度控制在 500～1800 K 之间，控温方式采用 Nosé-Hoover 热浴。随后将体系缓慢降温至 298 K，降温速率控制在 0.1～5 K/ps 之间，模拟冷却过程时保持环境压力在 1 atm（1 atm=1.01325×10⁵ Pa）。随后，在正则系综下平衡体系 500 ps，期间保持温度为 298 K；接着在等温等压系综下平衡体系 500 ps，期间保持温度为 298 K，压力为 1 atm。控温控压方式均采用 Nosé-Hoover 动力学方法。

采用体积结晶度 $X_c$ 描述聚合物纤维的结构有序程度。体积结晶度定义为

$$X_c \equiv \frac{V_c}{V_a + V_c} \tag{8-21}$$

式中，$V_c$ 和 $V_a$ 分别为样品中晶相和非晶相的体积。在两相结构模型中，样品的体积结晶度可以通过测量样品的密度得到。这里的两相分别指晶相和非晶相。在该模型中，样品的体积结晶度可表达为

$$X_c \equiv \frac{\rho - \rho_a}{\rho_c - \rho_a} \tag{8-22}$$

式中，$\rho$、$\rho_a$ 和 $\rho_c$ 分别为样品、非晶相和晶相的质量密度。此后，利用这一定义式来描述模拟得到的具有一定链取向的聚合物纤维的结晶度。

构建两类具有不同链长的 PEDOT 纤维：一个包含 40 个 EDOT 单元，链长为 156 Å，相对分子质量(relative molecular weight，r.m.w.)为 5600，命名为聚合物 1；另一个包含 100 个 EDOT 单元，链长为 391 Å，相对分子质量为 14000，命名为聚合物 2(表 8-6)。通过模拟退火获得了 20 个具有不同结晶度的聚合物 1 的样品，其结晶度范围为 0.49~0.87；18 个聚合物 2 的样品，结晶度范围为 0.54~0.89。图 8-11 展示了相对分子质量为 5600，结晶度分别为 0.49 和 0.87 的 PEDOT 纤维的微观形貌差异。从图中可以清楚地看出结晶度越高，聚合物结构越有序。

表 8-6　两类具有不同链长的聚合物纤维的链数目、EDOT 单元数、链长和相对分子质量

| 样品 | 链数目 | EDOT 单元数 | 链长/Å | 相对分子质量 |
| --- | --- | --- | --- | --- |
| 聚合物 1 | 18 | 40 | 156 | 5600 |
| 聚合物 2 | 18 | 100 | 391 | 14000 |

### 2. 力场参数的提取

使用通用 AMBER 力场(general AMBER force field，GAFF)[73]描述聚合物中的共价键及非共价键相互作用。原子间的非谐性相互作用可在 GAFF 中被考虑。在 GAFF 中，原子电荷采用限制性的静电势(restrained electrostatic potential，RESP)拟合[74]方法得到。电子密度和静电势的计算采用 HF/6-31 G 的方法得到。为了模拟具有无限链长的晶态未掺杂和轻掺杂 PEDOT，在模拟过程中对三个方向均施加周期性边界条件，聚合物链末端与其周期镜像相连接。对于未掺杂的 PEDOT，提取一个原胞内的两个 EDOT 单元，并将两端用氢原子饱和。利用这一结构计算静电势和提取原子的点电荷。对于轻掺杂的 PEDOT∶Tos，提取一个原胞内的 8 个 EDOT 单元和 Tos，并将链末端用氢原子饱和。在做 RESP 时，人为地将链末端饱和的氢原子的点电荷设置为 0。这样可以保证，移除氢原子后整个原胞内原子点

电荷保持电中性。假设未掺杂 PEDOT 和轻掺杂 PEDOT：Tos 中原子的点电荷沿着聚合物链重复分布。通过分析轻掺杂 PEDOT：Tos 中的原子点电荷，发现掺杂剂 Tos 上的总电荷数为-0.87，聚合物链上的总电荷数为+0.87，与之前基于 DFT 通过 Bader 电荷分析[44]得到的结果(0.89)一致[75]。

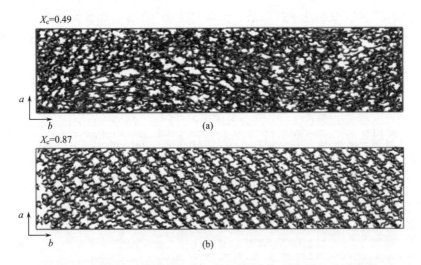

$X_c=0.49$

(a)

$X_c=0.87$

(b)

图 8-11　模拟退火得到的具有一定链取向的 PEDOT 纤维的微观形态

样品的相对分子质量均为 5600，(a)样品的结晶度为 0.49，(b)样品的结晶度为 0.87，实线为盒子边界；为便于观察，氢原子省去没有画出

#### 3. 晶格热导率的计算

热导率由热传导的傅里叶定律给出，即

$$J_Q = -\kappa_L \nabla T \tag{8-23}$$

式中，$J_Q$ 为热通量；$\kappa_L$ 为晶格热导率；$\nabla T$ 为温度梯度，负号表示热通量方向与温度梯度的方向相反。非平衡态分子动力学方法计算晶格热导率的思路是人为地创造非平衡输运条件：施加一个温度差来计算热通量，或者施加一个热通量来计算所产生的温度分布，这里采用后一种方案。目前，产生热通量的算法有速度交换算法[76,77]、速度标定算法[78]、热注入算法[79]等，这里采用速度交换算法。

沿着指定的热传输方向复制原胞变为超胞，即模拟的盒子。再将此盒子沿着热传输的方向人为地分为 $N$ 层，记为第 0，1，2，…，$N-1$ 层。每隔一段时间，交换热源(第 $N/2$ 层)和热漏(第 0 层)中各一个具有相同质量的两个粒子的速度，这相当于在体系中人为地引入热通量(图 8-12)，产生的热通量的大小为

$$J_Q = \frac{1}{2At} \sum_{\text{transfers}} \left( \frac{1}{2}mv_{\text{hot}}^2 - \frac{1}{2}mv_{\text{cold}}^2 \right) \tag{8-24}$$

式中，$m$ 为被交换速度的原子质量；$t$ 为总的模拟时长；$A$ 为垂直于热传导方向的横截面积；$v_{\text{hot}}$ 和 $v_{\text{cold}}$ 分别为在热漏和热源端速率最快和速率最慢的原子的速率，求和遍及所有交换速率的原子。在周期性边界条件下，热通量沿着两个方向传输，因此需要除以 2。当系统达到稳态后，每一层的局域温度便可以根据式 (8-25) 确定：

$$T_{\text{layer}} = \frac{1}{3nk_{\text{B}}} \sum_{i=1}^{n} m_i v_i^2 \tag{8-25}$$

式中，$n$ 为每一层中原子的数目；$k_{\text{B}}$ 为玻耳兹曼常数；$m_i$ 为第 $i$ 个原子的质量；$v_i$ 为第 $i$ 个原子的速率，求和遍及每一层中所有的原子。每一层的局域温度确定后，在模拟盒子上产生的温度梯度便可以知道，从而可以计算该尺寸盒子的晶格热导率。

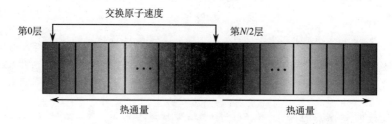

图 8-12 交换原子速度算法计算晶格热导率示意图

通过非平衡态分子动力学模拟计算的晶格热导率非常依赖于模拟的超胞尺寸，这一现象称为有限尺寸效应。在分子动力学模拟中，由于计算机硬件性能的限制，一般对体系采用周期性边界条件来模拟无限扩展体系。固体中的声子平均自由程有时可达到微米量级，而模拟盒子的尺度一般只有纳米量级。这样在设置了周期性边界条件的分子动力学模拟中，声子在热源与热漏之间传播，当声子传播至热源或热漏处就会发生散射。这样计算得到的晶格热导率并不能反映材料本征的热输运性质，因为它还包含了边界散射效应。有限尺度效应是不可忽略的，但可以通过外推方法来消除[80]。根据气体动力学理论[81]，各向同性的体系中，晶格热导率的表达式为

$$\kappa_{\text{L}} = \frac{1}{3}c_V v^2 \tau \tag{8-26}$$

式中，$c_V$ 为单位体积的定容热容；$\tau$ 为声子的弛豫时间；$v$ 为声子的运动速度。假设盒子边界对声子的散射与体相声子–声子散射是相互独立的，根据马西森近似，通过动力学模拟的声子的弛豫时间 $\tau_{MD}$ 可以分解为两项：

$$\frac{1}{\tau_{MD}} = \frac{1}{\tau_{bulk}} + \frac{1}{\tau_{boundary}} \tag{8-27}$$

式中，$\tau_{bulk}$ 为体相声子–声子散射对弛豫时间的贡献；$\tau_{boundary} = (L_{box}/2)/v$，为盒子边界散射对声子弛豫时间的贡献，$L_{box}$ 为盒子长度。将式(8-26)两边取倒数并代入式(8-27)，得到通过动力学模拟得到的晶格热导率与模拟盒子长度的关系

$$\frac{1}{\kappa_{MD}} = \frac{3}{c_V v^2} \tau_{MD}^{-1} = \frac{3}{c_V v^2}\left(\frac{1}{\tau_{bulk}} + \frac{2v}{L_{box}}\right) \equiv B\frac{1}{L_{box}} + A \tag{8-28}$$

式(8-28)中的 $A = 3/\left(c_V v^2 \tau_{bulk}\right)$，$B = 6/\left(c_V v\right)$，因此可以得到体相系统的声子的平均自由程为

$$l_{bulk} = v\tau_{bulk} = \frac{B}{2A} \tag{8-29}$$

实际模拟中，我们建立不同长度的超胞，计算不同尺寸超胞的晶格热导率，然后根据式(8-28)拟合晶格热导率的倒数 $1/\tau_{MD}$ 和盒子长度的倒数($1/L_{box}$)的线性关系，外推即可获得真实体相材料的晶格热导率。这部分的分子动力学模拟利用 LAMMPS (Large-scale Atomic/Molecular Massively Parallel Simulator，大规模原子分子并行模拟器)软件完成[82]。

## 8.4.2　结果与讨论

### 1. PEDOT 晶体的热输运性质和热电优值

首先，采用经典的非平衡分子动力学模拟计算未掺杂及轻掺杂 PEDOT 理想晶体的链内及链间的热输运性质。利用速度交换算法[76,77]在系统内部产生热通量。当系统达到稳态时，局域的热平衡状态建立，进而可以计算温度梯度。基于计算的热通量和温度梯度，利用热传导的傅里叶定律可以计算晶格热导率。系统内部局域温度的分布通常是线性的，除了靠近热源及热漏的区域会偏离线性分布(图 8-13)。这主要是因为非物理的交换原子速度产生热通量和物理的热传导这两个过程在这些区域没有很好地平衡。最后，通过模拟具有不同尺寸盒子的晶格热导率，采用外推法[80]计算真实体相材料的晶格热导率和声子的平均自由程(图 8-14)。

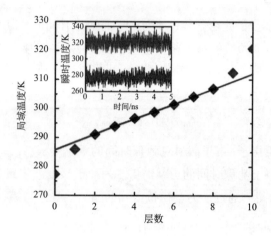

图 8-13　298 K 下非平衡分子动力学模拟得到的每一层局域温度的分布

实线为拟合的直线，内部的小图为热源和热漏的瞬时温度随时间的变化

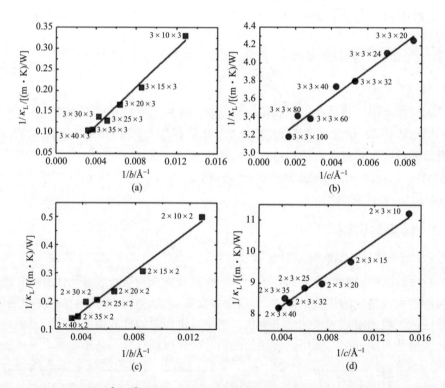

图 8-14　298 K 下沿着 $b^*$ 和 $c^*$ 方向，不同尺寸未掺杂[(a)和(b)]和轻掺杂[(c)和(d)]PEDOT 超胞晶格热导率的倒数($1/\kappa_{MD}$)与模拟盒子长度的倒数($1/L_{box}$)的关系

实线为拟合的直线，超胞的尺寸也在图中标出

　　未掺杂和轻掺杂 PEDOT 晶体链内的晶格热导率分别为 41 W/(m·K) 和 61 W/(m·K)，链间的分别为 0.14 W/(m·K) 和 0.33 W/(m·K)。由于对阴离子 Tos 嵌插在相邻的两个 PEDOT 层之间，因此掺杂对聚合物链内的热传输影响较小。此前的实验结果表明，聚乙烯纤维也具有高的各向异性的热传输行为，链内和链间的晶格热导率具有 180 倍的各向异性[83]。我们计算的各向异性程度与该实验结果相近。聚合物晶体热输运各向异性高的来源是链内和链间具有明显不同的化学键，即沿着聚合物链方向是强的共价键，沿着堆积方向是弱的范德瓦耳斯相互作用。如此高的各向异性的热传输性质是聚合物晶体区别于有机分子晶体的一个独有特性。我们收集了一些文献中的实验数据画在图 8-15 中，发现链规整的聚合物材料链内的晶格热导率大多分布在 10～100 W/(m·K) 的范围内，其垂直方向的晶格热导率大多分布在 0.1～1 W/(m·K) 的范围。无定形聚合物材料的晶格热导率大多分布在 0.1～1 W/(m·K) 的范围。例如在室温下，实验测量的无定形 PEDOT∶Tos[21]和 PEDOT∶PSS[22]薄膜平行于面内的总热导率分别为 0.37 W/(m·K) 和 0.42 W/(m·K)。近期，通过调控链间的相互作用，如引入氢键网络，在无定形的聚合物混合物中也可以实现较高的晶格热导率[约 1.5 W/(m·K)][84]。

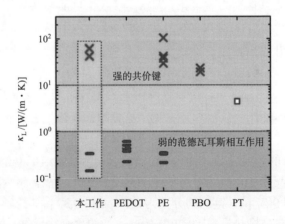

图 8-15　298 K 下计算的(本工作)未掺杂和轻掺杂 PEDOT 晶体链内(叉形)和链间(横线)的晶格热导率

实验测量的一些聚合物的晶格热导率也标在图中进行对照，图中实验测量的数据来源可参见表 8-7

表 8-7　图 8-15 中实验测量的数据来源

| 样品 | $\kappa_L$/[W/(m·K)] | 参考文献 |
| --- | --- | --- |
| PEDOT∶Tos 薄膜 | <0.37（平面内） | [21] |
| | 0.5（平面内） | [58] |

续表

| 样品 | $\kappa_L$ /[W/(m·K)] | 参考文献 |
|---|---|---|
| PEDOT：PSS 薄膜 | < 0.42（平面内） | [22] |
| | 0.6（平面内） | [57] |
| | 0.22（平面内） | [85] |
| 聚乙烯(PE)纤维 | 37.5（平行于纤维） | [83] |
| | 0.21（垂直于纤维） | |
| 聚乙烯单晶 | 41.6（轴向） | [86] |
| | 0.34（垂直方向） | |
| 聚乙烯凝胶 | 29.1（轴向） | |
| | 0.321（垂直方向） | |
| 聚乙烯纳米纤维 | 104（纤维轴向） | [72] |
| 聚对苯撑苯并二噁唑(PBO)纤维 | 19（纤维轴向） | [87] |
| | 23（纤维轴向） | |
| 聚噻吩(PT)纳米纤维 | 4.4（纤维轴向） | [88] |

根据热传导的气体动力学理论，即 $\kappa_L = c_V v^2 \tau$，晶格热导率不仅正比于定容热容 $c_V$，而且和声子的群速度 $v$ 及声子的弛豫时间 $\tau$ 有关。弛豫时间大小由振动模式间的非谐相互作用决定。在这里声子的群速度通过关系式 $v = \sqrt{C/\rho}$ 计算得到，其中 $C$ 为弹性常数，$\rho$ 为质量密度，这两个量均可从第一性原理计算得到。随后利用关系式 $\tau = l_{phonon} / v$，可以计算声子的弛豫时间，其中 $l_{phonon}$ 为声子平均自由程，可通过外推法计算得到。计算结果表明，未掺杂及轻掺杂 PEDOT 晶体的弹性常数和声子弛豫时间均表现出明显的各向异性（表 8-8）。未掺杂和轻掺杂 PEDOT 晶体链内的弹性常数分别为 $232×10^9$ J/m$^3$ 和 $195×10^9$ J/m$^3$，链间方向的为 $19.0×10^9$ J/m$^3$ 和 $46.3×10^9$ J/m$^3$。未掺杂和轻掺杂 PEDOT 晶体链内的声子弛豫时间分别为 4.06 ps 和 9.57 ps，链间的分别为 0.74 ps 和 0.32 ps。此前实验报道，一些典型的具有高轴向晶格热导率[约 20 W/(m·K)]的聚合物纤维，如 PBO 具有高达 3 ps 的声子弛豫时间和 300 Å 的声子平均自由程[87]。

随着温度的升高，未掺杂 PEDOT 晶体链内的晶格热导率显著下降[图 8-16(a)]。这一现象可以从简单的气体动力学理论理解。我们发现，声子的平均自由程也随着温度的升高显著下降，然而热容的变化却不明显[图 8-16(b)]。声子的平均自由程受振动模式之间的非谐性相互作用影响。随着温度的升高，更多的声子被激发，从而导致声子间更加频繁的碰撞，因此声子的平均自由程会显著下降。

表 8-8　298 K 下未掺杂及轻掺杂 PEDOT 晶体的弹性常数($C$)、质量密度($\rho$)、声子群速度($v$)、声子平均自由程($l_{phonon}$)、空穴平均自由程($l_{hole}$)、声子弛豫时间($\tau$)、单位体积定容热容($c_V$)和晶格热导率($\kappa_L$)

| 样品 | 方向 | $C$ /($10^9$ J/m$^3$) | $\rho$ /(g/cm$^3$) | $v$ /($10^3$ m/s) | $l_{phonon}$ /Å | $l_{hole}$ /Å | $\tau$ /ps | $c_V$ /[J/(cm$^3$·K)] | $\kappa_L$ /[W/(m·K)] |
|---|---|---|---|---|---|---|---|---|---|
| 未掺杂 | $b^*$ | 232 | 1.68 | 11.8 | 479 | 13.2 | 4.06 | 1.49 | 41.7 |
| | $c^*$ | 19.0 | | 3.36 | 25.0 | 4.17 | 0.74 | | 0.33 |
| 轻掺杂 | $b^*$ | 195 | 1.45 | 11.6 | $1.11\times10^3$ | 4.04 | 9.57 | 1.32 | 61.2 |
| | $c^*$ | 46.3 | | 5.65 | 17.8 | 1.24 | 0.32 | | 0.14 |

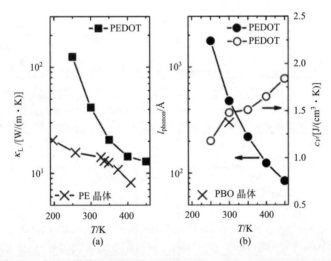

图 8-16　(a) 未掺杂 PEDOT 晶体链内的晶格热导率($\kappa_L$)与温度($T$)的依赖关系(方块),实验测量的 PE 晶体的结果也画在图中进行对照(叉形)[86];(b) 未掺杂 PEDOT 晶体链内声子平均自由程($l_{phonon}$)(实心圆)、单位体积的定容热容($c_V$)(空心圆)与温度($T$)的依赖关系,实验测量的室温下 PBO 晶体的声子平均自由程(叉形)也画在图中进行对照[87]

在 8.3 节的工作中发现,对于掺杂的 PEDOT:Tos 晶体,带电杂质散射占主导。因此,在刚性能带近似下基于未掺杂 PEDOT 晶体的能带结构计算热电输运系数时,除了考虑声学声子散射外,还可以加入带电杂质散射。假定杂质浓度为 $10^{20}$ cm$^{-3}$。室温下的热电输运系数对空穴浓度的依赖关系如图 8-17 所示,最优掺杂浓度及相应的热电输运系数列在表 8-9 中。可以看出随着空穴浓度的升高,电导率升高，然而塞贝克系数却急剧下降。在最优掺杂浓度 $2.71\times10^{20}$ cm$^{-3}$ 和 $2.81\times10^{20}$ cm$^{-3}$ 时，链内和链间的功率因子的极大值达到 77.6 μW/(cm·K$^2$) 和 3.17 μW/(cm·K$^2$)。计算的链间的功率因子极大值[3.17 μW/(cm·K$^2$)]与近期的实验结果[约 3.50 μW/(cm·K$^2$) 和约 4.50 μW/(cm·K$^2$)][21,22]很好地吻合。由于空穴也是热的传输载体，因此电子的热导率会随着空穴浓度的升高而增加。PEDOT 晶体中大约 200 倍的晶格热导率的各向异性，远远大于热电功率因子的各向异性。尽管链内的功率因子较高，但链内的热电优值依然非常小，只有 0.02，链间的热电优值为 0.19（图 8-18）。链间结果与目前实验上的数据较为接近[21,22]。

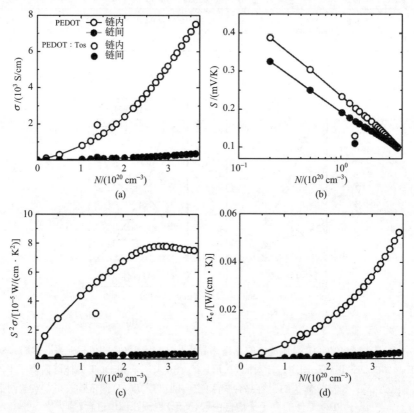

图 8-17　298 K 下未掺杂和轻掺杂 PEDOT 晶体链内（晶轴 $b$ 方向，空心圆）和链间（晶轴 $c$ 方向，实心圆）的热电输运系数

电导率（$\sigma$）(a)、Seebeck 系数（$S$）(b)、功率因子（$S^2\sigma$）(c) 和电子热导率（$\kappa_e$）(d) 随空穴浓度（$N$）的变化关系

我们发现聚合物热电材料天生具有电子晶体和声子玻璃的特性。聚合物晶体链内表现出电子晶体的性质，在沿着 π-π 堆积方向表现出声子玻璃的特性。为了充分利用沿着聚合物链方向高的功率因子，必须将该方向的晶格热导率极大

**表 8-9** 298 K 下未掺杂 PEDOT 晶体最优掺杂浓度($N_{\text{opt}}$)、热电优值峰值($zT_{\text{max}}$)和相应的热电输运系数

| 样品 | 方向 | $zT_{\text{max}}$ | $N_{\text{opt}}$ /($10^{20}$ cm$^{-3}$) | $S$ /(mV/K) | $\sigma$ /($10^3$ S/cm) | $S^2\sigma$ /[μW/(cm·K$^2$)] | $\kappa_{\text{e}}$ /[W/(m·K)] |
|---|---|---|---|---|---|---|---|
| 未掺杂 | $b$ | 0.05 | 2.71 | 0.13 | 4.29 | 77.6 | 2.76 |
| | $c$ | 0.19 | 2.81 | 0.12 | 0.21 | 3.17 | 0.16 |
| PEDOT:Tos[21] | | 0.25 | | 0.22 | 0.08 | 3.50 | |
| PEDOT:PSS[22] | | 0.42 | | 0.07 | 0.90 | 4.50 | |
| PEDOT:Tos[23] | | 1.02 | | 0.12 | 0.92 | 12.7 | |

注：近期的实验结果也列在表中进行对照

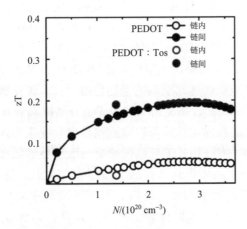

图 8-18　298 K 下未掺杂和轻掺杂 PEDOT 晶体链内(晶轴 $b$ 方向)和链间(晶轴 $c$ 方向)的热电优值(zT)随空穴浓度($N$)的变化关系

地抑制。以下，我们将通过控制聚合物链长度和引入结构无序的方法调控聚合物链内的晶格热导率。近期，实验上制备的具有一定链取向的无定形聚噻吩纳米纤维，其晶格热导率高达 4.4 W/(m·K)，这一数值要比无定形聚合物薄膜的高出很多[88]。这是因为这一材料中的聚合物链的取向较为规整，但又比聚合物晶体的无序度高。为了有效地提高聚合物沿着链方向的热电效率，一个有挑战的任务是在降低晶格热导率的同时尽量不影响电荷传输。利用关系式 $l_{\text{hole}} = \sum\limits_{k\in\text{VB}} v_k\tau_k\left[1-f_0(\varepsilon_k)\right] / \sum\limits_{k\in\text{VB}}\left[1-f_0(\varepsilon_k)\right]$，可以计算未掺杂和轻掺杂 PEDOT 晶体链内的空穴平均自由程，式中的 $f_0(\varepsilon_k)$ 为费米-狄拉克分布函数。计算得到的未掺杂和轻掺杂 PEDOT 晶体链内的声子平均自由程分别为 479 Å 和 1110 Å，链

内的空穴平均自由程为 13.2 Å 和 4.04 Å(表 8-8)。声子的平均自由程受声子间的非谐相互作用限制,而空穴的平均自由程受电荷与声子间的相互作用以及电荷与带电杂质的相互作用限制。我们发现,聚合物链内声子和电荷的运动在空间尺度上是分开的,这样就有可能在抑制热传输的同时不影响该方向的电荷传输。假设聚合物的链长比空穴的平均自由程长,但比声子的平均自由程短,则可以使声子在边界处发生散射,从而降低晶格热导率而不影响空穴的输运。聚合物的链长可以用分子量或聚合度描述,这些量可以通过实验测量得到,也可以在制备过程中合理地调控。聚合物的相对分子质量通常分布在 $10^4 \sim 10^6$ 范围内,并存在一个或窄或宽的分布。为了达到降低晶格热导率进而提高热电优值的目的,PEDOT 的链长需控制在 13.2~479 Å 的范围内,这相当于一条链具有 4~124 个 EDOT 单元,相对分子质量在 560~17360 之间。这里设计两种具有不同链长的聚合物:一个包含 40 个 EDOT 单元,链长 156 Å,相对分子质量 5600,命名为聚合物 1;另一个包含 100 个 EDOT 单元,链长 391 Å,相对分子质量 14000,命名为聚合物 2。计算了这两个具有有限链长的 PEDOT 晶体的晶格热导率,其值分别为 4.84 W/(m·K) 和 9.84 W/(m·K),这一结果比无限链长的 PEDOT 晶体的结果下降了 9 倍和 4 倍左右。由于聚合物链长远远比空穴的平均自由程长,因此链内的电荷传输过程将不会受到影响,这样,聚合物链内的热电优值分别提高到 0.16 和 0.09。这一结果证实了聚合物链内的热输运性质可以通过调控聚合度来实现。

2. 具有一定链取向的 PEDOT 纤维的热输运性质和热电优值

在实际中,聚合物晶体很难从溶液制备过程中生长,然而具有一定链取向的无序聚合物纤维却较容易制备。结构的无序将会产生局域的振动模式,从而进一步阻碍热传输。这里,我们设计了一系列具有一定链取向和不同程度结构无序的聚合物 1 和聚合物 2。通过模拟热退火的方法得到这一系列的样品。这些聚合物纤维的结构无序程度可以用体积结晶度来描述。随着样品中结构无序度的增加,聚合物 1 和聚合物 2 的体积结晶度分别从靠近晶相的 0.87 和 0.89 降低到类似非晶相的 0.49 和 0.54。无定形 PEDOT 的结构可以通过噻吩环上硫原子和硫原子之间的径向分布函数表征(图 8-19)。与 PEDOT 晶体的径向分布函数相比,无定形 PEDOT 的径向分布函数的峰较宽。此外,结晶度越低,分布的峰越宽。

图 8-20 展示了 PEDOT 纤维轴向晶格热导率与结晶度的依赖关系。晶格热导率与结晶度表现出非常明显的依赖关系。对于聚合物 1 和聚合物 2,当结晶度分别从 0.87 和 0.89 下降到 0.49 和 0.54,样品的晶格热导率分别从 4.88 W/(m·K) 和 6.66 W/(m·K) 下降到 0.97 W/(m·K) 和 1.67 W/(m·K)。当结晶度降低时,具有长链的聚合物的晶格热导率下降的较短链聚合物的快。

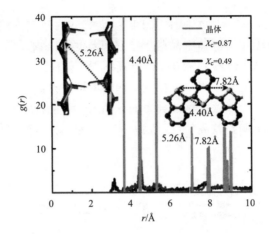

图 8-19　未掺杂 PEDOT 晶体和相对分子质量为 5600，结晶度 $(X_c)$ 分别为 0.49 和 0.87 的 PEDOT
纤维中硫原子和硫原子的径向分布函数 $[g(r)]$

内部的小图展示了 PEDOT 链内和链间的硫原子与硫原子之间的相对位置和距离

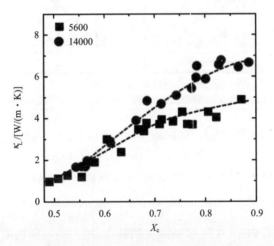

图 8-20　298 K 下相对分子质量分别为 5600 和 14000 的 PEDOT 纤维轴向的
晶格热导率 $(\kappa_L)$ 与结晶度 $(X_c)$ 的关系

虚线为趋势线

　　无定形 PEDOT 纤维的晶格热导率与温度的依赖关系明显不同于 PEDOT 晶体。随着温度的升高，无定形 PEDOT 纤维的晶格热导率略微升高，表现出典型的无定形材料的晶格热导率–温度依赖关系[图 8-21(a)]。无定形固体中的热传输机制目前尚不明确。一些理论模型，如常数声子平均自由程图像[89]、最小热导率模型[90-92]、基于格林–久保方程的理论[93-95]、局域振动模式间的非谐性耦合对热导率的贡献[96-98]及非局域的类似于声子的振动模式对热导率的贡献[99-101]等被相继提出,用来理解无定形固体中晶格热导率和温度的依赖关系。我们的模拟结果表明热容随着温度从 250 K 到 450 K 的升高缓慢上升[图 8-21(b)],从而引起晶格热导率的缓慢上升。此外,也不能排除,随着温度的升高,局域振动模式间的非谐性相互作用增强从而导致晶格热导率的升高这一可能性[96]。随着聚合物链长的增加,晶格热导率也明显升高,这是因为离域的振动模式对热传输也有不可忽视的贡献[99]。

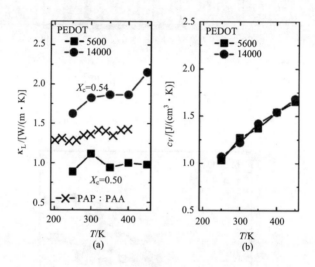

图 8-21　相对分子质量分别为 5600 和 14000 的 PEDOT 纤维轴向晶格热导率$(\kappa_L)$ (a) 以及单位体积定容热容$(c_V)$ (b) 与温度$(T)$的关系

实验测量的无定形聚合物聚 N-丙烯酰哌啶和聚丙烯酸(PAP:PAA)的共混薄膜的晶格热导率-温度关系也画在 (a) 图进行对照[84]

　　我们看到,随着 PEDOT 纤维结晶度的升高,轴向热电优值明显下降(图 8-22)。通过引入一定的结构无序和缩短链长,聚合物 1 的轴向热电优值在结晶度为 0.49 时达到 0.48,这一结果是理想晶体的 20 倍。我们也注意到,预测的轻掺杂 PEDOT:Tos 晶体链间和链内的热电优值(0.19 和 0.48)与近期 Crispin 等[21]报道的 0.25 和 Pipe 等[22]报道的 0.42 非常接近。我们的结果表明,调控导电聚合物的聚合度和结晶度可以有效地调控链内的热传输性质,进而达到提高热电优值的目的。

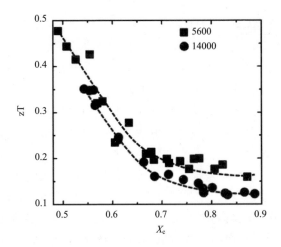

图 8-22　298 K 下相对分子质量分别为 5600 和 14000 的 PEDOT 纤维轴向的
热电优值(zT)与结晶度($X_c$)的关系

虚线为趋势线

### 8.4.3　小结

通过非平衡分子动力学模拟，我们证实理想的 PEDOT 晶体链内表现出异常优良的热传输性能，而在链间却表现出声子玻璃的热传输特性。这主要是链内和链间迥然相异的化学键造成的，即链内为强的共价键，链间为弱的范德瓦耳斯相互作用。因此，尽管 PEDOT 晶体链内的功率因子很高，但其热电优值依然非常低，约为 0.02。基于聚合物链内声子平均自由程远大于空穴平均自由程这一特点，我们提出通过链长来调控聚合物链内的热传输性质，以达到提高链内热电优值的目的。我们设计了一系列具有不同结晶度和链长同时又具有一定链取向的 PEDOT 纤维，发现随着结晶度的降低，轴向的晶格热导率明显降低，热电优值升高。相对分子质量为 5600，结晶度为 0.49 的无定形 PEDOT 纤维的轴向晶格热导率可以降低至 0.97 W/(m·K)，这样链内的热电优值可以大幅提升至 0.48，是理想晶体的 20 倍。聚合物的聚合度和结晶度是影响热传输性质的两个关键因素。尤为重要的是，这两个要素可以在聚合物的制备过程中较容易地控制和表征。我们相信所提出的调控导电聚合物热输运性质的方案在实际应用中是可行的，并且可以推广到其他聚合物材料中。这一方法也开辟了除掺杂调控载流子浓度外，一种新的提高导电聚合物热电优值的途径。

## 8.5 总结与展望

  随着有机热电材料，特别是聚合物热电材料实验研究的进展，研究人员迫切希望了解通过精确控制掺杂浓度、形貌调控等手段提高热电优值背后的物理原因。只有回答了这个问题，才能为进一步优化有机热电材料的性能提供理论指导。针对实验提出的问题，我们在理论与计算方法上前进了一步，直接利用第一性原理方法计算载流子弛豫时间。在此之前，热电材料的理论研究对弛豫时间通常采用一个经验常数来近似，没有考虑各种载流子散射机制，从而在很大程度上限制了方法的预测性。在理论方法改进的基础上，首次定量阐述了高性能 p 型聚合物热电材料 PEDOT：Tos 中掺杂浓度对其热电转换过程及载流子输运的影响。我们不仅考虑了电子-声子相互作用的散射机制，还考虑了带电杂质对载流子屏蔽库仑作用的散射机制，后者在 PEDOT：Tos 的载流子散射中占主导地位。可以看到，掺杂不仅改变载流子浓度，而且会通过对离子的嵌入对载流子产生散射，影响电荷传输。

  另外，有机半导体材料往往经过化学掺杂才能导电，而掺杂剂的加入必然会影响分子间的堆积，从而可能破坏电荷传输通道。特别是有机小分子半导体，分子间通过 π-π 堆积构成了一维或二维传输通道，更容易受到掺杂剂的影响，导致掺杂后载流子迁移率会比其本征的迁移率下降很多。如何有效地进行掺杂，在提高载流子浓度的同时尽量不影响分子间的堆积，是在提高有机热电材料的热电转换效率过程中面临的一个重要挑战。

  与有机小分子半导体相比，聚合物材料在加工上有更大的自由度和可控性。导电聚合物链内是通过共价键连接的，其沿共轭骨架的导电性比 π-π 堆积方向好很多，而且不易受掺杂的影响。但同时，它在这个方向的导热性也很好。我们的分子动力学模拟结果表明，通过控制聚合物链长和调控结晶度可以显著降低其轴向的晶格热导率。我们提出，利用电子和声子在空间运动尺度上是分开的这一特性，调控链长使其介于电子和声子的平均自由程之间，可以在聚合物热电材料中巧妙地实现"电子晶体、声子玻璃"。这一思路为优化聚合物热电材料的性能提供了一个新方向。

### 参 考 文 献

[1] DiSalvo F J. Thermoelectric cooling and power generation. Science, 1999, 285(5428): 703-706.

[2] Bell L E. Cooling, heating, generating power, and recovering waste heat with thermoelectric systems. Science, 2008, 321(5895): 1457-1461.

[3] He J, Tritt T M. Advances in thermoelectric materials research: Looking back and moving

forward. Science, 2017, 357(6358): eaak9997.

[4]　Snyder G J, Toberer E S. Complex thermoelectric materials. Nat Mater, 2008, 7(2): 105-114.

[5]　Slack G A. CRC Handbook of Thermoelectrics. Boca Raton: CRC Press, 1995.

[6]　Mahan G D, Sofo J O. The best thermoelectric. Proc Natl Acad Sci, 1996, 93(15): 7436-7439.

[7]　Hicks L D, Dresselhaus M S. Effect of quantum-well structures on the thermoelectric figure of merit. Phys Rev B, 1993, 47(19): 12727-12731.

[8]　Hicks L D, Dresselhaus M S. Thermoelectric figure of merit of a one-dimensional conductor. Phys Rev B, 1993, 47(24): 16631-16634.

[9]　Shirakawa H, Louis E J, MacDiarmid A G, et al. Synthesis of electrically conducting organic polymers: Halogen derivatives of polyacetylene, $(CH)_x$. J Chem Soc Chem Commun, 1977(16): 578-580.

[10]　Chiang C K, Druy M A, Gau S C, et al. Synthesis of highly conducting films of derivatives of polyacetylene, $(CH)_x$. J Am Chem Soc, 1978, 100(3): 1013-1015.

[11]　Chiang C K, Fincher C R, Park Y W, et al. Electrical conductivity in doped polyacetylene. Phys Rev Lett, 1977, 39(17): 1098-1101.

[12]　Russ B, Glaudell A, Urban J J, et al. Organic thermoelectric materials for energy harvesting and temperature control. Nat Rev Mater, 2016, 1(10): 16050.

[13]　Zang Y P, Zhang F J, Di C A, et al. Advances of flexible pressure sensors toward artificial intelligence and health care applications. Mater Horiz, 2015, 2(2): 140-156.

[14]　Rogers J A, Someya T, Huang Y. Materials and mechanics for stretchable electronics. Science, 2010, 327(5973): 1603-1607.

[15]　Bubnova O, Crispin X. Towards polymer-based organic thermoelectric generators. Energ Environ Sci, 2012, 5(11): 9345-9362.

[16]　Zhang Q, Sun Y M, Xu W, et al. Organic thermoelectric materials: Emerging green energy materials converting heat to electricity directly and efficiently. Adv Mater, 2014, 26(40): 6829-6851.

[17]　Chen Y N, Zhao Y, Liang Z Q. Solution processed organic thermoelectrics: Towards flexible thermoelectric modules. Energ Environ Sci, 2015, 8(2): 401-422.

[18]　He M, Qiu F, Lin Z Q. Towards high-performance polymer-based thermoelectric materials. Energ Environ Sci, 2013, 6(5): 1352-1361.

[19]　Poehler T O, Katz H E. Prospects for polymer-based thermoelectrics: State of the art and theoretical analysis. Energ Environ Sci, 2012, 5(8): 8110-8115.

[20]　Kroon R, Mengistie D A, Kiefer D, et al. Thermoelectric plastics: From design to synthesis, processing and structure-property relationships. Chem Soc Rev, 2016, 45(22): 6147-6164.

[21]　Bubnova O, Khan Z U, Malti A, et al. Optimization of the thermoelectric figure of merit in the conducting polymer poly(3,4-ethylenedioxythiophene). Nat Mater, 2011, 10(6): 429-433.

[22]　Kim G H, Shao L, Zhang K, et al. Engineered doping of organic semiconductors for enhanced thermoelectric efficiency. Nat Mater, 2013, 12(8): 719-723.

[23]　Park T, Park C, Kim B, et al. Flexible PEDOT electrodes with large thermoelectric power factors to generate electricity by the touch of fingertips. Energ Environ Sci, 2013, 6(3):

788-792.

[24] Sun Y M, Sheng P, Di C G, et al. Organic thermoelectric materials and devices based on p- and n-type poly (metal 1,1,2,2-ethenetetrathiolate) s. Adv Mater, 2012, 24 (7): 932-937.

[25] Sun Y H, Qiu L, Tang L P, et al. Flexible n-type high-performance thermoelectric thin films of poly (nickel-ethylenetetrathiolate) prepared by an electrochemical method. Adv Mater, 2016, 28 (17): 3351-3358.

[26] Pernstich K P, Rossner B, Batlogg B. Field-effect-modulated Seebeck coefficient in organic semiconductors. Nat Mater, 2008, 7 (4): 321-325.

[27] Harada K, Sumino M, Adachi C, et al. Improved thermoelectric performance of organic thin-film elements utilizing a bilayer structure of pentacene and 2,3,5,6-tetrafluoro-7,7, 8,8-tetracyanoquinodimethane ($F_4$-TCNQ). Appl Phys Lett, 2010, 96 (25): 253304.

[28] Hayashi K, Shinano T, Miyazaki Y, et al. Thermoelectric properties of iodine doped pentacene thin films. Phys Status Solidi C, 2011, 8 (2): 592-594.

[29] Hayashi K, Shinano T, Miyazaki Y, et al. Fabrication of iodine-doped pentacene thin films for organic thermoelectric devices. J Appl Phys, 2011, 109 (2): 023712.

[30] Warwick C N, Venkateshvaran D, Sirringhaus H. Accurate on-chip measurement of the Seebeck coefficient of high mobility small molecule organic semiconductors. APL Mater, 2015, 3 (9): 096104.

[31] Bardeen J, Shockley W. Deformation potentials and mobilities in non-polar crystals. Phys Rev, 1950, 80 (1): 72-80.

[32] Chattopadhyay D, Queisser H J. Electron scattering by ionized impurities in semiconductors. Rev Mod Phys, 1981, 53 (4): 745-768.

[33] Hansson A, Böhlin J, Stafström S. Structural and electronic transitions in potassium-doped pentacene. Phys Rev B, 2006, 73 (18): 184114.

[34] Salzmann I, Heimel G, Duhm S, et al. Intermolecular hybridization governs molecular electrical doping. Phys Rev Lett, 2012, 108 (3): 035502.

[35] Méndez H, Heimel G, Opitz A, et al. Doping of organic semiconductors: Impact of dopant strength and electronic coupling. Angew Chem Int Ed, 2013, 52 (30): 7751-7755.

[36] Kim E G, Brédas J L. Electronic evolution of poly (3,4-ethylenedioxythiophene) (PEDOT): From the isolated chain to the pristine and heavily doped crystals. J Am Chem Soc, 2008, 130 (50): 16880-16889.

[37] Aasmundtveit K E, Samuelsen E J, Pettersson L A A, et al. Structure of thin films of poly (3,4-ethylenedioxythiophene). Synth Met, 1999, 101 (1-3): 561-564.

[38] Tranvan F, Garreau S, Louarn G, et al. Fully undoped and soluble oligo (3,4-ethylenedioxythiophene) s: Spectroscopic study and electrochemical characterization. J Mater Chem, 2001, 11 (5): 1378-1382.

[39] Niu L, Kvarnström C, Fröberg K, et al. Electrochemically controlled surface morphology and crystallinity in poly (3,4-ethylenedioxythiophene) films. Synth Met, 2001, 122 (2): 425-429.

[40] Breiby D W, Samuelsen E J, Groenendaal L B, et al. Smectic structures in electrochemically prepared poly (3,4-ethylenedioxythiophene) films. J Polym Sci Part B: Polym Phys, 2003,

41 (9) : 945-952.

[41] Blöchl P E. Projector augmented-wave method. Phys Rev B, 1994, 50 (24) : 17953-17979.

[42] Grimme S. Semiempirical GGA-type density functional constructed with a long-range dispersion correction. J Comput Chem, 2006, 27 (15) : 1787-1799.

[43] Kresse G, Furthmüller J. Efficient iterative schemes for *ab initio* total-energy calculations using a plane-wave basis set. Phys Rev B, 1996, 54 (16) : 11169-11186.

[44] Henkelman G, Arnaldsson A, Jónsson H. A fast and robust algorithm for Bader decomposition of charge density. Comput Mater Sci, 2006, 36 (3) : 354-360.

[45] Wang D, Shi W, Chen J M, et al. Modeling thermoelectric transport in organic materials. Phys Chem Chem Phys, 2012, 14 (48) : 16505-16520.

[46] Shuai Z G, Wang D, Peng Q, et al. Computational evaluation of optoelectronic properties for organic/carbon materials. ACC Chem Res, 2014, 47 (11) : 3301-3309.

[47] Madsen G K H. Automated search for new thermoelectric materials: The case of LiZnSb. J Am Chem Soc, 2006, 128 (37) : 12140-12146.

[48] Madsen G K H, Singh D J. BoltzTraP. A code for calculating band-structure dependent quantities. Comput Phys Commun, 2006, 175 (1) : 67-71.

[49] Abidian M R, Martin D C. Experimental and theoretical characterization of implantable neural microelectrodes modified with conducting polymer nanotubes. Biomaterials, 2008, 29 (9) : 1273-1283.

[50] Raimundo ·J M, Blanchard P, Frère P, et al. Push-pull chromophores based on 2,2'-bi (3,4-ethylenedioxythiophene) (BEDOT) π-conjugating spacer. Tetrahedron Lett, 2001, 42 (8) : 1507-1510.

[51] Massonnet N, Carella A, de Geyer A, et al. Metallic behaviour of acid doped highly conductive polymers. Chem Sci, 2015, 6 (1) : 412-417.

[52] Kim N, Kee S, Lee S H, et al. Highly conductive PEDOT : PSS nanofibrils induced by solution-processed crystallization. Adv Mater, 2014, 26 (14) : 2268-2272.

[53] Jiang F X, Xu J K, Lu B Y, et al. Thermoelectric performance of poly (3,4-ethylenedioxythiophene) : poly (styrenesulfonate). Chin Phys Lett, 2008, 25 (6) : 2202-2205.

[54] Havinga E E, Mutsaers C M J, Jenneskens L W. Absorption properties of alkoxy-substituted thienylene-vinylene oligomers as a function of the doping level. Chem Mater, 1996, 8 (3) : 769-776.

[55] Bubnova O, Khan Z U, Wang H, et al. Semi-metallic polymers. Nat Mater, 2014, 13 (2) : 190-194.

[56] Zhu L Y, Kim E G, Yi Y P, et al. Charge transfer in molecular complexes with 2,3,5, 6-tetrafluoro-7,7,8,8-tetracyanoquinodimethane (F4-TCNQ) : A density functional theory study. Chem Mater, 2011, 23 (23) : 5149-5159.

[57] Liu J, Wang X J, Li D Y, et al. Thermal conductivity and elastic constants of PEDOT : PSS with high electrical conductivity. Macromolecules, 2015, 48 (3) : 585-591.

[58] Weathers A, Khan Z U, Brooke R, et al. Significant electronic thermal transport in the conducting polymer poly (3,4-ethylenedioxythiophene). Adv Mater, 2015, 27 (12) : 2101-2106.

[59] Restrepo O D, Varga K, Pantelides S T. First-principles calculations of electron mobilities in silicon: Phonon and Coulomb scattering. Appl Phys Lett, 2009, 94 (21): 212103.

[60] Tanase C, Meijer E J, Blom P W M, et al. Unification of the hole transport in polymeric field-effect transistors and light-emitting diodes. Phys Rev Lett, 2003, 91 (21): 4.

[61] Shi W, Chen J M, Xi J Y, et al. Search for organic thermoelectric materials with high mobility: The case of 2,7-dialkyl[1]benzothieno[3,2-*b*][1]benzothiophene derivatives. Chem Mater, 2014, 26 (8): 2669-2677.

[62] Cho B, Park K S, Baek J, et al. Single-crystal poly (3,4-ethylenedioxythiophene) nanowires with ultrahigh conductivity. Nano Lett, 2014, 14 (6): 3321-3327.

[63] Luo C, Kyaw A K K, Perez L A, et al. General strategy for self-assembly of highly oriented nanocrystalline semiconducting polymers with high mobility. Nano Lett, 2014, 14 (5): 2764-2771.

[64] Culebras M, Gomez C M, Cantarero A. Enhanced thermoelectric performance of PEDOT with different counter-ions optimized by chemical reduction. J Mater Chem A, 2014, 2 (26): 10109-10115.

[65] Takano T, Masunaga H, Fujiwara A, et al. PEDOT nanocrystal in highly conductive PEDOT : PSS polymer films. Macromolecules, 2012, 45 (9): 3859-3865.

[66] Wei Q S, Mukaida M, Naitoh Y, et al. Morphological change and mobility enhancement in PEDOT : PSS by adding co-solvents. Adv Mater, 2013, 25 (20): 2831-2836.

[67] Lin Y J, Tsai C L, Su Y C, et al. Carrier transport mechanism of poly (3,4-ethylenedioxythiophene) doped with poly (4-styrenesulfonate) films by incorporating ZnO nanoparticles. Appl Phys Lett, 2012, 100 (25): 253302.

[68] Okuzaki H, Ishihara M, Ashizawa S. Characteristics of conducting polymer transistors prepared by line patterning. Synth Met, 2003, 137 (1–3): 947-948.

[69] Ashizawa S, Shinohara Y, Shindo H, et al. Polymer FET with a conducting channel. Synth Met, 2005, 153 (1): 41-44.

[70] Wang Z H, Carter J A, Lagutchev A, et al. Ultrafast flash thermal conductance of molecular chains. Science, 2007, 317 (5839): 787-790.

[71] Khan Z U, Edberg J, Hamedi M M, et al. Thermoelectric polymers and their elastic aerogels. Adv Mater, 2016, 28 (22): 4556-4562.

[72] Shen S, Henry A, Tong J, et al. Polyethylene nanofibres with very high thermal conductivities. Nat Nanotech, 2010, 5 (4): 251-255.

[73] Wang J M, Wolf R M, Caldwell J W, et al. Development and testing of a general amber force field. J Comput Chem, 2004, 25 (9): 1157-1174.

[74] Bayly C I, Cieplak P, Cornell W, et al. A well-behaved electrostatic potential based method using charge restraints for deriving atomic charges: The RESP model. J Phys Chem, 1993, 97 (40): 10269-10280.

[75] Shi W, Zhao T Q, Xi J Y, et al. Unravelling doping effects on PEDOT at the molecular level: From geometry to thermoelectric transport properties. J Am Chem Soc, 2015, 137 (40): 12929-12938.

[76] Müller-Plathe F. A simple nonequilibrium molecular dynamics method for calculating the thermal conductivity. J Chem Phys, 1997, 106 (14): 6082-6085.

[77] Müller-Plathe F, Reith D. Cause and effect reversed in non-equilibrium molecular dynamics: An easy route to transport coefficients. Comput Theor Polym Sci, 1999, 9 (3-4): 203-209.

[78] Jund P, Jullien R. Molecular-dynamics calculation of the thermal conductivity of vitreous silica. Phys Rev B, 1999, 59 (21): 13707-13711.

[79] Terao T, Lussetti E, Müller-Plathe F. Nonequilibrium molecular dynamics methods for computing the thermal conductivity: Application to amorphous polymers. Phys Rev E, 2007, 75 (5): 057701.

[80] Jiang H, Myshakin E M, Jordan K D, et al. Molecular dynamics simulations of the thermal conductivity of methane hydrate. J Phys Chem B, 2008, 112 (33): 10207-10216.

[81] Kittel C. Introduction to Solid State Physics. Beijing: Chemical Industry Press, 2005.

[82] Plimpton S. Fast parallel algorithms for short-range molecular dynamics. J Comput Phys, 1995, 117 (1): 1-19.

[83] Mergenthaler D B, Pietralla M, Roy S, et al. Thermal conductivity in ultraoriented polyethylene. Macromolecules, 1992, 25 (13): 3500-3502.

[84] Kim G H, Lee D, Shanker A, et al. High thermal conductivity in amorphous polymer blends by engineered interchain interactions. Nat Mater, 2015, 14 (3): 295-300.

[85] Duda J C, Hopkins P E, Shen Y, et al. Thermal transport in organic semiconducting polymers. Appl Phys Lett, 2013, 102 (25): 251912.

[86] Choy C L, Wong Y W, Yang G W, et al. Elastic modulus and thermal conductivity of ultradrawn polyethylene. J Polym Sci Part B: Polym Phys, 1999, 37 (23): 3359-3367.

[87] Wang X J, Ho V, Segalman R A, et al. Thermal conductivity of high-modulus polymer fibers. Macromolecules, 2013, 46 (12): 4937-4943.

[88] Singh V, Bougher T L, Weathers A, et al. High thermal conductivity of chain-oriented amorphous polythiophene. Nat Nanotech, 2014, 9 (5): 384-390.

[89] Kittel C. Interpretation of the thermal conductivity of glasses. Phys Rev, 1949, 75 (6): 972-974.

[90] Hsieh W P, Losego M D, Braun P V, et al. Testing the minimum thermal conductivity model for amorphous polymers using high pressure. Phys Rev B, 2011, 83 (17): 174205.

[91] Cahill D G, Pohl R O. Heat flow and lattice vibrations in glasses. Solid State Commun, 1989, 70 (10): 927-930.

[92] Cahill D G, Watson S K, Pohl R O. Lower limit to the thermal conductivity of disordered crystals. Phys Rev B, 1992, 46 (10): 6131-6140.

[93] Allen P B, Feldman J L. Thermal conductivity of glasses: Theory and application to amorphous Si. Phys Rev Lett, 1989, 62 (6): 645-648.

[94] Allen P B, Feldman J L. Thermal conductivity of disordered harmonic solids. Phys Rev B, 1993, 48 (17): 12581-12588.

[95] Feldman J L, Kluge M D, Allen P B, et al. Thermal conductivity and localization in glasses: Numerical study of a model of amorphous silicon. Phys Rev B, 1993, 48 (17): 12589-12602.

[96] Shenogin S, Bodapati A, Keblinski P, et al. Predicting the thermal conductivity of inorganic and

polymeric glasses: The role of anharmonicity. J Appl Phys, 2009, 105(3): 034906.

[97] Alexander S, Entin-Wohlman O, Orbach R. Phonon-fracton anharmonic interactions: The thermal conductivity of amorphous materials. Phys Rev B, 1986, 34(4): 2726-2734.

[98] Jagannathan A, Orbach R, Entin-Wohlman O. Thermal conductivity of amorphous materials above the plateau. Phys Rev B, 1989, 39(18): 13465-13477.

[99] Regner K T, Sellan D P, Su Z H, et al. Broadband phonon mean free path contributions to thermal conductivity measured using frequency domain thermoreflectance. Nat Commun, 2013, 4(1): 1640.

[100] He Y P, Donadio D, Galli G. Heat transport in amorphous silicon: Interplay between morphology and disorder. Appl Phys Lett, 2011, 98(14): 144101.

[101] Liu X, Feldman J L, Cahill D G, et al. High thermal conductivity of a hydrogenated amorphous silicon film. Phys Rev Lett, 2009, 102(3): 035901.

# 第 9 章

## 有机材料中电荷/自旋的相干及非相干动力学

　　有机分子材料区别于无机的最新奇特性在于，其分子的结构和振动模式是极其无序的，并同时会影响载流子的运动。换句话说，有机材料中存在着强的载流子和分子振动模式(即声子)的耦合，并且这种耦合具有很大程度的无序性。这种无序与无定形半导体或掺杂半导体中由缺陷或杂质引起的无序有很大的不同。后者的无序是器件一旦生成就不再改变，所以是静态的无序，而前者的无序则会随温度、电场等外界条件的改变而产生较大范围的变化，所以是动态的无序。正是由于声子所引起的动力学无序，有机材料中的电荷/自旋输运既表现出相干的特征，又表现出非相干的特征。一方面，电子-声子相互作用会对载流子形成分子内的格点自陷，从而使得所形成的小极化子作为一个准粒子作相干的动力学演化。另一方面，声子也能提供足够大的能量使极化子跨越分子间的势垒在分子间作非相干的漂移和扩散运动。相干的能带输运和非相干的跃迁输运，在初等量子力学的理解中是完全不同的两种动力学形式。但在有机材料中这两种运动方式却是共存的，这也就造成了有机材料中输运特性研究上的困难。

　　在过去，这两种运动形式独立地被研究。基于 SSH 模型的非绝热动力学模拟被用来研究大极化子的生成、拆分、链内或链间运动等。与之类似的模型，如 Holstein-Peierls 模型，则考虑局域和非局域的分子振动对载流子运动的影响。更简化的模型就是 Anderson 模型，通过引入局域能量和跃迁积分元的无序，人们可以研究载流子的扩散、局域长度等重要输运指标。以上这些方法都是基于相干运动的。对于非相干运动，常见的主要包括基于扩散-漂移方程的器件模型方法和基于速率方程的蒙特卡罗方法。前者主要用在一些传统半导体理论能够涵盖的领域，而后者则被广泛应用来研究载流子的非相干运动、电子-空穴对的形成和拆分等。

　　但是，上述这些理论研究都只抓住了一部分的真相。近期一些测量有机材料中迁移率的温度依赖实验就显示，迁移率随温度上升的过程中会有一段对温度不敏感的反常区域。这一反常区域已在许多材料中被观察到。这在一定程度上说明相干和非相干的两种运动形式可能是共存的。目前还没有一个理论工作能完整地描述这样一个反常行为。为了理解这样的反常现象，最近的一个实验工作给出了时间分辨的载流子初始运动，这个实验清晰地显示了载流子在有机体内产生之后经历了两个过程。首先是在产生初期载流子在分子内部微结构的影响下做相干运动，这一阶段的运动显示为对温度的不敏感。而时间更长之后，则显示出温度强烈依赖的非相干跃迁。有了这样一个清晰的物理图像，对整个有机中的电荷/自旋输运形式的完整描述也就成为可能。

## 9.1　电荷输运过程中的退相干和能量弛豫

### 9.1.1　有机晶体中的电荷输运和量子−经典模型

　　一般来说，在有机材料中载流子的输运主要有两种形式，包括非相干的跃迁 (incoherent hopping) 和类能带型的隧穿 (bandlike tunneling)。这两种原本互相矛盾的输运形式在有机材料中共存，使得对有机半导体的研究显得困难重重。事实上，从 20 世纪 70 年代末开始，当导电共轭高聚物发明之后，对有机材料的输运问题研究就已经展开了。最早，人们用基于孤子和极化子的图像来解释。由于有机材料中主要是以分子力 (范德瓦耳斯力) 为主，没有明显的成键，所以不同分子之间的电子波函数交叠非常弱，难以形成相干的跃迁。另外，由于分子材料普遍很软，极容易形成复杂的声子环境，所以在整个电子迁移过程中，声子对其的影响，即电子−声子相互作用，显得至关重要。在有机分子的内部，由电子−声子相互作用导致的强格点畸变会让电子局域在有机分子内形成一种准粒子，这就是极化子。极化子带一个单位正电荷 (类似于传统半导体中的空穴) 或负电荷 (类似于电子)，质量为一个裸电子的数倍，分子内的运动速度约为几倍声速。而在整个有机材料中的输运过程，则是极化子在分子间以某种非相干的形式在分子间跳跃，从而完成载流子迁移。

　　Bassler 首先对这个问题进行了系统的研究。为了能够理清极化子在分子间的非相干跳跃，他借用了所谓的 Miller-Abrahams (MA) 公式，即

$$\nu = \nu_0 \exp(-\alpha r_{ij}) \begin{cases} \exp[-(\varepsilon_j - \varepsilon_i)/k_{\mathrm{B}}T] & \varepsilon_j > \varepsilon_i \\ 1 & \varepsilon_j \leqslant \varepsilon_i \end{cases} \tag{9-1}$$

并将其放入动力学蒙特卡罗 (kinetic Monte Carlo, KMC) 的模拟中，使其能描述有机半导体的迁移率和 *I-V* 曲线。在式(9-1)中，$\nu$ 为所谓的尝试频率；$\alpha$ 为分子间

的有效耦合常数；$r_{ij}$ 为 $i$ 和 $j$ 分子间的距离；$\varepsilon$ 为格点能量；$k_B T$ 为温度所对应的能量。利用这个方法，Bassler 给出了迁移率和温度、电场及能量无序度的关系。在他之后，大量类似的工作开始出现，进一步研究载流子密度、库仑相互作用等因素的影响。尽管这个方法在很多方面都有了大量的应用，但仍然有许多它无法涵盖的问题。例如，当电场的大小比能量无序度大得多时，在 KMC 的框架下，迁移率将不再依赖于温度和电场，这显然与事实不符。同样，当温度低于 100 K 后，由于数值方法精度的局限，它已经很难确保载流子能够顺利地从一些深能级的陷阱中跳跃出来，而实际情况中量子隧穿能确保陷阱电荷仍然有概率跳出陷阱，成为巡游电荷。当然也可以发展一些强烈依赖参数的改进办法来解决这些问题，如考虑不同的能量分布函数，或者泡利不相容原理等，但都不具备普适性。

　　为了更深刻地理解问题的本质，我们有必要回到传统的无机半导体的相关研究。最早的时候，MA 公式是从声子辅助的角度，根据费米黄金规则中的能量守恒过程推导出来的。这个公式有许多适用条件，如跃迁前后的能量差必须远大于 $k_B T$ 和德拜能量在同一个量级。因此，基于 MA 公式的跃迁过程可以由两种方式来实现。一种是载流子所在的每一个分子都有大量的电子能级，使得它能通过热平衡的作用找到合适的能级跳跃到下一个分子上。另一种则是声子将能量交给电子，并辅助它跳跃。在有机材料中，最重要的电子能级是 LUMO 和 HOMO，那么前一种情况在有机材料中并不适用。所以我们只能认为，是热的作用使更多声子被激发，并将其能量传递给电子，使其跃迁，整个过程满足能量守恒。但是，这个过程实际上会导致一个可能与普通的非相干跃迁相反的结果，即迁移率会随温度的升高而下降，因为声子的散射会弱化电子迁移的能量。

　　不同于非相干跃迁给出的结果，最近几年，大量的实验报道了关于能带式隧穿的证据。实验发现，在有机材料的迁移率与温度关系的曲线中存在一个特别的区域，这个区域内迁移率会随温度升高而下降。这就是所谓的负温度系数效应（$d\mu/dT < 0$）。一般来说，如果是简单的热辅助跃迁，则温度越高应当迁移率越大。只有在能带式的隧穿过程中，由于声子能态会让电子的能级变得模糊，从而难以找到严格匹配的跃迁能级，所以温度越高会导致隧穿越困难，这就是负温度系数效应的起源。这也从另一个角度说明，这个时候载流子的运动可能是相干的，即类似于波包展宽式的运动模式。这在实验上也找到了相关证据，电子自旋共振实验发现，有机材料中的载流子大致局域在 10 个分子的范围内。这是一个延展度较高的波包形式。进一步的实验还发现，有机材料中分子内部的动力学性质也会一定程度上影响载流子迁移，这更加说明了隧穿的重要性。

　　目前已经有不少的微观理论模型对这个问题进行了探讨，如 Holstein-Peierls 模型、Su-Schrieffer-Heeger 模型和 Anderson 模型等。在 Holstein-Peierls 模型的基础上，Troisi 及其合作者提出了所谓的动力学无序理论，即由于声子的散射作用，载流子所感受到的能量无序也会随温度变化，在一定的温度范围内，它将被很大程度上局域在一个较小的范围，从而其迁移率也将随之下降。他们的理论能够解释有机晶体中的迁移率随温度的关系，但对于有机半导体则不能很好地进行模拟。此外，还有很多工作把关注的重点放在了相干和非相干运动转变的区域中。他们研究了相干长度、扩散系数、陷阱效应等一系列因素对迁移率的影响。不过，要完整地描述整个相干和非相干运动过程，目前还没有一个理论能够很好地做到，这本质上还是由于这样的问题存在着内部的矛盾，必须将其解决才能进一步发展新的理论方法。

这里我们给出考虑动力学无序的量子-经典模型。其最基本的思想就是，在有机材料中可以把频率较低的声子看成是无序的来源，而较高频率的部分则提供退相干的机制。因此，我们可以利用类似于 SSH 模型的一维电子-声子相互作用体系，将其扩展到分子间的情况，这也就是目前被讨论最多的动力学无序模型。在这个模型中，最重要的一点就是初始的格点位形和速度是按玻尔兹曼分布，因此温度对体系的影响也能够考虑其中，这也是它被称为"动态"无序的原因。其模型哈密顿量为

$$H = H_{\text{ele}} + H_{\text{vib}} \tag{9-2}$$

其中，电子部分的哈密顿量可表示为

$$H_{\text{ele}} = -\sum_j \left[ \tau - \alpha \left( u_{j+1} - u_j \right) \right] \left( c_{j+1}^+ c_j + \text{h.c.} \right) \tag{9-3}$$

式中，$c_{j+1}^+ (c_j)$ 为 $j$ 格点上载流子的产生（湮灭）算符；$u_j$ 为第 $j$ 格点的位移；$\tau$ 为跃迁积分；$\alpha$ 为电子-声子耦合常数。而格点部分的哈密顿量可表示为

$$H_{\text{vib}} = \frac{K}{2} \sum_j \left( u_{j+1} - u_j \right)^2 + \frac{M}{2} \sum_j \dot{u}_j^2 \tag{9-4}$$

式中，$K$ 为相邻格点的弹性常数；$M$ 为格点的质量。对于一般常见的晶体型有机材料并五苯来说，以上参数可作这样的选择，即 $K$=14500 amu/ps$^2$，$M$=250 amu，$\alpha$=995 Å/cm，$\tau$=10～300 cm$^{-1}$，而格点常数则为 4 Å。

在量子-经典哈密顿量下，简单来说可以用 Ehrenfest 方法计算其动力学过程。这个方法的基本原理就是对电子部分的演化解薛定谔方程，对格点部分则解牛顿方程。对于电子部分，演化方程为

$$i\hbar \frac{\partial |\psi(t)\rangle}{\partial t} = H_{\text{ele}} |\psi(t)\rangle \tag{9-5}$$

若在格点表象下操作，可将波函数展开为

$$|\psi(t)\rangle = \sum_j c_j |j\rangle \tag{9-6}$$

则演化方程为

$$\dot{c}_j = \frac{i}{\hbar} \left\{ \left[ -1 + \alpha \left( u_{j+1} - u_j \right) \right] c_{j+1} + \left[ -1 + \alpha \left( u_j - u_{j-1} \right) \right] c_{j-1} \right\} \tag{9-7}$$

声子部分的演化方程为

$$m\ddot{u}_j = -m\omega_0^2 u_j - \frac{\partial E_{ele}}{\partial u_j} - \gamma m\dot{u}_j + \xi_j \tag{9-8}$$

式中，$E_{ele} = \langle \psi(t) | H_{ele} | \psi(t) \rangle$，为 $t$ 时刻的电子能量；$\gamma$ 为摩擦系数；$\xi$ 为郎之万随机力。演化的初始条件，对于电子来说，就是局域在某个格点上，然后以波包的方式扩散，对于格点来说，则是按玻尔兹曼分布给出，即

$$P_\mu = \exp(-E_\mu / k_B T) / \sum_\mu \exp(-E_\mu / k_B T) \tag{9-9}$$

我们可以随机地从方差分别为 $k_B T/K$ 和 $k_B T/M$ 的高斯分布的随机数中为 $u_j$ 和 $\dot{u}_j$ 选择初始值，其中 $T$ 为温度。在 Troisi 原来的处理中演化的时间很长，这样可以保证扩散系数的收敛，然而退相干却无法实现。另外，在非平衡条件下，爱因斯坦关系也可能已经失效，需要更加仔细的考察，这正是我们接下来几节主要考虑的事情。

## 9.1.2　引入退相干机制的动力学过程

在一般的非绝热动力学方法中，退相干是需要特别处理的重要问题。简单起见，我们可以使用最直接的瞬时退相干(instantaneous decoherence correction，IDC)的方式来解决。IDC 是指退相干在动力学演化过程中被手动加入，而非如主方程等方法那样加入一个 e 指数衰减的因子[1]。IDC 在很多问题中都有应用，例如在 Anderson 模型中，由于在位能具有无序性，如果直接用量子力学求解，电子态是完全局域的，体系是绝缘体。然而在实际问题中，电子会与声子环境发生耦合，破坏造成局域化的量子相干性，产生载流子的运动。为此，我们可采用反复的 IDC 使载流子近似自由的运动，并得到正常扩散的过程[2]。近来，IDC 也被用来研究激子的自旋动力学[3]。在自然界光合作用的反应中心，通过光激发诱导出核极化效应，这个效应与自由基对的自旋动力学及其退相干效应密切相关，研究表明 IDC

可以很好地体现这种退相干效应。

根据定义，量子退相干就是体系在演化过程中不同基矢之间失去关联，它当然依赖于表象的选取，通常来说有透热和绝热两种选取方式。透热表象适合讨论格点间的跃迁问题，且计算效率较高。但如果要同时探讨退相干和能量弛豫，更方便的则是采用绝热表象。我们在电子波函数演化过程中，通过在透热(格点)或绝热(能量本征态)表象下对电子波函数的反复测量操作(波函数塌缩)来实现退相干，修正的频率通过引入退相干时间 $t_{\mathrm{d}}$ 来控制[4]，这个参数反映了系统-环境相互作用造成的退相干频率。显然，$t_{\mathrm{d}}$ 是整个 IDC 方案最核心的参数，它的选取需要针对具体的材料。这里，我们并不针对具体材料，为了方便讨论 IDC 方案修正 Ehrenfest 动力学过程中的不自洽性，$t_{\mathrm{d}}$ 固定不变，且与声子频率对应的时间尺度相比拟。值得注意的是，采用更细致的方法来确定 $t_{\mathrm{d}}$，如用泊松分布随机地确定 $t_{\mathrm{d}}$[5]，可以反映实际材料的具体情况。其次，$t_{\mathrm{d}}$ 的具体数值与很多因素有关，如材料性质、模型和温度等。总之，$t_{\mathrm{d}}$ 的计算是一个相当复杂的问题，已经有很多的工作讨论[6-8]。

计算的具体过程如下，整个动力学过程被分成间隔为 $t_{\mathrm{d}}$ 的很多小段。在 $t = 0$ 时刻，准备一个系统的初始态，这个初始态通常是某个电子的局域态，声子部分或处于基态，或处于热平衡状态(按前述方法确定)，取决于具体讨论的问题。在小于 $t_{\mathrm{d}}$ 的时间内，电子系统和声子系统由 Ehrenfest 动力学来演化，电子波函数不断扩大。在 $t_{\mathrm{d}}$ 时刻，对电子系统进行一次 IDC，根据给定的概率分布将电子态塌缩到某个态上，这个概率分布按照物理的考虑，由不同的方案来确定。以绝热表象为例，假设绝热态由 $|E_{\mu}\rangle$ 表示，对应能量为 $E_{\mu}$，塌缩到该绝热态的概率为 $P_{\mu}$，则通过选取一个[0,1]之间均匀分布的随机数，按照判据

$$\sum_{\mu=0}^{\nu-1} P_{\mu} \leqslant \chi < \sum_{\mu=0}^{\nu} P_{\mu} \tag{9-10}$$

确定要塌缩到的绝热态 $|E_{\mu}\rangle$。

可以看出，在考虑 IDC 之后，整个动力学过程中电子态将保持较为局域的状态。因此，在实际计算过程中，我们并不需要求解整个系统的哈密顿量(通常具有难以求解的较高维度)，只需求解电子态占据的那些有效部分即可，这样的做法可以显著提高计算效率。假设，电子所处的某个局域区域的左/右侧的格点指标记为 $n_{\mathrm{l/r}}$，计算如下物理量：

$$p_{\mathrm{l/r}} = \sum_{\mu} P_{\mu} |\langle n_{\mathrm{l/r}} | E_{\mu} \rangle|^2 \tag{9-11}$$

如果该物理量小于一个阈值(通常取为 $10^{-6}$)，则认为相应格点是区域的边界，反

之则扩大相应的边界。物理量 $p_{l/r}$ 反映的是在边界格点上 IDC 操作之后的占据概率的期望值。显然，IDC 方法的核心是确定合理的用于电子态塌缩的概率分布。在透热表象中，可以将电子态的波函数给出的在各个格点的占据概率用来作为分布，即

$$P_n = |\langle n | \psi(t) \rangle|^2 \tag{9-12}$$

在绝热表象中，类似地，最直接的方案是利用绝热表象中每个绝热态的占据概率来做这个分布，即

$$P_\mu = |\langle E_\mu | \psi(t) \rangle|^2 \tag{9-13}$$

式中，$|\psi(t)\rangle$ 为 $t$ 时刻、IDC 操作之前的波函数。这个方案可以移除不同的绝热态之间的相位相干性，我们用 IDC-DP (destruction of phase coherence, 相位相干性破坏) 来指代。

### 9.1.3　近平衡过程与电荷的能量弛豫

为了在绝热表象中在 IDC 方案中考虑能量弛豫过程，最直接的办法是在 IDC 的概率分布中引入能量依赖的权重因子。有两种方案可供选择。第一种方案是引入玻尔兹曼因子的概率分布 $P_\mu^{\mathrm{BM}}$，即

$$P_\mu^{\mathrm{BM}} = P_\mu \cdot \exp(-E_\mu / k_\mathrm{B}T) / C_{\mathrm{BM}} \tag{9-14}$$

式中，$C_{\mathrm{BM}}$ 为归一化因子。这个方案我们用 IDC-BM 的缩写来指代，它反映了系统与环境的耦合使电子系统能快速回到热平衡分布，其中的物理内涵与 Einstein 处理激发态的自发辐射过程中的思想是类似的，该因子来源于辐射场的量子涨落的影响。第二种方案借鉴了 MA 公式[9]的概率分布 $P_\mu^{\mathrm{MA}}$。在这个方案中，如果塌缩后的绝热态能量高于当前电子态的能量，则对应的塌缩概率需要折算上一个与能量差相关的因子，即

$$P_\mu^{\mathrm{MA}} = (P_\mu / C_{\mathrm{MA}}) \cdot \begin{cases} \exp[-(E_\mu - E_{\mathrm{el}}) / k_\mathrm{B}T] & E_\mu > E_{\mathrm{el}} \\ 1 & E_\mu \leqslant E_{\mathrm{el}} \end{cases} \tag{9-15}$$

式中，$C_{\mathrm{MA}}$ 为相应的归一化因子。我们以 IDC-MA 的缩写来指代这种方案。

接下来，我们利用 IDC 方法来修正 Ehrenfest 动力学，使得电子态在扩散中能引入退相干和能量弛豫的效应。为了对比，我们首先讨论透热表象下的 IDC，采用前述的类似 SSH 的非对角电子-声子耦合模型（动力学无序模型）[4]，使用 Troisi 和 Orlandi[10] 针对并五苯提出的参数。同时，取郎之万热库的摩擦系数

$\gamma = 1\,\text{ps}^{-1}$，温度取 $T = 150\,\text{K}$，演化时间取至少 8 ps，可以确保所得到的扩散过程基本上达到稳态。一维链状格点的长度为 600 个格点，足以在演化结束时避免边界效应的影响。所有的结果均平均了超过 104 个或更多的样本。

图 9-1(a) 显示了不同演化方法给出的均方位移(mean-squared displacement, MSD)，其中在 IDC 中使用了 0.5 ps 和 0.1 ps 两种退相干时间 $t_d$。图中同时显示了 Ehrenfest 动力学的结果和采用密度矩阵演化的结果(用 Smooth 标识)。密度矩阵的方法是通过在其非对角元的演化方程中加入衰减项来实现的，即

$$\frac{\partial \rho_{ij}}{\partial t} = -\frac{\mathrm{i}}{\hbar}\Big[\hat{H}, \rho\Big]_{ij} - \frac{\rho_{ij}}{t_d}\big(1 - \delta_{ij}\big) \tag{9-16}$$

这个结果中最明显的趋势是 IDC 可以减慢扩散过程，随着 $t_d$ 变小减慢的趋势更加明显。这个抑制来源于与量子芝诺效应类似的机理，IDC 相当于测量过程，不断地干扰系统的相干演化，使得系统更倾向于停留在原占据的格点上，因此扩散减慢。与密度矩阵方法的对比可以看出，在相同的 $t_d$ 下，IDC 方法给出的结果与连续化的方法给出的结果类似，这点支持了 IDC 方法的合理性。通过在长时间下 MSD 的时间微分，计算得到的扩散系数的温度依赖性如图 9-1(b) 所示，此处取 $t_d$ 为 0.1 ps。可以看出，在转移积分较大时，扩散系数随温度的升高而下降，呈现典型的类能带输运的结果；在较小的转移积分下，情况发生变化，扩散系数随温度的升高而增加，呈现出非相干跃迁的热激活特性。我们进一步注意到，在以上的扩散过程中，由于不断的 IDC 操作，电子态是相当局域的，因此这种方法给出了一个局域电子态和类能带输运行为共存的输运图像。

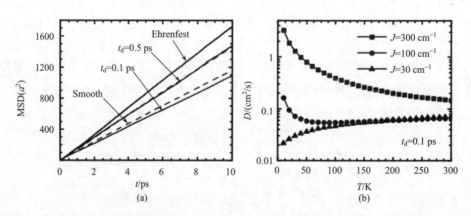

图 9-1 (a)基于透热表象的瞬时退相干修正的 MSD 演化(实线)，退相干时间分别为 0.5 ps 和 0.1 ps，同时给出了 Ehrenfest 动力学和密度矩阵演化的结果(虚线)作为比较；(b) 不同转移积分下计算的扩散系数随温度的依赖关系，其中退相干时间为 0.1 ps

接下来，我们讨论绝热表象下的 IDC，首先考虑其对于扩散的作用，典型结果如图 9-2(a)所示，其中退相干时间 $t_d = 10\hbar / J \approx 0.18\,\mathrm{ps}$，这个退相干时间与声子的特征频率对应的时间尺度相比拟。此处同时给出了 Ehrenfest 动力学的结果作为对比。可以看出，IDC 最显著的影响是增强了扩散运动。这与之前透热表象下的 IDC 方法抑制扩散的趋势形成了鲜明对比。而如果考虑能量弛豫，即使用 IDC-BM 和 IDC-MA 方案后，这个增强却被相对削弱了。这种增强效应起源于量子-经典动力学中电子波函数扩散的相位特点。我们以 IDC-DP 方法为例，在 IDC 之前，某个格点 $n$ 上的平均占据概率为

$$P_n^{\mathrm{b}} = \left| \sum_\mu \langle n | E_\mu \rangle \langle E_\mu | \psi \rangle \right|^2 \tag{9-17}$$

IDC 去掉了不同绝热态之间的相位关系，平均占据概率也发生相应的变化：

$$P_n^{\mathrm{a}} = \sum_\mu \left| \langle n | E_\mu \rangle \right|^2 \left| \langle E_\mu | \psi \rangle \right|^2 \tag{9-18}$$

与 $P_n^{\mathrm{b}}$ 相比，$P_n^{\mathrm{a}}$ 中缺失的项来源于不同绝热态之间的干涉项。在 Ehrenfest 动力学中，波函数的演化起源于声子动力学所引起的绝热态变化。如果在变化后的绝热表象中展开原波函数，考察其在透热表象下格点上的分布，可以发现不同绝热态之间的干涉项的贡献，在原波函数占据的格点上呈现干涉相长，而在原波函数未占据的格点上呈现干涉相消。随着演化时间的推移，这种相位关系被无序的声子动力学所破坏，起初未占据的格点开始出现占据概率，对应电子态的扩散过程。IDC 方法将加快这种相位关系的破坏，因此会增强扩散。

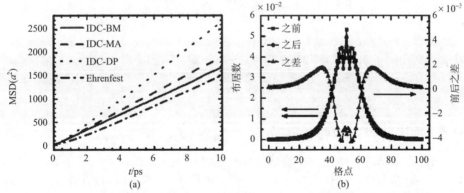

图 9-2　(a)基于非对角电子-声子耦合模型，采用不同方案的 IDC 得到的 MSD 的演化，作为比较，点虚线给出采用 Ehrenfest 动力学方法的结果，所有结果均为对 104 个以上的样本平均得到；(b)电子波函数在透热表象的占据概率分布，方形为 IDC 之前的 $P_n^{\mathrm{b}}$，圆形为 IDC 之后的 $P_n^{\mathrm{a}}$，该结果是由电子系统在玻尔兹曼分布的绝热态出发，演化 0.9 ps 得到，两个分布的差 $P_n^{\mathrm{a}} - P_n^{\mathrm{b}}$ 由三角形显示

为了更清晰的说明，我们考虑一个更特殊的例子。体系从满足玻尔兹曼分布的绝热态开始，演化 $50J/\hbar \approx 0.9\,\mathrm{ps}$，然后进行一次 IDC，对大量样本的结果求平均，得到 IDC 之前的占据概率分布 $P_n^b$ 和之后的占据概率分布 $P_n^a$，如图 9-2(b) 所示。可以发现，$P_n^a$ 要比 $P_n^b$ 更宽一些，意味着 IDC 可以增强扩散，这可以从两者的差值 $P_n^a - P_n^b$ 更加明显地看出。通过对较长时间下的 MSD 进行线性拟合，可以计算扩散系数，其温度依赖性如图 9-3(a) 所示。可以看出，所有的 IDC 方案均给出类似 Ehrenfest 动力学的类能带输运的温度依赖性。在 100 K 以下的区域，IDC方案给出的扩散系数明显高于 Ehrenfest 动力学的结果。随着温度的升高，IDC-DP方案给出的结果一直高于 Ehrenfest 动力学的值，而考虑了能量弛豫的 IDC-BM和 IDC-MA 方案的结果逐渐降低，直至与 Ehrenfest 动力学的结果相似。同时，IDC 方案给出扩散系数的温度依赖性较强，且在 150 K 以上逐渐偏离幂指数的行为，在双对数坐标轴的图 9-3(a) 中表现为逐渐偏离直线。这个行为与绝热态的局域长度在相应温度下逐渐偏离幂指数的行为相关，见图 9-3(b)。

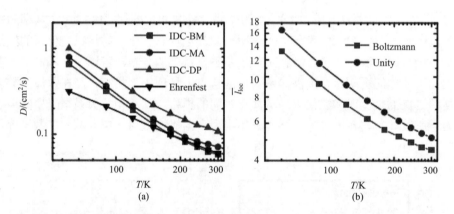

图 9-3　(a) 采用不同 IDC 方案得到的扩散系数的温度依赖性；(b) 平均局域长度的温度依赖性，方形为所有绝热态使用玻尔兹曼分布权重得到的结果，而圆形为使用均匀分布权重得到的结果

### 9.1.4　荷电载流子的漂移运动

在上述方法的基础上，我们来计算有机材料中荷电载流子的漂移运动，以说明退相干机制和能量弛豫的物理意义。我们考虑 $N_s$ 个不同的初始格点位形，电子在不同时刻、不同格点上的电荷密度可以表示为

$$P_n(t) = \frac{1}{N_s} \sum_{s=1}^{N_s} \left| \psi_n^s(t) \right|^2 \tag{9-19}$$

式中，$s$ 为样本数。电子的位移可以表示为

$$\Delta x(t) = a\sum_{n=1}^{N} nP_n(t) - x(0) \tag{9-20}$$

式中，$a$ 为格点间长度；$x(0)$ 为电子的初始位置。电子的漂移速度则可定义为

$$v_{\mathrm{d}} = \lim_{t\to\infty} \frac{\partial \Delta x(t)}{\partial t} \tag{9-21}$$

我们首先证明，用 Ehrenfest 动力学模拟的动力学无序模型中，电子在外加电场下不能做漂移运动。考虑两种不同的初始条件来模拟电子在外加电场下的运动，第一种初始条件为一个高斯波包，其动量平均值为 $p_0=0$；第二种初始条件为一个电子占据在一个单格点上。图 9-4 中给出了高斯波包的位移随时间的变化，其中格点的无序度受温度的调制，即

$$\sigma = \sqrt{k_{\mathrm{B}}T / m\omega^2} \tag{9-22}$$

随着温度的升高，无序增强，如图中箭头所示。当温度 $T=0$ 时，系统是一个良好的一维周期性格点，没有动力学无序。这种情况下，当有一个外加的恒定电场时，电子的本征态为局域的 Wannier-Stark 态，而相应的能谱为 Wannier-Stark 阶梯，此时的电流相应为布洛赫振荡。对于高斯波包的情形，电子随时间的演化表现为在格点空间的来回振荡，如图中的虚线所示。对于单格点占据的初始条件，布洛赫振荡表现为呼吸模式，也就是说电子波包在坐标空间不断收缩膨胀，但其中心位置保持不变。在这两种情况中，电子的动量均在电场力的作用下被加速，但其在遇到布里渊区边界时会改变方向，所以这两种情况都不会有直流响应的存在。

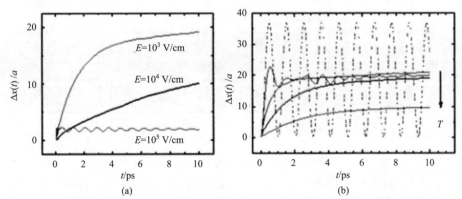

图 9-4  (a)不同电场下用 Ehrenfest 动力学计算的恒定外场下高斯波包中心位移随时间的变化，温度 $T=150$ K；(b)不同无序的情况，实线为有动力学无序的情形，沿着箭头的方向温度逐渐升高，对应动力学无序程度的增大，依次为红线 10 K、蓝线 40 K、深黄线 100 K、紫线 300 K；虚线为温度为零、没有动力学无序的情况，图中所加电场 $E=10^5$ V/cm

当温度升高，格点的动力学无序效应加入时，情况就会改变。除了Wannier-Stark 局域，格点的无序还会导致另一种局域现象，即安德森局域化。而且，这两种局域效应最终都会被格点的动力学特征所破坏，导致电子随时间的扩散行为。具体来说，对于高斯波包，在低温下，波包会在电场力的作用有位移，如图 9-4 所示，但是在长时间极限下，由于波包动量的局域性会被格点的动力学特性所破坏，所以其位移在长时间下趋于饱和，也就是说，电子并不是在做漂移运动。图 9-4(a)中给出了不同电场强度下的情况，大电场时，电子位移很快趋于饱和，电场强度 $E=10^5$ V/cm 时，电子位移大约在 5 ps 时趋于饱和；而在电场强度 $E=10^6$ V/cm 时，电子位移在小于 1 ps 时即趋于饱和。而且由于大电场，电子的布洛赫振荡在短时间得到了保持。在小电场下，电场强度 $E=10^4$ V/cm 时，电子位移趋于饱和需要更长的时间，在我们所计算的时间内可以看到位移斜率在减小。图 9-4(b)中给出了不同动力学下的情况，并与布洛赫振荡进行了对比。可以看到，在很大的温度范围内，位移趋于饱和。对于单格点占据的情形，随着平均次数的增多，电子的中心位置逐渐趋于零。那么，可以得到在任何初始条件下，Ehrenfest 动力学计算的载流子都不会在电场力的作用下做漂移运动。

接下来我们加入退相干和能量弛豫的结果。电子的位移随时间的变化如图 9-5 所示，可以看到，在所计算的退相干时间内，长时间下电子位移随时间线性增大，可以证明，电子在电场力的作用下做漂移运动，可以得到一个稳恒的直流响应。另外还可以看到，当 $t_d$ 增大时，电子的漂移速度在增大，这个现象是由于电子的动力学过程一直受到 IDC。由于量子芝诺效应，当 $t_d$ 减小，电子会分布到更少的

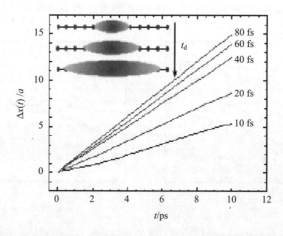

图 9-5　在 Ehrenfest 动力学基础上加入瞬时退相干修正和能量弛豫计算的恒定外场下电子位移随时间的变化

图中所加电场 $E=10^4$ V/cm，温度 $T=150$ K，插图为电子随着演化时间延长在不同格点分布的示意图

格点上，如图 9-5 中的小图所示，这就导致了电子跃迁距离的减小，所以漂移速度降低。即使在 $t_d$ 趋于无穷的极限下，最终总有退相干修正，这个退相干修正会导致电子有限的位移，使得其与 Ehrenfest 动力学得到不同的结果。

为了理解电子漂移速度随电场的变化关系到底是受 Ehrenfest 动力学影响，还是受退相干修正影响，我们将电场的影响分两个部分来研究。考虑两种简化情况：第一种，在 Ehrenfest 动力学演化中去掉电场的作用，而只有在 IDC 时电子才受电场影响；第二种，IDC 过程中电场的作用去除，只在 Ehrenfest 演化时才受电场影响。由研究结果可以看到，在第一种情况下，电子仍能保持漂移运动，其漂移速度如图 9-6 中虚线所示。对于这种情况下电场与漂移速度的关系，可以用一个简单的等间距三格点模型来分析。如图 9-6 中插图所示，在三格点模型中的相邻格点电子能量差为定值 $eaE$，而电子只扩散到这三个格点上。从 $n$ 格点跃迁到 $n-1$ 格点的能量权重因子为 1，而从 $n$ 格点跃迁到 $n+1$ 格点的能量权重因子为 $\exp(-eaE/k_BT)$。当不考虑电场对电子动力学演化部分的影响时，电子经过一次演化，向左右两边的密度分布是对称的。因此，当 $eaE$ 比温度所对应的能量 $k_BT$ 小时，电子往能量高的方向跃迁的概率随着电场的增大而减小，而其往能量低的方向的概率不变，导致电子的漂移速度随着电场的增大而增大。当 $eaE$ 与 $k_BT$ 在一个量级时，这种概率的增大会减缓，所以电子漂移速度趋于饱和。因此，电子漂移速度的增大及饱和都源于电场导致的电子在不同格点的能量不对称性。这与一般 hopping 模型和小极化子理论的情况非常类似。在第二种情况中，由于能量弛豫的缺失，电子失去了其漂移行为。利用电子扩散的均方位移来反映电子的运动，均方位移由式(9-23)计算：

$$MSD = a^2 \left\{ \sum_{n=1}^{N} n^2 P_n(t) - \left[ \sum_{n=1}^{N} n P_n(t) \right]^2 \right\} \tag{9-23}$$

我们计算了完成一次演化 $t_d=10$ fs 时的 MSD，来理解电场对电子动力学过程的影响，如图 9-6 的点虚线所示。可以看到，在低电场时，电子的 MSD 始终保持一个定值，当电场增大时，MSD 开始快速下降。这个下降源于高电场导致的电子局域效应，是电子具有量子效应的体现，这与超晶格中观察到的电流降低的原因相同。

接下来我们再讨论一下有机材料中载流子输运的爱因斯坦关系，它在有机输运问题中非常重要，因为有机材料中复杂的声子环境使得爱因斯坦关系是否成立存在疑问。物理上，爱因斯坦关系是涨落耗散定理是否成立的直接体现，在我们模型的基础上，研究了加上 IDC 之后爱因斯坦关系是否成立的问题。爱因斯坦关系的直接形式是电子的迁移率与扩散系数的比值 $\eta = eD/\mu k_BT$，其中，扩散系数由式(9-24)计算：

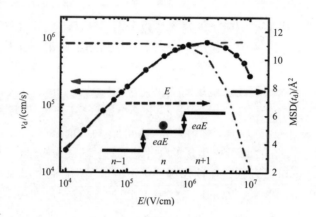

图 9-6　电子的漂移速度及 MSD 随电场的变化

温度 $T$=150 K。黑色圆点线为用我们的模型计算给出的电子漂移速度随电场的变化。当电子波函数的演化不受电场影响，只有退相干和能量弛豫过程受电场影响时，电子漂移速度随电场的变化如虚线所示。点虚线为一个演化结束($t_d$=10 fs)时的 MSD 与电场的关系。插图为等间距三格点模型的电子能量的简图，电子占据中间的格点，电子能量与周围格点的能量差为 $eaE$。电场的方向如图中箭头所示

$$D = \frac{1}{2}\lim_{t \to \infty}\frac{\partial \mathrm{MSD}}{\partial t} \tag{9-24}$$

其中，MSD 随时间的变化如图 9-7(a)中的插图所示。从图中可以看到，几乎在整个计算的时间内，MSD 表现为随着时间线性增大，也就是说电子在长时间下为正常扩散，可以得到一个确定的扩散系数。电子迁移率与扩散系数的比值 $\eta$ 随电场的变化如图 9-7(a)所示。我们画出了三个代表性的温度 $T$=100 K、200 K 和 300 K 时的曲线，可以看到，在所计算的温度区间内，这个比值在小电场下均趋于 1，这说明系统中的爱因斯坦关系得到了保持。小电场($E$<$10^5$ V/cm)下爱因斯坦关系的成立说明近似的有效性，意味着我们的模型遵从细致平衡和涨落耗散定理。在高电场下，当温度 $T$=100 K，电场 $E$=$10^6$ V/cm 时，这个比值增大到约为 3，这是由于高电场下系统不再保持平衡分布。

我们进一步计算了这个比值随退相干时间的变化，如图 9-7(b)所示。为了便于比较，图中给出了两种迁移率的值，第一种是直接由电子漂移过程计算的迁移率；另一种是根据电子的扩散过程，按照爱因斯坦关系计算的迁移率。这两种迁移率都随着退相干时间的增加而增大，它们的比值始终接近 1。具体来说，漂移迁移率增大得相对较慢，导致这个比值 $\eta$ 从 1($t_d$=10 fs)增大到 1.12($t_d$=100 fs)。随着退相干时间的增加，爱因斯坦关系的逐渐偏离是由于在长的退相干时间时，能量弛豫过程变得不再有效。但是，即使退相干时间增加到 100 fs，爱因斯坦关系的偏离仍然很小($\eta$=1.12)。

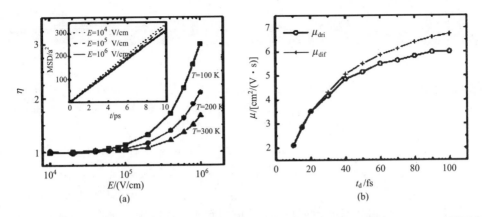

图 9-7　(a)不同温度时电子扩散系数与迁移率的比值随电场的变化，插图为 $T=150$ K 时不同电场下电子 MSD 随时间的演化；(b)取不同退相干时间时，利用爱因斯坦关系计算的电子扩散迁移率 $\mu_{dif}$ 和漂移迁移率 $\mu_{dri}$，其中温度 $T=150$ K，电场强度 $E=10^4$ V/cm

## 9.2　电荷非相干与自旋相干的杂化过程

　　有机磁电阻(organic magnetoresistance, OMR)，由于具有效应明显(通常在 1%以上)、常温下稳定等传统无机半导体材料所不具有的特性，不仅可能具有潜在的巨大应用价值，还可能包含新物理机理。所谓有机磁电阻效应，顾名思义，是指在有机光电器件中，在磁场的作用下，体系内的电流、发光强度(磁场引起的电致发光强度的改变，即磁电致发光效应，英文简称为 MEL)产生变化的一种效应。早在 20 世纪 70 年代，这一现象就在光致发光实验中被观察到。但那个时候所发现的磁效应非常弱(小于 0.1%)且需要较强的磁场来驱动，因此人们可以将无机磁电阻效应的相关理论做简单推广即可解释，也并没有引起足够的关注。而近十几年，随着有机半导体工艺和相关测量手段的迅猛发展，重新进行磁学方面的研究成为大势所趋。2003 年时，波兰和意大利的两个小组在基于 Alq$_3$(一种典型的有机小分子材料，中文名喹啉铝)的电致发光器件中，首先观察到了常温时在小于1 T 的磁场作用下，体系的电流和发光强度超过 1%的变化。紧接着，美国、英国等的研究组也相继报道了这一现象，对有机磁电阻效应的研究就此展开。

　　有机磁电阻效应之所以成为该领域研究的热点，是因为它有许多新奇的现象是之前人们所没预料到的。第一，在观测到该效应的实验体系中并不包含任何的磁性材料，也就是说这是一个完全非磁体系中产生的显著磁场效应(与此不同的有机自旋阀效应，是有机半导体材料在两个铁磁电极间产生的)。第二，该效应是在常温下观察到的，而在低温下，它表现得很不稳定。第三，它在几十毫特的磁场下就能迅速上升并接近饱和值，这一磁场所对应的塞曼分裂能相比温度是非常小的。第四，它在不同的电压范围内具有不同的特性，在大部分情况下，它呈现为负磁电阻现象，但在电压非常低时，它呈现为正磁电阻现象。负磁电阻的曲线中存在着两种可能由不同机理所导致的线形。第五，大量的实验表明，有机材料中的自旋退相干时间很长，这也是为什么有机材料被认为将会在自旋电子学中发挥关键作用的原因。

除了这些新奇现象之外，对该效应的实验研究还存在着许多争论。2007 年，田纳西大学的胡斌基于他的实验结果提出了系间窜越(inter-system crossing)的可能机理，但随即遭到犹他大学的 Lupton 等人明确的反对。Lupton 等通过自旋 Rabi 振荡的实验推论，在如此小的磁场下，系间窜越不可能产生如此明显的磁场效应。而 2009 年和 2010 年时，英国伦敦大学的 Gillin 研究组和犹他大学的 Vardeny 研究组，分别发表了各自关于同位素效应研究的论文，其结论却截然不同。Gillin 等在小分子材料($Alq_3$)中完全没有观测到磁场对同位素效应的影响，而 Vardeny 等在聚合物材料中的研究却显示，同位素效应及其背后所揭示的核自旋作用，在磁场效应中至关重要。正是由于这些实验研究的复杂性以及可能的材料和实验条件的依赖性，导致目前对该效应机理尚处于众说纷纭的状态。

### 9.2.1  有机磁电阻效应及理论模型介绍

在有机磁电阻效应刚被发现之后不久，科学家首先想到了用超精细相互作用来解释这一现象。事实上，早在 20 世纪 70 年代的光致发光磁场效应的实验中，人们就想到了用超精细相互作用来解释相关的磁场效应。一个直接的理由就是有机材料中存在着大量的氢核，众所周知，氢核带有 1/2 的自旋，并且难以被较弱的外磁场影响，所以能够形成一个无序的局域磁场对载流子的自旋构成影响。这一情况被美国爱荷华大学的 Wohlgenannt 等进一步诠释，使得超精细相互作用成为目前在解释有机磁电阻效应的理论中最经常被提到的名词。值得注意的是，通过许多实验得出的有机材料中典型的超精细相互作用的大小都在微电子伏量级，这与有机磁电阻效应所发生的磁场大小范围不谋而合，这也从另一个侧面激发了人们对超精细相互作用的关注。

那么究竟超精细相互作用是如何影响载流子的输运过程呢？我们知道，核自旋由于较大的矫顽力，一般来说其自旋方向不会轻易被翻转，可以看成是一个无序的局域磁场。它们与外加的磁场共同作用，就会对载流子的自旋造成影响。Wohlgenannt 等首先讨论了超精细相互作用对单重态激子的形成率的影响。他们计算了一种最简单的初始自旋分布，即核自旋为 z 方向，电子和空穴的自旋方向相反时，经过时间演化，系统的自旋分布将变成哪种情况。据此，他们给出了一个定性的类似洛伦兹型的磁场关系。但很显然，这样的关系是基于一个不合理的理论假定而得出的，如果考虑核自旋和载流子自旋的无规分布及自旋的相干性等问题，其结论将完全不同。另外，有必要强调的是，虽然他们的结果能够符合一部分实验现象，但在整个讨论的过程中，温度究竟扮演什么角色却并不清楚。Bobbert 等进一步将此模型加以推广，应用到载流子-三重态激子反应等过程中，得到了更加丰富的结果。基于类似的思想，Ehrenfreund 等引入了不同的单重态和三重态电子-空穴对拆分为自由载流子的速率，得到了相应的磁电导。然而，上述模型仍有一些不足之处。例如，这个机制的核心是电子-空穴对产生单重态激子和三重态激子的速率不同，这个差别也决定了磁场效应的符号，然而这个不同产生的原因，以及在不同材料中具体的相对关系并不清楚，具有一定的随意性。

在超精细相互作用的基础上，2007 年，荷兰的 Bobbert 等提出了所谓的双极化子模型。所谓双极化子，是指两个电子或两个空穴被同时限制在了同一个格点畸变(lattice distortion)中所形成的一种载流子。显然，由于泡利不相容原理，组成双极化子的两个电子或空穴必然带有相反自旋，所以整个双极化子是带有两个电荷但不带自旋的准粒子。一般来说，两个电子或空穴被限制在一个很小的区域内，它们互相之间将产生很大的库仑排斥作用，所以要想抵消这种排斥力，就必须有足够大的电子-声子相互作用，使得电子自陷(self-trapping)效应所产生的格点畸变有足够的能力束缚住这两个电子。理论上讲，在电子-声子相互作用很强、载流子平均距离很大的有机材料中，的确有存在双极化子的可能性。但到目前为止，实验上还没有直接的证据显示双极化子的存在。

无论如何，Bobbert 等提供了这样一种可能性来解释有机磁电阻效应。他们认为，既然在外磁场和超精细场的共同作用下，激子的产生率会随磁场变化，同样的道理，双极化子的产生也应该与磁场有关。在这个过程中存在着一个称为"自旋阻塞"(spin-blocking)的机理在起作用。也就是说，当某一个分子上已经占据了一个电子，那么另一个电子要想从这个分子上经过就需要与前一个电子具有相反的自旋，否则它将被阻塞或者"绕路走"。这样的效果也就增加了电阻的大小。该研究组通过经典的蒙特卡罗模拟，给出了他们认为的有机磁电导效应符号改变的机理，即载流子之间的短程和长程库仑相互作用之间的竞争导致了符号改变的现象。然而他们所给出的正磁电导的幅值要小于负磁电导，与实验中观测到的两种磁电导的大小关系正好相反。同时，在无定形有机半导体制作的器件中，载流子的密度一般比较低，尤其是对应负磁电导的开启电压之下的区域更是如此，因此形成双极化子的概率也很低，这会导致磁电导效应较低。因此，如何协调这些问题是双极化子机制面临的挑战。

对于超精细相互作用是否真的起着主要的作用，近期人们试图用同位素效应来予以验证，而结果却非常晦涩。在聚合物的体系中，Vardeny 等发现了有机磁电阻具有明显的同位素效应，似乎印证超精细相互作用的机理。而与之相反的，

Gillin 等在有机小分子体系中却没有观测到相应的效应。这两者的矛盾究竟意味着什么，现在还没有更多的说法。

次级电荷(secondary charge)过程，物理上并没有一个明确的定义，哪些过程可以被称为次级电荷过程，但它的确是目前实验上解释有机磁电阻效应最常被采用的。总的来说，它是除了电荷传导过程以外，由激子和/或载流子之间的散射所引起的过程，包括单-三重态激子的转换(系间窜越)、三重态-三重态湮灭(triplet-triplet annihilation，TTA)、三重态激子与极化子的猝灭(triplet-polaron quenching，TPQ)等。下面对这几个过程做简要介绍。

在电致发光的过程中，电子和空穴碰在一起就会形成电子-空穴对，再在格点自陷的作用下进一步束缚就形成激子(有时也称 Frenkel 激子)。前者可认为是分子间的过程，后者是分子内的过程(分子间或分子内实际上难以定量确定，因为有机材料中载流子运动的相干长度未必就严格等于分子间距。这在有机载流子输运问题中有着广泛的讨论，这里不赘)。电子和空穴都是自旋为 1/2 的粒子，当二者碰到一起形成激子，从统计角度来讲，就有 1/4 的概率形成单重态激子，3/4 的概率形成三重态激子。然而实验上观测到的结果往往并不满足这一统计规律。因此，人们就认为，在这两种激子中一定存在着某种相互转化的机制，这就是系间窜越。系间窜越有可能发生在分子间，也有可能发生在分子内，并且这一过程中还伴随着相应的声子辅助(phonon assistance)和弛豫(relaxation)。同样的道理，既然两种激子之间会发生穿越，那么两个三重态激子或者三重态激子和载流子(极化子)碰到一起，同样有可能发生自旋态的改变，这就是 TTA 和 TPQ。值得注意的是，这三个过程本质上都是自旋态发生了改变，究竟是什么原因导致这种改变，目前还不十分清楚。有人认为是自旋-轨道耦合，也有人认为是超精细相互作用。不管是哪一种，我们都必须要回答，这些过程到底是如何发生的，这也是留给科学家的一个重要课题。

以上磁场效应的模型均基于经典或者准经典的方法，丁宝福等提出了一个基于 Hubbard 模型和量子力学演化方法的电致发光的磁场效应的机制。他们将激子的生成过程分为两个部分：由自由载流子形成电子-空穴对的过程以及由电子-空穴对形成激子的过程。他们采用的哈密顿量包括描述电子和空穴的跃迁和库仑相互作用的 $H_1$ 以及描述电子和空穴的自旋相互作用的 $H_2$，包括与超精细相互作用的等效磁场的耦合及外磁场的耦合。对这个模型的计算结果显示，自由载流子形成电子-空穴对的过程给出了磁场效应在小磁场下快速上升的部分，而电子-空穴对形成激子的过程给出了大磁场下的缓慢上升直至饱和的效应。通过调节电子和空穴的跃迁能力，可以反映实际材料中载流子迁移率的变化，根据这个关系，该模型给出的磁场效应随迁移率的依赖关系与实验得到的结果相当吻合。除了以上介绍的三种机制，Flatte 等还提出基于超精细相互作用的等效磁场和逾渗作用的唯象机制。Alexandrov 等将跃迁磁阻效应的方法推广到有机材料中，基于弱局域化导致的外加磁场对载流子波函数空间展宽的调制作用，提出了一种新的磁电导机制。解士杰等通过在有机半导体的动力学无序的电荷输运动力学中，加入超精细相互作用的等效磁场，也可以计算出一个磁电导。

总的来说，有机磁场效应的机理研究可以分为三个层次。第一个层次是对有机半导体中的自旋相互作用进行研究，以期确定哪种自旋耦合与磁场共同作用，导致了磁场效应；第二个层次是对有机半导体中具体的微观过程进行研究，以给出它们的磁场效应的行为；第三个层次是对于具体的器件，结合微观过程和器件物理，综合各个过程的贡献，计算磁场效应的具体数值。前两个层次已经有大量的研究，第三个层次虽然是理论和实验实现真正吻合的目标，但是由于条件限制，目前还没有达到。

## 9.2.2　有机材料中的电荷与自旋退相干时间

无论是超精细相互作用，还是次级电荷过程，本质上都是基于平衡态之间的跃迁。而有机磁电阻效应由于是在小磁场、常温下发生，平衡态的图像就必然要面临一个严重的困惑，那就是为什么磁场所对应的塞曼分裂能(微电子伏量级)远小于室温对应的能量(毫电子伏量级)，可这个磁场效应却没有被室温时的热涨落抹掉而仍然如此明显？而更困惑的是，这一效应在低温下明显不如室温下稳定。所以，要想从机理上解释有机磁电阻效应，理解温度在其中所扮演的角色就是一个重要前提。显然，脱离平衡态思想的动力学过程是理解有机磁电阻效应的必然途径。

为此，我们必须审视有机光电过程中的几个重要时间尺度。如前所述，在有机材料中分子之间作用很弱，间距较大，载流子在分子间跃迁概率很小，每一次跃迁前在一个分子上的等待时间一般在纳秒量级。而另一方面，由于材料中复杂的分子排列和热运动，载流子的输运过程存在着较大的退相干效应，退相干时间在皮秒量级(远小于等待时间)。另外，有机材料中的自旋-轨道耦合非常弱，自旋扩散时间及扩散长度均很长，这正是有机半导体材料被认为可能在自旋电子学应用中起重要作用的原因。实验表明，典型有机材料(如 $Alq_3$ 等)的自旋退相干时间可以达到微秒量级。而在有机光电器件中，有机层的厚度一般为 100 nm，载流子的输运时间一般在 100 ns 量级。这表明载流子的自旋在整个输运过程中并不会受到强烈的散射，从而能够保持完整的量子相干性。这一点说明室温的热涨落一定无法破坏弱磁场带来的影响，同时也说明与自旋无耦合的所有因素都不会影响有机磁电阻。

有了上述的几个时间尺度，我们就可以非常明确地澄清有关有机磁电阻效应的困惑，并为最终揭示有机磁电阻的物理机理打下重要基础，剩下的就是研究究竟哪些因素会影响载流子的自旋？虽然实验上有人支持有人反对，但激子在有机磁电阻效应中的重要作用是不言而喻的。在有机材料中，激子，特别是三重态激子，由于它不能直接参与发光过程，所以能够稳定地在体系中存在很长的时间。一般典型的材料中，三重态激子的寿命都在 100 ns 量级，几乎与载流子在两电极之间输运的时间相当。这么长的寿命，就意味着三重态激子会在体系中反复地影响载流子的运动，再加上它本身是总自旋为 1 的粒子，所以它会影响磁电阻效应就毫不奇怪了。影响载流子自旋的因素还很多，如核自旋、其他载流子等。正如前面几节所提到的，这几种因素都曾被用来解释磁电阻效应。目前还没有哪个实验能准确说明这几种因素各自起的作用占多大比例。从已有实验来看，三重态激子可能扮演着十分重要的角色。但是，无论是哪种因素，都可以统一用一个只跟自旋发生相互作用的局域自旋环境来影响其动力学过程，这也是我们接下来立论的基础。

### 9.2.3 电荷非相干与自旋相干的杂化模型

由于非相干跃迁过程是无定形有机半导体中输运的核心过程，因此处理有机磁场效应需要将自旋动力学融入到非相干跃迁的框架内。然而，这个步骤是非平庸的，等价于如何将一个相干的运动(自旋)融入到非相干的运动(载流子)中，需要谨慎地处理其中牵涉的诸多量子相干性。目前被提出的几种方法，或者基于半经典的近似，将超精细相互作用看作等效的磁场，只需要量子力学处理载流子的自旋[11]；或者对载流子自旋的动力学也采用非相干跃迁的近似，在载流子跃迁的同时使载流子自旋按照概率投影到某个方向上[12]。这两种近似在处理自旋系统的量子相干性方面均有其局限性。因此，我们的第一个目标是提出一个在载流子非相干跃迁的框架下，显式地考虑自旋相互作用和自旋动力学目的框架。在此基础上，可以通过外加磁场对自旋系统的调制作用得到磁场效应。

我们以载流子的单次非相干跃迁过程为例，采用简化的两格点模型。载流子所在的格点为 $i$，而跃迁到的格点为 $j$。与此同时，载流子的自旋会与许多局域自由度发生相互作用，我们统一称之为局域自旋环境(local environment of spin，LES)。假设在时间 $t = 0$ 时，一个载流子跃迁到当前格点 $i$。在该载流子停留在格点 $i$ 的过程中，载流子的电子-声子耦合等相互作用会产生持续的退相干和能量交换过程，驱动载流子不断尝试跃迁离开当前格点，直到跃迁成功。每次尝试可以认为发生在载流子动力学的退相干时间的尺度上，在皮秒量级[4]。同时，载流子自旋(密度矩阵用 $\rho_s$ 表示)会通过各种自旋相互作用与局域自旋环境(密度矩阵用 $\rho_e$ 表示)耦合，如通过超精细相互作用与局域核自旋的耦合，或通过自旋-轨道耦合与局域轨道自旋的耦合等。载流子自旋和局域自旋环境构成了此处需要讨论的自旋系统(密度矩阵用 $\rho$ 表示)。在 $t = 0$ 时刻，载流子刚刚到达格点 $i$，两个子系统的量子态应该是相互独立的，自旋系统的密度矩阵可以写为两个子系统密度矩阵的直积形式，即 $\rho(0)=\rho_\text{e}(0)\otimes\rho_\text{s}(0)$。接下来，复合系统将按照密度矩阵的运动方程演化：

$$i\hbar\frac{\mathrm{d}\rho(t)}{\mathrm{d}t}=\left[\hat{H}_\text{s},\rho(t)\right] \tag{9-25}$$

式中，$\hat{H}_\text{s}$ 为自旋系统的哈密顿量。这种演化的一个直接后果是在两个子系统间产生了量子纠缠，因此对于 $t>0$ 时刻的跃迁尝试，自旋系统的密度矩阵无法写为以上的直积形式。然而由于跃迁的非相干性，跃迁过程本身相当于一次局域测量过程，这会影响到自旋系统中的各种量子相干性，因此在考虑跃迁尝试的末态时，需要特别注意其中涉及的各种量子相干性的"命运"。我们以局域自旋环境为一个 $I=1/2$ 的核自旋为例来分析，其密度矩阵如图 9-8 所示，其中指标的编号顺序为载流子自旋指标在后，核自旋的指标在前。密度矩阵的不同矩阵元代表着不同的物理意义。由方框表示的四个矩阵元，表示各个自旋状态（方向）上的占据概率。其余的矩阵元表示自旋系统的量子相干性，可以分为三类。第一类是载流子自旋的相干性，相应的矩阵元由圆角矩形表示。这种相干性可以由载流子自旋的约化密度矩阵的非对角元表示，即 $\rho_\text{s}(t)=\mathrm{tr}_\text{e}[\rho(t)]$，此处 $\mathrm{tr}_\text{e}$ 是对局域自旋环境的部分迹操作。第二类量子相干性与第一类相似，为核自旋的相干性，相应的矩阵元由椭圆形表示。这种相干性可以由核自旋的约化密度矩阵的非对角元表示，即 $\rho_\text{e}(t)=\mathrm{tr}_\text{s}[\rho(t)]$。第三类量子相干性并不隶属于每个子系统，而是属于自旋系统整体，为载流子自旋和核自旋之间的量子纠缠。其信息蕴含在三角形所表示的矩阵元中[13]。这三种量子相干性在非相干跃迁下的"命运"截然不同。由于驱动载流子跃迁的相互作用是自旋不相关的，而且跃迁尝试发生在极短时间内，自旋相互作用不能产生显著影响。因此，无论是占据概率，还是每个子系统的量子相干性，都不应受到影响。然而量子纠缠并非如此。在载流子跃迁到 $j$ 格点上时，量子纠缠如果继续存在，将成为处在 $j$ 格点的载流子和 $i$ 格点的核自旋之间的非局域相干性，这与非相干跃迁的前提是矛盾的。因此，这种非局域相干性在跃迁中将被

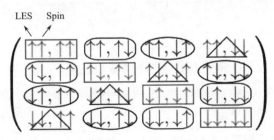

图 9-8　载流子自旋和 $I=1/2$ 核自旋作为局域自旋环境组成的自旋系统密度矩阵

猝灭，也就是非相干跃迁伴随着退纠缠的过程。跃迁末态的自旋系统的密度矩阵可以写为载流子自旋和核自旋的直积形式。以上自旋系统的状态变化可以用一种绝热消除的方法来实现。对于发生在 $t$ 时刻的跃迁尝试，初态 $\rho(t)$ 由自旋系统的量子动力学演化得到，末态 $\rho_f(t)$ 为两个子系统的约化密度矩阵的直积 $\rho_s(t) \otimes \rho_e(t)$。

接下来具体导出自旋系统的量子态在非相干跃迁前后的变化对跃迁速率的影响。假设自旋系统在跃迁尝试前后的量子态分别为 $|S_i\rangle$ 和 $|S_f\rangle$，而不含自旋的电子态分别为 $|E_i\rangle$ 和 $|E_f\rangle$。另外，自旋系统导致的初态与末态的能量差在微电子伏量级，远小于载流子初态与末态的毫电子伏量级的能量差，因此可以忽略。假设驱动非相干跃迁尝试的哈密顿量为 $H'$，根据费米黄金规则，跃迁速率应正比于 $\sum_f |\langle E_i, S_i | H' | E_f, S_f \rangle|^2 \delta(E_f - E_i)$，其中指标 f 表示遍历所有末态的求和。由于 $H'$ 不显含自旋，因此该表达式中自旋相关的部分可以提出成为独立的因子，此处用 $\eta(t)$ 表示，其中时间 $t$ 为跃迁尝试发生的时间。应用密度矩阵的形式，该因子可表示为

$$\eta(t) = \sum_f |\langle S_i | S_f \rangle|^2 = \mathrm{tr}[\rho(t)\rho_f(t)] \qquad (9\text{-}26)$$

使用之前给出跃迁尝试的末态的表达式，$\eta(t)$ 的最终表达式为

$$\eta(t) = \mathrm{tr}\{\rho(t)[\rho_s(t) \otimes \rho_e(t)]\} \qquad (9\text{-}27)$$

$\eta(t)$ 是载流子在格点间跃迁速率中与磁场相关的因子，在考虑磁场效应时只需要考虑这个因子的变化即可得到相应的磁场效应。

### 9.2.4　自旋退相干调制的电荷跃迁：磁电阻效应

作为一个典型的例子，本节讨论载流子自旋-核自旋的超精细相互作用[13]，其哈密顿量的具体形式为

$$\hat{H}_s = \sum_\alpha J_\alpha \hat{I}_\alpha \cdot \hat{S} + g\mu_B B \hat{S}_z \qquad (9\text{-}28)$$

式中，取 $\hbar = 1$；$\alpha$ 为局域自旋环境中不同核自旋的指标；$J_\alpha$ 为相应的耦合强度；$\hat{I}(\hat{S})$ 为核自旋（载流子自旋）的自旋算符。作为最简单的情形，取自旋局域环境为一个 $I = 1/2$ 的核自旋，耦合常数 $J = 0.2~\mu\mathrm{eV}$，参数 $\nu_0 = 3.5J$。载流子自旋的初态可以指向空间任意方向，而核自旋的初态假设为沿着或逆着磁场方向，最终结果为系统所有可能初态的平均。图 9-9 显示了上述模型给出的有效跃迁速率随磁场的依

赖关系。这个磁场效应最显著的特征是整体的磁场依赖关系由两个分量构成，包括 2 mT 左右的小磁场下的负分量以及 15 mT 左右的大磁场下的饱和正分量，这与实验中观测到的磁电导是吻合的[14]。同时，饱和正分量可以被洛伦兹线型很好地拟合。这种双分量的磁场效应来源于体系哈密顿量及其动力学的内禀属性，并不依赖于参数。选取四个特征量来表征磁场效应的特征，分别为大磁场分量的饱和磁场效应的大小 $(\Delta\nu/\nu)_{\max}$ 和半宽度 $B_{1/2}$，以及小磁场分量的最大幅值 $(\Delta\nu/\nu)_{\min}$ 和对应的磁场强度 $B_m$。这四个特征量与参数 $\nu_0$ 的依赖关系如图 9-10 所示。可以看出，随着 $\nu_0$ 的增加，用来建立量子纠缠的有效时间更短，因此 $(\Delta\nu/\nu)_{\max}$ 与 $(\Delta\nu/\nu)_{\min}$ 均随之减小，在 $\nu_0 > 5J$ 时，系统动力学中的量子振荡效应由于衰减过快而无法体现，以致小磁场下的负分量消失。对于两个特征磁场，

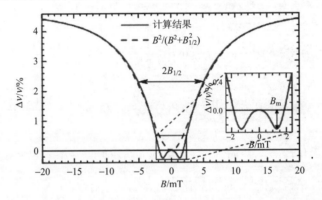

图 9-9　自旋-核自旋相互作用模型下自旋退纠缠相干制给出的磁电导

实线为模型计算结果，虚线为洛伦兹线型对饱和分量的拟合；插图为放大显示的小磁场分量

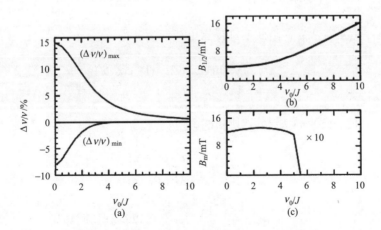

图 9-10　磁场效应的特征量与参数 $\nu_0$ 的依赖关系

包括饱和磁效应的大小 $(\Delta\nu/\nu)_{\max}$ 和半宽度 $B_{1/2}$，以及小磁场分量的最大幅值 $(\Delta\nu/\nu)_{\min}$ 和对应的磁场强度 $B_m$

$B_m$ 几乎保持不变,而 $B_{1/2}$ 缓慢增加,由于参数 $\nu_0$ 随外加电压的增大而增大,因此这个趋势与实验上观测到的趋势是符合的[14]。另外,即使加入更多的核自旋,如当局域自旋环境为两个核自旋时,这种两分量的磁场效应依然是存在的,但是定量上会呈现出更复杂的参数依赖行为。

接下来通过考察系统四个基本的初态 $|a,b\rangle$ 的结果,来讨论磁效应的两分量行为的起源,其中 $a(b)$ 代表载流子自旋(核自旋)的指向,$a,b = \pm 1/2$。一般的初态可以视为这四个初态的线性叠加,因此这四个初态的结果可以反映磁效应的整体行为。在哈密顿量中,系统沿磁场方向($z$ 方向)的总自旋守恒,将四个初态分为三个子空间 $J_z = 0, \pm 1$,其中 $J_z = \pm 1$ 的子空间对磁效应没有贡献。所以只需讨论 $J_z = 0$ 所对应的两个基矢 $\left|-\frac{1}{2},\frac{1}{2}\right\rangle$ 和 $\left|\frac{1}{2},-\frac{1}{2}\right\rangle$,对应的哈密顿量的本征态分别为

$$|E_1\rangle = -\sin\theta\left|\frac{1}{2},-\frac{1}{2}\right\rangle + \cos\theta\left|-\frac{1}{2},\frac{1}{2}\right\rangle \quad E_1 = -\frac{1+2\sqrt{1+\alpha^2}}{4} \tag{9-29}$$

$$|E_2\rangle = \cos\theta\left|\frac{1}{2},-\frac{1}{2}\right\rangle + \sin\theta\left|-\frac{1}{2},\frac{1}{2}\right\rangle \quad E_2 = -\frac{1-2\sqrt{1+\alpha^2}}{4} \tag{9-30}$$

其中,$\tan\theta = \sqrt{1+\alpha^2} - \alpha$,而 $\alpha = g\mu_B B/J$ 可看成是一个有效磁场。若系统从 $\left|\frac{1}{2},-\frac{1}{2}\right\rangle$ 的初态开始演化,$t$ 时刻演化的波函数可表示为

$$|t\rangle = \left\{\sin^2\theta + \cos^2\theta\exp[\mathrm{i}\varphi(t)]\right\}\left|\frac{1}{2},-\frac{1}{2}\right\rangle + \cos\theta\sin\theta\left\{\exp[\mathrm{i}\varphi(t)]-1\right\}\left|-\frac{1}{2},\frac{1}{2}\right\rangle \tag{9-31}$$

式中,$\varphi(t) = (E_1 - E_2)t$。由此不难计算出最后的 $\eta$ 为

$$\eta(t) = 1 - \frac{3}{4}\cdot\frac{\sin^2\omega t + 2\alpha^2(1-\cos\omega t)}{(1+\alpha^2)^2} \tag{9-32}$$

若取 $\nu_0$ 无穷小,并对 $\eta(t)$ 积分,则可得到

$$\bar{\eta}(B) = 1 + \frac{3}{5}\cdot\frac{\alpha^2(\alpha^2-2)}{(1+\alpha^2)^2} \tag{9-33}$$

其中 $\bar{\eta}(0)$ 取 1。对于另一个初态 $\left|-\frac{1}{2},\frac{1}{2}\right\rangle$,计算可以得到相同结果。可以看出在有效磁场 $\alpha < \sqrt{2}$ 时,磁效应是负的。以上结果揭示了双分量磁效应来源于随磁场增

大的塞曼分裂对于平均量子纠缠度的双重作用，如图 9-11 所示。当磁场为零时，两个 $J_z = 0$ 的初态是完全等价的不纠缠的状态，在系统的演化中会相互转化，因此系统每个周期会经历两段量子纠缠度较小的区域，如图 9-11(a) 所示；当施加一个较小的磁场时，两个原本等价的状态间出现能量差，系统无法完全转化到另一个非纠缠态，整个演化过程中量子态皆为纠缠态，直到恢复为初态，因此平均纠缠度相应增大，跃迁速率减小；但当磁场进一步增大，塞曼分裂更加明显，使得自旋翻转非常困难，无法形成可观的纠缠，因此平均纠缠度减小，跃迁速率增大。这就是导致双分量磁效应的物理过程。

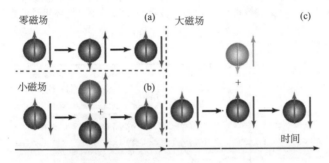

图 9-11　零磁场(a)、小磁场(b)和大磁场(c)下的量子态行为

进一步将 $I = 1/2$ 的核自旋所代表的氢核替换为 $I = 1$ 的核自旋所代表的氘核，以研究上述磁效应的同位素效应。由于氘核的质量为氢核的 2 倍，因此设置后者的耦合常数为前者的 0.5 倍。结果如图 9-12 所示。区别于 $I = 1/2$ 的核自旋的磁电导，$I = 1$ 的核自旋给出的磁电导具有两个特点。首先，后者的小磁场分量几乎消失；其次后者的 $B_{1/2}$ 小于前者，这来自较小的耦合常数。这两个特点均与实验结果符合[9]。经过与上面类似的计算，可以得到平均的磁效应为

$$\bar{\eta}(B) = 1 - \frac{3}{2} \cdot \frac{(1 + 2\tilde{\alpha}^2)}{(2 + \tilde{\alpha}^2)^2} \tag{9-34}$$

式中，$\tilde{\alpha} = \alpha \pm 1/2$。图 9-13 显示了两种磁效应的结果。由图可以发现，$J_z = 1/2$ 的一组初态呈现小磁场下的负磁场效应，而 $J_z = -1/2$ 的一组初态呈现更加复杂的形式，在较小的磁场下为正效应，随着磁场的增加变为负效应，随着磁场的进一步增大再次变为正磁场效应并饱和。这来源 $I = 1$ 情况下，随磁场增加不同能级间更加复杂的交错关系。如果对两者做一个简单的平均，则在小磁场区域的磁效应几乎被抹平，这就解释了 $I = 1$ 的核自旋作为局域自旋环境的情况下小磁场分量为何被抑制。

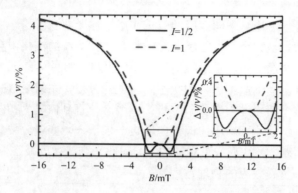

图 9-12 $I = 1/2$ 的核自旋与 $I = 1$ 的核自旋作为局域自旋环境时的磁效应

插图为小磁场区域的放大图

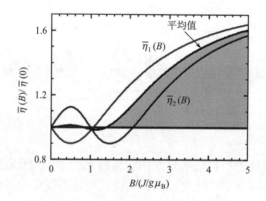

图 9-13 $I = 1$ 的核自旋作为局域自旋环境时两组不同的
初态导致的磁效应及其平均值

## 9.3 激子单重态裂分的相干动力学

有机分子材料独有的共轭电子结构和软的声子振动模式,区别于传统无机半导体材料,传统理论框架在理解有机光电转换机理特别是激发态动力学中遇到极大的困难。有机材料具有极小的介电常数和极大的激子束缚能,导致传统模型中热和内建电场驱动的激子拆分无法有效发生,严重抑制了有机太阳电池的效率提升。近年研究结果提示,有效利用三重态激子,对光伏和发光器件的效率提升有重要帮助,单重态裂分可实现载流子倍增效应,突破传统的理论效率限制。

过去,人们讨论激发态能量转移主要是指生色团间的自旋单重态的激发态转移。但是,近年来人们已经发现在某些有机晶态材料,如并四苯、并五苯中,单个单重激发态可以分裂成两个三重激发态，这有助于提高光子的能量利用率，因为一个单重激发可以转化为一个电子-空穴对，而一个单重激发态分裂成两个三重激发态后就可以转化为两个电子-空穴对，能量利用率最多可以提高 100%。相应地，此时能量传输就不仅涉及单重激发态能量转移，也涉及三重激发态能量转移，还涉及其复杂的单/三重激发态之间的相互转换(分裂、聚合等)。由于单重态和三重态激子分别具有传输速率快和寿命长的优点，如能清楚阐析有机分子晶体中的单重态/三重态协同能量传输机制并探索其最优利用方案，把二者优势同时发挥，也将非常有利于进一步提升其能量传输效率。

### 9.3.1 单重态裂分与太阳电池效率

不同于无机太阳电池的情况，有机太阳电池是激子型的，如何最高效地利用激子是提升有机太阳电池效率的关键。早在 20 世纪 60 年代末，Shockley 和 Queisser 就利用传统的热机模型研究了太阳电池效率的瓶颈问题，并提出了所谓的 S-Q 极限。他们认为，当照射光的能量高于半导体的禁带宽度时，大部分的能量都要以热的形式耗散出去，这将极大地降低太阳电池的效率。为了超越 S-Q 极限，一个可能的办法就是让一个光子产生一个以上的电子-空穴对。这一看似天方夜谭的想法，在有机材料中已经被证实是可能的。在并五苯等电子交换能较大的晶态有机材料中，电子和空穴之间的自旋交换能比其他材料要大得多，这将导致单重态激子的能量比三重态激子大一倍左右，再加上合适的分子间电荷转移率，单重态激子有足够的机会裂分成两个三重态激子，这就是单重态裂分(singlet fission, SF)的过程，用公式表示就是

$$S_0 + S_1 \rightleftharpoons {}^1(TT) \rightleftharpoons T_1 + T_1 \qquad (9\text{-}35)$$

关于单重态裂分的实验最早在 20 世纪 60 年代就已经出现了，当时就是在并五苯等有机材料中实现的，不过那时的材料纯度低、现象不明显，也没能吸引足够的关注。随着材料合成技术的突飞猛进，近些年单重态裂分的研究取得了一系列重大突破。尤其是 2013 年 *Science* 的文章[15]，第一次报道了超过 100%的内量子效率(一个光子产生了超过一个电子-空穴对)，让单重态裂分迅速成为研究的热点。2015 年，Wan 等的瞬态吸收光谱实验也证实了并四苯晶体中存在单重态/三重态协同能量传输[16]，但自旋多重度不同造成了单重态/三重态传输机制并不相同，且具体步骤相当繁杂，整个协同传输过程仍亟待理论阐释。磁偶极相互作用也具有关键的作用，通过一些单重态裂分的敏化剂作用，也找到了测量磁偶极相互作用的方法，并因此得以研究多激子态的能量变化。晶态并四苯的磁偶极相互作用引起的能量变化，可以通过在时间分辨荧光(time-resolved fluorescence luminescence, TRFL)振荡中的量子拍信号来探测，而这种量子拍也成为获得了单重态裂分信号的直接证据。

理论上讲，目前关于单重态裂分的机制主要有两种：一步机制和两步机制。它们互相之间存在一定矛盾。前者要求电子自旋的超交换直接将单重态激子(singlet, $S_1$)转换为两个三重态激子(triplet pair, TT)。然而由于有机材料相对较弱的自旋相互作用，这种作用的效果不太明显。后者则是间接的机制，即 $S_1$ 首先转换为分子间的 CT 态，之后再由 CT 态转换为 TT 态。为了验证这一机制，最近的实验通过有机光电子能谱发现了双光子吸收数据中的吸热过程，阐释了相对高能量的 CT 态会参与到整个裂分的过程。另一个实验中发现了单重态和三重态激子的非线性密度依赖性，进一步表明离域电子在裂分中的重要作用。鉴于这些实验事实，间接的机制目前更加得到学界的认可。然而值得注意的是，由于 $S_1$ 和 CT 态之间较大的带隙(约 1 eV)和热耗散，单重态裂分显然不是一个非相干的过程，一些半经典的理论方法无法处理这样的问题。只有全量子、能较好保存量子相干性的方法，才能完整地描述单重态裂分的复杂过程，下面几节将介绍其中最典型的一种。

### 9.3.2 双分子的激子-电荷转移态杂化模型

绝大多数研究激子的理论，都会从一个同时涵盖 Frenkel 激子和 CT 态的模型出发。这些模型的形式并不完全统一，依据具体情况会将某些细节部分进行简化处理。但中心思想都是一致的，那就是将激子分成紧束缚的 Frenkel 激子和松束缚的 CT 态。前者相当于一个玻色子，可以用一个二次量子化的玻色子算符 $\hat{a}^+$ 表示其产生，后者相当于两个费米子，可以用费米子算符 $\hat{c}^+$ 和 $\hat{d}^+$ 表示相应电子和空穴的产生。值得注意的是，在到目前为止的研究中，尚没有工作去讨论这些算符的对易关系，因为所有工作都还只停留在讨论单激子和单电子-空穴对的问题，不存在多体相互作用，所以这些算符也常常直接用狄拉克符号简单表示。需要注意的是，讨论单激子的合理性，主要是因为有机材料中激子密度通常比较小，而如果要讨论一些非富勒烯 D/A 界面问题时，单激子近似将可能不再适用。

要建立一个能描述实际体系的激子-CT 态杂化模型，主要需考虑两个要素，第一是穷尽所有可能的激子和 CT 态组态，第二是正确引入电子-声子相互作用，它直接决定了量子相干性是否能被正确考虑。

然而，穷尽所有组态取决于研究者想要考察怎样的分子聚集体构型，而有机材料又是如此的复杂，以致分子聚集体构型几乎是无穷多的，且不同的构型可能给出完全不同的组态和相应参数。所以目前我们尚无统一的理论解决这一问题，一个有效的思路是从最简单的二聚体开始建立模型，再逐渐推广到更多。

我们以两个并四苯分子所组成的聚集体开始讨论，假设每个分子上都只有两

个电子能级可供占据，即电子的基态和第一激发态。再考虑每个能级上两个电子自旋态，两个分子一共只有 16 种可能的组态。在这些组态中，我们感兴趣的主要有 5 种组态，分别是两个单重态激子态 $|S_1, S_0\rangle$、$|S_1, S_0\rangle$（即单重态激子分别位于分子 1 和分子 2 上）、两个 CT 态 $|C, A\rangle$、$|A, C\rangle$（即电子分别站在分子 1 和分子 2 上，以及相对应的空穴分别站在分子 2 和分子 1 上）、一个三重态激子对态 $|T, T\rangle$。

我们想要计算这 5 种组态之间的相互耦合，需要考察这些组态的具体特性，并不是所有参数都是独立的。例如，$|S_1, S_0\rangle$ 和 $|C, A\rangle$ 之间的耦合，实际上就是空穴在两个 HOMO 能级之间的跃迁积分。考虑了所有组态的特性后，通过第一性原理计算，可以用一个 5 阶的矩阵（单位为 eV）表示所有的参数，即[17]

$$\begin{pmatrix} 0 & 0 & -0.051 & -0.074 & 0 \\ 0 & 0 & -0.118 & -0.111 & 0 \\ -0.051 & -0.118 & E_{CT} & 0 & -0.081 \\ -0.074 & -0.111 & 0 & E_{CT} & 0.056 \\ 0 & 0 & -0.081 & 0.056 & E_{TT} \end{pmatrix}$$

其中，$E_{CT}$、$E_{TT}$ 分别为 CT 态和 TT 态相对于单重态激子态的能量，可以通过静电库仑势来简单给出。但因为 CT 态的束缚能对于第一性原理计算仍然是一个非平凡问题，所以目前许多工作仍将它们作为待定参数加以考虑。

### 9.3.3　局域与非局域声子的影响

仅仅考虑电子结构是不够的，因为真正主导（或制约）单重态裂分的关键因素是声子。因为 CT 态与局域激子态的能量差一般来说都大于 0.5 eV，这样大的能量差是不可能通过简单的量子隧穿或超交换的机制完成有效的单重态裂分。只有声子提供足够的能量来补充，才能让单重态有效地转移到两个三重态上去。由此，我们必须要考虑合理的电子-声子相互作用。

考虑到单重态激子通常具有较短的寿命，我们主要考察两类声子模式，它们分别与 CT 态及三重态激子耦合，也就是非局域和局域的声子。它们的哈密顿量为[18]

$$H_{ph} = \omega_L a^+ a + \omega_{NL} b^+ b \tag{9-36}$$

$$H_{ex\text{-}ph} = \gamma_L |T, T\rangle\langle T, T|(a^+ + a) + \gamma_{NL} |CT\rangle\langle CT|(b^+ + b) \tag{9-37}$$

式中，$\omega_L$ 和 $\omega_{NL}$ 为 TT 态和 CT 态频率；$\gamma_L$ 和 $\gamma_{NL}$ 为电子-声子耦合。我们可以通过非微扰的动力学方法来研究这样一个模型。

首先分析 $S_1$ 态和 TT 态的密度，如图 9-14 所示，其中，CT 态能量为 0.6 eV，TT 态能量为 0.1 eV，无量纲化的局域电子-声子耦合 $\alpha_L$ = 0.1。可以看到，随着时间演化，单重态从 1 开始迅速下降，与此同时三重态从 0 开始迅速上升，显然单重态明显地向三重态转移，也就是单重态裂分的确能有效发生。当演化时间小于 1000 fs 时，可以看到明显的量子拍现象，说明单重态裂分的过程具有非常强的量子相干性。之后，经过较长时间的演化后，密度逐渐达到饱和。值得注意的是，量子拍现象只有通过非微扰的全量子方法才能得到，采用非相干的 Redfield 方法是得不到这一现象的，这也反证了采用量子化处理声子来研究吸能的单重态裂分的必要性。

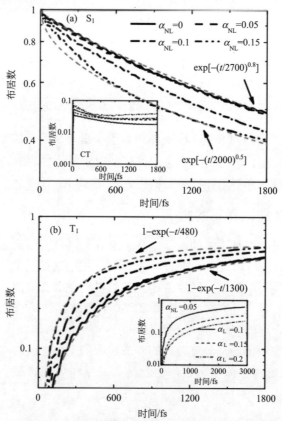

图 9-14　$S_1$ 态密度(a)、$T_1$ 态密度(b)、CT 态密度(b 插图)随时间的演化图

虚线代表拟合的函数曲线

有意思的是，我们发现从单重态到三重态的转化主要是非局域声子的贡献。用指数函数 $\exp[-(t/t_0)^\nu]$ 来拟合 $\alpha_{NL}$ = 0 和 0.15 两条曲线，其中 $t_0$ 为单重态激子

的寿命，$\nu$ 为指数。可以发现，两条曲线分别可以用 $\exp[-(t/2700)^{0.8}]$ 和 $\exp[-(t/2000)^{0.5}]$ 来拟合。在我们的模型中，$S_1$ 态的减少意味着 TT 态的增加，而 $t_0$ 又是单重态激子的寿命，所以也就表示了裂分所需的时间。显然，非局域声子耦合越强，寿命越短，说明大的非局域耦合给出了更大的裂分速率。更进一步，两个指数函数的 $\nu$ 差别非常大。这是因为，当不考虑非局域声子时，单重态密度的下降完全是遵循 e 指数衰减的形式，也就是 $\nu=1$，而一旦有了非局域声子，$\nu$ 就会减小，体现出一种类似亚扩散的特征。这种单重态与三重态的非单调特征已经得到了实验的证实，它正是电子–声子相互作用引起的。

图 9-14(b) 的插图是 CT 态密度的演化规律；可以看到，CT 态的密度在演化一开始迅速上升，之后会保持在 0.1 以下。与 $S_1$ 态和 TT 态的密度相比，CT 态的密度要小得多，这是它很高的能量所导致的。这也充分说明了 CT 态主要是起一座桥梁的作用。事实上，目前学术界对此还有争论，到底 CT 态是否起作用，也就是 $S_1$ 态是否可以不经过 CT 态而直接转到 TT 态。然而在很多的讨论中，非局域声子大多被忽略了，这也导致很多的讨论存在局限性。

为了更清楚地展示对单重态裂分有利的参数范围，在图 9-15 中给出了一张相图。其中，定义了一个称为裂分效率的量 $\eta = \rho_{TT}(\infty) / \rho_{S_1}(0)$，其中 $\rho_{TT}(\infty)$ 表示饱和的三重态密度；$\rho_{S_1}(0)$ 表示初始时刻的单重态密度。显然此处 $\rho_{S_1}(0)=1$，所以只需要考察长时间的 TT 态密度，这里以 4000 fs 时的密度来度量。我们可以看到两个明显的参数区域，分别用有效和不有效的单重态裂分表示，其中将 $\eta > 0.1$ 的区域称为有效区域，$\eta < 0.1$ 的区域称为不有效区域。可以看到，非微扰计算的结果和微扰论的结果有较大的差别，吸能的单重态裂分过程可以非常有效地发生，这正是 CT 态相干地参与演化的结果。

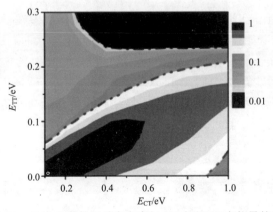

图 9-15　4000 fs 时的三重态密度与 CT 态和 TT 态能量的关系

其中点虚线和点点虚线分别代表不有效和有效的单重态裂分参数区域

### 9.3.4　多分子中的单重态裂分及退局域化

可以看到，上述讨论中并没有考虑到激子的退局域化问题，这也是近些年来随着超快光谱学的技术进步而广泛被探讨的课题。显然，仅仅考虑双分子情况不足以研究这样一个复杂的问题，所以我们有必要考察更多分子的情形，这其中最简单直接的就是三分子的情况。

对于 TIPS-并五苯的系统，需要考察一个三分子的模型，这个模型考虑三个单重态激子态、四个 CT 态和两个三重态激子态，即 $|S_1,S_0,S_0\rangle$、$|S_0,S_1,S_0\rangle$、$|S_0,S_0,S_1\rangle$（即单重态激子分别站在分子 1、分子 2 和分子 3 上），$|A,C,S_0\rangle$、$|C,A,S_0\rangle$、$|S_0,A,C\rangle$、$|S_0,C,A\rangle$（即电子分别站在分子2、分子1、分子4、分子3上，以及相对应的空穴分别站在分子1、分子2、分子3和分子4上），$|T,T,S_0\rangle$、$|S_0,T,T\rangle$（即三重态激子分站在分子1和分子2上，以及分子2和分子3上）。相应的参数可以用下列矩阵（单位 eV）表示：

$$
\begin{pmatrix}
1.618 & 0.018 & 0 & 0.041 & 0.149 & 0 & 0 & 0.013 & 0 \\
0.018 & 1.618 & 0.018 & 0 & 0.041 & 0.041 & 0 & 0.013 & 0.013 \\
0 & 0.018 & 1.618 & 0 & 0 & 0.149 & 0.041 & 0 & 0.013 \\
0.041 & 0 & 0 & 1.992 & -0.017 & 0 & 0 & 0.084 & 0 \\
0.149 & 0.041 & 0 & -0.017 & 1.992 & 0 & 0 & 0.084 & 0 \\
0 & 0.041 & 0.149 & 0 & 0 & 1.992 & -0.017 & 0 & 0.084 \\
0 & 0 & 0.041 & 0 & 0 & -0.017 & 1.992 & 0 & 0.084 \\
0.013 & 0.013 & 0 & 0.084 & 0.084 & 0 & 0 & 1.469 & 0 \\
0 & 0.013 & 0.013 & 0 & 0 & 0.084 & 0.084 & 0 & 1.469
\end{pmatrix}
$$

如图 9-16 所示，在没有非局域电子-声子耦合时，$S_1$ 态在初始阶段迅速衰减，并稳定在 0.4 左右开始振荡，TT 态则反向变化。而当加入非局域耦合时，两种态密度的变化和双分子的情况差不多。重要的是，我们发现当非局域耦合增加时，三重态激子的产量也迅速增加，同时 CT 态的密度也相应增加，这说明在考虑了三分子模型后，退局域化效应的确更明显地影响了整个单重态裂分过程。对于考虑更多分子的情形，目前还没有相关的理论工作，这也将是未来值得被探讨的重要课题。

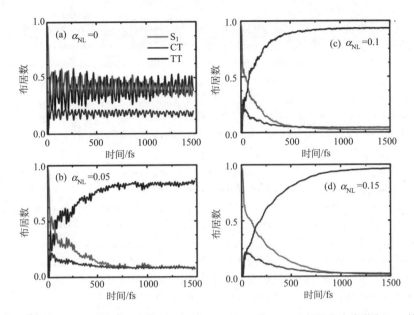

图 9-16　TIPS-并五苯的三聚体模型中当 $\alpha_L=0.1$ 时 $S_1$、CT、TT 态的密度变化与 $\alpha_{NL}$ 的关系

# 参 考 文 献

[1] Akimov A V, Long R, Prezhdo O V. Coherence penalty functional: A simple method for adding decoherence in Ehrenfest dynamics. J Chem Phys, 2014, 140(19): 194107.

[2] Flores J C. Iterative quantum local measurements and Anderson localization inhibition. Phys Rev B, 2004, 69(1): 012201.

[3] Kominis I K. Quantum measurement corrections to CIDNP in photosynthetic reaction centers. New J Phys, 2013, 15(7): 075017.

[4] Yao Y, Si W, Hou X Y, et al. Monte Carlo simulation based on dynamic disorder model in organic semiconductors: From coherent to incoherent transport. J Chem Phys, 2012, 136(23): 234106.

[5] Jaeger H M, Fischer S, Prezhdo O V. Decoherence-induced surface hopping. J Chem Phys, 2012, 137(22): 22A545.

[6] Bittner E R, Rossky P J. Quantum decoherence in mixed quantum-classical systems: Nonadiabatic processes. J Chem Phys, 1995, 103(18): 8130-8143.

[7] Zhu C, Nangia S, Jasper S A W, et al. Coherent switching with decay of mixing: An improved treatment of electronic coherence for non-Born-Oppenheimer trajectories. J Chem Phys, 2004, 121(16): 7658.

[8] Shenvi N, Subotnik J E, Yang W. Phase-corrected surface hopping: Correcting the phase evolution of the electronic wave function. J Chem Phys, 2011, 135(2): 024101.

[9] Miller A, Abrahams E. Impurity conduction at low concentrations. Phys Rev, 1960, 120(3): 745-755.

[10] Troisi A, Orlandi G. Charge-transport regime of crystalline organic semiconductors: Diffusion limited by thermal off-diagonal electronic disorder. Phys Rev Lett, 2006, 96(8): 086601.

[11] Bobbert P A, Wagemans W, van Oost F W A, et al. Theory for spin diffusion in disordered organic semiconductors. Phys Rev Lett, 2009, 102(15): 156604.

[12] Yu Z G. Spin-orbit coupling and its effects in organic solids. Phys Rev B, 2012, 85(11): 115201.

[13] Si W, Yao Y, Hou X Y, et al. Magnetoresistance from quenching of spin quantum correlation in organic semiconductors. Org Electron, 2014, 15(3): 824-828.

[14] Nguyen T D, Gautam B R, Ehrenfreund E, et al. Magnetoconductance response in unipolar and bipolar organic diodes at ultrasmall fields. Phys Rev Lett, 2010, 105(16): 166804.

[15] Congreve D N, Lee J, Thompson J N, et al. External quantum efficiency above 100% in a singlet-exciton-fission-based organic photovoltaic cell. Science, 2013, 340: 334.

[16] Wan Y, Guo Z, Zhu T, et al. Cooperative singlet and triplet exciton transport in tetracene crystals visualized by ultrafast microscopy. Nat Chem, 2015, 7(10): 785-792.

[17] Berkelbach T C, Hybertsen M S, Reichman D R. Microscopic theory of singlet exciton fission. II. Application to pentacene dimers and the role of superexchange. J Chem Phys, 2013, 138: 114103.

[18] Yao Y. Coherent dynamics of singlet fission controlled by nonlocal electron-phonon coupling. Phys Rev B, 2016, 93: 115426.

# 索　引